国家职业教育工程造价专业教学资源库配套教材

浙江省高职院校“十四五”重点教材

高等职业教育新形态一体化教材

市政工程计价

主　编　马行耀

副主编　王　婧　郭良娟

主　审　王　昆　韩献伟

高等教育出版社·北京

内容提要

本书是国家职业教育工程造价专业教学资源库配套教材。本书以市政工程主要项目为模块，以工程量清单计价方式为主线，内容涉及各种市政工程项目的基础知识、清单编制和清单报价。本书针对主要知识点和技能点，建设了丰富的配套学习资源，用微课、图片等手段，为读者提供了轻松、有趣、高效的学习体验。编者承担了国家职业教育工程造价专业教学资源库"市政工程计价"课程的建设，该资源库中的课程内容与本教材互为补充，利于学习者线上线下混合式学习。本书作为"学材"，可支持企业从业人员顺利完成学习，做到"无师自通"；作为"教材"，更加方便教师采用翻转课堂等新型教学模式，将配套资源作为课前自主学习资源使用，加上课堂组织的讨论、实践等学习活动，实现更高阶的教学目标。

本书适合作为高等职业院校建筑工程类、工程管理类专业"市政工程计价"课程的教材，也可作为工程建设领域从业人员的自学材料。

授课教师如需要本书配套的教学课件资源，可发送邮件至邮箱 gztj@pub.hep.cn 获取。

图书在版编目(CIP)数据

市政工程计价 / 马行耀主编. -- 北京 : 高等教育出版社,2023.3

ISBN 978-7-04-058120-1

Ⅰ. ①市… Ⅱ. ①马… Ⅲ. ①市政工程-工程造价-高等职业教育-教材 Ⅳ. ①TU723.32

中国版本图书馆 CIP 数据核字(2022)第 026195 号

市政工程计价
SHIZHENG GONGCHENG JIJIA

策划编辑 温鹏飞　　责任编辑 温鹏飞　　特约编辑 郭克学　　封面设计 马天驰
版式设计 徐艳妮　　责任绘图 邓　超　　责任校对 胡美萍　　责任印制 赵义民

出版发行 高等教育出版社
社　　址 北京市西城区德外大街4号
邮政编码 100120
印　　刷 北京盛通印刷股份有限公司
开　　本 850mm×1168mm 1/16
印　　张 19.5
字　　数 490 千字
购书热线 010-58581118
咨询电话 400-810-0598

网　　址 http://www.hep.edu.cn
　　　　 http://www.hep.com.cn
网上订购 http://www.hepmall.com.cn
　　　　 http://www.hepmall.com
　　　　 http://www.hepmall.cn

版　　次 2023年3月第1版
印　　次 2023年3月第1次印刷
定　　价 47.80元

物 料 号 58120-00

序

职业教育工程造价专业教学资源库项目于2016年12月获教育部正式立项(教职成函〔2016〕17号),项目编号2016-16,属于土木建筑大类建设工程管理类。依据《关于做好职业教育专业教学资源库2017年度相关工作的通知》,浙江建设职业技术学院和四川建筑职业技术学院,联合国内21家高职院校和10家企业单位,在中国建设工程造价管理协会、中国建筑学会建筑经济分会项目管理类专业教学指导委员会的指导下,完成了资源库建设工作,并于2019年11月正式通过了验收。验收后,根据要求做到了资源的实时更新和完善。

资源库基于"能学、辅教、助训、促服"的功能定位,针对教师、学生、企业员工、社会学习者4类主要用户设置学习入口,遵循易查、易学、易用、易操、易组原则,打造了门户网站。资源库建设中,坚持标准引领,构建了课程、微课、素材、评测、创业5大资源中心;破解实践教学痛点,开发了建筑工程互动攻关实训系统、工程造价综合实务训练系统、建筑模型深度开发系统、工程造价技能竞赛系统4大实训系统;校企深度合作,打造了特色定额库、特色指标库、可拆卸建筑模型教学库、工程造价实训库4大特色库;引领专业发展,提供了专业发展联盟、专业学习园地、专业大讲堂、开讲吧课程4大学习载体。工程造价资源库构建了全方位、数字化、模块化、个性化、动态化的专业教学资源生态组织体系。

本套教材是基于"国家职业教育工程造价专业教学资源库"开发编撰的系列教材,是在资源库课程和项目开发成果的基础上,融入现代信息技术、助力新型混合教学方式,实现了线上、线下两种教育形式,课上、课下两种教育时空,自学、导学两种教学模式,具有以下鲜明特色:

第一,体现了工学交替的课程体系。新教材紧紧抓住专业教学改革和教学实施这一主线,围绕培养模式、专业课程、课堂教学内容等,充分体现专业最具代表性的教学成果、最合适的教学手段、最职业性的教学环境,充分助力工学交替的课程体系。

第二,结构化的教材内容。根据工程造价行业发展对人才培养的需求、课堂教学需求、学生自主学习需求、中高职衔接需求及造价行业在职培训需求等,按照结构化的单元设计,典型工作的任务驱动,从能力培养目标出发,进行教材内容编写,符合学习者的认知规律和学习实践规律,体现了任务驱动、理实结合的情境化学习内涵,实现了职业能力培养的递进衔接。

第三,创新教材形式。有效整合教材内容与教学资源,实现纸质教材与数字资源的互通。通过嵌入资源标识和二维码,链接视频、微课、作业、试卷等资源,方便学习者随扫随学相关微课、动画,即可分享到专业(真实或虚拟)场景、任务的操作演示、案例的示范解析,增强学习的趣味性和学习效果,弥补传统课堂形式对授课时间和教学环境的制约,并辅以要点提示、笔记栏等,具有新颖、实用的特点。

国家职业教育工程造价专业教学资源库项目组

前言

党的二十大报告提出，以城市群、都市圈为依托构建大中小城市协调发展格局，推进以县城为重要载体的城镇化建设。提高城市规划、建设、治理水平，加快转变超大特大城市发展方式，实施城市更新行动，加强城市基础设施建设，打造宜居、韧性、智慧城市。本书内容力求在智慧城市建设背景下，全面介绍市政工程计量计价方法，贯彻协调、绿色发展理念，融入课程思政，为培养造就高素质技术技能人才、数字造价卓越工程师和大国工匠提供支撑。

市政工程计价是工程造价专业（群）的一门重要的专业拓展课，在专业（群）人才培养过程中起到拓宽知识面、拓展职业范围、拓宽就业岗位的作用。本课程能对就业后从事市政工程计价的学生的职业能力培养和职业素质养成起到促进作用，也可作为从事市政工程造价相关从业人员继续教育的学习资源。由于一直没有比较适合的配套教材，编者在任教"市政工程计价"课程的若干年，主要采用工程实际项目案例教学，但是学生迫切需要一本理实结合、通俗易懂的教材。

本书根据高等职业教育工程造价、建筑经济管理、建设工程管理等专业的人才培养方案和市政工程计价课程标准，依据国家和浙江省有关部门颁布的最新规范、标准、定额和相关文件，依托市政工程施工、造价等从业人员相应职业岗位标准进行编写。本书在编写中力求体现内容完整性、数据权威性、过程引导性、案例实用性；力求做到通俗易懂，理论联系实际。同时，注重突出地方特色，注重校企合作，注重项目导向。

本书编写依据的定额与标准主要有《建设工程工程量清单计价规范》（GB 50500—2013）、《市政工程工程量计算规范》（GB 50857—2013）、《浙江省市政工程预算定额》（2018 版）、《浙江省建设工程计价规则》（2018 版）等。根据新形态教材建设的相关要求，书中在主要知识点和技能点处都设置了二维码，用于拓展教学内容，便于学习者自主学习，使内容更具立体化。

本书的编写分工为：浙江建设职业技术学院马行耀（项目一、项目二），刘亚梅（项目三），郭良娟（项目四），江苏建筑职业技术学院王婧（项目五），浙江同济科技职业学院马知瑶（项目六），广联达软件股份有限公司王瑶（项目七）。全书由马行耀统稿并担任主编，王婧、郭良娟担任副主编。浙江建设职业技术学院王昆、万邦工程咨询有限公司韩献伟审核了全书。

由于工程计价依据在持续更新，加上编者水平所限，书中内容难免存在不足之处，欢迎广大读者提出意见和建议，以便我们不断改进。同时，市政工程计价是一门政策性、实践性、专业性都很强的课程，如本书内容存在与国家及省、区、市有关文件与规定不符之处，请以国家及省、区、市有关部门文件与规定为准。

编　者

2022 年 4 月

目　录

项目一

市政工程计量计价概述

学习目标

了解市政工程计价依据。
掌握市政工程造价组成。
掌握市政工程费用计算程序。
掌握市政工程计价方法。

技能目标

能根据给定条件完成市政工程不同阶段的计价活动中建筑安装工程费用的计算，包括概算费用计算、招标投标阶段施工费用计算、结算阶段施工费用计算。

教学单元一　市政工程计价依据

一、计价依据的概念

所谓计价依据，是指运用科学合理的调查、统计和分析测算方法，从工程建设经济技术活动和市场交易活动中获取的可用于测算、评估和计算工程造价的参数、量值、方法等。计价依据具体包括由政府设立的有关机构编制的工程定额、指标等指导性计价依据，市场价格信息及其他能够用于科学、合理地确定工程造价的计价依据。

计价依据是编制工程设计概算、招标控制价、投标报价、工程预(结)算书等的指导性依据，是发包人编制工程设计概算、招标控制价、结算书，承包人编制投标报价、预

(结)算书的参考性依据,也是以国有资金投资为主的建设工程造价控制性指标。

计价依据包括:

(1) 指导性依据:即建设单位(业主)计价行为的依据,有《建设工程工程量清单计价规范》(GB 50500—2013)、概算指标、概算定额、预算定额、计价规则等。

(2) 设计资料:初步设计、扩大初步设计、施工图设计图纸和资料等。

(3) 施工资料:施工组织设计、工程变更及施工现场签证等。

(4) 政策性文件:地方或行业发布的价格调整文件和工程造价信息。

(5) 市场信息价:市场人材机信息价格。

(6) 企业的经验性依据:企业定额、企业工程数据库等。

(7) 施工合同。

二、浙江省采用的市政工程计价依据

以浙江省为例,目前采用的计价依据有:

(1)《建设工程工程量清单计价规范》(GB 50500—2013)。

(2)《市政工程工程量计算规范》(GB 50857—2013)。

(3)《浙江省建设工程计价规则》(2018 版)。

(4)《浙江省市政工程预算定额》(2018 版)。

(5)《浙江省施工机械台班费用定额》(2018 版)。

(6)《浙江省建筑安装材料基期价格》(2018 版)。

(7) 代表性典型工程及有关测算资料。

(一)《建设工程工程量清单计价规范》(GB 50500—2013,以下简称《计价规范》)、《市政工程工程量计算规范》(GB 50857—2013,以下简称《计量规范》)

目前使用的《计价规范》《计量规范》经住房和城乡建设部 1567 号公告批准成为国家标准,于 2013 年 7 月 1 日起正式在全国统一贯彻实施。

1.《计价规范》《计量规范》编制的指导思想与原则

《计价规范》《计量规范》是按照"政府宏观调控、企业自主报价、市场形成价格、社会全面监督"的改革目标制定的。

(1) 政府宏观调控。政府宏观调控体现在,一是制定有关工程发承包价格的竞争规则,引导市场计价行为;二是加强对市场中不规范和违法计价行为的监督管理。具体地讲,工程建设的各方主体必须遵守统一的建设工程计价规则、方法。全部使用国有资金投资或国有资金投资为主的建设工程必须采用工程量清单计价。工程量清单计价采用综合单价法,工程量清单实行五个统一,即统一项目编码、统一项目名称、统一项目特征、统一计量单位、统一工程量计算规则。规费和税金不得参与竞争等。

(2) 企业自主报价。企业自主报价体现在企业自行制定工程施工方法、施工措施;企业根据自身的施工技术、管理水平和自己掌握的工程造价资料自主确定人工、材料、施工机械台班消耗量,根据自己采集的价格信息,自主确定人工、材料、施工机械台班的单价;企业根据自身状况和市场竞争激烈程度并结合拟建工程实际情况,自主确定企业管理费、利润等。

(3) 竞争形成价格。竞争形成价格体现在由于《计价规范》不规定人工、材料、机械的消耗量，为企业报价提供了自主空间，投标企业可结合自身的生产效率、消耗水平和管理能力与自己储备的报价资料，按照《计价规范》规定的原则和方法进行投标报价。工程造价的最终确定，由承发包双方在市场竞争中按价值规律通过合同确定。

（4）监管行之有效。监管行之有效体现在工程建设各方的计价活动都是在有关部门的监管下进行的，如绝大多数合同价的确定是通过招标投标的形式确定的，在工程招标投标过程中，招标投标管理机构、公证处、项目主管部门等都参与监督、中标单位的公示、合同的鉴证等方面。

2.《计价规范》的主要内容

《计价规范》包括正文和工程计价表格两大部分，两者具有同等效力。

正文共15章，包括总则、术语、一般规定、工程量清单编制、招标控制价、投标报价、合同价款约定、工程计量、合同价款调整、合同价款期中支付、竣工结算与支付、合同解除的价款结算与支付、合同价款争议的解决、工程造价鉴定、工程计价资料与档案。

工程计价表格包括附录A、附录B、附录C、附录D、附录E、附录F、附录G、附录H、附录J、附录K、附录L。

3.《计量规范》的主要内容

《计量规范》包括正文和附录两大部分，两者具有同等效力。

正文共4章，包括总则、术语、工程计量、工程量清单编制等内容。

附录包括：附录A　土石方工程、附录B　道路工程、附录C　桥涵工程、附录D　隧道工程、附录E　管网工程、附录F　水处理工程、附录G　生活垃圾处理工程、附录H　路灯工程、附录J　钢筋工程、附录K　拆除工程、附录L　措施项目。

4.《计价规范》《计量规范》的主要特点

（1）强制性。主要表现在：一是由建设主管部门按照强制性国家标准的要求批准颁布，规定全部使用国有资金或国有资金投资为主的大中型建设工程应按计价规范规定执行；二是明确工程量清单是招标文件组成部分，并规定了招标人在编制工程量清单时必须遵守的规则，做到五个统一，即统一项目编码、统一项目名称、统一项目特征、统一计量单位、统一工程量计算规则。

（2）实用性。附录中工程量清单项目及计算规则的项目名称表现的是工程实体项目，项目名称明确清晰，工程量计算规则简洁明了；特别还列有项目特征和工程内容，易于编制工程量清单时确定具体项目名称和投标报价。

（3）竞争性。一是《计价规范》中的措施项目，在工程量清单中只列“措施项目”一栏，具体采取什么措施，如模板、脚手架、临时设施、施工排水等详细内容由招标人根据企业的施工组织设计，视具体情况报价，因为这些项目在各个企业间各有不同，是企业竞争项目，是留给企业竞争的空间；二是《计价规范》中的人工、材料和施工机械没有具体的消耗量，投标企业可以根据企业的定额和市场价格信息，也可以参照建设行政主管部门发布的社会平均消耗量定额进行报价，《计价规范》将报价权交给了企业。

（4）通用性。采用工程量清单计价将与国际惯例接轨。符合工程量计算方法标准化、工程量计算规则统一化、工程造价确定市场化的要求。

（二）《浙江省建设工程计价规则（2018 版）》（以下简介《计价规则》）

1. 适用范围

《计价规则》适用于本省行政区域范围内的从事房屋建筑工程、市政基础设施工程的发承包及实施阶段的计价活动，其他专业工程可参照执行。

2. 主要特点

（1）合二为一。将原《浙江省建设工程施工费用定额》（2010 版）、《浙江省建设工程计价规则》（2010 版）合并为《浙江省建设工程计价规则》（2018 版），不另单独编制费用定额。

（2）统一计价模式。取消原定额计价模式中的“工料单价”计价方法，将建筑安装工程计价方法统一为清单计价模式下的“综合单价”计价方法，包括国标工程量清单计价（简称“国标清单计价”）和定额项目清单计价（简称“定额清单计价”）两种，供市场自主选择使用。

（3）规范费用划分。根据建标〔2013〕44 号文件的规定，将建筑安装工程费用以“费用构成要素”和“造价形成内容”分别进行划分。由于取消了“工料单价计价”，将 2010 版中的造价组成由直接费、间接费、利润和税金调整为分部分项工程费、措施项目费、其他项目费、规费和税金，满足“综合单价法”的计价要求。

（4）优化计算程序。针对招标控制价、投标报价和竣工结算计价内容的变化和计价方法的差异，将“建筑安装工程施工费用计算程序”以招标投标阶段和竣工结算阶段分别进行设置，并细化其他项目费的计算，满足不同阶段的计价需要。

（5）顺应税制改革。除其他项目费费率外，将企业管理费、利润、施工组织措施项目费、规费和税金等施工取费费（税）率的标准以一般计税法和简易计税法分别进行测算、编制，以适应不同计税方法的计价要求。

（6）取消工程类别。取消工程类别划分标准，将企业管理费与工程类别脱钩，淡化费率标准与建设规模、设计标准之间的关系。

（7）调整费用组成。根据建标〔2013〕44 号、建标〔2015〕34 号、建建发〔2015〕517 号等文件的规定，对原费用组成进行调整。

（8）合理费率标准。创新采用分档递减累加的方式确定安全文明施工基本费的费率标准，解决因工程规模变化导致费用计算不合理的问题。

3. 主要内容

《计价规则》共设十章、三个附件和七个附表，具体内容如下。

第一章　总则：共 13 条，主要阐述了本规则制定的目的、依据、适用范围、计价活动应遵循的原则、计价活动的类型、计价方法以及价格、费率、风险等的规定内容。

第二章　术语：共 26 条，对本规则中涉及的特有或计价时常用的术语给予定义，尽可能避免本规则贯彻执行时，由于不同理解而造成的争议。

第三章　工程造价组成及计价方法：共 4 节，分别为建筑安装工程费用构成要素、建筑安装工程造价组成内容、建筑安装工程计价方法、建筑安装工程费用计算程序。

第四章　建筑安装工程施工取费费率：共 6 节，分别为房屋建筑与装饰工程施工取费费率、通用安装工程施工取费费率、市政工程施工取费费率、城市轨道交通工程施工取费费率、园林绿化及仿古建筑工程施工取费费率、建筑安装工程概算费率等。采用表格的形式表现。

第五章 建设工程计价要素动态管理:共6条,对计价要素动态管理的定义、工作分工、使用规定、价差调整、指数与指标、工期延误的责任担当等做了阐述。

第三~五章内容是在2010版费用定额的基础上修订后合二为一的。

第六章 设计概算:共6条,内容包括设计概算编制的基本要求、编制依据、设计概算文件组成、设计总概算表的内容组成、单位工程概算包括的内容以及工程建设其他费用等规定。

第七章 工程量清单及计价:共5节,分别为工程量清单部分、工程量清单计价一般规定、招标控制价、投标报价、成本价。对工程量清单及计价的编制人、编制依据、编制内容、编制要求、其他规定等做了说明。

第八章 合同价款调整与工程结算:共7节,内容主要包括合同价款的确定、合同价款的类型、合同价款调整、不可抗力事件、工程索赔、合同价款期中支付、工程结算与支付等规定。

第九章 工程计价纠纷处理:共2条,主要阐述了工程计价纠纷处理方式和纠纷处理的依据。

第十章 标准(示范)格式:共3节,分别为工程前期(概算)计价表式、工程建设实施期计价表式、其他表式。主要阐述了建设工程计价活动中的计算程序和计价统一标准格式。

工程前期(概算)计价表式包括工程建设项目概算书(封面),工程建设项目概算书(扉页),编制说明,总(综合)概算表,工程建设其他费用计算表,工程建设专项费用计算表,单项工程概算汇总表,单位工程概算费用计算表,建筑工程概算表,设备及安装工程概算表,进口设备材料货价及从属费用计算表,主要材料用量表,设备、工器具汇总表,总(综合)概算调整表等14种概算计价表式。

工程建设实施期计价表式包括工程计价文件封面及扉页格式,工程计价编制说明格式,工程计价汇总表格式,分部分项工程和措施项目计价表,其他项目计价表,主要工日、材料和工程设备、机械一览表等计价表式。

其他表式包括工程变更报审表(省补)、费用索赔申请(核准)表、现场签证表、工程计量申请(核准)表、预付款支付申请(核准)表、总价项目进度款支付分解表、进度款支付申请(核准)表、竣工结算款支付申请(核准)表、最终结清支付申请(核准)表、工程接收证书(省补)、已完工程款额报告(省补)、已完工程款额明细表(省补)、支付申请(省补)、支付证书(省补)等14种表式。

(三)《浙江省市政工程预算定额(2018版)》(以下简称《市政定额》)

1.《市政定额》的基本特点

(1)实现确定量、参考价的计算模式。

本定额的编制按“控制量、指导价、竞争费”的改革精神,实现了确定量、参考价的原则,即定额消耗量相对固定,而价格随行就市或根据发布的动态市场价格信息,通过统一的工程量计算规则,计算出工程数量,应用预算定额软件计算市政工程造价。

(2)定额子目设置更符合实际。

为适应工程量清单报价和新技术发展的需要,更好地与国际惯例接轨,将原市政定额混凝土构件子目中的混凝土和模板进行分离,混凝土按浇捣体积以“m^3”为单位计量,模板按其与混凝土的接触面积以“m^2”为单位计量,套用相应定额子目。

(3) 与建筑、安装定额类似项目的统一。

本定额与建筑定额和安装定额之间,采用了统一的名称术语和计量单位,在相同子目录的消耗量上,既结合专业的特点,又做到了基本的统一;避免了相同工作内容由于套用不同定额而引发不必要的争议。另外,根据目前我省材料价格信息发布的实际情况,对市政定额中涉及各类材料的计量单位与本省价格发布体系中相关材料进行了统一,以适应市政工程投标报价和工程预结(决)算的需要。

2.《市政定额》的基本内容

《市政定额》共分九册,具体包括:第一册《通用项目》、第二册《道路工程》、第三册《桥梁工程》、第四册《隧道工程》、第五册《给水工程》、第六册《排水工程》、第七册《燃气与集中供热工程》、第八册《路灯工程》、第九册《生活垃圾处理工程》。

《市政定额》的基本内容包括总说明、分册、附录,如图 1-1 所示。

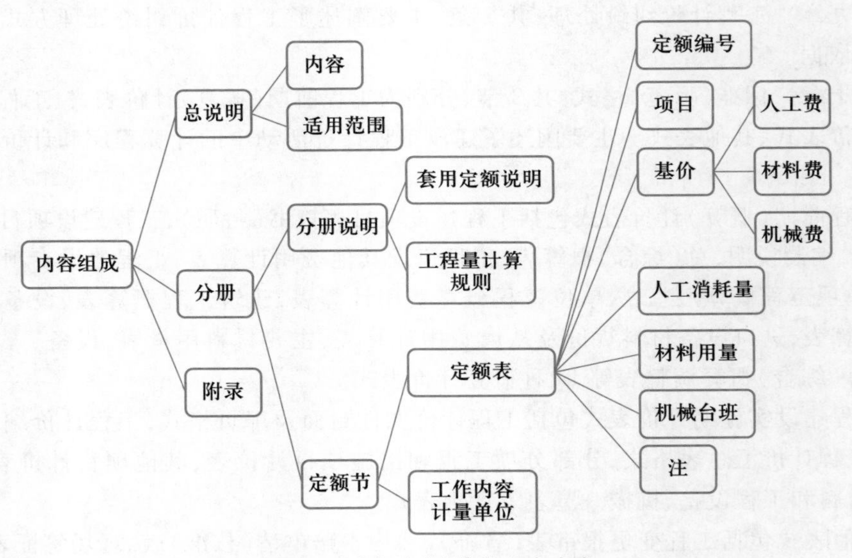

图 1-1 《市政定额》的基本内容

3.《市政定额》总说明

《市政定额》总说明共分二十三条,现逐条加以解释和说明。

第一条 编制内容

《市政定额》共分九册,具体包括:第一册《通用项目》、第二册《道路工程》、第三册《桥梁工程》、第四册《隧道工程》、第五册《给水工程》、第六册《排水工程》、第七册《燃气与集中供热工程》、第八册《路灯工程》、第九册《生活垃圾处理工程》。

第二条 定额作用

《市政定额》是指导设计概算、施工图预算、招标控制价的编审以及工程合同价约定、竣工结算办理、工程计价纠纷调解处理、工程造价鉴定等的依据。

第三条 适用范围

《市政定额》适用于城镇管辖范围内的新建、改建和扩建市政工程。

第四条　消耗量水平

《市政定额》是按正常的施工条件，目前多数企业的施工机械装备程度，合理的施工工期、施工工艺和劳动组织编制的，反映了社会平均消耗量水平。

第五条　编制依据

《市政定额》是在《市政工程消耗量定额》(ZYA 1—31—2015)、《浙江省市政工程预算定额》(2010 版)的基础上，依据国家、浙江省有关现行产品标准、设计规范和施工验收规范、质量评定标准、安全技术操作规程进行编制的，同时参考了公路、水利等专业定额和其他省市相关定额，以及有代表性的工程设计、施工资料和其他资料。

第六条　人工消耗量

《市政定额》人工按定额用工的技术含量综合分为一类人工和二类人工，其内容包括基本用工、超运距用工、人工幅度差和辅助用工。其中，土石方工程为一类人工，其余均为二类人工。本定额中的人工每工日按 8 小时工作制计算。

基本用工就是根据施工工序套用劳动定额计算的工日数。超运距用工就是除规定材料场内运距外又超运 100 m 所增加的工日数，也就是定额中材料已包括了 150 m 的场内运输。人工幅度差是指在劳动定额中未包括而在预算定额中应考虑的用工，也是在正常施工条件下所必须发生的而无法计量的零星用工，内容包括：各工种间工序搭接及交叉作业互相配合所发生的停歇用工；施工机械的转移及临时水电线路移动所发生的停工；质量检查和隐蔽工程验收工作的影响用工；班组操作地点转移用工；工序交接时对前一工序不可避免的修整用工；施工过程中不可避免的行车干扰对工人操作的影响用工；施工中临时交通指挥、安全清理、排除障碍等零星用工。辅助用工是指材料在现场加工所需的用工，如筛砂子、洗石子、整理等用工。

第七条　材料消耗量

①《市政定额》中的材料消耗包括主要材料和辅助材料。材料消耗量包括净用量和损耗量。损耗量包括从工地仓库、现场集中堆放地点或现场加工地点至操作或安装地点的现场施工场内运输损耗、施工操作损耗、施工现场堆放损耗等，规范(设计文件)规定的预留量、搭接量不在损耗量中考虑。

主要材料是指直接构成工程实体的材料，包括成品和半成品；辅助材料是指用量较少，但也构成工程实体的材料，如垫铁、铅丝等。

② 本定额中的混凝土、沥青混凝土、砌筑砂浆、抹灰砂浆以及胶泥等均按半成品消耗量以体积表示。本定额中混凝土的养护，除另有说明者外，均按自然养护考虑。

③ 周转性材料是指脚手架、模板、钢管支撑等多次周转使用，但不构成工程实体的工具性材料，周转性材料已按规定的材料周转次数摊销计入定额内。

④ 用量少、价值小的材料合并为其他材料，以其他材料费的形式表示。

第八条　机械台班消耗量

①《市政定额》中机械按常用机械、合理机械配备和施工企业的机械化装备程度，并结合工程实际综合确定。

② 本定额中的机械台班消耗量已包括机械幅度差内容。

③ 定额中均已包括材料、成品、半成品从工地仓库、现场集中堆放地点或现场加工地点至操作或安装地点的水平和垂直运输所需要的人工和机械消耗量。如需要再次

搬运,应在二次搬运费项目中列支。

第九条 单价的确定

《市政定额》单价的确定:人工单价,一类人工125元/工日,二类人工135元/工日;材料单价按《浙江省建筑安装材料基期价格》(2018版)确定;机械台班单价根据《浙江省施工机械台班费用定额》(2018版)确定。

第十条 混凝土单价的确定

《市政定额》中混凝土、沥青混凝土、厂拌三渣等均按商品价考虑,其单价中除包括产品出厂价外,还包括至施工现场的运输、装卸费用。采用泵送混凝土的,其单价包括泵送费用。

第十一条 现拌混凝土人工和机械消耗量调整规则

《市政定额》中混凝土项目按运至施工现场的商品混凝土编制,若实际采用现拌混凝土浇捣的,人工、机械消耗量调整如下:

① 人工增加0.392工日/m^3。

② 增加500 L混凝土搅拌机0.03台班/m^3。

第十二条 泵送商品混凝土和非泵送商品混凝土之间的换算

混凝土定额中已按结构部位确定泵送混凝土或非泵送混凝土的材料价格,若定额所列混凝土形式与实际不同时,除混凝土单价换算外,人工消耗量调整如下:

① 泵送商品混凝土调整为非泵送商品混凝土:定额人工乘以1.35。

② 非泵送商品混凝土调整为泵送商品混凝土:定额人工乘以0.75。

[例1-1] 试求非泵送C25商品混凝土台帽定额计价。

【解】 非泵送C25商品混凝土台帽定额编号:3-210H,计量单位:10 m^3

换算后定额基价=[4 770.51+(421-431)×10.100+376.92×0.35]元/10 m^3

=4 801.43元/10 m^3

第十三条 干混预拌砂浆编制调整规则

《市政定额》中所使用的砂浆按干混预拌砂浆编制,若实际使用现拌砂浆或湿拌预拌砂浆时,按以下方法调整:

① 实际使用现拌砂浆的,除将定额中的干混预拌砂浆调换为现拌砂浆外,另按相应定额中每立方米砂浆增加人工0.382工日、200 L灰浆搅拌机0.167台班,同时扣除原定额中干混砂浆罐式搅拌机台班。

② 实际使用湿拌预拌砂浆的,除将定额中的干混预拌砂浆调换为湿拌预拌砂浆外,另按相应定额中每立方米砂浆扣除人工0.20工日,并扣除干混砂浆罐式搅拌机台班数量。

[例1-2] 试求现拌砂浆M7.5浆砌料石压顶定额基价。

【解】 M7.5浆砌料石压顶定额编号:1-180H;计量单位:10 m^3

定额采用DMM7.5干混砂浆,本例采用M7.5现拌砂浆,单价为228.35元/10 m^3。

换算后定额基价=[4 253.95+(228.35-413.73)×1.660+0.382×1.660×135+0.167×1.660×154.97-0.058×193.83]元/10 m^3

=4 063.55元/10 m^3

第十四条 混凝土养护调整规则

《市政定额》中混凝土养护已根据不同定额子目综合考虑养护材料。若定额按塑料薄膜考虑,实际使用土工布养护时,土工布消耗量按塑料薄膜定额用量乘以系数0.4,其他不变;若定额按土工布考虑,而实际使用塑料薄膜养护时,塑料薄膜消耗量按土工布定额用量乘以系数2.5,其他不变。

第十五条 周转材料回库维修费及场外运费计算

《市政定额》中周转材料的回库维修费及场外运费:

① 钢模板(含钢支撑)的回库维修费已按其材料单价的8%计入消耗量。

② 钢模板(含钢支撑)、木模板、脚手架的场外运费已按机械台班形式计入定额子目,不另单独计算。

第十六条 预制构件损耗率的计算

《市政定额》混凝土及钢筋混凝土预制桩、小型预制构件等制作的工程量计算,应按施工图构件净用量另加1.5%损耗率。

[例1-3] 桥梁工程中预制立柱80 mm×80 mm×1 200 mm共100根,试计算预制混凝土立柱制作及安装工程量。

【解】 制作工程量 = 0.08×0.08×1.2×100×1.015 m^3 = 0.780 m^3

安装工程量 = 0.08×0.08×1.2×100 m^3 = 0.768 m^3

第十七条~第二十三条 其他

①《市政定额》施工用水、用电是按现场有水、有电考虑的,如现场无水、无电时,可根据实际情况调整。

②《市政定额》的工作内容中已说明了主要的施工工序,次要工序虽未说明,但均已考虑在定额内。

③ 施工与生产同时进行、在有害身体健康的环境中施工时的降效增加费,本定额未考虑,发生时另行计算。

④《市政定额》与浙江省其他工程预算定额的关系:凡《市政定额》包含的项目,应按《市政定额》项目执行;《市政定额》缺项的项目,可按其他工程预算定额有关册、章的相关说明执行。

⑤《市政定额》中用括号“( )”表示的消耗量,均未列入基价。

⑥《市政定额》中注有“××以内”或“××以下”者均包括××本身,“××以外”或“××以上”者,则不包括××本身。

工程量计量单位按下列规定计算:

a. 以体积计算的为立方米(m^3)。

b. 以面积计算的为平方米(m^2)。

c. 以长度计算的为米(m)。

d. 以质量计算的为吨或千克(t或kg)。

e. 以座(台、套、组或个)计算的为座(台、套、组或个)。

其中,以“吨”为单位,应保留小数点后三位数字,第四位四舍五入;以“立方米”“平方米”“米”为单位,应保留小数点后两位数字,第三位四舍五入;以“个”“项”等为单位,应取整数。

教学单元二 市政工程造价组成

一、市政工程费用组成

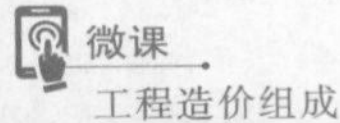

工程造价组成

(一) 按费用构成要素组成划分

按费用构成要素组成划分,建筑安装工程费由人工费、材料费、机械费、企业管理费、利润、规费和税金组成,如图 1-2 所示。

(二) 按造价形成内容划分

按造价形成内容划分,建筑安装工程费由分部分项工程费、措施项目费、其他项目费、规费和税金组成,如图 1-3 所示。

二、市政工程费用简单介绍

1. 人工费

人工费是指按工资总额构成规定,支付给从事建筑安装工程施工的生产工人和附属生产单位工人的各项费用(包含个人缴纳的社会保险费与住房公积金)。人工费包括计时工资或计件工资、奖金、津贴补贴、加班加点工资、特殊情况下支付的工资、职工福利费、劳动保护费。

$$人工费 = \sum(各项目工日消耗量 \times 人工工日单价)$$

2. 材料费

材料费是指工程施工过程中耗费的原材料、辅助材料、构配件、零件、半成品或成品和工程设备等的费用,以及周转材料的摊销费用。材料费包括材料及工程设备原价、运杂费、采购及保管费。

$$材料费 = \sum(各项目材料消耗量 \times 材料单价)$$

3. 机械费

机械费是指施工作业所发生的施工机械、仪器仪表使用费,包括施工机械使用费、仪器仪表使用费。

$$机械费 = \sum(各项目机械台班消耗量 \times 机械台班单价)$$

4. 企业管理费

企业管理费是指建筑安装企业组织施工生产和经营管理所需的费用。企业管理费主要包括:

(1) 管理人员工资:按规定支付给管理人员的计时工资、奖金、津贴补贴、加班加点工资、特殊情况下支付的工资及相应的职工福利费、劳动保护费等。

(2) 办公费:企业管理办公用的文具、纸张、账表、印刷、邮电、书报、办公软件、现场监控、会议、水电、烧水和集体取暖降温(包括现场临时宿舍取暖降温)等费用。

(3) 差旅交通费:职工因公出差、调动工作的差旅费、住勤补助费,市内交通费和误餐补助费,职工探亲路费,劳动力招募费,职工离退休、退职一次性路费,工伤人员就医路费,工地转移费以及管理部门使用的交通工具的油料、燃料等费用。

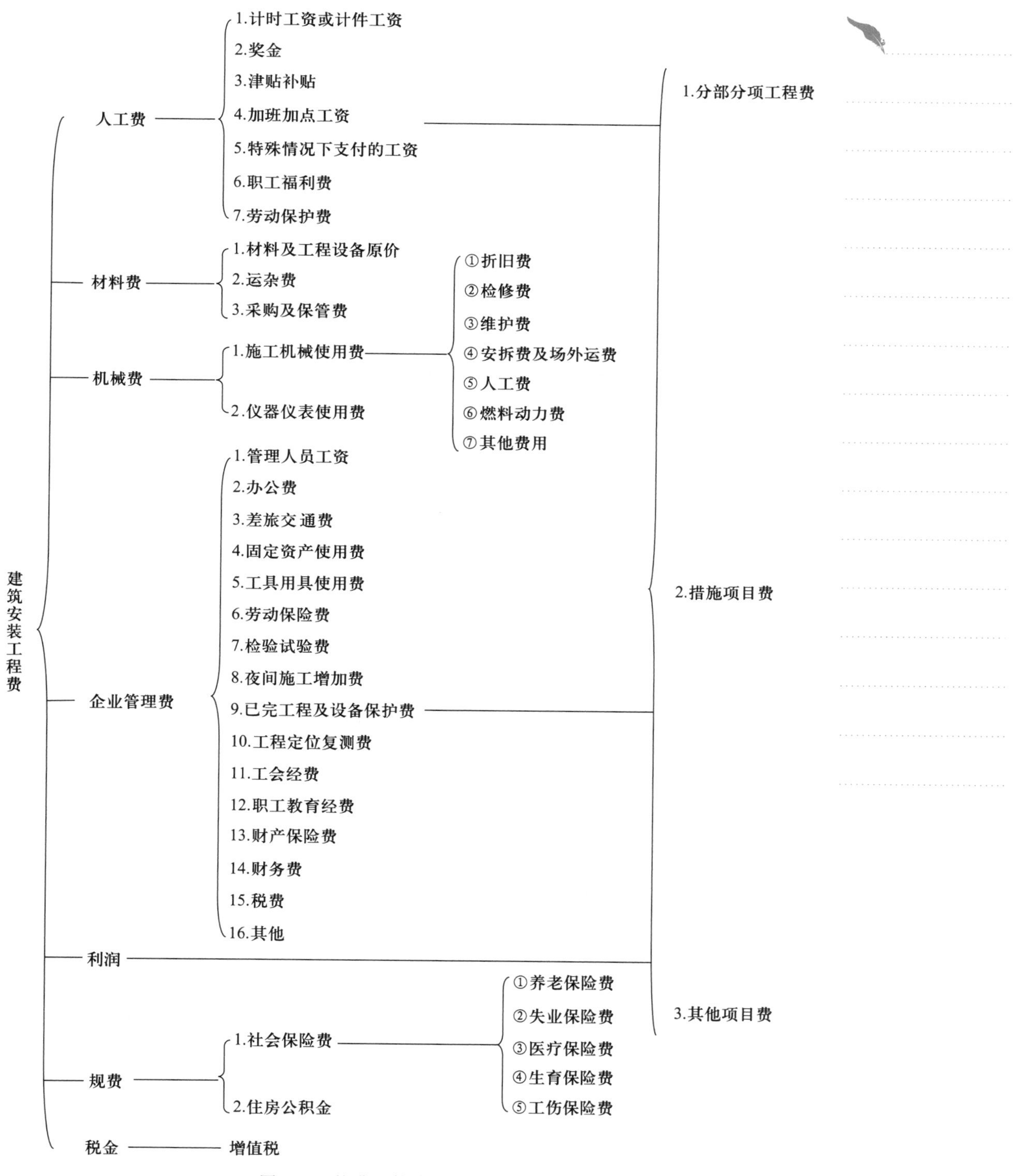

图 1-2　按费用构成要素组成划分

（4）固定资产使用费：管理和试验部门及附属生产单位使用的属于固定资产的房屋、设备、仪器（包括现场出入管理及考勤设备、仪器）等的折旧、大修、维修或租赁费。

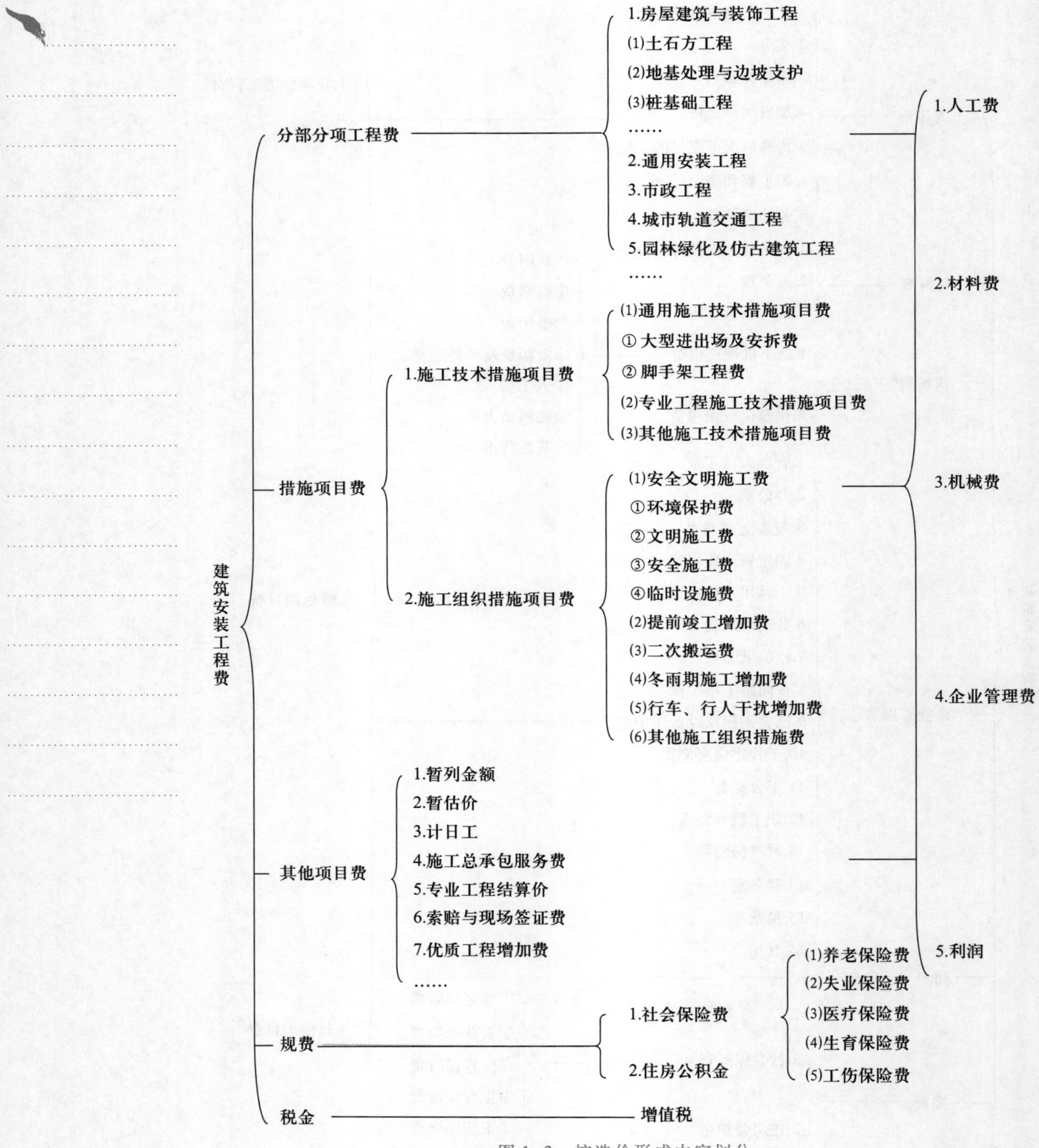

图 1-3 按造价形成内容划分

（5）工具用具使用费：企业施工生产和管理使用的不属于固定资产的工具、器具、家具、交通工具和检验、试验、测绘、消防用具等的购置、维修和摊销费。

（6）劳动保险费：由企业支付离退休职工的异地安家补助费、职工退职金、六个月以上的病假人员工资、职工死亡丧葬补助费、抚恤费、按规定支付给离休干部的各项经费等。

(7) 检验试验费:施工企业按照有关标准规定,对建筑以及材料、构件和建筑安装物进行一般鉴定、检查所发生的费用。

(8) 夜间施工增加费:因施工工艺要求必须持续作业而不可避免的夜间施工所增加的费用,包括夜班补助费、夜间施工降效、夜间施工照明设备摊销及照明用电等费用。

(9) 已完工程及设备保护费:竣工验收前,对已完工程及工程设备采取的必要保护措施所发生的费用。

(10) 工程定位复测费:工程施工过程中进行全部施工测量放线和复测工作的费用。

(11) 工会经费:企业按《中华人民共和国工会法》规定的全部职工工资总额比例计提的工会经费。

(12) 职工教育经费:企业为职工进行专业技术和职业技能培训,专业技术人员继续教育、职工职业技能鉴定、执业资格认定以及根据需要对职工进行各类文化教育所发生的费用。

(13) 财产保险费:施工管理用财产、车辆等的保险费用。

(14) 财务费:企业为施工生产筹集资金或提供预付款担保、履约担保、职工工资支付担保等所发生的各种费用。

(15) 税费:根据国家税法规定应计入建筑安装工程造价内的城市维护建设税、教育费附加和地方教育附加,以及企业按规定缴纳的房产税、车船使用税、土地使用税、印花税、环保税等。

(16) 其他:包括技术转让费、技术开发费、投标费、业务招待费、绿化费、广告费、公证费、法律顾问费、审计费、咨询费、危险作业意外伤害保险费等。

企业管理费率应根据不同的工程类别,参考弹性费率区间确定。在编制概算、招标控制价时,应按弹性区间中值计取;施工企业投标报价时,企业可参考该弹性区间费率自主确定,并在合同中予以明确。

5. 利润

利润是指施工企业完成所承包工程获得的盈利。

6. 规费

规费是指按国家法律、法规规定,由省级政府和省级有关权力部门规定必须缴纳或计取的,应计入建筑安装工程造价内的费用。规费包括社会保险费和住房公积金。

7. 税金

税金是指国家税法规定的应计入建筑安装工程造价内的建筑服务增值税。

教学单元三　市政工程费用计算程序

市政工程费用计算程序按照不同阶段的计价活动分别进行设置,包括市政工程概算费用计算程序和市政工程施工费用计算程序。

一、市政工程概算费用计算程序

市政工程概算费用计算程序见表1-1。

表1-1 市政工程概算费用计算程序

序号	费用项目		计算方法(公式)
一	概算分部分项工程费		∑(概算分部分项工程数量×综合单价)
	其中	1. 人工费+机械费	∑概算分部分项工程(定额人工费+定额机械费)
二	总价综合费用		1×费率
三	概算其他费用		2+3+4
	其中	2. 标化工地预留费	1×费率
		3. 优质工程预留费	(一+二)×费率
		4. 概算扩大费用	(一+二)×扩大系数
四	税前概算费用		一+二+三
五	税金(增值税销项税)		四×税率
六	建筑安装工程概算费用		四+五

注:1. 本计算程序适用于单位工程的概算编制。
2. 概算分部分项工程费所列“人工费+机械费”仅指用于取费基数部分的定额人工费与定额机械费之和。

二、市政工程施工费用计算程序

市政工程施工费用计算程序分为招标投标阶段和竣工结算阶段两种。

1. 招标投标阶段

招标投标阶段市政工程施工费用计算程序见表1-2。

表1-2 招标投标阶段市政工程施工费用计算程序

序号	费用项目		计算方法(公式)
一	分部分项工程费		∑(分部分项工程数量×综合单价)
	其中	1. 人工费+机械费	∑分部分项工程(人工费+机械费)
二	措施项目费		(一)+(二)
	(一) 施工技术措施项目费		∑(技术措施项目工程数量×综合单价)
	其中	2. 人工费+机械费	∑技术措施项目(人工费+机械费)
	(二) 施工组织措施项目费		按实际发生项之和进行计算
	其中	3. 安全文明施工基本费	(1+2)×费率
		4. 提前竣工增加费	
		5. 二次搬运费	
		6. 冬雨期施工增加费	
		7. 行车、行人干扰增加费	
		8. 其他施工组织措施费	按相关规定进行计算
三	其他项目费		(三)+(四)+(五)+(六)

续表

序号	费用项目		计算方法(公式)
	(三)暂列金额		9+10+11
	其中	9. 标化工地暂列金额	(1+2)×费率
		10. 优质工程暂列金额	除暂列金额外税前工程造价×费率
		11. 其他暂列金额	除暂列金额外税前工程造价×估算比例
	(四)暂估价		12+13
	其中	12. 专业工程暂估价	按各专业工程的除税金外全费用暂估金额之和进行计算
		13. 专项措施暂估价	按各专项措施的除税金外全费用暂估金额之和进行计算
	(五)计日工		∑计日工(暂估数量×综合单价)
	(六)施工总承包服务费		14+15
	其中	14. 专业发包工程管理费	∑专业发包工程(暂估金额×费率)
		15. 甲供材料设备保管费	甲供材料暂估金额×费率+甲供设备暂估金额×费率
四	规费		(1+2)×费率
五	税前工程造价		一+二+三+四
六	税金(增值税销项税或征收率)		五×税率
七	建筑安装工程造价		五+六

注:1. 本计算程序适用于单位工程的招标控制价和投标报价编制。

2. 分部分项工程费、施工技术措施项目费所列"人工费+机械费",编制招标控制价时仅指用于取费基数部分的定额人工费与定额机械费之和。

3. 其他项目费的构成内容按照施工总承包工程计价要求设置,专业发包工程及未实行施工总承包的工程,可根据实际需要做相应调整。

4. 标化工地暂列金额按施工总承包人自行承包的范围考虑,专业发包工程的标化工地暂列金额应包含在相应的暂估金额内,优质工程暂列金额、其他暂列金额已涵盖专业发包工程的内容,编制专业发包工程招标控制价和投标报价时,不再另行列项计算。

5. 专业工程暂估价包括专业发包工程暂估价和施工总承包人自行承包的专业工程暂估价,专项措施暂估价按施工总承包人自行承包范围的内容考虑,专业发包工程的专项措施暂估价应包含在相应的暂估金额内,按暂估单价计算的材料及工程设备暂估价发生时应分别列入分部分项工程的相应综合单价内计算。

6. 施工总承包服务费中的专业发包工程管理费以专业工程暂估价内属于专业发包工程暂估价部分的各专业工程暂估金额为基数进行计算,甲供材料设备保管费按施工总承包人自行承包的范围考虑,专业发包工程的甲供材料设备保管费应包含在相应的暂估金额内。

7. 编制招标控制价和投标报价时,可按规定选择增值税一般计税法或简易计税法进行计税,招标控制价与投标报价的计税方法应当一致。遇税前工程造价包含甲供材料及甲供设备暂估金额的,应在计税基数中予以扣除。

2. 竣工结算阶段

竣工结算阶段建筑安装工程施工费用计算程序见表1-3。

表1-3　竣工结算阶段建筑安装工程施工费用计算程序

序号	费用项目		计算方法(公式)
一	分部分项工程费		∑(分部分项工程数量×综合单价+工料机价差)
	其中	1. 人工费+机械费	∑分部分项工程(人工费+机械费)
		2. 工料机价差	∑分部分项工程(人工费价差+材料费价差+机械费价差)

续表

序号	费用项目		计算方法(公式)
二	措施项目费		(一) +(二)
	(一) 施工技术措施项目费		∑(技术措施项目工程数量×综合单价+工料机价差)
	其中	3. 人工费+机械费	∑技术措施项目(人工费+机械费)
		4. 工料机价差	∑技术措施项目(人工费价差+材料费价差+机械费价差)
	(二) 施工组织措施项目费		按实际发生项之和进行计算
	其中	5. 安全文明施工基本费	(1+3)×费率
		6. 标化工地增加费	
		7. 提前竣工增加费	
		8. 二次搬运费	
		9. 冬雨期施工增加费	
		10. 行车、行人干扰增加费	
		11. 其他施工组织措施费	按相关规定进行计算
三	其他项目费		(三) +(四) +(五) +(六) +(七)
	(三) 专业发包工程结算价		按各专业发包工程的除税金外全费用结算金额之和进行计算
	(四) 计日工		∑计日工(确认数量×综合单价)
	(五) 施工总承包服务费		12+13
	其中	12. 专业发包工程管理费	∑专业发包工程(结算金额×费率)
		13. 甲供材料设备保管费	甲供材料确认金额×费率+甲供设备确认金额×费率
	(六) 索赔与现场签证费		14+15
	其中	14. 索赔费用	按各索赔事件的除税金外全费用金额之和进行计算
		15. 签证费用	按各签证事项的除税金外全费用金额之和进行计算
	(七) 优质工程增加费		除优质工程增加费外税前工程造价×费率
四	规费		(1+3)×费率
五	税前工程造价		一+二+三+四
六	税金(增值税销项税)		五×税率
七	建筑安装工程造价		五+六

注:1. 本计算程序适用于单位工程的竣工结算编制。

2. 分部分项工程费、施工技术措施项目费所列"人工费+机械费"仅指竣工结算时依据已标价清单综合单价确定的用于取费基数部分的人工费与机械费之和。

3. 分部分项工程费、施工技术措施项目费所列"工料机价差"是指竣工结算时按照合同约定计算的因价格波动所引起的人工费、材料费、机械费价差。

4. 其他项目费的构成内容按照施工总承包工程计价要求设置,专业发包工程及未实行施工总承包的工程应根据实际情况做相应调整。

5. 专业工程结算价仅按专业发包工程结算价列项计算,凡经过二次招标属于施工总承包人自行承包的专业工程结算时,将其直接列入总包工程的分部分项工程费、措施项目费及相关费用中。

6. 计日工、甲供材料设备保管费、索赔与现场签证费及优质工程增加费仅限于施工总承包人自行发生部分内容的计算。专业发包工程分包人所发生的计日工、甲供材料设备保管费、索赔与现场签证费及优质工程增加费,应分别计入专业发包工程相应结算金额内。

7. 编制竣工结算时,计税方法应与招标控制价、投标报价保持一致。遇税前工程造价包含甲供材料及甲供设备金额的,应在计税基数中予以扣除。

3. 两个阶段计算主要差异对比

(1) 费用计算基数不同,招标控制价费用计算基数为“定额人工费+定额机械费”,投标阶段和结算阶段按“人工费+机械费”为基数计算。

(2) 暂列金额列于招标投标阶段,到结算阶段分别按“标化工地增加费”(列入组织措施费)、“优质工程增加费”和“索赔与现场签证费”计算。

(3) 暂估价列于招标投标阶段,到结算阶段分别按“专业发包工程结算价”或按实进入分部分项工程的相应综合单价内计算。

教学单元四　市政工程计价方法

一、计价方法概述

(1) 建筑安装工程统一按照“综合单价法”进行计价,包括国标工程量清单计价(以下简称“国标清单计价”)和定额项目清单计价(以下简称“定额清单计价”)两种。采用“国标清单计价”和“定额清单计价”时,除分部分项工程费、施工技术措施项目费分别依据“计量规范”规定的清单项目和“专业定额”规定的定额项目列项计算外,其余费用的计算原则及方法应当一致。

(2) 建筑安装工程计价可采用“一般计税法”和“简易计税法”计税,如选择采用简易计税法计税,应符合税务部门关于简易计税的适用条件,建筑安装工程概算应采用一般计税法计税。

微课

计价程序-分部分项工程费

(3) 采用一般计税法计税时,其税前工程造价(或税前概算费用)的各费用项目均不包含增值税的进项税额,相应价格、费率及其取费基数均按“除税价格”计算或测定;采用简易计税法计税时,其税前工程造价的各费用项目均应包含增值税的进项税额,相应价格、费率及其取费基数均按“含税价格”计算或测定。

二、市政工程施工费用计算方法

市政工程施工费用(即工程造价)由税前工程造价和税金(增值税销项税或征收率,下同)组成,计价内容包括分部分项工程费、措施项目费、其他项目费、规费和税金。

(一) 分部分项工程费

1. 工料机费用

(1) 招标控制价。

综合单价所含人工费、材料费、机械费应按照预算“专业定额”中的人工、材料、施工机械(仪器仪表)台班消耗量以相应“基准价格”进行计算。遇未发布“基准价格”的,可通过市场调查以询价方式确定价格;因设计标准未明确等原因造成无法确定准确价格,或者设计标准虽已明确,但一时无法取得合理询价的材料,应以“暂估单价”计入综合单价。

（2）投标报价。

综合单价所含人工费、材料费、机械费可按照企业定额或参照预算“专业定额”中的人工、材料、施工机械（仪器仪表）台班消耗量以当时、当地相应市场价格由企业自主确定。其中，材料的“暂估单价”应与招标控制价保持一致。

（3）竣工决算。

综合单价所含人工费、材料费、机械费除“暂估单价”直接以相应“确认单价”替换计算外，应根据已标价清单综合单价中的人工、材料、施工机械（仪器仪表）台班消耗量，按照合同约定计算因价格波动所引起的价差。计补价差时，应以分部分项工程所列项目的全部差价汇总计算，或直接计入相应综合单价。

2. 企业管理费、利润

（1）招标控制价。

综合单价以“定额人工费+定额机械费”乘以企业管理费、利润的相应费率计算。费率应按相应施工取费费率的中值计取。市政工程企业管理费、利润费率分别见表 1-4 和表 1-5。

表 1-4 市政工程企业管理费费率

<table>
<tr><th rowspan="3">定额编号</th><th rowspan="3" colspan="2">项目名称</th><th rowspan="3">计算基数</th><th colspan="6">费率/%</th></tr>
<tr><th colspan="3">一般计税</th><th colspan="3">简易计税</th></tr>
<tr><th>下限</th><th>中值</th><th>上限</th><th>下限</th><th>中值</th><th>上限</th></tr>
<tr><td>C1</td><td colspan="9">企业管理费</td></tr>
<tr><td>C1-1</td><td colspan="9">市政土建工程</td></tr>
<tr><td>C1-1-1</td><td rowspan="4">其中</td><td>道路、排水、河道护岸、水处理构筑物及城市综合管廊、生活垃圾处理工程</td><td rowspan="4">人工费+机械费</td><td>12.78</td><td>17.04</td><td>21.30</td><td>12.11</td><td>16.15</td><td>20.19</td></tr>
<tr><td>C1-1-2</td><td>桥梁工程</td><td>14.69</td><td>19.58</td><td>24.47</td><td>14.09</td><td>18.79</td><td>23.49</td></tr>
<tr><td>C1-1-3</td><td>隧道工程</td><td>7.17</td><td>9.56</td><td>11.95</td><td>6.93</td><td>9.24</td><td>11.55</td></tr>
<tr><td>C1-1-4</td><td>专业土石方工程</td><td>2.48</td><td>3.30</td><td>4.12</td><td>2.29</td><td>3.05</td><td>3.81</td></tr>
<tr><td>C1-2</td><td colspan="2">市政安装工程</td><td>人工费+机械费</td><td>12.59</td><td>16.78</td><td>20.97</td><td>12.40</td><td>16.53</td><td>20.66</td></tr>
</table>

注：企业管理费费率使用说明如下：

1. 市政土建工程划分为道路、排水、河道护岸、水处理构筑物及城市综合管廊、生活垃圾处理工程，桥梁工程，隧道工程，专业土石方工程。其中：

（1）道路工程适用于城市地面高速干道、主干道、次干道、支路、街道以及园林景区、公园、居民区（厂区、校区）等区域内按市政标准设计的道路、广场、停车场、运动场、操场、跑道等，并包括交通标志、标线等相应的附属工程。

（2）排水工程适用于城市雨水、污水、排水管网以及园林景区、公园、居民区（厂区、校区）等按市政标准设计的雨水、污水、排水管道，并包括管道土石方填挖、检查井等相应的附属工程。

（3）河道护岸工程包括单独排洪工程（含明渠、暗渠及截洪沟）、护岸护坡及土堤等工程，并包括相应的附属工程。

(4) 水处理构筑物及城市综合管廊工程适用于城市各类水处理构筑物(含自来水厂、排水泵站、污水处理厂等市政设施的构筑物)以及采用开槽施工的城市地下综合管廊工程,并包括相应的附属工程。采用不开槽施工的城市地下综合管廊按隧道工程的相应费率执行。

(5) 生活垃圾处理工程适用于生活垃圾填埋场、生活垃圾焚烧场内相应设施的附属工程。

(6) 桥梁工程是用于城市水域桥梁、城市地面桥梁(含立交桥、高架桥、人行天桥等)、车行(或人行)箱涵等工程并包括相应的附属工程。

(7) 隧道工程适用于城市岩石山体隧道以及软土地带的地下(或水下)隧道工程,并包括相应的装饰等附属工程。

(8) 专业土石方工程仅适用于市政工程中单独承包的土石方专业发包工程。

2. 市政安装工程适用于城市给水管网(含自来水厂内给水管道、长距离城市供水管道等)、燃气管网、供热管网、路灯及智能交通设施等工程,并包括相应的附属工程。遇单独管网改造时,还包括各类管线的开挖与回填。

3. 水处理构筑物、城市综合管廊和隧道工程中的机电、照明、消防等相应设备安装工程按通用安装工程相应费率及其规定执行。

表 1-5　市政工程利润费率

定额编号	项目名称		计算基数	费率/%					
				一般计税			简易计税		
				下限	中值	上限	下限	中值	上限
C2	利润								
C2-1	市政土建工程								
C2-1-1	其中	道路、排水、河道护岸、水处理构筑物及城市综合管廊、生活垃圾处理工程	人工费+机械费	7.49	9.99	12.49	7.10	9.46	11.82
C2-1-2		桥梁工程		5.69	7.58	9.47	5.47	7.29	9.11
C2-1-3		隧道工程		4.87	6.49	8.11	4.70	6.26	7.82
C2-1-4		专业土石方工程		2.03	2.70	3.37	1.87	2.49	3.11
C2-2	市政安装工程		人工费+机械费	8.58	11.44	14.30	8.42	11.23	14.04

注:利润费率使用说明同企业管理费费率。

(2) 投标报价。

综合单价以“人工费+机械费”乘以企业管理费、利润的相应费率计算。费率可参考相应施工取费费率,由企业自主确定。

(3) 竣工结算。

综合单价依已标价清单综合单价确定的“人工费+机械费”乘以企业管理费、利润费率分别进行计算。费率按投标报价时的相应费率保持不变。

3. 风险费用

以“暂估单价”计入综合单价的材料不考虑风险费用。

(二) 措施项目费

1. 施工技术措施项目费

计算原则参照分部分项工程费相关内容处理。

微课
计价程序-措施项目费

2. 施工组织措施项目费

(1) 招标控制价。

以“定额人工费+定额机械费”乘以各施工组织措施项目相应费率进行计算。其中,安全文明施工基本费费率应按相应基准费率(即施工取费费率的中值)计取,其余施工组织措施项目费(“标化工地增加费”除外)费率均按相应施工取费费率的中值确定,见表1-6和表1-7。

表1-6 市政土建工程施工组织措施项目费费率

定额编号	项目名称		计算基数	费率/%					
				一般计税			简易计税		
				下限	中值	上限	下限	中值	上限
CJ3	施工组织措施项目费								
CJ3-1	安全文明施工基本费								
CJ3-1-1	其中	非市区工程	人工费+机械费	6.57	7.30	8.03	6.62	7.35	8.08
CJ3-1-2		市区工程		7.66	8.51	9.36	7.70	8.56	9.42
CJ3-2	标化工地增加费								
CJ3-2-1	其中	非市区工程	人工费+机械费	1.19	1.40	1.68	1.20	1.41	1.69
CJ3-2-2		市区工程		1.40	1.65	1.98	1.41	1.66	1.99
CJ3-3	提前竣工增加费								
CJ3-3-1	其中	缩短工期比例10%以内	人工费+机械费	0.01	0.56	1.11	0.01	0.57	1.13
CJ3-3-2		缩短工期比例20%以内		1.11	1.13	1.65	1.13	1.40	1.67
CJ3-3-3		缩短工期比例30%以内		1.65	1.91	2.17	1.67	1.93	2.19
CJ3-4	二次搬运费		人工费+机械费	0.38	0.48	0.58	0.39	0.49	0.59
CJ3-5	冬雨期施工增加费		人工费+机械费	0.07	0.13	0.19	0.08	0.14	0.20
CJ3-6	行车、行人干扰增加费		人工费+机械费	1.35	1.69	2.03	1.36	1.70	2.04

注:市政土建工程施工组织措施项目费费率使用说明如下:

1. 市政土建工程的施工组织措施项目费费率适用于道路、排水、河道护岸、水处理构筑物及城市综合管廊工程、生活垃圾处理工程,桥梁工程,隧道工程和专业土石方工程。
2. 专业土石方工程的施工组织措施项目费费率乘以系数0.35。
3. 标化工地增加费费率的下限、中值、上限分别对应设区市级、省级、国家级标化工地,县市区级标化工地的费率中值乘以系数0.7。

(2) 投标报价。

以“人工费+机械费”乘以相应费率计算。其中,安全文明施工基本费费率应按不低于相应基准费率的90%(即施工取费费率的下限)计取,其余施工组织措施项目费(“标化工地增加费”除外)费率可参考相应施工取费费率由企业自主确定。

(3) 竣工结算。

以已标价综合单价确定的“人工费+机械费”乘以相应费率计算,费率均按投标报价时的相应费率保持不变。

表 1-7 市政安装工程施工组织措施项目费费率

定额编号	项目名称		计算基数	费率/%					
				一般计税			简易计税		
				下限	中值	上限	下限	中值	上限
CA3	施工组织措施项目费								
CA3-1	安全文明施工基本费								
CA3-1-1	其中	非市区工程	人工费+机械费	4.82	5.35	5.88	5.01	5.57	6.13
CA3-1-2		市区工程		5.63	6.25	6.7	5.85	6.50	7.15
CA3-2	标化工地增加费								
CA3-2-1	其中	非市区工程	人工费+机械费	1.24	1.46	1.75	1.29	1.52	1.82
CA3-2-2		市区工程		1.46	1.72	2.06	1.52	1.79	2.15
CA3-3	提前竣工增加费								
CA3-3-1	其中	缩短工期比例 10% 以内	人工费+机械费	0.01	0.63	1.25	0.01	0.66	1.31
CA3-3-2		缩短工期比例 20% 以内		1.25	1.56	1.87	1.31	1.63	1.95
CA3-3-3		缩短工期比例 30% 以内		1.87	2.20	2.53	1.95	2.29	2.63
CA3-4	二次搬运费		人工费+机械费	0.29	0.41	0.53	0.30	0.42	0.54
CA3-5	冬雨期施工增加费		人工费+机械费	0.07	0.13	0.19	0.08	0.14	0.20
CA3-6	行车、行人干扰增加费		人工费+机械费	1.25	1.57	1.89	1.30	1.63	1.96

注:市政安装工程施工组织措施项目费费率使用说明如下:

1. 市政安装工程的施工组织措施项目费费率适用于城市给水管网(含自来水厂内给水管道、长距离城市供水管道等)、燃气管网、供热管网、路灯及智能交通设施等工程。
2. 水处理构筑物、城市综合管廊和隧道工程中的机电、照明、消防等相关设备安装工程按通用安装工程相应费率及其规定执行。
3. 市政安装工程的安全文明施工基本费费率按照与市政土建工程同步交叉配合施工进行测算,不与市政土建工程同步交叉配合施工(即单独进场施工)的给水、燃气、供热、路灯及智能交通设施等市政安装工程,其安全文明施工基本费费率乘以系数 1.4。
4. 标化工地增加费费率的下限、中值、上限分别对应设区市级、省级、国家级标化工地,县市区级标化工地的费率按费率中值乘以系数 0.7。

① 安全文明施工基本费对于安全防护、文明施工有特殊要求和危险性较大的工程,需增加安全防护、文明施工措施所发生的费用可另列项目计算或要求投标报价的施工企业在费率中考虑。

② 安全文明施工基本费费率不包括市政、城市轨道交通高架桥(高架区间)及道路绿化等工程在施工区域沿线搭设的临时围挡(护栏)费用,发生时应按施工技术措施项目费另列项目进行计算。

③ 标化工地增加费,在编制招标控制价和投标报价时,可按其他项目费的暂列金

额计列；编制竣工结算时，标化工地增加费应以施工组织措施项目费计算。其中，合同约定有创建安全文明施工标准化工地要求而实际未创建的，不计算标化工地增加费；实际创建等级与合同约定不符或合同无约定而实际创建的，按实际创建等级相应费率标准的 75% ~100% 计算标化工地增加费（实际创建等级高于合同约定等级的，不应低于合同约定等级原有费率标准），并签订补充协议。

④ 施工现场与城市道路之间的连接道路硬化是发包人向承包人提供正常施工所需的交通条件，属于工程建设其他费用中“场地准备及临时设施费”的包含内容。如由承包人负责实施，其费用应按实际并经现场签证后另行计算。

⑤ 提前竣工增加费，以工期缩短的比例计取，工期缩短比例按以下公式确定：

工期缩短比例 = [（定额工期 − 合同工期）/ 定额工期] ×100%

⑥ 缩短工期比例在 30% 以上者，应按审定的措施方案计算相应的提前竣工增加费。实际工期比合同工期提前的，应根据合同约定另行计算。

（三）其他项目费

1. 招标控制价和投标报价

按暂列金额、暂估价、计日工和施工总承包服务费中实际发生项的合价之和进行计算。市政工程其他项目费费率见表 1-8。

表 1-8 市政工程其他项目费费率

<table>
<tr><th>定额编号</th><th colspan="2">项目名称</th><th>计算基数</th><th>费率/%</th></tr>
<tr><td>C4</td><td colspan="4">其他项目费</td></tr>
<tr><td>C4-1</td><td colspan="4">优质工程增加费</td></tr>
<tr><td>C4-1-1</td><td rowspan="4">其中</td><td>县市区级优质工程</td><td rowspan="4">除优质工程增加费外税前工程造价</td><td>0.75</td></tr>
<tr><td>C4-1-2</td><td>设区市级优质工程</td><td>1.00</td></tr>
<tr><td>C4-1-3</td><td>省级优质工程</td><td>2.00</td></tr>
<tr><td>C4-1-4</td><td>国家级优质工程</td><td>3.00</td></tr>
<tr><td>C4-2</td><td colspan="4">施工总承包服务费</td></tr>
<tr><td>C4-2-1</td><td rowspan="4">其中</td><td>专业发包工程管理费（管理、协调）</td><td rowspan="2">专业发包工程金额</td><td>1.00 ~2.00</td></tr>
<tr><td>C4-2-2</td><td>专业发包工程管理费（管理、协调、配合）</td><td>2.00 ~4.00</td></tr>
<tr><td>C4-2-3</td><td>甲供材料保管费</td><td>甲供材料金额</td><td>0.50 ~1.00</td></tr>
<tr><td>C4-2-4</td><td>甲供设备保管费</td><td>甲供设备金额</td><td>0.20 ~0.50</td></tr>
</table>

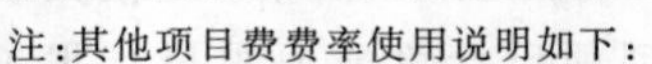

注：其他项目费费率使用说明如下：

1. 其他项目费不分计税方法，统一按相应费率执行。
2. 优质工程增加费费率按工程质量综合性奖项测定，适用于获得工程质量综合性奖项工程的计价；获得工程质量单项性专业奖项的工程，费率标准由发承包双方自行约定。市政工程的优质工程增加费不分土建与安装，统一按相应费率计算。
3. 专业发包工程管理费的取费基数按其税前金额确定，不包括相应的销项税；甲供材料保管费和甲供设备保管费的取费基数按其含税金额计算，包括相应的进项税。

2. 竣工结算

按专业工程结算价、计日工、施工总承包服务费、索赔与现场签证费和优质工程增加费中实际发生项的合价之和进行计算。

① 标化工地暂列金额，在招标控制价和投标报价时，可按暂列金额列项；竣工结算时，再以施工组织措施项目费计算。

② 优质工程暂列金额，在招标控制价和投标报价时，可按暂列金额列项；竣工结算时，再在其他项目费中列项。

③ 其他暂列金额，应以招标控制价中除暂列金额外的税前工程造价乘以相应估算比例进行计算，估算比例一般不高于5%。

④ 暂估价包括专业工程暂估价和专项措施暂估价；招标控制价与投标报价的暂估价应保持一致，材料及工程设备暂估价列入分部分项工程项目的综合单价计算。竣工结算时，专业工程暂估价以专业工程结算价取代；专项措施暂估价以专项措施结算价格取代并计入施工技术措施项目费及相关费用。

(四) 规费

1. 招标控制价

规费应以分部分项工程费与施工技术措施项目费中的“定额人工费+定额机械费”乘以规费相应费率进行计算。市政工程规费费率见表1-9。

表1-9　市政工程规费费率

<table>
<tr><th rowspan="2">定额编号</th><th rowspan="2" colspan="2">项目名称</th><th rowspan="2">计算基数</th><th colspan="2">费率/%</th></tr>
<tr><th>一般计税</th><th>简易计税</th></tr>
<tr><td>C5</td><td colspan="5">规费</td></tr>
<tr><td>C5-1</td><td colspan="5">市政土建工程</td></tr>
<tr><td>C5-1-1</td><td rowspan="4">其中</td><td>道路、排水、河道护岸、水处理构筑物及城市综合管廊、生活垃圾处理工程</td><td rowspan="4">人工费+机械费</td><td>18.75</td><td>17.75</td></tr>
<tr><td>C5-1-2</td><td>桥梁工程</td><td>22.84</td><td>21.96</td></tr>
<tr><td>C5-1-3</td><td>隧道工程</td><td>21.02</td><td>20.27</td></tr>
<tr><td>C5-1-4</td><td>专业土石方工程</td><td>12.62</td><td>11.65</td></tr>
<tr><td>C5-2</td><td colspan="2">市政安装工程</td><td>人工费+机械费</td><td>27.80</td><td>27.30</td></tr>
</table>

注：规费费率使用说明同企业管理费费率。

2. 投标报价

投标人应根据本企业实际缴纳“五险一金”情况自主确定规费费率，规费应以分部分项工程费与施工技术措施项目费中的“人工费+机械费”乘以自主确定的规费费率进行计算。

3. 竣工结算价

规费应以分部分项工程费与施工技术措施项目费中依据已标价清单综合单价确定的“人工费+机械费”乘以规费的相应费率进行计算。

（五）税金

市政工程税金税率见表1-10。

表1-10 市政工程税金税率

定额编号	项目名称	适用计税方法	计算基数	税率/%
C6	增值税			
C6-1	增值税销项税	一般计税方法	税前工程造价	9.00
C6-2	增值税征收率	简易计税方法		3.00

注：采用一般计税方法计税时，税前工程造价中的各费用项目均不包含增值税进项税额；采用简易计税方法计税时，税前工程造价中的各费用项目均应包含增值税进项税额。

［例1-4］ 某非市区给水工程，有一造价为150万元的专业工程需要总包单位发包（管理、协调），定额工期为400天，合同工期为360天。质量要求达到“设区市级”优质工程，并要求创“县市区级标化工地”。已知该给水工程的定额清单分部分项工程费为3 200万元，其中人工费为570万元，机械费为230万元；施工技术措施项目费为600万元，其中人工费为80万元，机械费为100万元；施工组织措施项目费按本省2018版计价规则内容及规定分别列项计算，费率按中值计算，有冬雨期施工及二次搬运，行车、行人干扰增加费不考虑。其他暂列金暂按5%计算；暂估价不考虑；本工程无甲供材料或设备；计日工不考虑；税收按一般计税。以上人工费、机械费均为不含税价。

根据上述条件列表计算该给水工程投标报价。

【解】 给水工程投标报价见表1-11。

表1-11 给水工程投标报价

序号	费用项目		取费计算式	费用/万元
一	分部分项工程费			3 200
	其中	1. 人工费+机械费	570+230	800
二	措施项目费		（一）+（二）	663.89
	（一）施工技术措施项目费			600
	其中	2. 人工费+机械费	80+100	180
	（二）施工组织措施项目费		3+4+5+6	63.89
	其中	3. 安全文明施工基本费	（1+2）×5.35%	52.43
		4. 提前竣工增加费	（1+2）×0.63%	6.17
		5. 二次搬运费	（1+2）×0.41%	4.02
		6. 冬雨期施工增加费	（1+2）×0.13%	1.27
三	其他项目费		（三）+（四）+（五）+（六）	260.59
	（三）暂列金额		7+8+9	258.34
	其中	7. 标化工地暂列金额	（1+2）×1.46%×0.7	10.02
		8. 优质工程暂列金额	（3 200+663.89+272.44+2.25）×1%	41.39
		9. 其他暂列金额	（3 200+663.89+272.44+2.25）×5%	206.93
	（四）暂估价		10+11	0

续表

序号	费用项目		取费计算式	费用/万元
	其中	10. 专业工程暂估价		
		11. 专项措施暂估价		
	（五）计日工			0
	（六）施工总承包服务费		12+13	2.25
	其中	12. 专业发包工程管理费	150×1.5%	2.25
		13. 甲供材料设备保管费		0
四	规费		(1+2)×27.80%	272.44
五	税前工程造价		一+二+三+四	4 396.92
六	税金(增值税销项税)		五×9%	395.73
七	建筑安装工程造价		五+六	4 792.65

项目二

市政通用项目工程计量计价

学习目标

学会市政通用项目工程施工图识读。
掌握市政通用项目工程清单工程量计算、清单编制方法。
掌握市政通用项目工程清单报价编制方法,学会定额的应用。

技能目标

能根据给定工程项目图纸、计量计价依据等进行市政通用项目列项、计量、工程量清单编制、清单报价编制和结算价编制。

通用项目是市政工程预算定额各专业册中带共性的项目,属于《浙江省市政工程预算定额》第一册,适用于市政新建、改建和扩建工程(专业册中指明不适用本定额的除外),不适用于市政的养护和维护工程。通用项目包括土石方工程,护坡、挡土墙工程,地基加固、围护工程,钢筋工程,拆除工程,措施项目,其他项目。

以上项目在《市政工程工程量计算规范》(GB 50857—2013)中参见:土石方工程,附录 A;打拔工具桩、支撑工程、地下连续墙,附录 C.2;拆除工程,附录 K;围堰工程、脚手架及其他工程,附录 L;护坡、挡土墙工程,附录 C.3、C.4、C.5;地基加固,B.1。

教学单元一　土石方工程

一、土石方工程基础知识

(一) 土壤及岩石的分类

(1) 土方工程中土方类别根据"土壤及岩石(普氏)分类表"划分为一类、二类、三类与四类，具体划分范围详见土壤（普氏）分类表。土壤如图 2-1 所示。

除上述四种土壤外，有些省（市）定额还考虑了下列两种土壤：淤泥、流砂。

① 淤泥是指在静水或缓慢流水环境中沉积的含有丰富有机质的细土粒，其天然含水率大于液限，天然孔隙比大于 1.5。

② 流砂是指在动水压力作用下发生流动的含水饱和细砂、微粒砂或亚黏土等。

（2）岩石（图 2-2）根据土壤及岩石（普氏）分类表划分为松石、次坚石、普坚石与特坚石，其具体划分范围详见岩石（普氏）分类表。

图 2-1　土壤

图 2-2　岩石

（3）土石方开挖时，遇同一工程中发生土石方类别不同时，除定额另有规定外，应按类别不同分别进行工程量计算。

（二）土石方工程的分类

（1）土方工程按施工方法分为人工土方与机械土方。

① 人工土方是采用镐、锄、铲或小型机具施工的土方工程，适用于土方量小、运输距离近或不宜采用机械施工的土方工程。

② 机械土方主要采用挖掘机、推土机、装载机、压路机、自卸汽车等，定额有单种机械施工，也有多种机械配合施工的机械土方子目。

（2）干、湿土的划分应以地质勘察资料为准，含水率大于 25% 为湿土；或以地下常水位为准，常水位以下为湿土，常水位以上为干土。采用井点降水施工方法，则土方均按干土考虑。

（3）土方体积按其密实程度分为以下几种。

① 天然密实体积（自然方）：历史上自然形成的状态，未经开挖施工过的土（石）方体积。

② 夯实后体积（实方）：按规范要求，经分层碾压、夯实后的土壤体积。

③ 虚方体积：挖土后未经碾压、堆积时间小于或等于 1 年的土壤体积。

④ 松填体积：挖出的土自然堆放、未经夯实填在坑、槽中的土壤体积。

定额中土方体积均按天然密实体积（自然方）编制。在计算土方外运、回填时考虑虚实体积。土（石）方体积折算系数表见表 2-1 和表 2-2。

［例 2-1］　某土方工程，按施工图计算得挖方工程量 12 000 m^3，填方工程量为 3 000 m^3（需夯实回填），试计算弃土外运的工程量。

表 2-1　清单规定土方折算表

序号	天然密实度体积	虚方体积	夯实体积	松填体积
1	1	1.3	0.87	1.08
2	0.77	1	0.67	0.83
3	1.15	1.5	1	1.25
4	0.92	1.2	0.8	1

表 2-2　清单规定石方折算表

序号	岩石分类	天然密实度体积	虚方体积	松填体积	码方
1	石方	1	1.54	1.31	0
2	块石	1	1.75	1.43	1.67
3	砂夹石	1	1.07	0.94	0

【解】　外运土方应按自然方计算，填方工程量 3 000 m^3 为夯实后工程量，应转换成自然方，查表得，夯实后体积：自然方体积 = 1 : 1.15，则填土所需自然方工程量为：3 000×1.15 m^3 = 3 450 m^3，故土方外运工程量为：(12 000-3 450) m^3 = 8 550 m^3。

(4) 石方工程分为人工凿石与爆破法开挖。

① 人工凿石是采用铁钎、铁锤或利用风镐将石方凿除，常用于消除小量石方或不宜采用爆破开挖的石方工程，其劳动强度大、效率低。

② 爆破法开挖是采用人力或机械对岩石打孔、装填炸药，用电雷管和导火索起爆，利用炸药的化学反应使岩石破碎。

③ 市政工程中采用的炸药一般为硝铵炸药，该炸药爆破性能好，生产、运输、保管都比较安全，但易受潮产生拒爆。所以，在有地下水或积水时，应采取防水措施或采用其他抗水性能强的炸药。

二、土石方工程清单编制

(一) 土石方工程量计算

土石方工程主要是在市政道路、桥梁、管道、隧道等工程施工过程中产生的土石方开挖、回填方及土石方运输等项目。

土方工程工程量清单项目设置、项目特征描述的内容、计量单位及工程量计算规则按照表 2-3 的规定执行。

(1) 沟槽、基坑、一般土方的划分为：底宽小于或等于 7 m 且底长大于 3 倍底宽的为沟槽，底长小于或等于 3 倍底宽且底面积小于或等于 150 m^2 的为基坑，超出上述范围的为一般土方。

(2) 土壤的分类应按照表 2-4 确定。

(3) 当土壤类别不能确定时，招标人可注明为综合，由投标人根据地质勘察报告决定报价。

(4) 土方体积应按照挖掘前的天然密实体积计算。

(5) 挖沟槽、基坑土方中的挖土深度，一般指原地面标高至槽、坑底的平均高度。

表 2-3 土方工程(编码:040101)

项目编码	项目名称	项目特征	计量单位	工程量计算规则	工作内容
040101001	挖一般土方	1. 土壤类别 2. 挖土深度	m^3	按设计图示尺寸以体积计算	1. 排地表水 2. 土方开挖 3. 围护(挡土板)及拆除 4. 基底钎探 5. 场内运输
040101002	挖沟槽土方			按设计图示尺寸以基础垫层底面积乘以挖土深度计算	
040101003	挖基坑土方				
040101004	暗挖土方	1. 土壤类别 2. 平洞、斜洞(坡度) 3. 运距		按设计图示断面乘以长度以体积计算	1. 排地表水 2. 土方开挖 3. 场内运输
040101005	挖淤泥、流砂	1. 挖掘深度 2. 运距		按设计图示位置、界限以体积计算	1. 开挖 2. 运输

表 2-4 土壤分类表

土壤分类	土壤名称	开挖方法
一、二类土	粉土、砂土(粉砂、细砂、中砂、粗砂、砾砂)、粉质黏土、弱中盐渍土、软土(淤泥质土、泥炭、泥炭质土)、软塑红黏土、冲填土	用锹,少许用镐、条锄开挖。机械能全部直接铲挖满载者
三类土	黏土、碎石土(圆砾、角砾)、混合土、可塑红黏土、硬塑红黏土、强盐渍土、素填土、压实填土	主要用镐、条锄,少许用锹开挖。机械需部分刨松方能铲挖满载者或可直接铲挖但不能满载者
四类土	碎石土(卵石、碎石、漂石、块石)、坚硬红黏土、超盐渍土、杂填土	全部用镐、条锄挖掘,少数用撬棍挖掘。机械需普遍刨松方能铲挖满载者

注:本表土的名称及其含义按现行国家标准《岩土工程勘察规范》(GB 50021—2001,2009 年局部修订版)定义。

(6) 挖沟槽、基坑、一般土方因放坡和工作面增加的工程量,是否并入各土方工程量中,按各省、自治区、直辖市或行业建设主管部门的规定实施。如并入各土方工程量中,编制工程量清单时,可按表 2-5、表 2-6 的规定计算;办理工程结算时,按经发包人认可的施工组织设计规定计算。

表 2-5 放坡系数表

土类别	放坡起点/m	人工挖土	机械挖土		
			在沟槽、坑内作业	在沟槽侧、坑边上作业	顺沟槽方向坑上作业
一、二类土	1.20	1∶0.50	1∶0.33	1∶0.75	1∶0.50

续表

土类别	放坡起点/m	人工挖土	机械挖土		
			在沟槽、坑内作业	在沟槽侧、坑边上作业	顺沟槽方向坑上作业
三类土	1.50	1∶0.33	1∶0.25	1∶0.67	1∶0.33
四类土	2.00	1∶0.25	1∶0.10	1∶0.33	1∶0.25

注:1. 沟槽、基坑中土类别不同时,分别按其放坡起点、放坡系数,依不同土类别厚度加权平均计算。

2. 计算放坡时,在交接处的重复工程量不予扣除,原槽、坑做基础垫层时,放坡自垫层上表面开始计算。

3. 本表按《全国统一市政工程预算定额》(GYD—301—1999)整理,并增加机械挖土顺沟槽方向坑上作业的放坡系数。

表 2-6 管沟施工每侧所需工作面宽度计算表 单位:mm

管道结构宽	混凝土管道基础≤90°	混凝土管道基础>90°	金属管道	构筑物	
				无防潮层	有防潮层
500 以内	400	400	300	400	600
1 000 以内	500	500	400		
2 500 以内	600	500	400		
2 500 以上	700	600	500		

注:1. 管道结构宽:有管座按管道基础外缘,无管座按管道外径计算;构筑物按基础外缘计算。

2. 本表按《全国统一市政工程预算定额》(GYD—301—1999)整理,并增加管道结构宽 2 500 mm 以上的工作面宽度值。

(7) 挖沟槽、基坑、一般土方和暗挖土方清单项目中的工作内容中仅包括了土方场内平衡所需的运输费用,如需土方外运时,按 040103002"余方弃置"项目编码列项。

(8) 挖方出现淤泥、流砂时,如设计未明确,在编制工程量清单时,其工程数量可为暂估值。结算时,应根据实际情况,由发包人与承包人双方现场签证确认工程量。

(9) 挖淤泥、流砂的运距可以不描述,但应注明由投标人根据施工现场实际情况自行考虑决定报价。

石方工程工程量清单项目设置、项目特征描述的内容、计量单位及工程量计算规则按照表 2-7 的规定执行。

表 2-7 石方工程(编码:040102)

项目编码	项目名称	项目特征	计量单位	工程量计算规则	工作内容
040102001	挖一般石方	1. 岩石类别 2. 开凿深度	m^3	按设计图示尺寸以体积计算	1. 排地表水 2. 石方开凿 3. 修整底、边 4. 场内运输
040102002	挖沟槽石方			按设计图示尺寸以基础垫层底面积乘以挖石深度计算	
040102003	挖基坑石方				

（1）沟槽、基坑、一般石方的划分为：底宽小于或等于 7 m 且底长大于 3 倍底宽的为沟槽，底长小于或等于 3 倍底宽且底面积小于或等于 150 m^2 的为基坑，超出上述范围的则为一般石方。

（2）岩石的分类应按照表 2-8 确定。

表 2-8　岩石分类表

<table>
<tr><th colspan="2">岩石分类</th><th>代表性岩石</th><th>开挖方法</th></tr>
<tr><td colspan="2">极软岩</td><td>1. 全风化的各种岩石
2. 各种半成岩</td><td>部分用手凿工具、部分用爆破法开挖</td></tr>
<tr><td rowspan="2">软质岩</td><td>软岩</td><td>1. 强风化的坚硬岩或较硬岩
2. 中等风化—强风化的较软岩
3. 未风化—微风化的页岩、泥岩、泥质砂岩等</td><td>用风镐和爆破法开挖</td></tr>
<tr><td>较软岩</td><td>1. 中等风化—强风化的坚硬岩或较硬岩
2. 未风化—微风化的凝灰岩、千枚岩、泥灰岩、砂质泥岩等</td><td rowspan="3">用爆破法开挖</td></tr>
<tr><td rowspan="2">硬质岩</td><td>软硬岩</td><td>1. 微风化的坚硬岩
2. 未风化—微风化的大理岩、板岩、石灰岩、白云岩、钙质砂岩等</td></tr>
<tr><td>坚硬岩</td><td>未风化—微风化的花岗岩、闪长岩、辉绿岩、玄武岩、安山岩、片麻岩、石英岩、石英砂岩、硅质砾岩、硅质石灰岩等</td></tr>
</table>

注：本表依据现行国家标准《工程岩体分级标准》（GB 50218—2014）和《岩土工程勘察规范》（GB 50021—2001，2009 年局部修订版）整理。

（3）岩石体积应按照挖掘前的天然密实体积计算。

（4）挖沟槽、基坑、一般石方因放坡和工作面增加的工程量，是否并入各石方工程量中，按各省、自治区、直辖市或行业建设主管部门的规定实施。如并入各石方工程量中，编制工程量清单时，其所需增加的工程数量可为暂估值，在清单项目中予以注明；办理工程结算时，按经发包人认可的施工组织设计规定计算。

（5）挖沟槽、基坑、一般石方清单项目中的工作内容中仅包括了石方场内平衡所需的运输费用，如需石方外运时，按 040103002“余方弃置”项目编码列项。

（6）石方爆破按现行国家标准《爆破工程工程量计算规范》（GB 50862—2013）相关项目编码列项。

（二）土石方运输

回填方及土石方运输工程量清单项目设置、项目特征描述的内容、计量单位及工程量计算规则按照表 2-9 的规定执行。

（1）填方材料品种为土时，可以不描述。

（2）填方粒径，在无特殊要求情况下，项目特征可以不描述。

（3）对于沟、槽、坑开挖后再进行回填方的清单项目，其工程量计算规则按表 2-9

中的第1条确定;场地填方等按第2条确定。其中,对第1条工程量计算规则,当原地面线高于设计要求标高时,则其体积为负值。

表2-9　回填方和土石方运输(编码:040103)

项目编码	项目名称	项目特征	计量单位	工程量计算规则	工作内容
040103001	回填方	1. 密实度要求 2. 填方材料品种 3. 填方粒径要求 4. 填方来源、运距	m^3	1. 按挖方清单项目工程量加原地面线至设计要求标高间的体积,减基础、构筑物等埋入体积计算 2. 按设计图示尺寸以体积计算	1. 运输 2. 回填 3. 压实
040103002	余方弃置	1. 废弃料品种 2. 运距		按挖方清单项目工程量减利用回填方体积(正数)计算	余方点装料运输至弃置点

(4) 回填方总工程量中若包括场内平衡和缺方内运两部分时,应分别编码列项。

(5) 余方弃置和回填方的运距可以不描述,但应注明由投标人根据施工现场实际情况自行考虑决定报价。

(6) 回填方如需缺方内运,且填方材料品种为土方时,是否在综合单价中计入购买土方的费用,由投标人根据工程实际情况自行考虑决定报价。

三、土石方工程清单报价(依据《浙江省市政工程预算定额》2018版)

(一) 报价工程量计算

1. 土方工程

开挖、回填土方工程量按设计图计算以体积 m^3 计,土方开挖体积已算成天然密实体积(自然方),回填土体积已算成碾压夯实后的体积(实方)。干、湿土方工程量分别计算。

计算土方运输时,体积按天然密实体积(自然方)计算,应采用土方体积换算表折算。

(1) 土方开挖。

市政专业管道工程土方一般属于沟槽土方范围(图2-3、图2-4),管道构造物及桥梁墩台部分土方一般属于基坑土方,而道路、广场土方则大多归类为一般土方(平均填挖高度小于30 cm除外)。

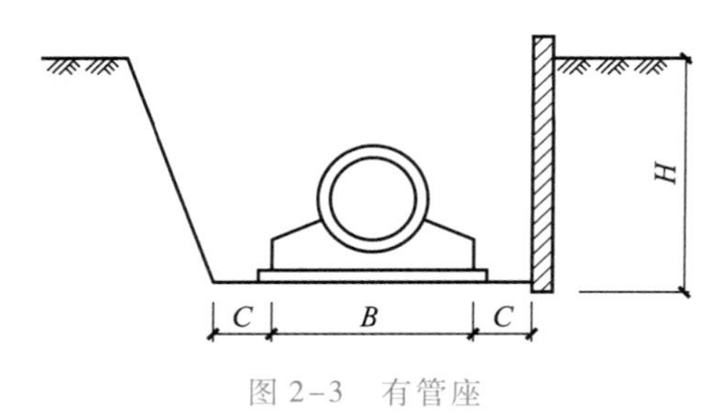

图2-3　有管座

图2-4　无管座

① 沟槽土方。

a. 开挖沟槽土方计算公式：

$$V=(B+2C+KH)\times H\times L\times(1+2.5\%)$$

式中 B——管道结构宽，有管座的按基础外边缘计算（不包括各类垫层），无管座的按管道外径计算。如设挡土板，则每侧增加0.1 m。

C——工作面宽按设计要求，设计无明确说明时，按表2-10取用。

$B+2C$——沟槽底宽，UPVC管道有支撑时，沟槽底宽按表2-11取用。

K——放坡系数，各类土开挖深度超过表中放坡起点深度时，按表2-12取用。如遇同一断面有不同类别土质时，按各类土所占全深的百分比加权平均。

H——沟槽平均深度。当道路工程与排水管道同时施工时，道路土方按常规计算，管道土方沟槽平均深度按以下方法计取：填方路段从自然地面标高至沟槽底标高，挖方路段从设计路基标高至沟槽底标高。

L——沟槽长度，按管道同一管径两端井室中心线间距计算。

2.5%——考虑管道作业坑或沿线各种井室所增加的土石方，按沟槽全部土石方量的2.5%计算。

表2-10 管沟底部每侧工作面宽度 单位：mm

管道结构宽	混凝土管基础≤90°	混凝土管基础>90°	金属管道	塑料管道
≤500	400	400	300	300（无支撑）
≤1 000	500	500	400	
≤2 500	600	500	400	

表2-11 塑料管道有支撑沟槽开挖宽度 单位：mm

管径 深度	DN150	DN225	DN300	DN400	DN500	DN600	DN800	DN1000
≤3 m	800	900	1 000	1 100	1 200	1 300	1 500	1 700
≤4 m	—	1 100	1 200	1 300	1 400	1 500	1 700	1 900
>4 m	—	—	—	1 400	1 500	1 600	1 800	2 000

表2-12 挖土放坡系数表

土壤类别	放坡起点深度超过/m	人工开挖	机械开挖		
			在槽坑底作业	在槽坑边作业	沿沟槽方向作业
一、二类土	1.2	1:0.5	1:0.33	1:0.75	1:0.33
三类土	1.5	1:0.33	1:0.25	1:0.50	1:0.25
四类土	2.0	1:0.25	1:0.10	1:0.33	1:0.10

［例2-2］ 人工土方开挖，在同一断面中，一、二类土挖深1.5 m，三类土挖深0.8 m，试求其放坡系数K。

【解】 $K=1.5\div2.3\times0.5+0.8\div2.3\times0.33=0.44$

b. 当施工中采用各种管道联合沟槽开挖时，如图2-5所示，应扣除重叠部分体积。不同管道十字或斜向交叉时，沟槽开挖交接处产生的重复工程量不扣除。

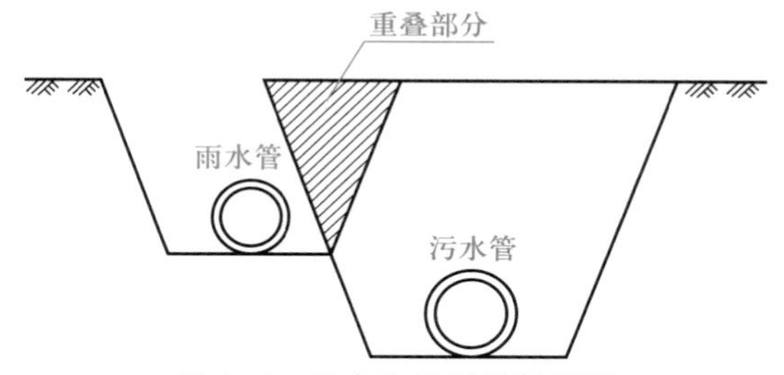

图 2-5 联合沟槽开挖断面图

c. 干、湿土分别计算工程量。

由于挖运湿土时要考虑施工降效影响，定额计价需乘以 1.18 的湿土系数，干、湿土在完成挖运工作时执行不同的基价，因此需要分别计算干、湿土工程量。设计图所示干、湿土的划分一般是以地下水位线为界，其下为湿土，其上为干土。计算时先算出沟槽全部开挖方量，再根据湿土高度计算湿土方量，干土方量即为全部开挖方量与湿土方量之差。

$$V_{全}=(B+2C+KH)\times H\times L$$
$$V_{湿}=(B+2C+KH_{湿})\times H_{湿}\times L$$
$$V_{干}=V_{全}-V_{湿}$$

d. 机械挖槽坑时人工辅助开挖工程量，按实际开挖土方工程量计算。

[例 2-3] 某排水工程沟槽开挖，采用机械开挖（沿沟槽方向），人工清底。土壤类别为三类，原地面平均标高为 4.5 m，设计槽坑底平均标高为 2.3 m，开挖深度为 2.2 m，设计槽坑底宽（含工作面）为 1.8 m，沟槽全长 2 km，机械挖土挖至基底标高以上 20 cm 处，其余为人工开挖。试分别计算该工程机械及人工土方数量。

【解】 该工程土方开挖深度为 2.2 m，土壤类别为三类，需放坡，查定额得放坡系数为 0.25。

土石方总量：$V_{总}=(1.8+0.25\times2.2)\times2.2\times2\ 000\times1.025\ \text{m}^3=10\ 599\ \text{m}^3$

其中，人工辅助开挖量：$V_{人工}=(1.8+0.25\times0.2)\times0.2\times2\ 000\times1.025\ \text{m}^3=759\ \text{m}^3$

机械土方量：$V_{机械}=(10\ 599-759)\ \text{m}^3=9\ 840\ \text{m}^3$

② 基坑土方（图 2-6）。

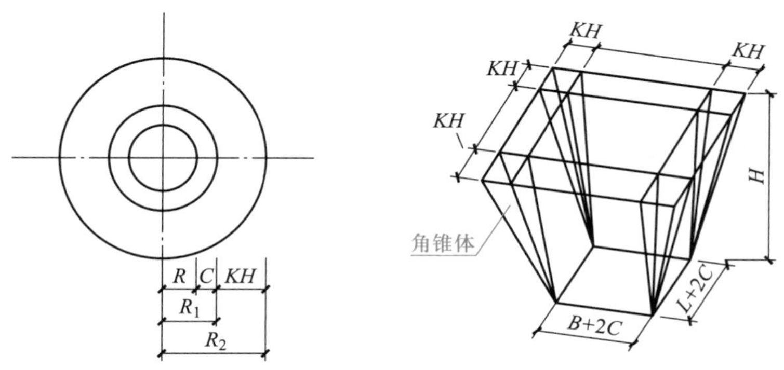

图 2-6 基坑土方

工程量可按设计图示开挖尺寸以体积计算，计算公式如下：

$$V_{矩形}=(B+2C+KH)\times(L+2C+KH)\times H\times K^2H^3/3$$

若上、下底边长分别为 A、B 及 a、b，也可用下式表示：

$$V_{棱台}=\frac{H}{6}[AB+ab+(A+a)(B+b)]$$

$$V_{圆形}=H/3[(R+C)^2+(R+C)(R+C+KH)+(R+C+KH)^2]$$

$$V_{通用}=H/6(S_{上}+S_{下}+4S_{中})$$

式中 V——挖基坑土方体积。

B、L——基坑结构宽度与结构长度，即构筑物基础外缘的长与宽，如设挡土板时，设挡土板一侧增加 10 cm。

R——基坑底结构圆半径。

C——工作面宽度。构筑物底部设有防潮层时，每侧工作面宽度取 600 mm；不设防潮层时，每侧工作面宽度取 600 mm。

H——自然地面标高（或设计地面标高）至构筑物基坑底部标高。

K——放坡系数。

$S_{下}$——基坑底面积，按构筑物设计尺寸每侧加工作面宽度计算。

$S_{上}$——基坑顶面积，每边尺寸较坑底增加 $2KH$。

$S_{中}$——基坑中截面面积，计算方法同基坑顶面积，深度按基坑全深一半计取。

③ 道路土方。

在编制预算阶段，道路土石计算数据来源于逐桩横断面施工图及与其对应的土石方数量表。道路逐桩横断面施工图表示每个设计桩号处的路基填挖高度以及该桩号断面的填方、挖方。计算道路土方工程量时填挖方体积需分别计算，当道路工程与给水排水等工程结合施工时，应注意土方工程量计算时的重复或漏算。

计算道路土石方数量常采用平均断面计算法，计算公式如下：

$$V=\sum(S_1+S_2)/2\times L$$

式中 S_1、S_2——相邻两桩号横断面填、挖面积。

$(S_1+S_2)/2$——相邻两桩号间平均断面面积。

L——道路相邻两桩号间长度，即两桩号之差。

［例 2-4］ 某工程道路路基土方工程量计算表见表 2-13，请将其补充完整。

表 2-13 某工程道路路基土方工程量计算表

桩号	横断面面积/m²		平均断面面积/m²		距离/m	土方工程量/m³	
	挖方	填方	挖方	填方		挖方	填方
K1+350	24.1	39.4					
K1+394.68	94.2	54					
K1+420	84.1	—					
K1+440	85.3	15.2					

【解】　补充后的土方工程量计算表见表 2-14。

表 2-14　补充后的土方工程量计算表

桩号	横断面面积/m²		平均断面面积/m²		距离/m	土方工程量/m³	
	挖方	填方	挖方	填方		挖方	填方
K1+350	24. 1	39. 4					
			59. 15	46. 7	44. 68	2 642. 82	2 086. 56
K1+394. 68	94. 2	54					
			89. 15	27	25. 32	2 257. 28	683. 64
K1+420	84. 1	—					
			84. 70	7. 6	20	1 694. 00	152. 00
K1+440	85. 3	15. 2					

④ 广场等大面积场地平整或平基土方。

平整场地工程量按构筑物结构外边缘各增加 2 m 计算面积，以 m² 计。

平基土方挖填土方工程量一般采用方格网法计算，即根据地形起伏变化大小情况，按如下方法进行：

a. 选择适当方格尺寸。有 5 m×5 m、10 m×10 m、20 m×20 m、100 m×100 m 等。方格越小，计算精确度越高；反之，方格越大，精确度越低。

b. 方格编号，标注方格四个角点的自然地坪标高。设计路基标高并计算施工高度。施工标高为设计路基标高与自然地面标高的差值，填方为“+”，挖方为“-”。

c. 计算两个角点之间的零点。在一个方格网内同时有填方或挖方时，要先算出方格网边的零点位置，并标注于方格网上。当两个角点中一个“+”值、一个“-”值时，两点连线之间必有零点，它是填方区与挖方区的分界线。

d. 判断方格挖方区与填方区（即连接零点确定零线），如图 2-7、图 2-8 所示。

原地面标高　设计路基标高

图 2-7　角点标高标注

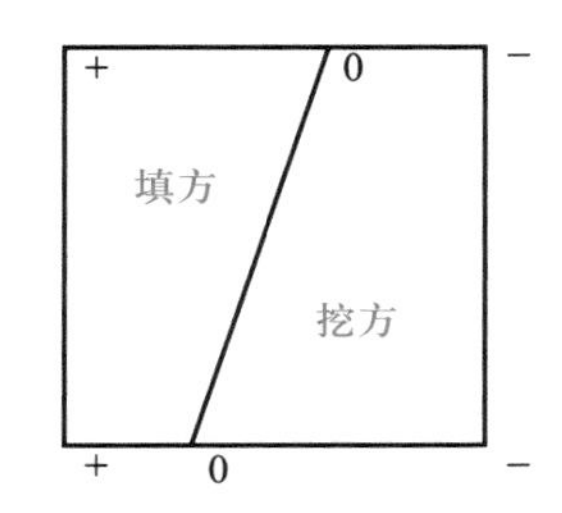

图 2-8　挖、填方区域示意图

e. 分别计算各方格填挖工程量。

填挖工程量按各计算图形底面积乘以各交点平均施工高度计算得出。即：

$$V = \sum H_i / n \times S$$

式中　n——填方或挖方区域多边体的角点个数。

H_i——填方或挖方区域多边体各角点的施工高度。

S——填方或挖方区域多边体的面积。

[例 2-5] 试计算某工程挖填土方工程量。方格网尺寸为 20 m×20 m，如图 2-9 所示。

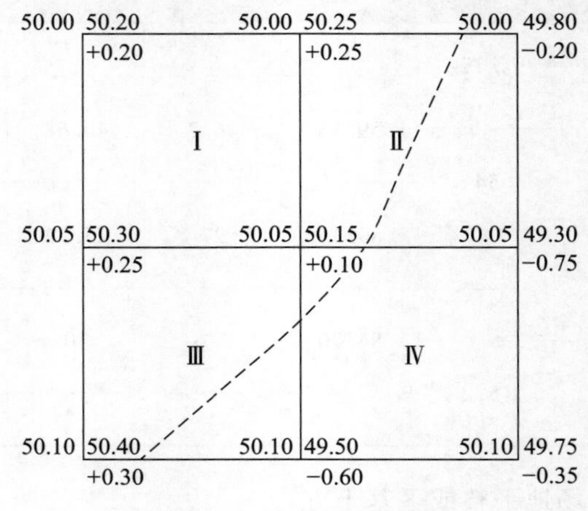

图 2-9 方格网法图例

【解】① Ⅰ方格

$$V_{\text{Ⅰ填}}=[(0.2+0.25+0.25+0.1)/4\times 20^2]\ \text{m}^3=80\ \text{m}^3$$

② Ⅱ方格

$$V_{\text{Ⅱ挖}}=\left[(0.2+0.75)/4\times\frac{1}{2}\times 20\times(17.65+8.89)\right]\ \text{m}^3=63.03\ \text{m}^3$$

上式中 17.65 及 8.89 为梯形上、下底边长，采用内插法计算得到，例如(0.25×20)÷(0.25+0.2)= 11.11 m，20-11.11=8.89 m，余同。

$$V_{\text{Ⅱ填}}=\left[(0.1+0.25)/4\times\frac{1}{2}\times 20\times(2.35+11.11)\right]\ \text{m}^3=11.78\ \text{m}^3$$

③ Ⅲ方格

$$V_{\text{Ⅲ挖}}=\left(0.6/3\times\frac{1}{2}\times 13.33\times 17.14\right)\ \text{m}^3=22.85\ \text{m}^3$$

$$V_{\text{Ⅲ填}}=\left[(0.25+0.12+0.3)/5\times\left(20^2-\frac{1}{2}\times 2.35\times 17.14\right)\right]\ \text{m}^3=37.15\ \text{m}^3$$

④ Ⅳ方格

$$V_{\text{Ⅳ挖}}=\left[(0.75+0.35+0.6)/5\times\left(20^2-\frac{1}{2}\times 2.35\times 2.86\right)\right]\ \text{m}^3=134.86\ \text{m}^3$$

合计：

$$V_{\text{挖}}=(63.03+22.85+134.86)\ \text{m}^3=220.74\ \text{m}^3$$

$$V_{\text{填}}=(80+11.78+37.15+0.11)\ \text{m}^3=129.04\ \text{m}^3$$

(2) 土方回填。

土方回填应扣除下埋的各类管道、基础、垫层和构筑物所占体积。塑料管道管腔部分常采用黄砂回填，回填工程量应按土方、黄砂分别计算，避免重复计算。

$$V_{\text{回填}}=V_{\text{挖}}-V_{\text{应扣}}$$

式中，$V_{应扣}$是指各种管道、基础、垫层与构筑物所占的体积。

（3）土方外运。

土方外运工程量＝开挖工程量－回填工程量×折算系数

2. 石方工程

石方工程量按图纸尺寸加允许超挖量，人工凿石不得计取超挖量，开挖坡面每侧允许超挖量：松、次坚石 20 cm，普、特坚石 15 cm。

计算石方开挖工程量时，工作面宽度与石方超挖量不得重复计算，仅计算坡面超挖，底部超挖不计。

（二）预算定额的应用

《浙江省市政工程预算定额》（2018 版）的内容有人工挖土方，人工挖沟槽、基坑土方，人工清理土堤基础，人工挖土堤台阶，人工装运土方及人工挖淤泥、流砂等，共 2 节 156 个子目。

人力土石方定额

1. 挖方

（1）挖沟槽。

挖沟槽是指挖深度 8 m 以内沟槽挖土，抛土于沟槽边 1 m 以外堆放，修整沟槽底与壁。一般底宽 7 m 以内，底长大于底宽 3 倍以上的按沟槽定额执行，如管道土方工程。

（2）挖基坑。

挖基坑是指挖深度 8 m 以内基坑挖土，抛土于坑边 1 m 以外堆放，修整坑底与壁。一般底长在底宽 3 倍以内，坑底面积在 150 m^2 以内按基坑定额执行，如给水排水构筑物中的池、井，桥梁工程中的桥墩基坑等。

（3）挖土方。

挖土方是指厚度大于 30 cm，超过上述槽、坑定额范围的挖方工程，如道路挖方、广场挖方工程。当挖土深度超过 1. 5 m 时，应另列人工垂直运输土方项目，按垂直深度每 1 m 折合成水平距离 7 m，套用相应人力运土定额。

（4）挖淤泥、流砂。

挖淤泥、流砂是指挖沟槽或基坑内淤泥、流砂，装运淤泥、流砂。定额按垂直深度 1. 5 m 以内垂直运输考虑，如超过 1. 5 m 时，另按人工运淤泥、流砂定额执行，运距按全高垂直深度每 1 m 折合成水平运距 7 m 确定。

［例 2-6］　人力挖基坑淤泥，坑深 4. 3 m，试求定额基价。

【解】　1-44　　人力挖淤泥　　基价 4 743 元/100 m^3

1-45+46 垂直运输增加费 基价（1 864. 5+901. 5）元/100 m^3 =2 766 元/100 m^3

2. 填方、夯实

填方分为松填土与填土夯实两类。松填土就近 5 m 以内取土、铺平，一般多用于绿化带回土。填土夯实工作内容包括土方回填找平及夯实，满足压实度要求。原土夯实仅夯实一项工作内容。

取土运距如超过 5 m，另按土方运输定额执行或按借土按实计算。

3. 平整场地

平整场地是指场地厚度(原地面标高与设计标高之差)30 cm 以内的就地挖填、原土找平。

4. 清理土堤基础、挖土堤台阶

(1) 清理土堤基础。

清理土堤基础是指清理厚度 30 cm 以内堤面,废土运距 30 m 以内。

(2) 挖土堤台阶。

挖土堤台阶是指按设计要求,在堤坡面划线、挖台阶抛土于堤坡下方。但运土未考虑,应另按运土定额子目执行。

5. 土石方运输

定额分人工、人力车、机动翻斗车与人力装土汽车运土。如用手扶拖拉机可按机动翻斗车定额执行。定额均有基本运距定额与增加运距定额以及对应的最大运距定额。

(1) 当人力及人力车运土石方上坡,且坡度大于 15% 时,运距按斜道长度乘以系数 5。

(2) 当人力垂直运输土石方时,垂直深度每米折合成水平运距 7 m 计算,套用相应人力运输定额。

6. 人力凿石

(1) 人力凿石。

人力凿石是指采用手持式风动凿岩机凿石,分极软岩、软岩、较软岩、硬质岩。

机械土石方定额

1. 挖掘机挖土

挖掘机如图 2-10 ~ 图 2-13 所示。

图 2-10 正铲挖掘机　　图 2-11 反铲挖掘机

(1) 挖掘机挖土方按装车与不装车及土壤类别划分子目,并考虑了推土机配合的工作量以及工作面内的排水。

(2) 抓铲挖掘机、履带挖掘机挖淤泥、流砂定额子目按装车与不装车及挖土深度列项。

(3) 挖掘机挖石碴按装车与不装车划分子目,并考虑了推土机配合的工作量。

2. 推土机推土

推土机如图 2-14 所示。

图 2-12　拉铲挖掘机

图 2-13　抓铲挖掘机

图 2-14　推土机

(1) 推土机推土按推距、土壤类别与石碴划分子目。定额包括了平均土层厚度30 cm以内的推土、弃土、平整、空回及工作面内的排水。

(2) 推土机运距按推土重心至弃土重心的直线距离计算。当推土机重车上坡且坡度大于5%时，运距按斜道长度乘以相应系数计算，系数见表2-15。

表 2-15　推土机重车上坡斜道运距系数表

坡度/%	5～10	15以内	20以内	25以上
系数	1.75	2	2.25	2.5

[例 2-7]　推土机推三类土上坡，坡道长度为30 m，坡度为8%，试求定额基价。

【解】　运距 = 30×1.75 m = 52.5 m

查定额1-63　推土机推三类土，运距60 m以内　基价　4 153.19元/1 000 m^3

3. 机械平整场地、填土夯实、原土夯实

(1) 平整场地：场地平均厚度在30 cm以内的就地挖填与找平。

(2) 填土碾压、填土夯实(平地与槽坑)：回填土方后，按施工工艺的不同进行碾压与夯实。

(3) 原土碾压、原土夯实：在原有地基上根据施工工艺不同进行碾压或夯实。

4. 机械运输

(1) 装载机装(运)土方。

按机械性能分装载机装松散土与装运土方，即机械铲土与机械铲土结合运土、卸土的定额子目。

(2) 自卸汽车运土(石)方。

自卸汽车运土方、石碴定额按运距 1 km 以内及每增加 1 km 列项，工作内容包括土方、石碴的运与卸，如需装土或装石碴应另套用相应定额子目。

5. 机械打眼爆破石方

按施工石方所在位置分列平基、沟槽与基坑定额子目，根据松石、次坚石、普坚石与特坚石类别套用相应定额。

土石方工程定额应用，应注意以下换算：

(1) 挖运湿土(机械运湿土除外)时，人工和机械乘以系数 1.18。

(2) 在支撑下挖土(指先支撑后开挖土方的工程)时，人工乘以系数 1.43，机械乘以系数 1.20。

(3) 挖密实的钢渣，按挖四类土定额执行，人工乘以系数 2.50，机械乘以系数 1.50。

(4) 人力开挖沟槽发生一侧弃土或一侧回填时，定额乘以系数 1.13。

(5) 挖土机在垫板上作业，人工和机械乘以系数 1.25，并增加搭拆垫板的人工、材料和辅机摊销费 230 元/1 000 m^3。

(6) 推土机推土的平均土层厚度小于 30 cm 时，其推土机台班乘以系数 1.25。

(7) 机械挖槽坑土方，需人工辅助开挖时(包括切边、边坡修整)，人工开挖套相应人力土方定额乘以系数 1.25。

(8) 人工装土汽车运土时，汽车运土 1 km 以内定额中自卸汽车含量乘以系数 1.10。

(9) 人工凿沟槽、基坑凿石方时，定额乘以系数 1.4。

(10) 人工挖一般土方，密实土中砾石含量大于 30%，按四类土执行，定额乘以系数 1.43。

教学单元二　护坡、挡土墙工程

一、护坡、挡土墙工程基础知识

(一) 护坡

护坡是指为防止边坡冲刷或风化，在坡面上做适当的铺砌和种植的统称。一般情况下，护坡不承受侧向土压力，仅为抗风化及抗冲刷的坡面提供坡面保护，如图 2-15 ~ 图 2-17 所示。

(二) 挡土墙

挡土墙是指为了防止路基填土或山坡岩土失稳塌滑，或为了收缩坡脚，减少土石方和占地数量而修建的支挡结构物，承受墙背侧向土压力。在挡土墙横断面中，与被支承土体直接接触的部位称为墙背，与墙背相对的临空的部位称为墙面，如图 2-18 ~

图 2-20 所示。

图 2-15　现浇混凝土护坡

图 2-16　浆砌块石护坡

图 2-17　块石骨架护坡

图 2-18　钢筋混凝土扶壁式挡土墙

图 2-19　干砌块石挡土墙

图 2-20　浆砌块石挡土墙

1. 挡土墙的分类

（1）根据挡土墙的设置位置不同，分为路肩墙、路堤墙和路堑墙等。

设置于路堑边坡的挡土墙称为路堑墙；设置于路堤边坡的挡土墙称为路堤墙；墙顶位于路肩的挡土墙称为路肩墙，如图 2-21 所示。

（2）根据挡土墙的结构特点不同，分为重力式、薄壁式、锚固式、加筋土式等，如图 2-22 所示。

重力式挡土墙靠自身重力平衡土体，一般形式简单、施工方便、圬工量大，对基础要求也比较高，还包括衡重式和半重力式。重力式挡土墙大多采用片（块）石浆砌或干砌而成。干砌挡土墙的整体性较差，仅适用于地震烈度较低、不受水流冲击、地质条件良好的地段。一般干砌挡土墙的墙高不大于 6 m。

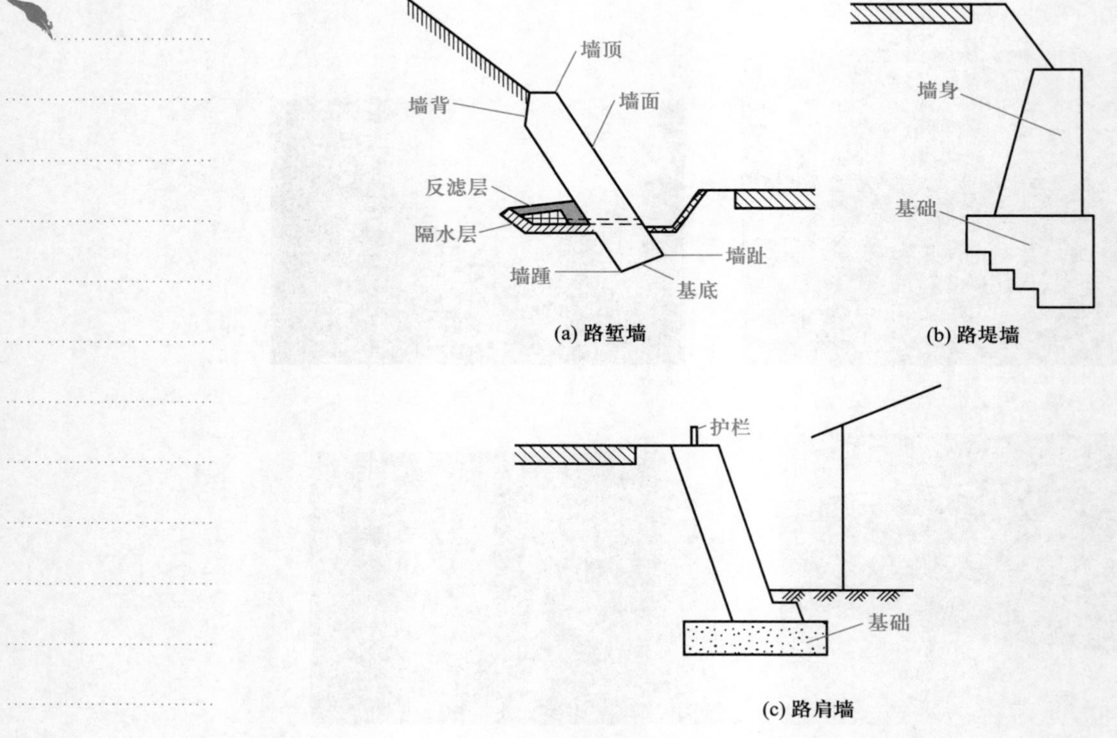

(a) 路堑墙

(b) 路堤墙

(c) 路肩墙

图 2-21 路堑墙、路堤墙、路肩墙示意图

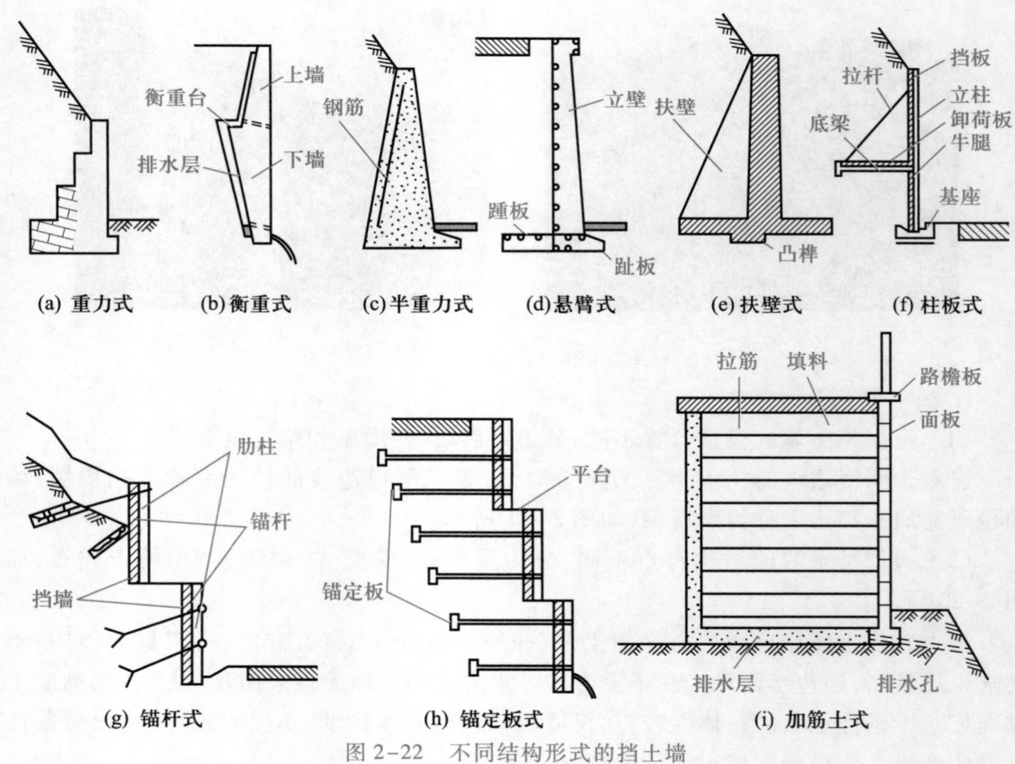

(a) 重力式 (b) 衡重式 (c) 半重力式 (d) 悬臂式 (e) 扶壁式 (f) 柱板式

(g) 锚杆式 (h) 锚定板式 (i) 加筋土式

图 2-22 不同结构形式的挡土墙

薄壁式挡土墙是用钢筋混凝土就地浇筑或与之拼装而成，所承受的侧向土压力主要依靠底板上的土重来平衡，如悬臂式、扶壁式、柱板式等。

锚固式挡土墙属于轻型挡土墙，是由钢筋混凝土墙板与锚固件连接而成，依靠埋设在稳定岩石土层内锚固件的抗拔力支撑从墙板传来的侧压力，如锚杆式、锚定板式等。

加筋土式挡土墙是一种由竖直面板、水平拉筋和内部填土三部分组成的加筋体，它通过拉筋与填土之间的摩擦阻力拉住面板，稳定土体形成一种复合结构，再依靠自重抵抗墙厚侧向土压力。

2. 挡土墙的构造

挡土墙一般由墙身、基础、压顶、填料、排水设施和沉降伸缩缝等构成，如图2-23、图2-24所示。

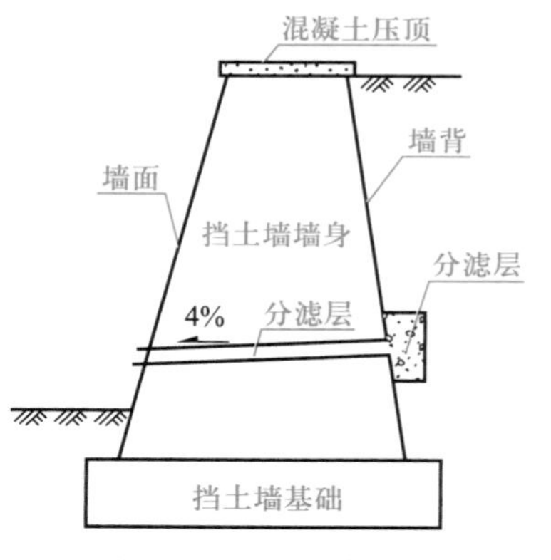

图2-23　挡土墙构造图

二、护坡、挡土墙工程清单编制

混凝土垫层、基础、挡土墙工程量清单项目设置、项目特征描述的内容、计量单位及工程量计算规则，应按表2-16的规定执行。

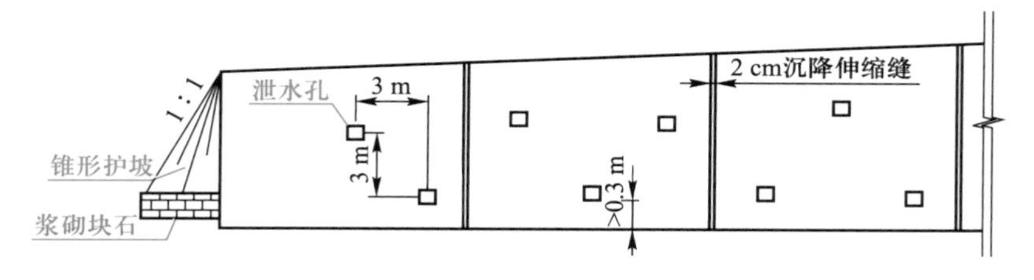

图2-24　挡土墙纵向布置图

表2-16　现浇混凝土构件(编码:040303)

项目编码	项目名称	项目特征	计量单位	工程量计算规则	工程内容
040303001	混凝土垫层	混凝土强度等级	m^3	按设计图示尺寸以体积计算	1. 模板制作、安装、拆除 2. 混凝土拌和、运输、浇筑 3. 养护
040303002	混凝土基础	1. 混凝土强度等级 2. 嵌料(毛石)比例			
……	……	……			……
040303015	混凝土挡土墙墙身	1. 混凝土强度等级 2. 泄水孔材料品种、规格 3. 滤水层要求 4. 沉降缝要求			1. 模板制作、安装、拆除 2. 混凝土拌和、运输、浇筑 3. 养护 4. 抹灰 5. 泄水孔制作、安装 6. 滤水层铺筑 7. 沉降缝
040303016	混凝土挡土墙压顶	1. 混凝土强度等级 2. 沉降缝要求			

预制混凝土挡土墙墙身工程量清单项目设置、项目特征描述的内容、计量单位及工程量计算规则,应按表2-17的规定执行。

表 2-17　预制混凝土构件(编码:040304)

项目编码	项目名称	项目特征	计量单位	工程量计算规则	工程内容
040304004	预制混凝土挡土墙墙身	1. 图集、图纸名称 2. 构件代号、名称 3. 结构形式 4. 混凝土强度等级 5. 泄水孔材料种类、规格 6. 滤水层要求 7. 砂浆强度等级	m^3	按设计图示尺寸以体积计算	1. 模板制作、安装、拆除 2. 混凝土拌和、运输、浇筑 3. 养护 4. 构件安装 5. 接头灌缝 6. 泄水孔制作、安装 7. 滤水层铺设 8. 砂浆制作 9. 运输

非混凝土类垫层、护坡、砌筑挡土墙工程量清单项目设置、项目特征描述的内容、计量单位及工程量计算规则,应按表2-18的规定执行。

表 2-18　砌筑(编码:040305)

<table>
<tr><th>项目编码</th><th>项目名称</th><th>项目特征</th><th>计量单位</th><th>工程量计算规则</th><th>工程内容</th></tr>
<tr><td>040305001</td><td>垫层</td><td>1. 材料品种、规格
2. 厚度</td><td rowspan="4">m^3</td><td rowspan="4">按设计图示尺寸以体积计算</td><td>垫层铺筑</td></tr>
<tr><td>040305002</td><td>干砌块料</td><td>1. 部位
2. 材料品种、规格
3. 泄水孔材料品种、规格
4. 滤水层要求
5. 沉降缝要求</td><td rowspan="3">1. 砌筑
2. 砌体勾缝
3. 砌体抹面
4. 泄水孔制作、安装
5. 滤层铺设
6. 沉降缝</td></tr>
<tr><td>040305003</td><td>浆砌块料</td><td rowspan="2">1. 部位
2. 材料品种、规格
3. 砂浆强度等级
4. 泄水孔材料品种、规格
5. 滤水层要求
6. 沉降缝要求</td></tr>
<tr><td>040305004</td><td>砖砌体</td></tr>
<tr><td>040305005</td><td>护坡</td><td>1. 材料品种
2. 结构形式
3. 厚度
4. 砂浆强度等级</td><td>m^2</td><td>按设计图示尺寸以面积计算</td><td>1. 修整边坡
2. 砌筑
3. 砌体勾缝
4. 砌体抹面</td></tr>
</table>

注:1. 干砌块料、浆砌块料和砖砌体应根据工程部位不同,分别设置清单编码。

2. 本节清单项目中"垫层"指碎石、块石等非混凝土类垫层。

三、护坡、挡土墙工程清单报价

（1）石笼以钢筋和铁丝制作，每个体积按 0.5 m^3 计算，设计的石笼体积和制作材料不同时，可按实调整。

（2）块石如需冲洗（利用旧料），每立方米块石增加人工 0.24 工日、水 0.5 m^3。

（3）护坡、挡土墙的基础、钢筋可套用《桥涵工程》相应子目。

（4）块石护脚砌筑高度超过 1.2 m 需搭设脚手架时，可按脚手架工程相应项目计算，块石护脚在自然地面以下砌筑时，不计算脚手架费用。

（5）伸缩缝按实际铺设高度乘以铺设深度以“m^2”计算，铺设高度以护坡、挡墙基础底部至压顶上部按全高计算。

［例 2-8］　根据图 2-25 及表 2-19 中的基本数据，计算挡土墙工程量。

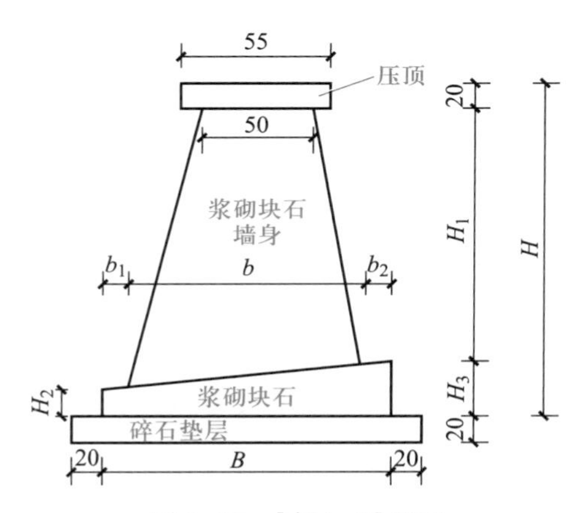

图 2-25　［例 2-8］题图

表 2-19　挡土墙基本数据　　单位：cm

H	100	150	200	250
b_1	0	15	20	30
b_2	6	13	17	21
b	77	89	106	127
B	83	117	143	173
H_1	63	90	130	167
H_2	0	25	30	48
H_3	17	40	50	63

【解】　侧立面积见表 2-20。

$H_{平均}=\sum A/\sum L=[(171.5+118.63)/(91+91)]\ m=1.6\ m$

用插入法计算得：$b_1=16$ cm，$b_2=14$ cm，$b=92$ cm，$B=122$ cm，$H_1=98$ cm，$H_2=26$ cm，$H_3=42$ cm

表 2-20 侧立面积

挡土墙设置桩号	墙高/m	平均墙高/m	间距 L/m	侧立面积 A/m²
3+224	1.5			
		1.5	16	1.5×16=24
240	1.5			
		1.25	20	25
260	1.0			
		1.75	20	35
280	2.5			
		2.5	20	50
300	2.5			
		2.5	15	37.5
3+315	2.5			
$\sum L=91$ m　$\sum A=171.5$ m²				
3+319	1.0			
		1.0	21	21
340	1.0			
		1.5	20	30
360	2.0			
		1.75	15.79	27.63
375.79	1.5			
		1.25	23.15	28.94
398.94	1.0			
		1.0	11.06	11.06
410	1.0			
$\sum L=91$ m　$\sum A=118.63$ m²				

（1）碎石垫层：$V=(1.22+0.4)\times0.2\times182\ \text{m}^3=58.97\ \text{m}^3$

（2）浆砌块石基础：$V=[(0.26+0.42)/2\times1.22\times182]\ \text{m}^3=75.49\ \text{m}^3$

（3）墙身：$V=[(0.5+0.9)/2\times0.98\times182]\ \text{m}^3=126.64\ \text{m}^3$

（4）压顶：$V=0.55\times0.2\times182\ \text{m}^3=20\ \text{m}^3$

教学单元三　地基加固、围护工程

一、地基加固、围护工程基础知识

在软土地层修筑地下构筑物时，采用地基加固、围护等方法和工艺控制地表沉降，提高土体承载力，降低土体渗透系数，以保证结构强度及施工安全。监测是地下构筑物建造时，反映施工对周围建筑群影响程度的测试手段。

地基加固常采用的原理，就是在软弱地基中给部分土体掺入水泥、水泥砂浆及石灰等物，形成加固体，与未加固体部分形成复合地基，以提高地基承载力和减小沉降。

常用方法及其适用范围主要有以下几种。

（一）分层注浆法

分层注浆法的原理是用压力泵把水泥或其他化学浆液注入土体，以达到提高地基承载力、减小沉降、防渗、堵漏等目的。

适用范围：地下工程的防渗堵漏，减少地基沉降、不均匀沉降，减少土体侧向位移，减少施工对地面建筑和地下管线的影响。

（二）高压喷射注浆法

高压喷射注浆法的原理是将带有特殊喷嘴的注浆管通过钻孔注入要处理土层的预定深度，然后将水泥浆液以高压冲切土体，在喷射浆液的同时，以一定速度旋转、提升，形成水泥土圆柱体；若喷嘴提升而不旋转，则形成墙状固结体。高压喷射注浆法可以提高地基承载力、减少沉降、防止砂土液化、管涌和基坑隆起。

高压喷射注浆法可分为双重管旋喷和三重管旋喷两种。双重管旋喷是在注浆管端部侧面有一个同轴双重喷嘴，从内喷嘴喷出 20 MPa 左右的水泥浆液，从外喷嘴喷出 0.7 MPa 的压缩空气，在喷射的同时旋转和提升浆管，在土体中形成旋喷桩。三重管旋喷使用的是一种三重注浆管，这种注浆管由三根同轴的不同直径的钢管组成，内管输送压力为 20 MPa 左右的水流，中管输送压力为 0.7 MPa 左右的气流，外管输送压力为 25 MPa 的水泥浆液，高压水、气同轴喷射切割土体，使土体和水泥浆液充分拌和，边喷射边旋转和提升注浆管形成较大直径的旋喷桩。

适用范围：地基加固和防渗，或作为稳定基坑和沟槽边坡的支挡结构。

（三）水泥土搅拌法

水泥土搅拌法的原理是利用水泥、石灰或其他材料作为固化剂的主剂，通过特别的深层搅拌机械，在地基深处就地将软土和固化剂强制搅拌，形成坚硬的拌和柱体，与原地层共同形成复合地基。

适用范围：适用于淤泥、淤泥质土、粉土和含水率较高且地基承载力标准值不大于 120 kPa 的黏性土地基。水泥搅拌桩互相搭接形成搅拌桩墙，既可以用于增加地基承载力和作为基坑开挖的侧向支护，也可以作为抗渗漏止水帷幕，如图 2-26 所示。

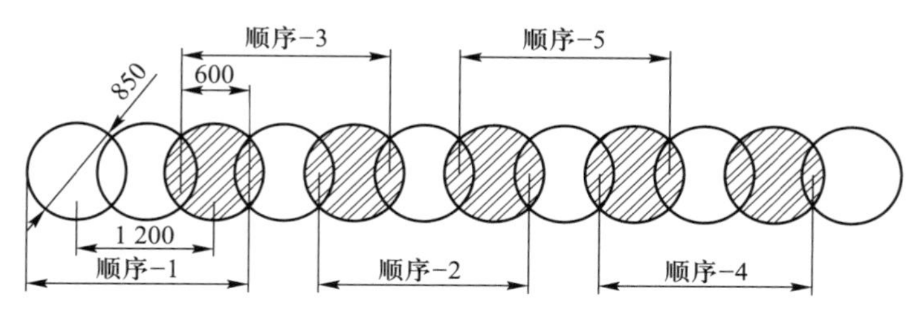

图 2-26　水泥土搅拌法（全截面套打）

（四）SMW 工法

SMW 工法类似于水泥搅拌桩，施工时在水泥搅拌桩内插型钢，施工完毕后再拔出型钢。

1. 型钢的选用要求

内插芯材宜采用 H 型钢，H 型钢截面型号宜按下列规定选用：

（1）当搅拌桩直径为 650 mm 时，内插 H 型钢截面采用 H500×300、H500×200。

（2）当搅拌桩直径为 850 mm 时，内插 H 型钢截面采用 H700×300。

（3）当搅拌桩直径为 1 000 mm 时，内插 H 型钢截面采用 H800×300、H850×300。

2. 型钢的间距和平面布置形式

型钢的间距和平面布置形式应根据计算确定，常用的内插型钢布置形式可采用密插型、插二跳一型和插一跳一型三种，如图 2-27 所示。

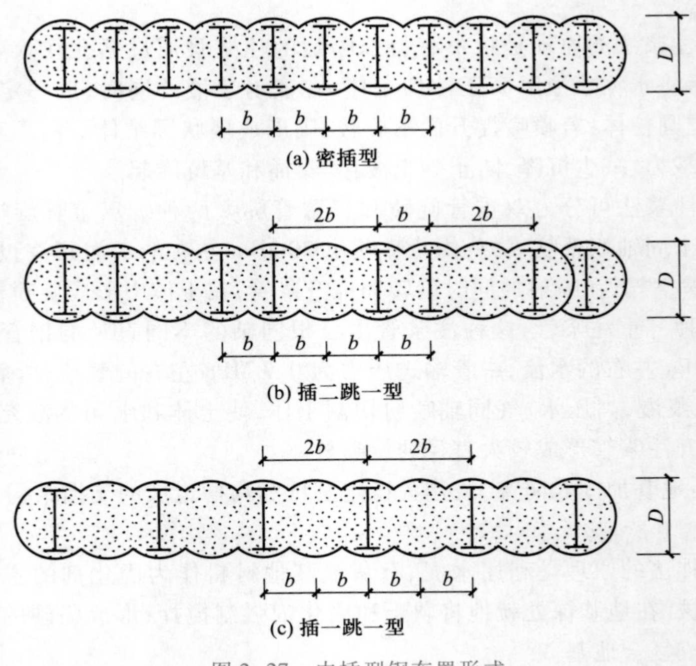

图 2-27　内插型钢布置形式

（五）地下连续墙

地下连续墙是在地面以下用于支承建筑物荷载、截水防渗或挡土支护而构筑的连续墙体，可以用作防渗墙、临时挡土墙、永久挡土（承重）墙，或作为基础。

1. 地下连续墙的适用范围

（1）水利水电、露天矿山、尾矿坝（池）和环保工程的防渗墙。

（2）建筑物地下室（基坑）。

（3）地下构筑物（如地下铁道、地下道路、地下停车场和地下街道、商店及地下变电站等）墙体。

（4）市政管沟和涵洞。

（5）盾构等工程的竖井。

（6）泵站、水池。

（7）各种深基础和桩基。

（8）地下油库和仓库。

2. 地下连续墙的施工工艺

在挖基槽前先做保护基槽上口的导墙，用泥浆护壁，按设计的墙宽与深度分段挖槽，放置钢筋骨架，用导管灌注混凝土置换出护壁泥浆，形成一段钢筋混凝土墙。逐段连续施工成为连续墙。施工主要工艺为导墙、泥浆护壁、成槽施工、水下灌注混凝土、墙段接口处理等，如图 2-28 ~ 图 2-39 所示。

（1）导墙。

导墙通常为就地灌注的钢筋混凝土结构。其主要作用是：保证地下连续墙设计的几何尺寸和形状；容蓄部分泥浆，保证成槽施工时液面稳定；承受挖槽机械的荷载，保护槽口土壁不被破坏，并作为安装钢筋骨架的基准。导墙深度一般为 1.2 ~ 1.5 m，墙顶高出地面 10 ~ 15 cm，以防地表水流入而影响泥浆质量。导墙底不能设在松散的土层或地下水位波动的部位。

图 2-28　导墙放线

图 2-29　导墙开挖

图 2-30　导墙钢筋绑扎

图 2-31　导墙支模

图 2-32　导墙混凝土浇捣

图 2-33　导墙养护

（2）泥浆护壁。

通过泥浆对槽壁施加压力以保护挖成的深槽形状不变，灌注混凝土把泥浆置换出来。泥浆材料通常由膨润土、水、化学处理剂和一些惰性物质组成。泥浆的作用是在槽壁上形成不透水的泥皮，从而使泥浆的静水压力有效地作用在槽壁上，防止地下水的渗水和槽壁的剥落，保持壁面的稳定，同时泥浆还有悬浮土渣和将土渣携带出地面的功能。

泥浆使用方法分为静止式和循环式两种。泥浆在循环式使用时，应用振动筛、旋流器等净化装置。

图 2-34 成槽开挖

图 2-35 钢筋笼入槽

图 2-36 锁扣管吊装

图 2-37 连续墙混凝土浇捣

图 2-38 锁扣管起拔

图 2-39 连续墙内部支撑

（3）成槽施工。

施工时应视地质条件和筑墙深度选用合适的施工机械。一般土质较软、深度在 15 m 左右时，可选用普通导板抓斗；对密实的砂层或含砾土层可选用多头钻或加重型液压导板抓斗；在有大颗粒卵砾石的土层或岩基中成槽，以选用冲击钻为宜。槽段的单元长度一般为 6～8 m，通常结合土质情况、钢筋骨架及结构尺寸、划分段落等决定。成槽后需静置 4 h，并使槽内泥浆比重小于 1.3。

（4）水下灌注混凝土。

采用导管法按水下混凝土灌注法进行，但在用导管开始灌注混凝土前为防止泥浆混入混凝土，可在导管内吊放管塞，依靠灌入的混凝土压力将管内泥浆挤出。混凝土要连续灌注并测量混凝土灌注量及上升高度。所溢出的泥浆送回泥浆沉淀池。

(5) 墙段接头处理。

地下连续墙是由许多墙段拼组而成的，为保持墙段之间连续施工，接头采用锁口管工艺，即在灌注槽段混凝土前，在槽段的端部预插一根直径和槽宽相等的钢管，即锁口管。待混凝土初凝后将钢管徐徐拔出，使端部形成半凹榫状。也有根据墙体结构受力需要而设置刚性接头的，以使先后两个墙段连成整体。

二、地基加固、围护工程清单编制

地基加固处理，在清单编制时可以参考《市政工程工程量计算规范》(GB 50857—2013)B.1 路基处理中相应清单项目设置、清单项目特征描述的内容、计量单位及工程量计算规则执行。地下连续墙工程量清单项目设置、项目特征描述的内容、计量单位及工程量计算规则，应按《市政工程工程量计算规范》(GB 50857—2013)中表 C.2-1 的规定执行(相关项目见表 2-21)。

地层情况按土壤和岩石分类表规定，并根据岩土工程勘察报告按单位工程各地质层所占比例进行描述。对无法准确描述的地层情况，可注明由投标人根据岩石工程勘察报告自行决定报价。

表 2-21 地基加固、围护工程清单

项目编码	项目名称	项目特征	计量单位	工程量计算规则	工作内容
040201010	振冲桩(填料)	1. 地层情况 2. 空桩长度、桩长 3. 桩径 4. 填充材料种类	1. m 2. m^3	1. 以 m 计量，按设计图示尺寸以桩长计算 2. 以 m^3 计量，按设计桩截面乘以桩长以体积计算	1. 振冲成孔、填料、振实 2. 材料运输 3. 泥浆运输
040201011	砂石桩	1. 地层情况 2. 空桩长度、桩长 3. 桩径 4. 成孔方法 5. 材料种类、级配		1. 以 m 计量，按设计图示尺寸以桩长(包括桩尖)计算 2. 以 m^3 计量，按设计桩截面乘以桩长(包括桩尖)以体积计算	1. 成孔 2. 填充、振实 3. 材料运输
040201012	水泥粉煤灰碎石桩	1. 地层情况 2. 空桩长度、桩长 3. 桩径 4. 成孔方法 5. 混合料强度等级	m	按设计图示尺寸以桩长(包括桩尖)计算	1. 成孔 2. 混合料制作、灌注、养护

续表

项目编码	项目名称	项目特征	计量单位	工程量计算规则	工作内容
040201013	深层搅拌桩	1. 地层情况 2. 空桩长度、桩长 3. 桩截面尺寸 4. 水泥强度等级、掺量	m	按设计图示尺寸以桩长计算	1. 预搅下钻、水泥浆制作、喷浆搅拌、提升成桩 2. 材料运输
040201014	粉喷桩	1. 地层情况 2. 空桩长度、桩长 3. 桩径 4. 粉体种类、掺量 5. 水泥强度等级、石灰粉要求	m	按设计图示尺寸以桩长计算	1. 预搅下钻、喷粉搅拌、提升成桩 2. 材料运输
040201015	高压喷射注浆桩	1. 地层情况 2. 空桩长度、桩长 3. 桩截面 4. 注浆类型、方法 5. 水泥强度等级	m	按设计图示尺寸以桩长计算	1. 成孔 2. 水泥浆制作、高压喷射注浆 3. 材料运输
040201016	石灰桩	1. 地层情况 2. 空桩长度、桩长 3. 桩径 4. 成孔方法 5. 掺和料种类、配合比	m	按设计图示尺寸以桩长(包括桩尖)计算	1. 成孔 2. 混合料制作、运输、夯填
040201017	灰土(土)挤密桩	1. 地层情况 2. 空桩长度、桩长 3. 桩径 4. 成孔方法	m	按设计图示尺寸以桩长(包括桩尖)计算	1. 成孔 2. 灰土拌和、运输、填充、夯实
040201018	柱锤冲扩桩	1. 地层情况 2. 空桩长度、桩长 3. 桩径 4. 成孔方法 5. 桩体材料种类、配比	m	按设计图示尺寸以桩长计算	1. 安拔套管 2. 冲孔、填料、夯实 3. 桩体材料制作、运输

续表

项目编码	项目名称	项目特征	计量单位	工程量计算规则	工作内容
040201019	注浆地基	1. 地层情况 2. 成孔深度、间距 3. 浆液种类及配比 4. 注浆方法 5. 水泥强度等级	1. m 2. m^3	1. 以 m 计量，按设计图示尺寸以钻孔深度计算 2. 以 m^3 计量，按设计图示尺寸以加固体积计算	1. 成孔 2. 注浆导管制作、安装 3. 浆液制作、压浆 4. 材料运输
……	……	……	……	……	……
040303001	地下连续墙	1. 地层情况 2. 导墙类型、截面 3. 墙体厚度 4. 成槽深度 5. 混凝土类别、强度等级 6. 接头形式	m^3	按设计图示墙中心线长度乘以厚度并乘以槽深，以体积计算	1. 导墙挖填、制作、安装、拆除 2. 挖土成槽、固壁、清底置换 3. 混凝土制作、运输、灌注、养护 4. 接头处理 5. 泥浆制作、运输

项目特征中的桩长应包括桩尖，空桩长度＝孔深－桩长，孔深为自然地面至设计桩底的深度。

三、地基加固、围护工程清单报价

（一）地基加固、围护工程计价工程量计算

（1）分层注浆。

① 钻孔按设计图规定的深度以“m”计算。布孔按设计图或批准的施工组织设计。

② 分层注浆工程量按设计图注明的体积计算，压密注浆工程量计算按以下规定：

a. 设计图明确加固土体体积的，应按设计图注明的体积计算。

b. 设计图上以布点形式图示土体加固范围的，则按两孔间距的一半作为扩散半径以布点边线各加扩散半径，形成计算平面计算注浆体积。

c. 设计图上注浆点在钻孔灌注桩之间，按两注浆孔距的一半作为每孔的扩散半径，以此圆柱体体积计算注浆体积。

（2）高压旋喷桩钻孔按原地面至设计桩底面的距离以“延长米”计算，喷浆按设计加固桩截面面积乘以设计桩长以“m^3”计算。

（3）深层水泥搅拌桩工程量按设计截面面积乘以桩长以“m^3”计算，对于桩长在设计没有做明确说明的情况下，按以下规定计算：

① 围护桩按设计桩长计算。

② 承重桩按设计桩长增加加灌长度 0.5 m 计算。

③ 空搅部分按原地面至设计桩顶面的高度减去加灌长度计算。

(4) 地下连续墙清单工程量按设计图示墙中心线长乘以厚度并乘以墙深，以体积计算。

地下连续墙计价工程量计算：

① 导墙开挖按设计长度×开挖宽度×开挖深度，以“m^3”计算。

② 导墙浇捣混凝土按设计图示以“m^3”计算。

③ 挖土成槽工程量按设计长度×墙厚×成槽深度(自然地坪至连续墙底加超深0.5 m)，以“m^3”计算。

④ 泥浆池搭拆及泥浆外运工程量按成槽工程量计算。

⑤ 连续墙混凝土浇筑工程量按设计长度×墙厚×(墙深+0.5 m)，以“m^3”计算。

⑥ 锁口管吊拔及清底置换以“段”为单位，“段”即为槽壁单元槽段。

(二) 地基加固、围护工程定额应用

(1) 本章定额按软土地层建筑地下构筑物时采用的地基加固方法和监测手段进行编制。地基加固定额适用于深基坑底部稳定，隧道暗挖法施工和其他构筑物基础加固等。监测定额适用于需监测的工程项目，包括监测点分置和监测两个部分。

(2) 注浆分为分层注浆和压密注浆两种，定额按其施工工艺划分为钻孔和注浆两项子目。

(3) 地基加固所用浆体材料(水泥、粉煤灰、外加剂等)用量应按设计含量调整。

(4) 深层水泥搅拌桩：

① 三轴水泥搅拌桩和单(双)水泥搅拌桩的水泥掺和量分别按加固土重(1 800 kg/m^3)的18%和15%考虑，设计水泥掺和量与定额不同时按“每增减1%”定额计算。

② 三轴水泥搅拌桩定额按二搅二喷施工考虑，每增(减)一搅一喷按相应定额人工、机械增(减)40%。

③ SMW 工法全断面套打时，相应定额人工、机械乘以系数1.5，其余不变。

④ 水泥搅拌桩空搅部分费用按相应定额人工、搅拌机台班乘以系数0.5计算。

(5) 深层水泥搅拌机、高压旋喷桩单位工程打桩工程量在100 m^3以内者，按相应定额人工及机械乘以系数1.25。

(6) 地下连续墙：

① 本章定额适用于在黏土、砂土及充填土等软土地基的地下连续墙工程，以及采用大型支撑围护的基坑土方开挖。

② 地下连续墙挖土成槽、钢筋笼吊装、锁口管吊拔就位定额按槽深划分为20 m内、30 m内、40 m内三个步距，实际槽深介于两个步距之间时，按上限套用定额。

③ 大型支撑基坑土方定额适用于地下连续墙建成后的基坑开挖，以及混凝土板桩、钢板桩等做围护的跨度大于8 m的深基坑开挖。定额中已包括湿土排水费用，如实际施工中采用井点降水措施排水，定额中应扣除污水泵台班数量及相应费用，另行计取井点降水费。

④ 大型支撑基坑土方开挖由于现场狭小只能单面施工时，挖土机机械按表2-22进行调整。

表 2-22　大型支撑基坑开挖机械系数表

基坑宽度	两边停机施工	单边停工施工
15 m 以内	15 t	25 t
15 m 以外	25 t	40 t

［例 2-9］　某地下工程采用地下连续墙做基坑挡土墙和地下室外墙。设计墙身长度纵轴线 80 m 两道、横轴线 60 m 两道围成封闭状态，墙底标高为-12.000 m，墙顶标高为-3.600 m，自然地坪标高为-0.600 m，墙厚 1 000 mm，C35 混凝土浇捣，槽壁单元槽段长 4 m。设计要求导墙采用 C30 混凝土浇捣，具体方案由施工方自行确定（根据地质资料已知导沟范围为三类土）；现场余土及泥浆必须外运 5 km 处弃置。试计算该连续墙工程量并计算定额人材机费用。

导墙施工方案：导墙厚度 200 mm、高 1.3 m，平面部分宽 400 mm、厚 100 mm。

【解】（1）工程量计算。

① 导沟开挖：$280\times1.4\times1.3\ m^3=509.6\ m^3$

② 导墙模板：$280\times1.3\times2\ m^2=728\ m^2$

③ 导墙浇筑：$(0.2\times1.3+0.1\times0.2)\times2\times280\ m^3=156.8\ m^3$

④ 挖土成槽：$280\times1\times(12-0.65+0.5)\ m^3=3\ 332\ m^3$

⑤ 泥浆池建造拆除：$3\ 332\ m^3$

⑥ 泥浆运输：$3\ 332\ m^3$

⑦ 连续墙浇捣：$280\times1\times(12-3.6+0.5)\ m^3=2\ 492\ m^3$

⑧ 接头管吊拔：70 段

⑨ 清底置换：70 段

（2）定额人材机费用计算。

① 导墙开挖：

1-217：509.6×21.01 元 = 10 707 元

② 导墙模板：

1-219：728×49.22 元 = 35 832 元

③ 导墙浇筑：

1-218H：$[4\ 683+10.1\times(461-431)]$ 元/10 m^3 = 4 986 元/10 m^3

498.6×156.8 元 = 78 180 元

④ 挖土成槽：

1-220：$201\times3\ 332$ 元 = 669 732 元

⑤ 泥浆池建造拆除：

3-150：$5.7\times3\ 332$ 元 = 18 992 元

⑥ 泥浆运输：

3-152：$89.9\times3\ 332$ 元 = 299 547 元

⑦ 连续墙浇捣：

1-188H：$[4\ 971+10.1\times(486-461)]$ 元/10 m^3 = 5 224 元/10 m^3

$522.4\times2\ 492$ 元 = 1 301 821 元

⑧ 接头管吊拔：

1-230：70×2 559 元＝179 130 元

⑨ 清底置换：

1-241：70×1 752 元＝122 640 元

合计：2 716 581 元

教学单元四　钢筋工程

一、钢筋工程基础知识

（一）钢筋制作、安装

钢筋加工工序较多，包括钢筋调直、冷拔、切断、除锈、弯制、焊接或绑扎成型等，而且钢筋的规格和型号尺寸也比较多。

（冷拔是材料的一种加工工艺，对于金属材料，冷拔指的是为了达到一定的形状和一定的力学性能，而在材料处于常温的条件下进行拉拔。）

（1）钢筋混凝土结构所用钢筋的品种、规格、性能等均应符合设计要求和现行国家标准《钢筋混凝土用钢 第1部分：热轧光圆钢筋》（GB 1499.1—2017）、《钢筋混凝土用钢 第2部分：热轧带肋钢筋》（GB 1499.2—2018）、《冷轧带肋钢筋》（GB 13788—2017）和《环氧树脂涂层钢筋》（JG/T 502—2016）等的规定。

（2）钢筋应按不同钢种、等级、牌号、规格及生产厂家分批验收，确认合格后方可使用。

（3）钢筋在运输、储存、加工过程中应防止锈蚀、污染和变形。

（4）钢筋的级别、种类和直径应按设计要求采用。当要代换时，应由原设计单位做变更设计。

（5）圆钢和螺纹钢是对不同种类钢筋的通俗叫法，它们之间的不同主要有以下五点：

① 外形不同。圆钢的外表面是光滑的；螺纹钢的外表面带有螺旋形的肋。

② 生产标准不同。在现行标准中，圆钢指HPB300级钢筋，它的生产标准是《钢筋混凝土用钢 第1部分：热轧光圆钢筋》（GB 1499.1—2017）；螺纹钢一般指HRB335及HRB400级钢筋，它的生产标准是《钢筋混凝土用钢 第2部分：热轧带肋钢筋》（GB 1499.2—2018）。

③ 强度不同。圆钢（HPB300）的设计强度为270 MPa；螺纹钢的强度较圆钢要高，HRB335的设计强度为300 MPa；HRB400的设计强度为360 MPa。

④ 钢种不同，即化学成分不同。圆钢（HPB300）属于热轧光圆钢筋，C含量0.25%，Si含量0.55%，Mn含量1.5%；螺纹钢属于低合金钢，HRB335级钢筋是20MnSi（20锰硅）；HRB400级钢筋是20MnSiV、20MnSiNb或20MnTi等。

⑤ 物理力学性能不同。由于钢筋的化学成分和强度的不同，因此在物理力学性能方面有所不同。圆钢的冷弯性能较好，可以做180°的弯钩，螺纹钢只能做90°的直钩；

圆钢的可焊性较好，用普通碳素焊条即可，螺纹钢须用低合金焊条；螺纹钢在韧性、抗疲劳性能方面较圆钢好。

（6）钻孔灌注桩的钢筋笼一般由螺纹钢和圆钢配合制作而成，如图 2-40 ~ 图 2-42所示。

图 2-40　圆钢

图 2-41　螺纹钢

（二）预应力钢筋制作、安装

图 2-42　钢筋笼

预应力混凝土是预应力钢筋混凝土的简称，此项技术在桥梁工程中得到普遍应用。按照施加混凝土预应力的方法分为先张法和后张法。

动画　先张法

（1）先张法为在混凝土浇筑之前张拉预应力钢筋，在混凝土达到规定强度后放张，预应力通过混凝土对预应力钢筋的握裹力传递和建立。后张法是在混凝土达到一定强度后，在混凝土预设的孔道中穿入预应力钢筋，然后张拉，通过锚具对混凝土施加预应力。先张法、后张法用来保持预应力的工具是夹具、锚具，如图 2-43、图 2-44所示。

动画　后张法

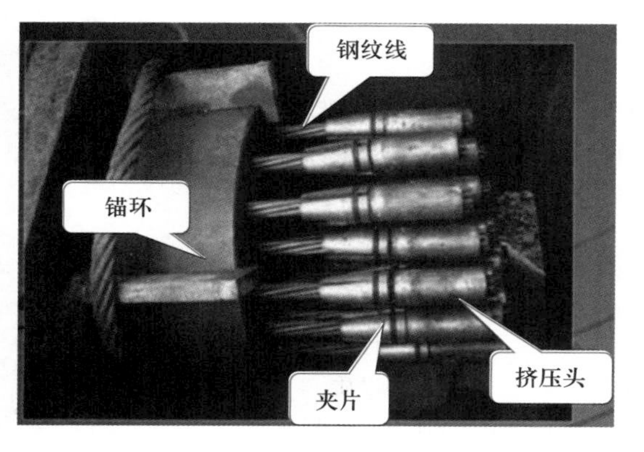

图 2-43　夹具、锚具

图 2-44　钢绞线

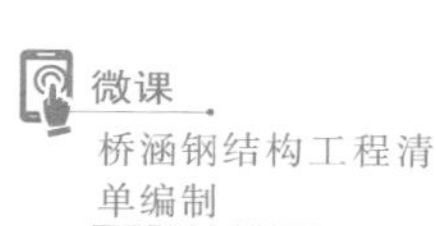

微课　桥涵钢结构工程清单编制

（2）预应力混凝土结构所采用预应力筋的质量应符合现行国家标准《预应力混凝土用钢丝》（GB/T 5223—2014）、《预应力混凝土用钢绞线》（GB/T 5224—2014）、《无粘结预应力钢绞线》（JG/T 161—2016）等规范的规定。每批钢丝、钢绞线、钢筋应由同一牌号、同一规格、同一生产工艺的产品组成。

（3）后张有黏结预应力混凝土结构中，预应力筋的孔道一般由浇筑在混凝土中的刚性或半刚性孔道构成。一般工程可由钢管抽芯、胶管抽芯或金属伸缩套管抽芯预留压浆孔道。浇筑在混凝土中的管道应具有足够强度和刚度，不允许有漏浆现象，且能按要求传递黏结力，如图 2-45 所示。

图 2-45　后张法预留压浆孔道

二、钢筋工程清单编制

钢筋工程，在清单编制时可以参考表 2-23［来源于《市政工程工程量计算规范》（GB 50857—2013）中表 J.1］中相应清单项目设置、清单项目特征描述的内容、计量单位及工程量计算规则执行。

表 2-23　钢筋工程（编码：040901）

<table>
<tr><th>项目编码</th><th>项目名称</th><th>项目特征</th><th>计量单位</th><th>工程量计算规则</th><th>工作内容</th></tr>
<tr><td>040901001</td><td>现浇构件钢筋</td><td rowspan="4">1. 钢筋种类
2. 钢筋规格</td><td rowspan="6">t</td><td rowspan="6">按设计图示尺寸以质量计算</td><td rowspan="4">1. 制作
2. 运输
3. 安装</td></tr>
<tr><td>040901002</td><td>预制构件钢筋</td></tr>
<tr><td>040901003</td><td>钢筋网片</td></tr>
<tr><td>040901004</td><td>钢筋笼</td></tr>
<tr><td>040901005</td><td>先张法预应力钢筋（钢丝、钢绞线）</td><td>1. 部位
2. 预应力筋种类
3. 预应力筋规格</td><td>1. 张拉台座制作、安装、拆除
2. 预应力筋制作、张拉</td></tr>
<tr><td>040901006</td><td>后张法预应力钢筋（钢丝束、钢绞线）</td><td>1. 部位
2. 预应力筋种类
3. 预应力筋规格
4. 锚具种类、规格
5. 砂浆强度等级
6. 压浆管材质、规格</td><td>1. 预应力筋孔道制作、安装
2. 锚具安装
3. 预应力筋制作、张拉
4. 安装压浆管道
5. 孔道压浆</td></tr>
</table>

续表

项目编码	项目名称	项目特征	计量单位	工程量计算规则	工作内容
040901007	型钢	1. 材料种类 2. 材料规格	t	按设计图示尺寸以质量计算	1. 制作 2. 运输 3. 安装、定位
040901008	植筋	1. 材料种类 2. 材料规格 3. 植入深度 4. 植筋胶品种	根	按设计图示数量计算	1. 定位、钻孔、清孔 2. 钢筋加工成型 3. 注胶、植筋 4. 抗拔试验 5. 养护
040901009	预埋铁件	1. 材料种类 2. 材料规格	t	按设计图示尺寸以质量计算	1. 制作 2. 运输 3. 安装
040901010	高强螺栓		1. t 2. 套	1. 按设计图示尺寸以质量计算 2. 按设计图示数量计算	

三、钢筋工程定额应用说明

（1）本章定额包括普通钢筋、预应力钢筋、预应力钢绞线、钢筋场内运输、地下连续墙钢筋笼安放，共 5 节 71 个子目。

（2）本章定额适用于市政道路、桥梁、隧道、给水排水及生活垃圾处理等工程。

（3）定额中钢筋按圆钢及带肋钢筋两种分列，圆钢采用 HPB300，带肋钢筋采用 HRB400，钢板均按 A3 钢计列，预应力筋采用Ⅳ级钢、钢绞线和高强钢丝。因设计要求采用钢材与定额不符时，可以换算调整。

（4）隧道洞内工程使用本章定额子目时，人工、机械消耗量应乘以系数 1.20。

（5）预应力构件中的非预应力钢筋按普通钢筋相应项目计算。

（6）地下连续墙钢筋笼制作按普通钢筋相应定额计算。

（7）现浇构件和预制构件的钢筋制作、安装均按本章定额执行。

（8）本章定额中已包含 150 m 的钢筋水平运输距离，若现场钢筋水平运距超过 150 m 时，超运距费用另行套用钢筋水平运输定额。

（9）以设计地坪为界，±3.00 m 以内的构筑物不计垂直运输费。超过+3.00 m 时，±0.00 以上的全部钢筋按本章垂直运输定额计算垂直运输费；低于−3.00 m 时，±0.00 以下的全部钢筋按本章垂直运输定额计算垂直运输费。

（10）普通钢筋：

钢筋工作内容包括加工制作、绑扎(焊接)成型、安放及浇捣混凝土时的维护用工等全部工作。

钢筋的搭接(接头)数量应按设计图示及规范要求计算;设计图示及规范要求未标明的 ϕ10 以上的长钢筋按每 9 m 计算一个搭接(接头)。

普通钢筋未包括冷拉、冷拔,如设计要求冷拉、冷拔时,费用另行计算。

传力杆按 ϕ22 编制,若实际不同时,人工和机械消耗量应按表 2-24 的系数调整。

表 2-24 传力杆人工、机械消耗量系数调整表

传力杆直径/mm	28	25	22	20	18	16
调整系数	0.62	0.78	1.00	1.21	1.49	1.89

植筋用钢筋的制作、安装按钢筋质量执行普通钢筋定额子目。植筋增加费工作内容包括钻孔和装胶。定额中的钢筋埋深按以下规定计算:

① 钢筋直径规格为 20 mm 以下的,按钢筋直径的 15 倍计算,并大于或等于 100 mm。

② 钢筋直径规格为 20 mm 以上的,按钢筋直径的 20 倍计算。

当设计埋深长度与定额不同时,定额中的人工、材料可调整。

(11) 预应力钢筋、预应力钢绞线:

预应力钢筋项目未包括时效处理,设计要求时效处理时,费用另行计算。

预应力钢筋项目中已包括锚具安装的人工费,但未包含锚具数量,锚具材料费用另行计算。

先张法预应力钢筋、钢绞线制作及安装定额中未考虑张拉、冷拉台座,发生时按本章先张法预应力钢筋张拉台座、冷拉台座定额另行计算。

后张法预应力张拉定额中未包括张拉脚手架,实际发生时另行计算。

预应力钢绞线定额中钢绞线按 ϕ15.24 考虑,束长按一次张拉长度考虑。

预应力钢绞线定额按两端张拉考虑,如设计采用单端张拉时,人工消耗量和机械消耗量乘以系数 0.8 计算。单端张拉或双端张拉应按设计规定确定,如果设计未规定,可按以下规则执行:直线 20 m 以内的按单端张拉执行,直线 20 m 以上和曲线预应力钢筋均按双端张拉执行。

预应力钢绞线智能张拉定额已包括制作安装压浆管道、压浆等相关内容。定额中已计入波纹管定位钢筋的消耗量,并已综合考虑了不同结构形式,定位钢筋固定预应力钢束设置原则为:直线段每 80 cm,平、纵弯曲范围内每 50 cm。当定位钢筋的设计消耗量与定额消耗量不同时,可按设计量予以调整。定额中的波纹管按塑料波纹管考虑,当设计采用金属波纹管成品或管材直径不同时,可根据设计规格予以调整。

横向预应力钢绞线张拉,按两端设置锚具、双端张拉编制。如设计采用单端张拉时,人工消耗量和机械消耗量乘以系数 0.8 计算。

四、钢筋工程计价工程量计算

(1) 钢筋工程,应区分不同钢筋种类和规格,以“t”计算。

(2) 钢筋连接采用套筒冷压,以直螺纹、锥螺纹、电渣压力焊和气压焊接头的,其

数量按设计图示及规范要求,以“个”计算。

(3)铁件、拉杆按设计图示尺寸,以“t”计算。

(4)植筋增加费按“个”计算。

(5)先张法预应力钢筋长度,按构件外形长度计算。后张法预应力钢筋按设计图示的预应力钢筋孔道长度,并区别不同锚具类型,分别按下列规定计算:

① 低合金钢筋端采用螺杆锚具时,预应力的钢筋按孔道长度减 0.35 m,螺杆另计。

② 低合金钢筋一端采用微头插片,另一端采用螺杆锚具时,预应力钢筋长度按预留孔道长度计算,螺杆另计。

③ 低合金钢筋一端采用镦头插片,另一端采用帮条锚具时,预应力钢筋长度按孔道长度增加 0.15 m 计算,如两端均采用帮条锚具,预应力钢筋长度按孔道长度增加 0.3 m 计算。

低合金钢筋采用后张混凝土自锚时,预应力钢筋长度按孔道长度增加 0.35 m 计算。

钢绞线采用 JM、XM、OVM、QM 型锚具,孔道长度在 20 m 以内时,预应力钢筋长度按孔道长度增加 1 m 计算;孔道长度在 20 m 以上时,预应力钢筋(钢绞线)长度按孔道长度增加 1.8 m 计算。

(6)构件预留的压浆管道安装工程量按设计图示孔道长度,以“m”计算,管道压浆工程量按设计图示张拉孔道断面面积乘管道长度以“m^3”计算,不扣除预应力筋体积。

(7)锚具为外购成品,包括锚头、锚杯、夹片、锚垫板和螺旋筋,工程量按设计用量计算。

(8)钢筋笼安放,按设计图示尺寸及施工规范以“t”计算。

教学单元五　拆除工程

一、拆除工程清单编制

拆除工程,在清单编制时可以参考表 2-25[来源于《市政工程工程量计算规范》(GB 50857—2013)中表 K.1]中相应清单项目设置、清单项目特征描述的内容、计量单位及工程量计算规则执行。

二、拆除工程定额应用说明

(1)本章定额包括拆除旧路,拆除人行道,拆除侧、平石,拆除混凝土管道,拆除金属管道,拆除镀锌管,拆除砖石构筑物,拆除混凝土障碍物,伐树、挖树蔸,路面凿毛,水泥混凝土路面碎石化,共 11 节 82 个子目。

(2)本章定额拆除均不包括挖土方,挖土方按本册定额第一章“土石方工程”有关子目执行。

表 2-25 拆除工程(编码:041001)

项目编码	项目名称	项目特征	计量单位	工程量计算规则	工作内容
041001001	拆除路面	1. 材质 2. 厚度	m^2	按拆除部位以面积计算	1. 拆除、清理 2. 运输
011001002	拆除人行道				
011001003	拆除基层	1. 材质 2. 厚度 3. 部位			
041001004	铣刨路面	1. 材质 2. 结构形式 3. 厚度			
041001005	拆除侧、平(缘)石	材质	m	按拆除部位以延长米计算	
041001006	拆除管道	1. 材质 2. 管径			
041001007	拆除砖石	1. 结构形式 2. 强度等级	m^3	按拆除部位以体积计算	
041001008	拆除混凝土结构				
041001009	拆除井	1. 结构形式 2. 规格尺寸 3. 强度等级	座	按拆除部位以数量计算	
041001010	拆除电杆	1. 结构形式 2. 规格尺寸	根		
041001011	拆除管片	1. 材质 2. 部位	处		

注:1. 拆除路面、人行道及管道清单项目的工作内容中均不包括基础及垫层拆除,发生时按相应清单项目编码列项。

2. 伐树、挖树蔸应按现行国家标准《园林绿化工程工程量计算规范》(GB 50858—2013)中相应清单项目编码列项。

(3) 风镐拆除项目中包括人工配合作业。

(4) 人工、风镐拆除后的旧料及岩石破碎机破碎后的废料应整理干净就近堆放整齐,其清理外运费用可套用本册第一章相应定额子目。如需运至指定地点回收利用,则应扣除回收价值。

(5) 管道拆除要求拆除后的旧管保持基本完好,破坏性拆除不得套用本章定额。拆除混凝土管道未包括拆除基础及垫层用工。人工或机械拆除基础、垫层时,按本章拆除砖石构筑物、拆除混凝土障碍物定额执行,其清理外运费用套用本册定额第一章“土石方工程”相应定额另行计算。

(6) 本章定额中未考虑地下水因素,若发生则另行计算。

（7）人工拆除各种稳定层套用人工拆除有骨料多合土定额项目。人工拆除石灰土、二碴、三碴、二灰结石基层应根据材料组成情况执行拆除无骨料多合土基层或拆除有骨料多合土基层定额。风镐拆除石灰土执行风镐拆除无筋混凝土面层定额乘以系数 0.70。风镐拆除二碴、三碴、二灰结石及水泥稳定层等半刚性基层执行风镐拆除无筋混凝土面层定额乘以系数 0.80。

（8）岩石破碎机拆除道路沥青混凝土面层、二碴、三碴、二灰结石及水泥稳定层等半刚性道路基层或底层，按岩石破碎机拆除无筋混凝土类路面层定额乘以系数 0.80。岩石破碎机拆除坑、槽混凝土及钢筋混凝土，按岩石破碎机拆除无筋及有筋混凝土障碍物定额乘以系数 1.30。

（9）沥青混凝土路面切边执行本定额第二册《道路工程》锯缝机锯缝项目。

（10）水泥混凝土路面多锤头碎石化和共振碎石化适用于原水泥路面的就地破碎处理再利用。

三、拆除工程计价工程量计算

（1）拆除旧路及人行道按实际拆除面积以“m^2”计算。

（2）拆除侧、平石及各类管道按长度以“m”计算。

（3）拆除构筑物及障碍物按其实体体积以“m^3”计算。

（4）伐树、挖树蔸按实挖数以“棵”计算。

（5）路面凿毛、路面铣刨按施工组织设计的面积以“m^2”计算。铣刨路面厚度大于 5 cm 时须分层铣刨。

（6）水泥混凝土路面多锤头碎石化和共振碎石化按设计顶面面积以“m^2”计算。

教学单元六　措 施 项 目

一、打拔工具桩

（一）打拔工具桩基础知识

工具桩属于临时性桩工程，通常用于市政工程中的沟槽、基坑或围堰等工程中，采取打桩形式进行支撑围护和加固。

1. 按工具桩材质分类

（1）木质工具桩。

原木制作，按断面分为圆木桩与木板桩。圆木桩一般采用疏打形式，即桩与桩之间有一定距离；木板桩一般采用密打形式，即桩与桩之间不留空隙，如图 2-46、图 2-47 所示。

图 2-46　圆木桩

（2）钢制工具桩。

用槽钢或工字钢制作，通常采用密打形式，如图 2-48、图 2-49 所示。

图 2-47 木板桩

图 2-48 槽钢工具桩

(a) 密打槽型钢板桩

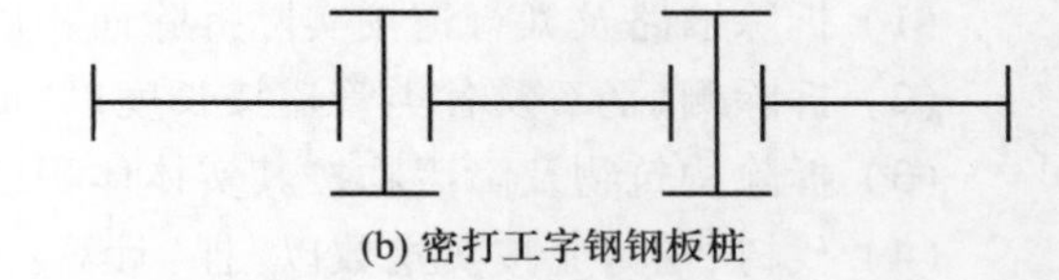
(b) 密打工字钢钢板桩

图 2-49 钢板桩

2. 按打桩设备分类

（1）简易打拔桩机。

简易打桩机一般由桩架、吊锤和卷扬机组成。简易拔桩机一般由人字杠杆和卷扬机组成。所以，简易打拔桩机又称卷扬机打拔，如图 2-50、图 2-51 所示。

图 2-50 振动打拔桩机

图 2-51 简易打拔桩机

（2）柴油打桩机。

柴油打桩机一般由专用柴油打桩架和柴油内燃式桩锤组成，如图 2-52、图 2-53 所示。

3. 按打拔工具桩的施工环境（水上、陆上）分类

水上、陆上打拔工具桩划分见表 2-26。

图 2-52　柴油打桩机(一)

图 2-53　柴油打桩机(二)

表 2-26　水上、陆上打拔工具桩划分表

项目名称	说明
水上作业	距岸线>1.5 m 或水深>2 m
陆上作业	陆地上;距岸线≤1.5 m 且水深≤1 m
水、陆作业各占 50%	1 m<水深≤2 m

注:1. 岸线是指施工期间最高水位时,水面与河岸的相交线。

2. 水深是指施工期间最高水位时的水深度。

3. 水上打拔工具桩按二艘驳船捆扎成船台作业。

(二)打拔工具桩清单编制

圆木桩、预制钢筋混凝土板桩,按照表 2-27 中的规定执行。在工程施工过程中应用比较广泛的钢板桩,清单计算规范中缺项,招标人可自行补充清单。

表 2-27　基坑与边坡支护(编码:040302)

项目编码	项目名称	项目特征	计量单位	工程量计算规则	工作内容
040302001	圆木桩	1. 地层情况 2. 桩长 3. 材质 4. 尾径 5. 桩倾斜度	1. m 2. 根	1. 以 m 计量,按设计图示尺寸以桩长(包括桩尖)计算 2. 以根计量,按设计图示数量计算	1. 工作平台搭拆 2. 桩机移位 3. 桩制作、运输、就位 4. 桩靴安装 5. 沉桩
040302002	预制钢筋混凝土板桩	1. 地层情况 2. 送桩深度、桩长 3. 桩截面 4. 混凝土强度等级	1. m^3 2. 根	1. 以 m^3 计量,按设计图示桩长(包括桩尖)乘以桩的断面积计算 2. 以根计量,按设计图示数量计算	1. 工作平台搭拆 2. 桩就位 3. 桩机移位 4. 沉桩 5. 接桩 6. 送桩

圆木桩以“m”或“根”计，钢板桩工程量以“t”计，预制钢筋混凝土板桩以“m^3”或“根”计。

（三）打拔工具桩清单报价

1. 打拔工具桩计价工程量计算

（1）水深在 1 ~ 2 m 之间，其工程量按水、陆工程量各 50% 计算。

（2）圆木桩体积以“m^3”计，按设计桩长和圆木桩小头直径查《木材材积速算表》。

（3）钢板桩工程量以“t”计，按设计桩长乘以钢板桩理论质量（ t/m ），并乘以钢板桩根数。

（4）竖拆打拔桩架次数按施工组织设计规定计算。如无施工组织设计规定时，按打桩的进行方向：双排桩每 100 m、单排桩每 200 m 计算一次，不足一次的按一次计算。

2. 打拔工具桩定额应用

《浙江省市政工程预算定额》（2018 版）的内容包括打拔圆木工具桩与打拔槽型钢板工具桩。分陆上与水上以及打拔桩土壤级别一、二、三类土三个等级进行子目的划分，共 8 节 50 个子目。

定额中所指的水上作业，是指距岸线 1.5 m 以外或者水深在 2 m 以上的打拔桩，距岸线 1.5 m 以内时，水深在 1 m 以内者，按陆上作业考虑。

定额打拔工具桩中的圆木、槽型钢板均为周转材料，即定额中的含量为圆木、槽型钢板的摊销量，其摊销量次数和损耗系数分别为 15 次、1.053 和 50 次、1.064。如实际采用租赁的钢板桩，则应扣除子目中对应的摊销费用，按租赁费计算，计算公式如下：

租赁费 = 钢板实际使用量 ×（ 1+损耗系数 ）× 使用天数 × 租赁单位［元/（t · 天）］

拔桩后如需桩孔回填，应按实际回填材料和数量进行计算。

［例 2-10］ 定额基价换算：水上柴油打桩机疏打槽形钢板斜桩，桩长 9 m，三类土。

【解】 定额编号：1-456H

［3 103.22+（1.35×1.43×1.05−1）×964.17+（1.35×1.43−1）×1 018.08］元/10 t = 5 041 元/10 t

或（964.17×1.43×1.35×1.05+1 120.97+1 018.08×1.35×1.43） 元/10 t = 5 041 元/10 t

［例 2-11］ 某工程采用陆上柴油打桩机打槽型钢板桩，单排 260 m，桩距 1.5 m，桩长 9 m，二级土，其中斜桩 18 根，槽钢单位理论质量为 0.18 t/m。钢板桩租赁，损耗率为 2%，租赁费为 3.2 元/（t · 天），共用 45 天。试计算总费用。

【解】 打桩工程量：

根数 =（260/1.5+1）根 = 175 根

W = 175×0.18×9 t = 283.500 t

其中斜桩：18×0.18×9 t = 29.160 t

直桩：（283.5−29.16） t = 254.340 t

打桩直接工程费：

基价 1-448 H P =（3 241−4 828×0.230） 元/10 t = 2 131 元/10 t

直接工程费 =（2 131×254.34/10）元 = 54 200 元

斜桩基价 1-448H P =［2 131+（1 271.57+836.41）×0.35］元/10 t = 2 869 元/10 t

直接工程费 = 2 869×2.916 元 = 8 366 元

钢板桩租赁费 = 283.5×(1+2%)×3.2×45 元 = 41 640 元

总费用 = (54 200+8 366+41 640)元 = 104 206 元

二、支撑工程

(一) 支撑工程基础知识

支撑是防止挖沟槽或基坑时土方坍塌的一种临时性挡土措施,一般由挡板、撑板与加固撑杆组成。挡板、撑板的材质通常有木、钢、竹,撑杆通常用钢、木。

图 2-54　沟槽土方支撑

根据挡土板疏密与排列方式不同可分为:横板竖撑(密或疏)、竖板横撑(密或疏)和简易井字支撑等,如图 2-54 ~ 图 2-56 所示。

(二) 支撑工程清单编制

表 2-28 中罗列了锚杆(索)、土钉、喷射混凝土等项目的清单项目设置、项目特征描述的内容、计量单位及工程量计算规则。本节所介绍的支撑是指挡土板支撑,在市政工程计算规范中没有列出,清单编制时可参考建筑工程清单规范或用补充清单的方式编制。

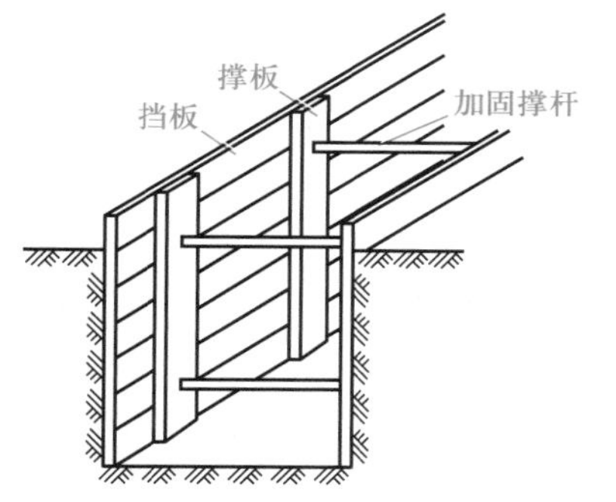

图 2-55　横板支撑(密撑)

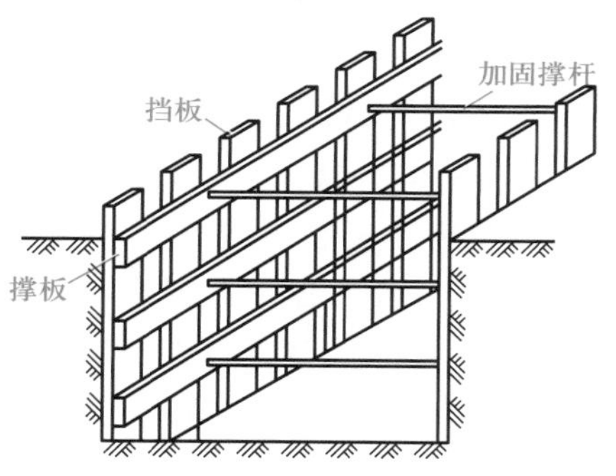

图 2-56　竖板支撑(疏撑)

表 2-28　基坑与边坡支护(部分)

项目编码	项目名称	项目特征	计量单位	工程量计算规则	工作内容
040302006	锚杆(索)	1. 地层情况 2. 锚杆(索)类型、部位 3. 钻孔直径、深度 4. 杆体材料品种、规格、数量 5. 是否预应力 6. 浆液种类、强度等级	1. m 2. 根	1. 以米计量,按设计图示尺寸以钻孔深度计算 2. 以根计量,按设计图示数量计算	1. 钻孔、浆液制作、运输、压浆、安装 2. 锚杆(索)制作 3. 张拉锚固 4. 锚杆(索)施工平台搭设、拆除

续表

项目编码	项目名称	项目特征	计量单位	工程量计算规则	工作内容
040302007	土钉	1. 地层情况 2. 钻孔直径、深度 3. 置入方法 4. 杆体材料品种、规格、数量 5. 浆液种类、强度等级	1. m 2. 根	1. 以米计量，按设计图示尺寸以钻孔深度计算 2. 以根计量，按设计图示数量计算	1. 钻孔、浆液制作、运输、压浆 2. 土钉制作、安装 3. 土钉施工平台搭设、拆除
040302008	喷射混凝土	1. 部位 2. 厚度 3. 材料种类 4. 混凝土类别、强度等级	m^2	按设计图示尺寸以面积计算	1. 修整边坡 2. 混凝土制作、运输、喷射、养护 3. 钻排水孔、安装排水管 4. 喷射施工平台搭设、拆除

（三）支撑工程清单报价

1. 支撑工程计价工程量计算

大型基坑钢支撑安装及拆除工程量按设计质量以“t”计算，其余支撑工程按施工组织设计确定的支撑面积以“m^2”计算。

2. 支撑工程定额应用

（1）《浙江省市政工程预算定额》(2018 版）的内容包括钢、木、竹挡土板与钢制桩，挡土支撑安拆、混凝土支撑制作、大型基坑钢支撑安装拆除，共 6 节 20 个子目。

（2）定额中挡土板间距不同时，不做调整。除槽钢挡土板外其余均按横板竖撑考虑，如采用竖板横撑时，相应定额人工工日乘以系数 1. 2。

（3）定额中挡土板支撑按槽坑两侧槽坑宽度 4. 1 m 以内考虑，如槽坑宽度超过 4. 1 m 时，其两侧均按一侧支挡土板考虑。当一侧支挡土板时，按相应定额人工工日乘以系数 1. 33，除挡土板外其他材料乘以系数 2。

（4）采用简易井字支撑时，按疏撑相应定额乘以系数 0. 61。

（5）钢制桩支撑定额仅包括钢桩支撑拆除费用，未包括钢制桩打拔费用，应另按第二章打拔工具桩定额执行。

（6）大型基坑支撑安装及拆除定额是按钢支撑周转摊销方式考虑。

［例 2-12］ 某沟槽宽 4. 5 m，支挡采用木挡板、木支撑，密板。

【解】 套 1-471H （2 505. 34+1 299. 24×0. 33+1 185. 06-0. 395×1 798）元/100 m^2 = 3 408. 94 元/100 m^2

［例 2-13］ 某拟建市政工程基坑开挖，三类土，机械开挖，原地面标高为-0. 10 m，垫层底标高为-3. 50 m。筏形基础平面图如图 2-57 所示。工作面按 0. 6 m 计，基坑开

挖两面放坡，靠近既有建筑及道路的几面采用挡土板支撑。木挡土板，钢支撑，竖板横撑疏挡。试计算支撑工程量及土方开挖工程量，并计算直接工程费。

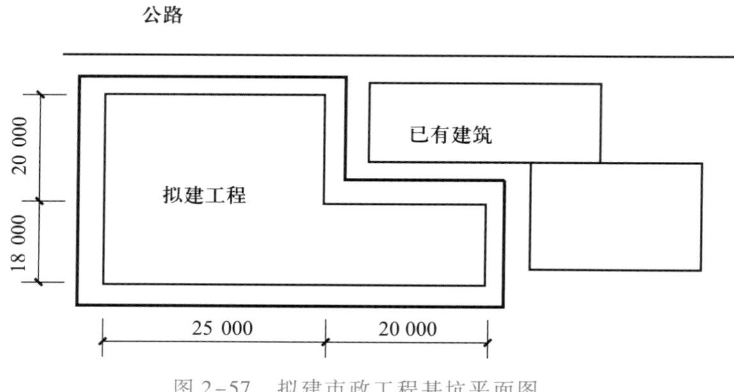

图 2-57 拟建市政工程基坑平面图

【解】（1）支撑工程量计算。

$H=3.4$ m

$S_{支撑}=(45+0.6\times2+38+0.6\times2)\times4.2\ \text{m}^2=358.68\ \text{m}^2$

支撑工程定额套用：1-474H 基价 $=(769.5\times1.33\times1.2+858.84\times2-1\,789\times0.237+12.55)$ 元/100 $\text{m}^2=2\,534$ 元/100 m^2

直接工程费 $=358.68\times25.34$ 元 $=9\,089$ 元

（2）土方工程量计算。

$S_{下}=(25+1.2+0.1)\times(38+1.2+0.1)\ \text{m}^2=1\,033.59\ \text{m}^2$

$S_{上}=(25+1.2+0.1+0.25\times3.4)\times(38+1.2+0.1+0.25\times3.4)\ \text{m}^2=1\,090.07\ \text{m}^2$

$V_{\text{I}}=H/3(S_{上}+S_{下}+\sqrt{S_{上}\times S_{下}})=3\,609.80\ \text{m}^3$

$V_{\text{II}}=H/6[a\times b+a_1\times b_1+(a+a_1)\times(b+b_1)]$

$=\{3.4/6[20\times(18+1.3)+20\times(18+1.3+0.25\times3.4)+(20+20)\times(18+1.3+18+1.3+0.25\times3.4)]\}\ \text{m}^3=1\,341.30\ \text{m}^3$

$V_{总}=(3\,609.80+1\,341.30)\ \text{m}^3=4\,951.10\ \text{m}^3$

1-72 基价 $=3\,558.76$ 元/1 000 m^3

直接工程费 $=4\,951.10\times3\,558.76/1\,000$ 元 $=17\,620$ 元

三、脚手架工程

（一）脚手架基础知识

脚手架是为了保证各施工过程顺利进行而搭设的工作平台。按搭设的位置不同分为外脚手架、里脚手架；按材料不同可分为木脚手架、竹脚手架、钢管脚手架；按构造形式不同分为立杆式脚手架、桥式脚手架、门式脚手架、悬吊式脚手架、挂式脚手架、挑式脚手架、爬式脚手架。

（二）脚手架工程清单编制

脚手架工程工程量清单项目设置、项目特征描述的内容、计量单位及工程量计算规则,应按表 2-29 的规定执行。

表 2-29 脚手架工程(编码:041101)

项目编码	项目名称	项目特征	计量单位	工程量计算规则	工作内容
041101001	墙面脚手架	墙高	m^2	按墙面水平边线长度乘以墙面砌筑高度计算	1. 清理场地 2. 搭设,拆除脚手架、安全网 3. 材料场内外运输
041101002	柱面脚手架	1. 柱高 2. 柱结构外围周长		按柱结构外围周长乘以柱砌筑高度计算	
041101003	仓面脚手架	1. 搭设方式 2. 搭设高度		按仓面水平面积计算	
041101004	沉井脚手架	沉井高度		按井壁中心线周长乘以井高计算	
041101005	井字架	井深	座	按设计图示数量计算	1. 清理场地 2. 搭、拆井字架 3. 材料场内外运输

注:各类井的井深按井底基础以上至井盖顶的高度计算。

(三) 脚手架工程清单报价

(1) 砌筑物高度超过 1.2 m 可计算脚手架搭拆费用。

(2) 仓面脚手架主要用于现浇混凝土工程,但对无筋或单层布筋的基础和垫层不计算仓面脚手架费。

(3) 仓面脚手架不包括斜道,实际发生时按建筑工程预算定额中脚手架斜道另计。但井字架或吊扒杆转运施工材料时不再计算斜道费用。

(4) 桥梁平台支架应套用第三册《桥涵工程》中的相应子目。

(5) 彩钢板护栏定额子目按基础和护栏分列,套用时按其垂直投影面积分别计算。护栏基础定额考虑单面水泥砂浆粉刷。

(6) 工程量计算。

① 砌墙脚手架按墙面水平边线长度乘以墙面砌筑高度以“m^2”计算。

② 柱形砌体脚手架按柱形砌体结构外围周长加 3.6 m 乘以砌筑高度以“m^2”计算。

③ 仓面脚手架按仓面水平面积以“m^2”计算。

四、围堰工程

(一) 围堰工程基础知识

为了确保主体工程及附属工程在施工过程中不受水流的侵袭,通常采用一种临时性的挡水措施,即围堰工程。根据河湖水深、流速,河床的地质条件,施工技术水平与就地取材情况确定堰体材料,形成不同类型的围堰。堰体施工一般是由岸边向河心填筑，在河心合龙；也可以在施工条件允许下，在湖中心同时填筑，加快施工速度。

1. 土草围堰

（1）筑土围堰。当流速缓慢，水深不大于 2 m，冲刷作用很小，其底为不渗水土质时，采用筑土围堰。一般就地取土筑堰。

（2）草袋（编织袋）围堰。当流速在 2 m /s 以内，水深不大于 3.5 m 时，采用草袋或编织袋就地取土装土筑堰，装土量一般为袋容积的 1/3 ~ 1/2，缝合后上下内外相互错缝堆码整齐。

2. 土石围堰

土石围堰的构造与土草围堰基本相同，一般在迎水面填筑黏土防渗，背水面抛填块石，较土草围堰更加稳定，如图 2-58、图 2-59 所示。

图 2-58　土石围堰（一）

图 2-59　土石围堰（二）

3. 桩体围堰

桩体围堰的堰宽可达 2 ~ 3 m，堰高可达 6 m。按桩材质不同分为圆木桩围堰、钢桩围堰、钢板桩围堰。

（1）圆木桩围堰：一般为双排桩。施打圆木桩两排，内以一层竹篱片挡土，就地取土，填土筑堰，适用水深 3 ~ 5 m。

（2）钢桩围堰：一般为双排桩，如图 2-60 所示。施打槽钢桩两排，内以一层竹篱片挡土，就地取土，填土筑堰，适用水深可达 6 m。

（3）钢板桩围堰：一般为双排桩，如图 2-61 所示。施打钢板桩两排，就地取土，填土筑堰，适用水流较深，流速较大，土质多为砂类土，刚硬性黏土、碎卵石类土以及风化岩等。

4. 竹笼围堰

用块石装填竹笼，一般为双层竹笼围堰，即两排竹笼，竹笼之间填以黏土或砂土，如图 2-62 所示。适用于底层为岩石，流速较大，水深达 1.5 ~ 7 m，当地盛产竹子的围堰工程。

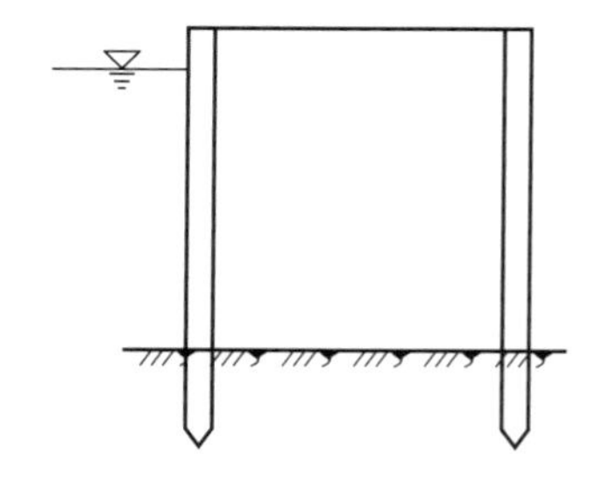

图 2-60　双排钢桩围堰

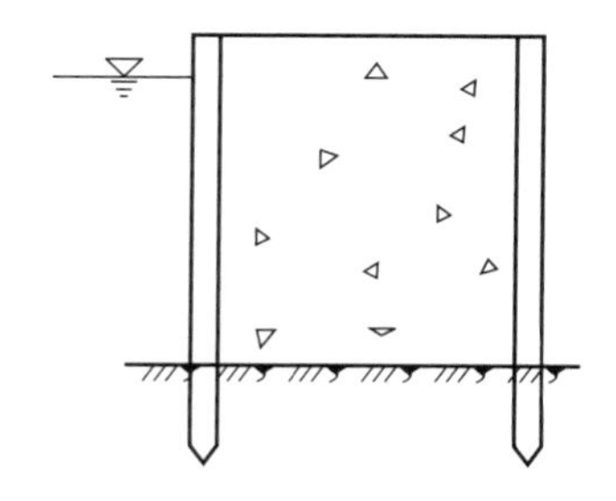

图 2-61　双排钢板桩围堰

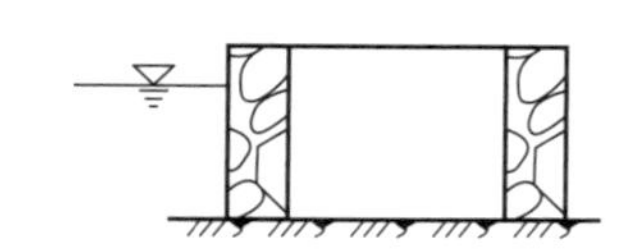

图 2-62　双层竹笼围堰

5. 筑岛填心

筑岛填心是指建造一座临时性的土岛。首先在需要施工的主体或附属工程周围筑堰,再在围堰中心填土(或砂、砂砾石)形成一座水中土岛。围堰中心进行填土称为筑岛填心。

(二) 围堰工程清单编制

围堰工程量清单项目设置、项目特征描述的内容、计量单位及工程量计算规则,应按表 2-30 的规定执行。

表 2-30 围堰(编码:041103)

项目编码	项目名称	项目特征	计量单位	工程量计算规则	工作内容
041103001	围堰	1. 围堰类型 2. 围堰顶宽及底宽 3. 围堰高度 4. 填心材料	1. m^3 2. m	1. 以 m^3 计量,按设计图示围堰体积计算 2. 以 m 计量,按设计图示围堰中心线长度计算	1. 清理基底 2. 打、拔工具桩 3. 堆筑、填心、夯实 4. 拆除清理 5. 材料场内外运输
041103002	筑岛	1. 筑岛类型 2. 筑岛高度 3. 填心材料	m^3	按设计图示筑岛体积计算	1. 清理基底 2. 堆筑、填心、夯实 3. 拆除清理

(三) 围堰工程清单报价

1. 围堰工程计价工程量计算

土草围堰、土石围堰,工程量以"m^3"计,即围堰施工断面面积×围堰中心线长度。

各类桩体围堰(圆木桩围堰、钢桩围堰、钢板桩围堰、双层竹笼围堰)工程量以"m"计,即围堰中心线长度。

围堰高度按施工期间的最高水位加 0.5 m 计算。

围堰施工断面尺寸按施工方案确定,堰内坡脚至堰内基坑边缘距离根据河床土质及基坑深度而定,但不得小于 1 m,如图 2-63 所示。

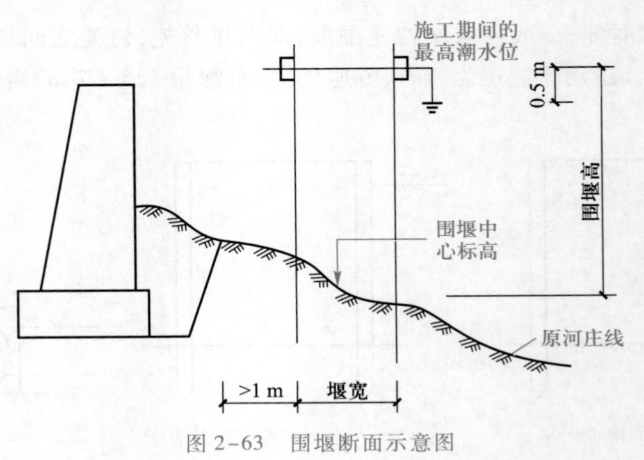

图 2-63 围堰断面示意图

2. 围堰工程定额应用

(1)《浙江省市政工程预算定额》(2018 版)的内容包括土草围堰、土石围堰、圆木桩围堰、钢桩围堰、钢板桩围堰、双层竹笼围堰及筑岛填心等 7 节 22 个子目。

(2) 围堰定额均按正常情况考虑,一般不允许堰体顶过水(除过水围堰定额子目外),如需潮汛、洪汛,可按实际情况增加加固措施费、堰体养护费。

(3) 围堰工程定额中均包括 50 m 范围以内的挖、运、填土(砂或砂砾),均不计土方和砂、砂砾的材料价格。取 50 m 范围以外的土方、砂、砂砾,应另计挖、运或外购费用,但应扣除定额中挖运人工:20 工日/100 m^3。

[例 2-14]　编织袋围堰,装袋黏土按单价 20 元/m^3 外购。

【解】　套 1-497H 基价 = (9 819.63+93×20-93×0.2×135) 元/100 m^3 = 9 168.63 元/100 m^3

[例 2-15]　麻袋围堰,麻袋价格为 4.50 元/只,规格同尼龙编织袋。黏土外购价格为 20 元/m^3。

【解】　套 1-497H　基价 = [9 819.63+93×20-20×93/100×135+(4.50-1.58)×1 490] 元/100 m^3 = 13 519.43 元/ 100 m^3

五、降水排水工程

(一) 降水排水工程基础知识

基坑开挖时,流入坑内的地下水和地表水如不及时排除,会使施工条件恶化,造成土壁塌方,也会降低地基承载力。施工排水可分为明排水法和人工降低地下水位法两种。

1. 湿土排水

湿土排水是指采用水泵抽水,仅排除地表水,地下水位没有降低,不改变原有土方干湿土性质。

2. 井点降水

井点降水是指通过置于地层含水层内的滤管(井),用抽水设备将地下水抽出,使地下水位降落到沟槽或基坑底以下,并在沟槽或基坑基础稳定前不断地抽水,形成局部地下水位的降低,以达到人工降低地下水位的目的。井点降水方法常用的有轻型井点降水、喷射井点降水、大口径井点降水等。井点系统包括管路系统与抽水系统两大部分,如图 2-64 所示。

(1) 轻型井点降水。

轻型井点适用的含水层为人工填土、黏性土、粉质黏土和砂土。适用的降水深度:单级井点为 3 ~6 m,多级井点为 6 ~ 12 m(多级井点的采用应满足场地条件)。

图 2-64　轻型井点降水

轻型井点的平面布置,根据工程降水平面的大小与深度,土质的类型,地下水位的高低与流向,可以设单排、双排、环形等布置方式。

轻型井点通常配备的机具设备有:成孔设备(如长螺旋钻机)、洗井设备(空气压缩机）和降水设备（主要有井点管、连接管、集水总管、抽水机组合排水管等）。

① 井点管。井点管采用直径为 38 ~ 50 mm 的钢管，长 5 ~ 7 m，下部安装过滤器，底部可根据降水周期的长短决定是否设置沉砂管。

② 集水总管。采用直径为 75 ~ 150 mm 的钢管，在管壁侧每隔 0.8 ~ 2.0 m 设一个与井点管的连接接头，用接连软管（高压软管）与井点管相连。为增加降深，集水总管平台应尽量放低，当低于地面时，应控制好集水总管平台的标高，同时平台宽度一般为 1.0 ~ 1.5 m。采用多级井点时，井点平台的级差宜控制在 4 ~ 5 m。

③ 抽水机组。常用干式真空泵机组（干式真空泵、离心式水泵和电动机）、射流泵机组（射流式真空泵、离心泵），一套抽水机组可带动的总管长度一般为 60 m。

④ 排水管。一般采用直径为 150 ~ 250 mm 的钢管或塑料管。

（2）喷射井点降水。

喷射井点适用的含水层为黏性土、粉质黏土、砂土，适用的降水深度为 6 ~ 20 m。若降水深度超过 6 m，采用轻型井点降水措施，则需要用多级井点。这样会增加土方开挖工程量，延长工期，并增加设备数量，施工成本也会随之增加。所以，一般在降水深度超过 6 m 时，往往采用喷射井点降水方法。

喷射井点的平面布置：根据工程降水平面的大小、降水深度要求及地下水位高低与流向，可设为单排、双排、环形等布置形式。

喷射井点通常配备的机具设备有：成孔设备、降水设备（主要有井点管、喷射器、高压水泵、进水总管、排水总管、循环水箱等），如图 2-65 所示。

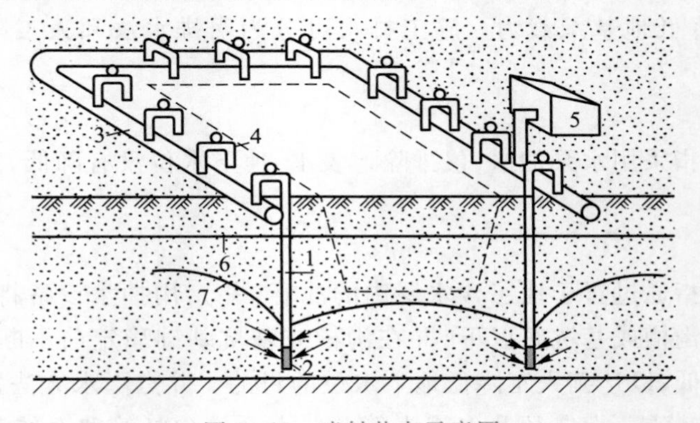

图 2-65 喷射井点示意图

1-井点管；2-滤管；3-总管；4-弯联管；5-水泵管；6-原有地下水位线；7-降低后地下水位线

① 井点管。井点管由内外钢管组成，其内管一般是直径为 50 ~ 73 mm 的钢管，外管是直径为 68 ~ 168 mm 的钢管。下部安装滤管，滤管一般是直径为 89 ~ 127 mm 的钢管，井管间距一般为 1.5 ~ 4.0 m。

② 喷射器。喷射器由喷嘴、混合室、扩散室组成。

③ 高压水泵。根据流量和工作压力，常采用流量为 50 ~ 80 m^3 的多级高压水泵，每套约能带动 20 ~ 30 根井管。

④ 进水总管与排水总管。进水总管与排水总管一般采用直径为 75 ~ 100 mm 的钢管。

⑤ 循环水箱。循环水箱接纳排水总管排出的地下水，同时为进水总管提供水源，多余的水经溢流口排出，如图 2-66 所示。

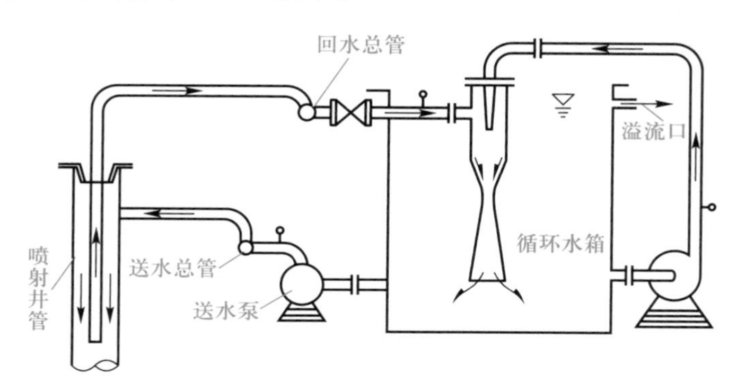

图 2-66　喷射井点降水原理

（3）大口径井点降水。

大口径井点适用的含水层为砂土、碎石土层，在土的渗透系数大、地下水量大的土层中采用，一般采用降深大于 5 m，降水深度可达 14 m。

大口径井点的平面布置：根据工程降水范围的大小、降水深度要求、地下水位高低、流量与流向，可布置为单排、双排或环形。

大口径井点配备的机具设备有：成井设备、洗井设备、抽水设备、排水设备等。

① 成井设备。成井设备一般由钻孔机械（冲击式、循环式）、井管等组成，井管一般是直径大于 300 mm 的钢管、铸铁管、PVC 管等，井管下部为滤管。管井的间距一般在 6 ~ 10 m。

② 抽水设备。应根据单井的出水量大小、降水的深度、井孔深度、井孔结构及所需扬程选择不同型号的潜水泵和离心泵。

③ 排水设备。排水设备由抽筒、胶皮水管、集水总管（或明沟）、沉淀箱等组成。集水总管一般是直径为 150 ~ 250 mm 的钢管、铸铁管或 PVC 管。

（二）降水排水工程清单编制

施工降水、排水工程量清单项目设置、项目特征描述的内容、计量单位及工程量计算规则，应按表 2-31 的规定执行。

表 2-31　施工排水、降水（编码：041107）

项目编码	项目名称	项目特征	计量单位	工程量计算规则	工作内容
041107001	成井	1. 成井方式 2. 地层情况 3. 成井直径 4. 井（滤）管类型、直径	m	按设计图示尺寸以钻孔深度计算	1. 准备钻孔机械、埋设护筒、钻机就位；泥浆制作、固壁；成孔、出渣、清孔等 2. 对接上、下井管（滤管），焊接，安放，下滤料，洗井，连接试抽等

续表

项目编码	项目名称	项目特征	计量单位	工程量计算规则	工作内容
041107002	排水、降水	1. 机械规格型号 2. 降排水管规格	昼夜	按排、降水日历天数计算	1. 管道安装、拆除，场内搬运等 2. 抽水、值班、降水设备维修等

注：相应专项设计不具备时，可按暂估量计算。

（三）降水排水工程清单报价

（1）湿土排水工程量按所挖湿土工程量以“m^3”计。

（2）井点降水。

① 轻型井点、喷射井点、大口径井点降水费用均包括井点管安装、拆除及使用三项费用，安装、拆除的工程量以“根”计，井点管使用计量单位为：“套・天”。其中，轻型井点 50 根为一套，大口径井点 10 根为一套。

② 轻型井点 25 根以内按 0.5 套，超过 25 根按一套算；其余根数不足一套均按一套计。

③ 一天以 24 h 计算。

④ 井点使用天数按施工组织设计规定或现场签证认可确定，编制标底时可参考表 2-32 计算。

⑤ 井管的安装、拆除以“10 根”计算。

（3）抽水。抽水定额用于河塘、河道、围堰等排水项目。抽水工程量按实际排水量以“m^3”计。

表 2-32　排水管道采用轻型井点降水使用周期

管径/mm	开槽埋管/（天/套）	管径/mm	开槽埋管/（天/套）
*D*600	10	*D*1 500	16
*D*800	12	*D*1 800	18
*D*1 000	13	*D*2 000	20
*D*1 200	14		

注：UPVC 管开槽埋管，按表中使用量乘以系数 0.7 计算。

项目三

市政道路工程计量计价

学习目标

学会市政道路工程施工图识读。

掌握市政道路工程项目清单工程量计算、清单编制方法。

掌握市政道路工程项目清单报价编制方法,学会定额的应用。

技能目标

能根据给定工程项目图纸、计量计价依据等进行市政道路工程项目列项、计量、工程量清单编制、清单报价编制和结算价编制。

道路,就广义而言,可分为公路、城市道路、专用道路等,它们之间在结构构造方面并无本质区别,只是在道路功能、所处地域、管辖权限等方面有所不同。本书所讲的道路工程,除特别说明外均指城市道路工程。城市道路横断面用地宽度一般称为红线宽度,其组成部分包括机动车道、非机动车道、人行道、分车带(分隔带及两侧路缘带统称分车带)以及平侧石、树池、挡土墙等附属构筑物。

教学单元一　基础知识

一、城市道路的分类

我国城市道路根据道路在其城市道路系统中所处的地位、交通功能、沿线建筑及车辆和行人进出的服务频率,按构成骨架及交通功能将其分为高速干道、主干道、次干道、支路四大类。

（1）高速干道：是城市中有较高车速的长距离道路，主要承担道路的交通功能，是连接市区各主要地区、主要近郊区、主要对外公路的快速通道。道路设有中央分隔带，具有四条以上车道，全部或部分采用立体交叉，且控制出入，供车辆高速行驶。在快速路上的机动车道两侧不宜设置非机动车道，不宜设置吸入大量车流和人流的公共建筑出入口，对两侧建筑物的出入口应加以控制。

（2）主干道：在城市道路网中起骨架作用，是连接城市各主要分区的交通干道，是城市内部的主要大动脉。主干道一般设有4或6条机动车道，并设有分隔带，在交叉口之间的分隔带尽量连续，以防车辆任意穿越，影响主干道上车流的行驶。主干道两侧不宜设置吸入大量车流和人流的公共建筑出入口。

（3）次干道：是城市中数量较多的一般道路，配合主干路组成城市路网，除交通功能外，次干道兼有服务功能，两侧允许布置吸入车流和人流的公共建筑，并应设置停车场，满足公共交通站点和出租车服务站的要求。

（4）支路：是次干道与相邻街坊的连接线，解决局部地区交通，以服务功能为主。部分支路可以补充干道网不足，设置公共交通路线，或设置非机动车专用道。支路上不宜通行过境车辆，只允许通行为地区性服务的车辆。

城市道路的不同类别，其主要技术经济指标不同，具体见表3-1。

表3-1 城市道路分类、主要技术经济指标划分表

道路类别	主要技术经济指标					
	级别	设计车速	双向机动车道数/条	每条机动车道宽度/m	分隔带设置	横断面形式
高速干道		60～80	≥4	3.75	必须设	双、四幅
主干道	Ⅰ	50～60	≥4	3.75	应设	单、双、三、四
	Ⅱ	40～50	3～4	3.75	应设	单、双、三
	Ⅲ	30～40	2～4	3.5～3.75	可设	单、双、三
次干道	Ⅰ	40～50	2～4	3.75	可设	单、双、三
	Ⅱ	30～40	2～4	3.5～3.75	不设	单
	Ⅲ	20～30	2	3.5	不设	单
支路	Ⅰ	30～40	2	3.5～3.75	不设	单
	Ⅱ	20～30	2	3.0～3.5	不设	单
	Ⅲ	20	2	3.0～3.5	不设	单

注：1. 表内主要技术经济指标载录于《城市道路工程设计规范》（2016年版）（CJJ 37—2012）相关条款。
2. 除高速干道外，每类道路按照所占城市的规模、设计交通量、地形等分为Ⅰ、Ⅱ、Ⅲ级。大城市应采用各类道路中的Ⅰ级标准；中等城市应采用Ⅱ级标准；小城市应采用Ⅲ级标准。

二、道路工程的基本组成

道路是一种带状构筑物，主要承受汽车荷载的反复作用和经受各种自然因素的长期影响。道路工程的主要组成部分包括路基、路面和附属工程。

（一）路基

路基既为车辆在道路上行驶提供基本条件，也是道路的支撑结构物，对路面的使用性能有着重要的影响。

1. 对路基的基本要求

路基是道路的基本组成部分，它一方面保证车辆行驶的通畅与安全，另一方面要支持路面承受行车荷载的作用，因此路基应具有以下要求。

（1）路基结构物的整体必须具有足够的稳定性。在工地地质不良地区，修建路基可能加剧原地面的不平衡状态，有可能产生整体下滑、边坡塌陷、路基沉降等整体变形过大甚至破坏。

（2）直接位于路面下的那部分路基（有时称为土基），必须具有足够的强度、抗变形能力（刚度）和水温稳定性。

2. 路基的基本形式

路基按填挖形式可分为路堤、路堑和半填半挖路基。高于天然地面的填方路基称为路堤，低于天然地面的挖方路基称为路堑，半边路堤半边路堑的称为半填半挖路基，如图 3-1～图3-6 所示。

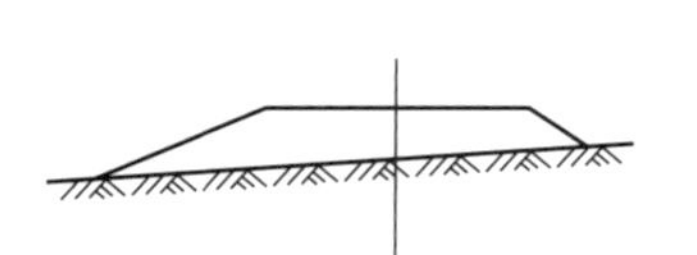

图 3-1　路堤路基示意图

图 3-2　路堤路基

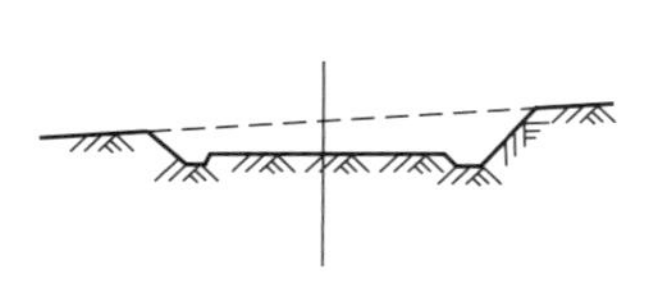

图 3-3　路堑路基示意图

图 3-4　路堑路基

（二）路面

路面是由各种不同的材料，按一定的厚度和宽度分层铺筑在路基顶面的结构物，以供车辆及行人直接在其表面行驶。

1. 对路面结构的要求

车辆直接行驶在路面表面，所以路面的作用首先是能够担负车辆的载重而不被破坏；其次能保证道路全天候通车；三是保证车辆有一定的行驶速度。因此路面应具有以下要求：具有足够的强度和刚度，具有足够的稳定性，具有足够的耐久性，具有足够的平整度，具有足够的抗滑性，具有尽可能低的扬尘性。

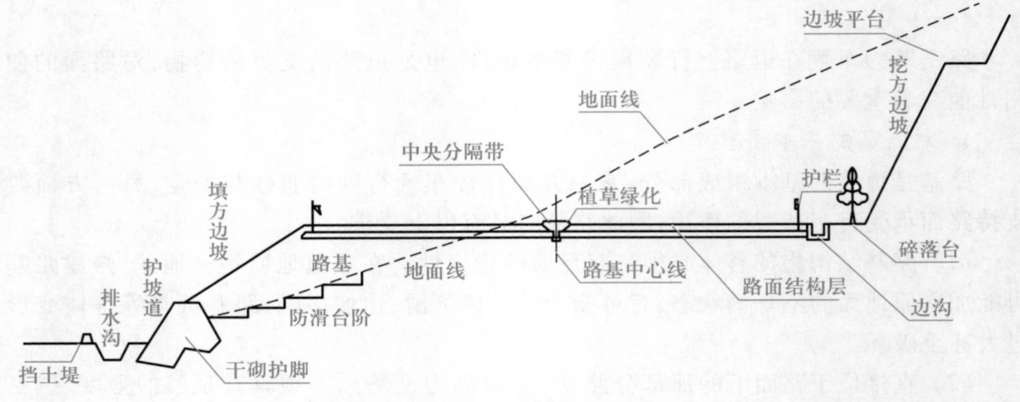

图 3-5　半填半挖式路基示意图

2. 路面的分类

(1) 路面按力学特征通常分为两种类型:柔性路面和刚性路面。

① 柔性路面:一般包括铺筑在非刚性基层上的各种沥青路面、碎(砾)石路面及有机结合料加固的土路面等。其力学特点是在荷载作用下产生的弯沉变形较大,路面结构本身抗弯强度较低,在反复荷载作用下产生累积变形。它的破坏取决于荷载作用下的极限垂直变形和弯拉应变。

图 3-6　半填半挖式路基

② 刚性路面:主要是指用水泥混凝土做成的路面面层以及条石或块石铺筑在基层上的路面结构,其力学特点是在行车荷载作用下,产生板体作用,抗弯拉强度大,弯沉变形很小,呈现出较大的刚性,它的破坏取决于荷载作用下产生的极限弯拉强度。

(2) 路面按材料和施工方法分为以下三大类:

① 沥青类。在矿物质材料中,以各种方式掺入沥青材料拌制修筑而成的路面,一般用作面层,也可作为基层,包括沥青表面处治路面、沥青贯入式路面、沥青混凝土路面等。

② 水泥混凝土类。以水泥与水合成水泥浆作为结合料,碎(砾)石为骨料,砂为填充料,经拌和、摊铺、振捣和养生而成的路面,通常用作行车道面层。

③ 块料类。用石材类(如花岗岩、石板材等)或预制水泥混凝土(板、砖)铺砌,并用砂浆嵌缝后形成的路面,通常用作人行道、广场、公园路面面层。

3. 路面等级的划分

通常可按面层使用品质、材料组成和结构强度的不同,把路面划分为四个等级,见表 3-2。城市道路路面等级必须采用高级路面或次高级路面。

表 3-2　路面等级、面层类型与道路等级

路面等级	面层主要类型	适用的道路等级
高级路面	水泥混凝土	高速、一级、二级公路;城市快速路、主干道、次干道
	沥青混凝土、整齐石块和条石	

续表

路面等级	面层主要类型	适用的道路等级
次高级路面	沥青贯入碎（砾）石、路拌沥青碎石	二级、三级公路；城市次干道、支路、街坊道路
	沥青表面处治	
中级路面	泥结或级配碎（砾）石、水泥碎石、其他材料、不整齐石块	三、四级公路
低级路面	各种粒料或当地材料改善土（如炉渣土砾石土和砂砾土等）	四级公路

4. 路面结构层的组成

路面结构层由垫层、基层和面层组成，如图 3-7、图 3-8 所示。

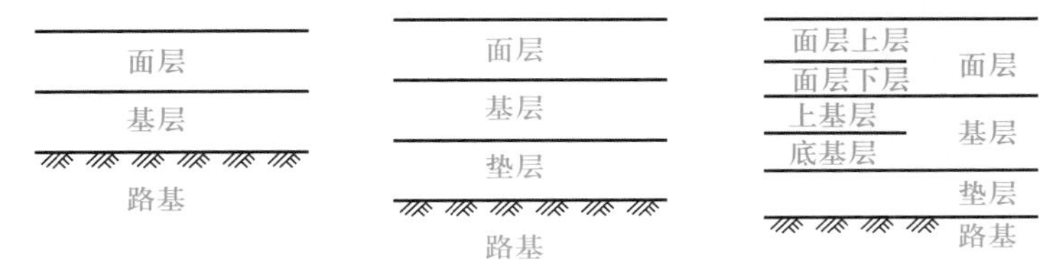

图 3-7　路面结构层的组成（一）

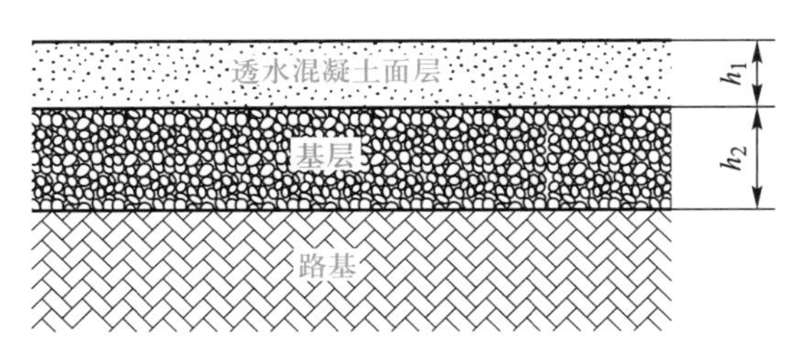

图 3-8　路面结构层的组成（二）

（1）垫层。垫层是设置在土基与基层之间的结构层。其主要功能是改善土基的温度和湿度状况，以保证面层和基层的强度与稳定性，并不受冻胀翻浆的影响。此外，垫层还能扩散由面层和基层传来的车轮荷载垂直作用力，减小土基的应力和应变，而且它能阻止土基嵌入基层中，影响基层结构的性能。

修筑垫层的材料，强度不一定很高，但水稳定性和隔热性要好。常用的有碎石垫层、砾石砂垫层、卵石垫层、矿渣垫层、塘渣垫层等。

（2）基层。基层主要承受由面层传来的车辆荷载垂直力，并把它扩散到垫层和土基中。

基层可分两层铺筑，其上层称为上基层，下层称为底基层。基层应有足够的强度和刚度，有平整的表面以保证面层厚度均匀，基层受大气的影响比较小，但因表层可能透水及地下水的侵入，要求基层有足够的水稳定性。常用的有碎（砾）石基层、级配碎石基层、石灰土基层、石灰稳定碎石基层、水泥稳定碎石基层、沥青稳定碎石基层、工业废渣稳定类基层、二灰（石灰、粉煤灰）土基层、二灰稳定碎石基层、粉煤灰三渣等基层。浙江省道路基层目前常用的为水泥稳定碎石基层或粉煤灰三渣基层。

（3）面层。面层是修筑在基层上的表面层次，保证汽车以一定的速度安全、舒适而经济地运行。面层是直接同行车和大气接触的表面层次，它承受行车荷载的垂直力、水平力和冲击力作用以及雨水和气温变化的不利影响。

面层应具备较高的结构强度、刚度和稳定性，而且应当耐磨、不透水，其表面还应有良好的抗滑性和平整度。常用的有水泥混凝土（刚性路面）、沥青混凝土（柔性路面）面层，如图 3-9、图 3-10 所示。

图 3-9　水泥混凝土路面

图 3-10　沥青混凝土路面

三、道路工程施工图识读

（一）道路工程平面图

道路中心线在水平面上的投影称为道路平面。它是反映城市道路的空间位置、线形与尺寸，按一定比例绘制在地形图上的带状路线图。

城市道路平面图主要采用的比例尺为 1 : 500 或 1 : 1 000；两侧范围应在规划红线以外各 20 ~ 50 m。平面图上应表明规划红线、规划道路中心线；现状中心线、现状路边线；设计车道线（机动车道、非机动车道）、人行道线、停靠站、分隔带、交通岛，沿街建筑物出入口（接坡）、支路等；路线里程桩号、路线转点（坐标、转角、桩号）圆曲线半径和缓和曲线要素；相交道路交叉口里程桩、坐标，缘石半径；指北针等，如图 3-11、图 3-12 所示。

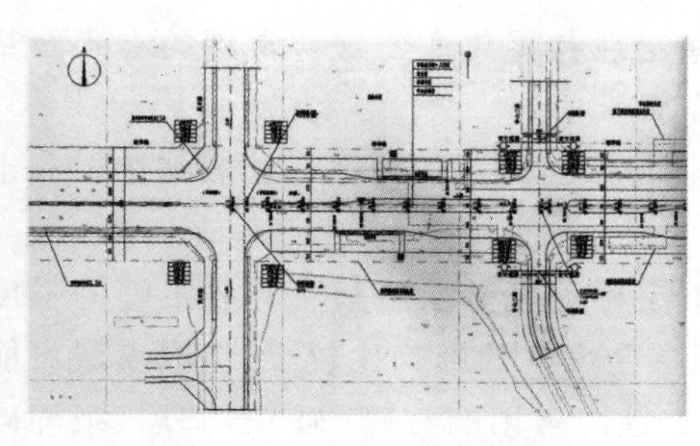

图 3-11　道路平面图（一）

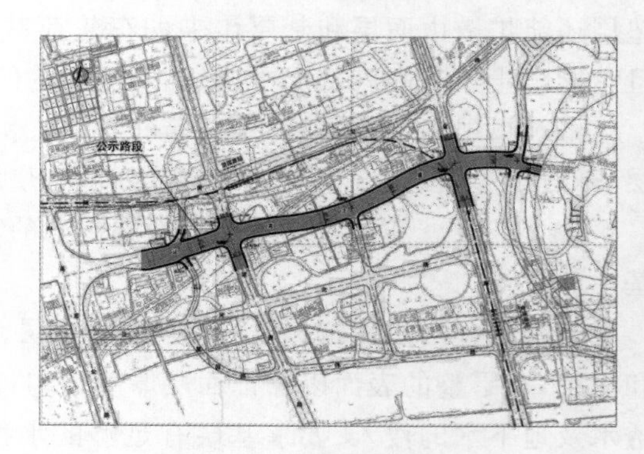

图 3-12　道路平面图（二）

道路平面图为预算人员提供了道路直线段长度、交叉口转弯角及半径、路幅宽度等数据，可用于计算道路路面结构层面积、人行道的面积、侧（平）石长度。

（二）道路工程纵断面图

沿道路中心线方向竖向剖面称为道路纵断面，它反映了路线竖向走向、高程、纵坡大小，即道路的起伏情况。

纵断面采用直角坐标。以横坐标表示里程，常用比例尺为 1∶500～1∶1 000；以纵坐标表示高程，常用比例尺为 1∶50～1∶100。

纵断面图由上、下两部分组成。上部分主要用来绘制地面线和纵坡设计线，另外还标注竖曲线及其要素，沿线桥涵位置、结构类型和孔径，沿线交叉口位置和标高等。下部分主要以表格形式填写有关内容，主要包括：直线及平曲线、里程桩号、原地面高程、设计路面高程、设计路基高程、坡度及坡长，填、挖高度等，如图 3-13、图 3-14 所示。

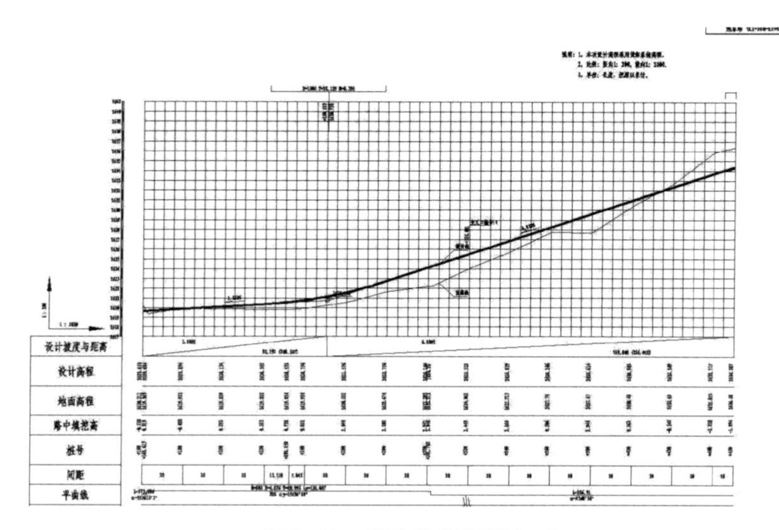

图 3-13　道路纵断面图（一）

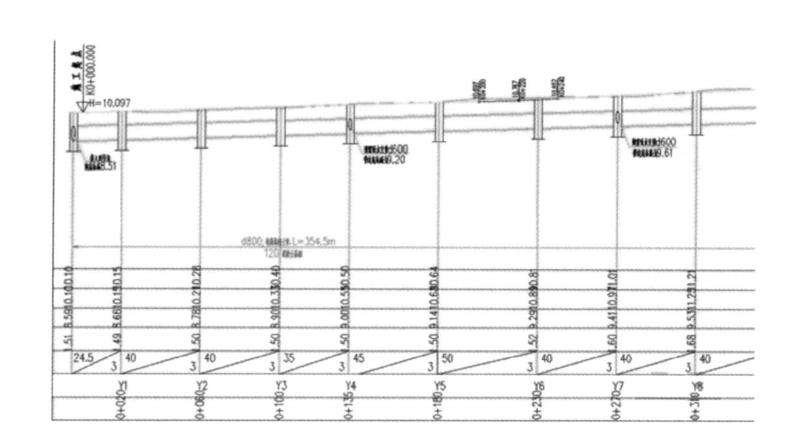

图 3-14　道路纵断面图（二）

纵断面图在预算编制中的作用是通过比较原地面标高和路基设计标高，反映了路基的挖填方情况。当路基设计标高高于原地面标高时为填方；当路基设计标高低于原地面标高时为挖方。

(三) 道路工程横断面图

垂直道路中心线方向的法向剖面称为道路横断面。道路工程横断面图可分为标准横断面图和施工横断面图。道路横断面图常用的比例尺为1:200。

标准横断面图反映了道路的红线宽度、横断面布置形式、各组成部分的宽度、横向路拱坡度等,如图3-15~图3-17所示。

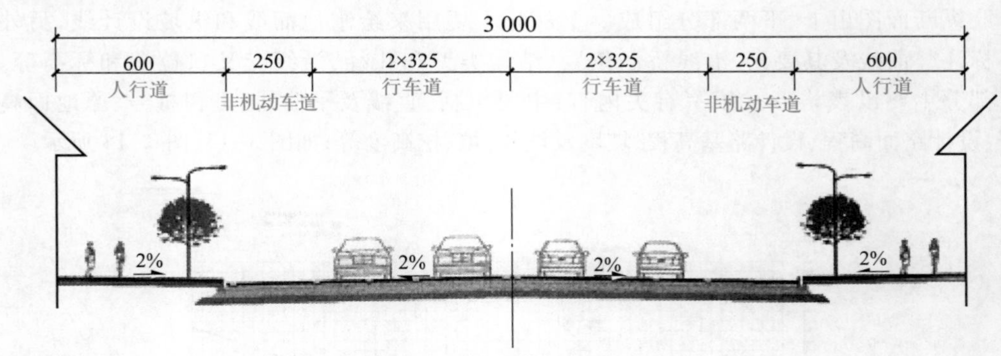

图3-15 标准横断面图(一)

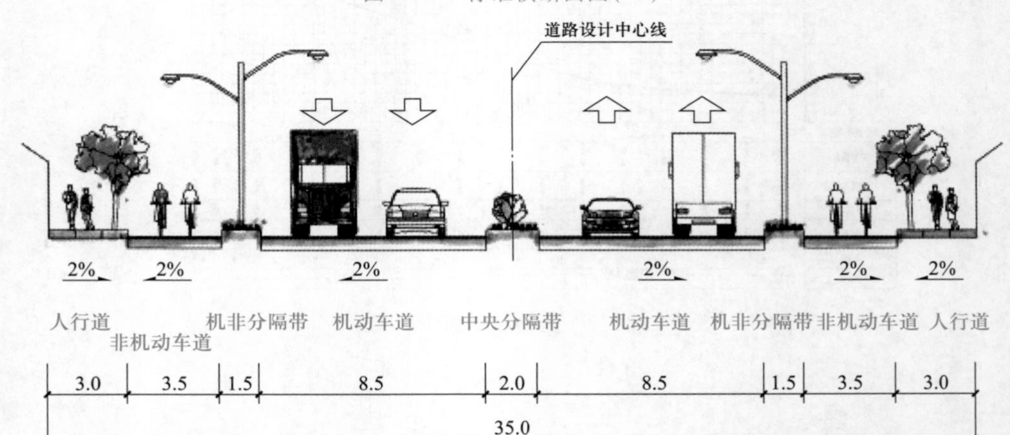

图3-16 标准横断面图(二)

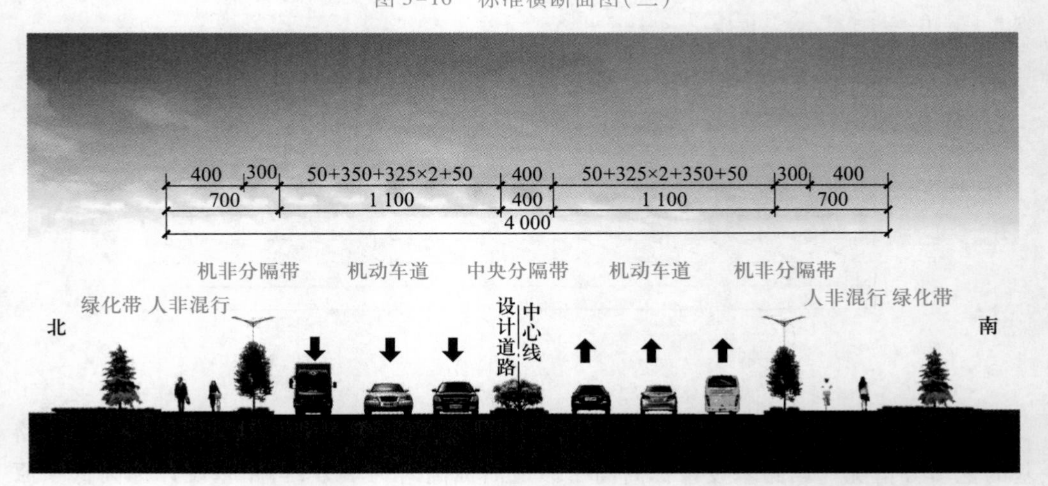

图3-17 标准横断面图(三)

施工横断面图反映了各设计桩号断面的占地宽度、填挖高度及断面填挖面积，如图 3-18 所示。施工横断面图在编制预算中的作用是为路基土石方计算及路面各结构层计算提供了断面资料。

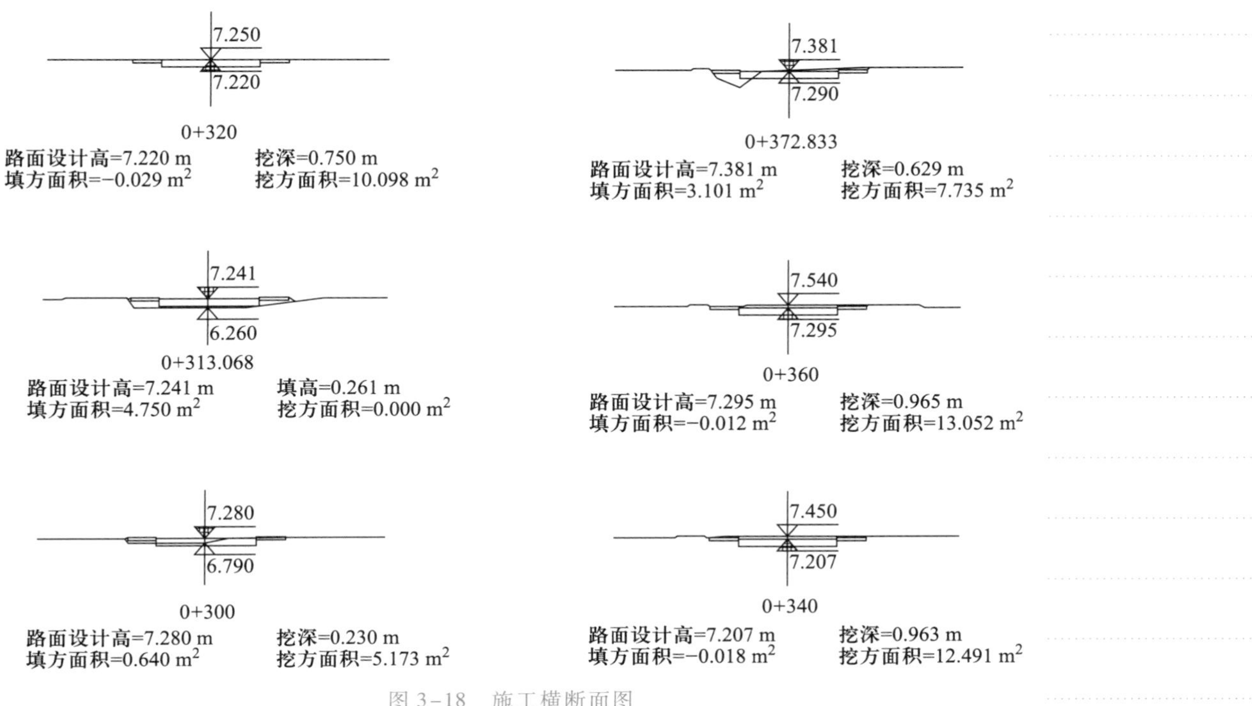

图 3-18 施工横断面图

（四）道路路面结构图

道路路面结构图应标明：行车道部分路面结构层类型（材料）及厚度；人行道的结构层类型（材料）及厚度；若是沥青混凝土路面需注明路拱方程，路拱抛物线；若是水泥混凝土路面需注明混凝土板块划分，各类混凝土路面构造缝，如图 3-19 ~ 图 3-21 所示。

道路路面结构图为计算路面各结构层的面积、人行道板安砌面积、人行道基础面积提供资料；提供侧、平石尺寸，为计算水泥混凝土路面伸缩缝、构造钢筋长度提供资料等。

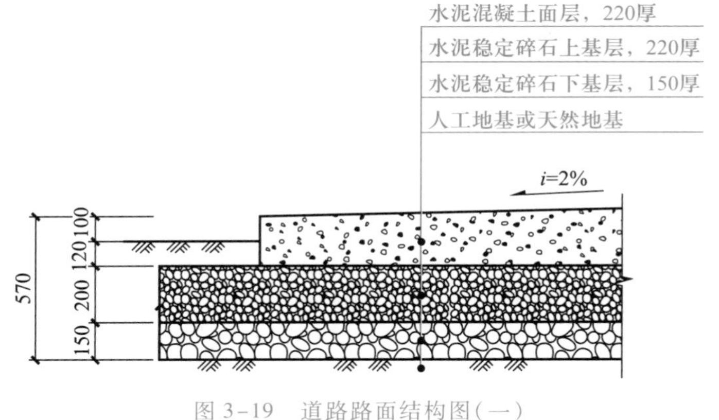

图 3-19 道路路面结构图（一）

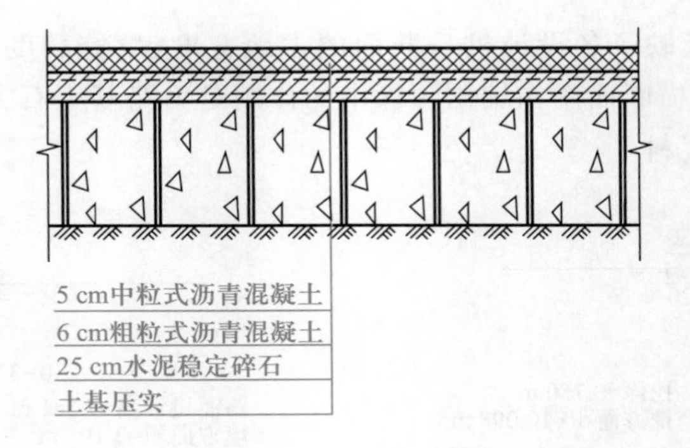

图 3-20　道路路面结构图(二)

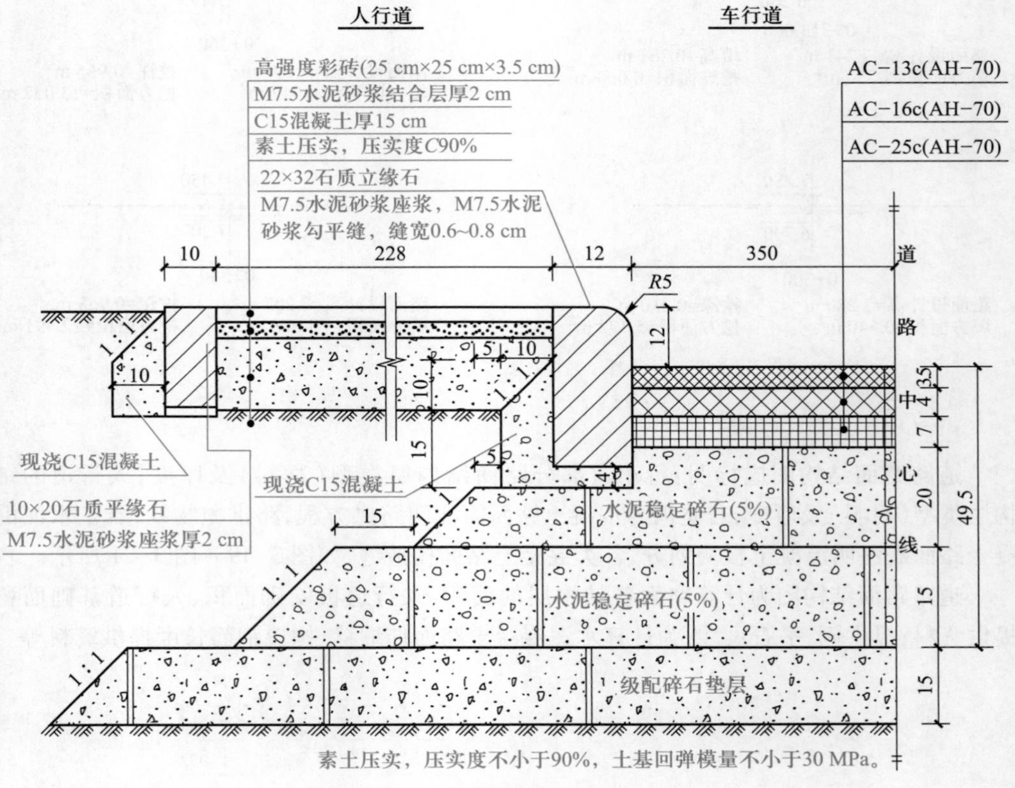

图 3-21　道路路面结构图(三)

(五) 交叉口设计图

交叉口设计图包括交叉口平面图和交叉口立面图。

交叉口平面图应表明：交叉口桩号、坐标、相交角度；相交道路的组成部分尺寸、红线宽度；交叉口范围线及桩号；缘石转弯半径、切点桩号等，如图 3-22、图 3-23 所示。

交叉口立面图应表明：排水方向、雨水口位置等；混凝土路面应划分板块，在每个交点的高程：沥青混凝土路面应绘出等高线，表明等高线的高程。

交叉口设计图为计算道路交叉口路面工程量及侧石平长度等提供详细数据。

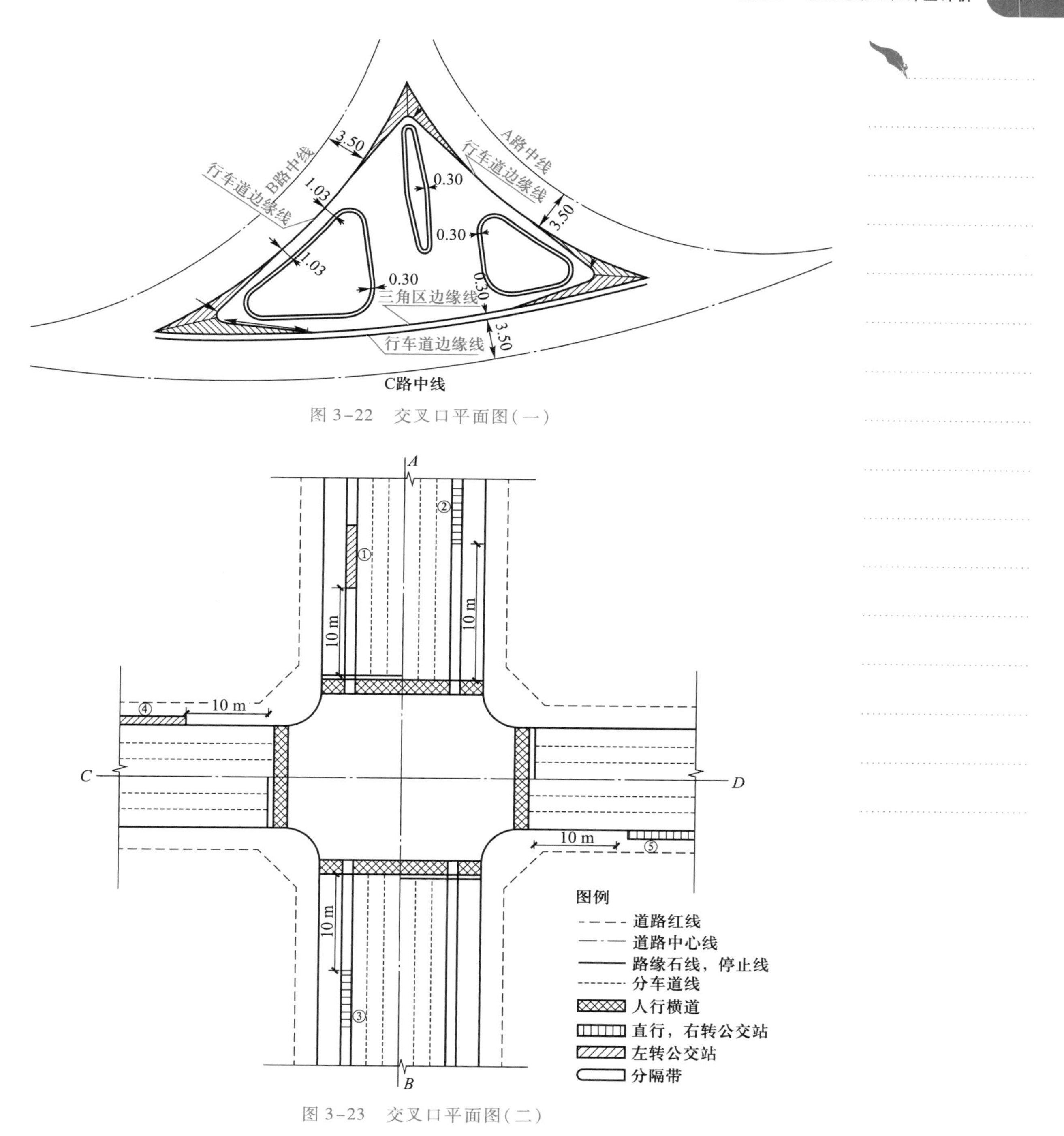

图 3-22　交叉口平面图(一)

图 3-23　交叉口平面图(二)

教学单元二　道路工程清单计价

道路工程清单编制及清单报价依据有:《建设工程工程量清单计价规范》(GB

50500—2013)、《市政工程工程量计算规范》(GB 50857—2013)。

一、清单编制

表格
路基处理清单编制

(一) 路基处理

路基处理工程量清单项目设置、项目特征描述的内容、计量单位及工程量计算规则,应按二维码"路基处理清单编制"中的规定执行。

表格
道路基层清单编制

(二) 道路基层

道路基层工程量清单项目设置、项目特征描述的内容、计量单位及工程量计算规则,应按二维码"道路基层清单编制"中的规定执行。

(三) 道路面层

道路面层工程量清单项目设置、项目特征描述的内容、计量单位及工程量计算规则,应按二维码"道路面层清单编制"中的规定执行。

表格
道路面层清单编制

(四) 人行道及其他

人行道及其他工程量清单项目设置、项目特征描述的内容、计量单位及工程量计算规则,应按二维码"人行道及其他清单编制"中的规定执行。

表格
人行道及其他清单编制

(五) 交通管理设施

交通管理设施工程量清单项目设置、项目特征描述的内容、计量单位及工程量计算规则,应按二维码"交通管理设施清单编制"中的规定执行。

表格
交通管理设施清单编制

二、清单编制实例

某道路工程平面图、路面结构图如图 3-24、图 3-25 所示。试依据施工图、清单计价规范等编制该项目的工程量清单(钢筋不计)。

(一) 识图

道路平面图、断面图、路面结构图等。

(二) 列项

(1) 040202014001 粉煤灰三渣基层(30 cm 厚)。

(2) 040202014002 粉煤灰三渣基层(15 cm 厚)。

(3) 040203007001 水泥混凝土路面。

(4) 040204002001 人行道块料铺设。

(5) 040204004001 安砌侧石。

(三) 清单工程量计算

(1) 粉煤灰三渣基层。

$S=(4\ 124.60+437.70\times0.25)\ \text{m}^2=4\ 234.03\ \text{m}^2$(车行道下)

$S=(200\times4\times2-12\times4\times3-0.214\ 6\times42\times6+10\times2\times3\times4-437.70\times0.15)\ \text{m}^2=1\ 609.70\ \text{m}^2$(人行道下)

(2) 水泥混凝土路面。

$S=[200\times18+12\times(10+4)\times3+0.214\ 6\times42\times6]\ \text{m}^2=4\ 124.60\ \text{m}^2$

(3) 人行道块料铺设。

$S=(200\times4\times2-12\times4\times3-0.214\ 6\times42\times6+10\times2\times3\times4-437.70\times0.15)\ \text{m}^2=1\ 609.70\ \text{m}^2$

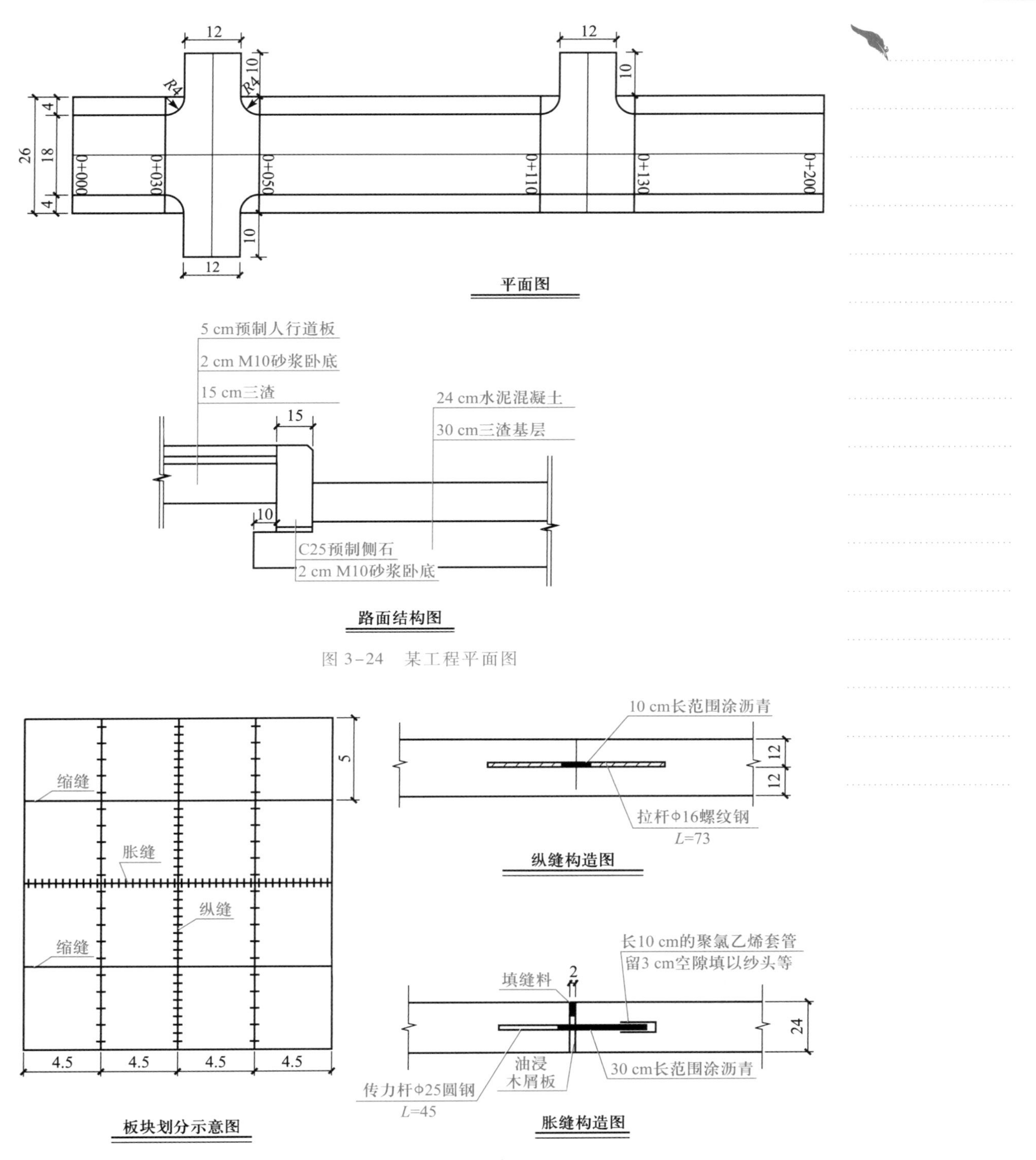

图 3-24　某工程平面图

图 3-25　某工程路面结构图

（4）安砌侧石。

$L=[200\times2-(12+4\times2)\times3+1.5\times2\times\pi\times4+10\times6]$ m $=437.70$ m

(四) 清单编制

清单编制见表 3-3。

表 3-3 分部分项工程量清单

工程名称:某城市道路—道路工程 第 1 页 共 1 页

序号	项目编码	项目名称	项目特征	计量单位	工程数量
1	040202014001	粉煤灰三渣基层	厚度:30 cm,车行道下 配合比:按设计	m^2	4 234.03
2	040202014002	粉煤灰三渣基层	厚度:15 cm,人行道下 配合比:按设计	m^2	1 609.70
3	040203007001	水泥混凝土路面	混凝土强度等级:抗折 4.0MPa 厚度:24 cm	m^2	4 124.6
4	040204002001	人行道块料铺设	材质:5 cm 厚预制人行道板 垫层:2 cm M10 砂浆	m^2	1 609.70
5	040204004001	安砌侧石	材料:C25 预制混凝土侧石 尺寸:37 cm×15 cm×100 cm 垫层:2 cm M10 砂浆	m	437.70

教学单元三 道路工程定额计价

一、《浙江省市政工程预算定额》(2018 版)适用范围及有关说明

(1) 定额适用于城镇范围内的新建、改建、扩建的市政道路工程。

(2) 定额中的工序、人工、机械、材料等均系综合取定。

(3) 道路工程中的排水项目,执行第六册《排水工程》相应项目。

(4) 道路基层及面层的铺筑厚度均为压实厚度。

(5) 定额的多合土项目按现场机拌考虑,部分基层项目考虑了厂拌。

(6) 定额凡使用石灰的子目,均不包括消解石灰的工作内容。编制预算中,应先计算石灰总用量,然后套用消解石灰子目。

(7) 道路工程中如遇到土石方工程、拆除工程、挡土墙及护坡工程等可套用第一册《通用项目》相关定额。

(8) 定额未包括智能交通系统。

二、定额项目解释及定额应用有关说明

《浙江省市政工程预算定额》(2018 版)《道路工程》册共 5 章 386 个子目,其中:第一章“路基处理”3 节 72 个子目;第二章“道路基层”17 节 74 个子目;第三章“道路面层”16 节 83 个子目;第四章“人行道及其他”10 节 32 个子目;第五章“交通管理设施”6

节 125 个子目。

（一）路基处理

（1）路床（槽）整形。内容包括平均厚度 10 cm 以内的人工挖高填低、整平路床，使之形成设计要求的纵横坡度，并经压路机碾压密实。

（2）土边沟成型。综合考虑了边沟挖土的土类和边沟两侧边坡培整面积所需的挖土、培土、修整边坡及余土抛出沟外的全过程所需人工。边坡所出余土弃运至路基 50 m 以外。

（3）路基盲沟。盲沟是引排地下水流的沟渠，其作用是隔断或节流流向路基的泉水和地下集中水流，并将水流引入地面排水沟渠。定额盲沟断面按 40 cm×40 cm 确定，如设计断面不同时，定额消耗量按比例换算。

（4）滤管盲沟。定额中不含滤管外滤层材料，发生时套用第六册《排水工程》相应子目。

（5）弹软土基处理。

① 堆载预压工作内容中包括了堆载四面的放坡和修筑坡道，未包括堆载材料的运输，发生时费用另行计算。

② 真空预压砂垫层厚度按 70 cm 考虑，当设计材料、厚度不同时，应做调整。

③ 掺石灰、改换片石：掺石灰施工流程为土基清淤后，翻松耙碎表层湿土，然后按比例掺入石灰粉，拌和后再压实。定额包括人工和机械两种施工方法，按石灰含量分 5% 和 8% 两项。改换片石施工方法仅为人工操作。

④ 石灰砂桩：在软弱地基中挖空后，将石灰、砂挤压入孔，通过在挤密过程中夯实成桩，从而提高地基承载力。定额按石灰砂桩的直径分为小于或等于 10 cm、大于 10 cm 两种，如图 3-26 所示。

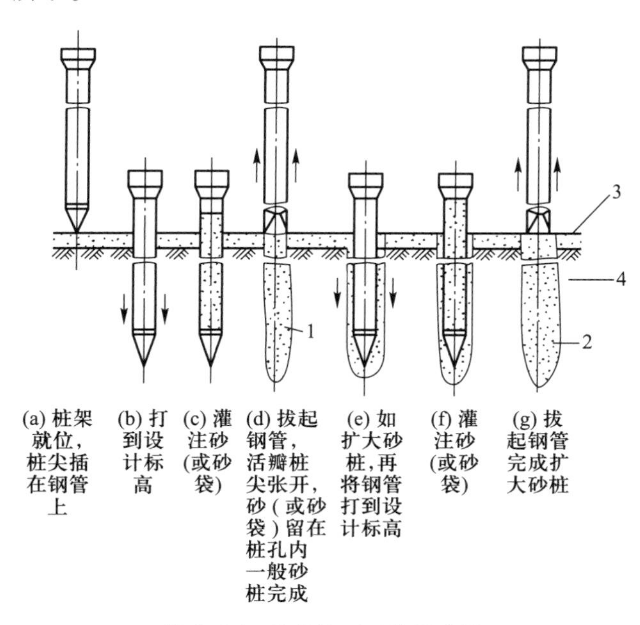

图 3-26　砂桩施工工序示意图

1-砂桩；2-扩大砂桩；3-砂垫层；4-软土层

⑤ 水泥粉煤灰碎石桩(CFG):发生土方场外运输时执行本定额第一册相应定额子目。水泥粉煤灰碎石桩(CFG)按C15强度等级的配合编制,如设计强度等级不同可按设计调整相应的材料消耗量。

⑥ 袋装砂井:砂井堆载预压地基是在软弱地基中用钢管打孔,灌砂设置砂井作为竖向排水通道,并在砂井顶部设置砂垫层作为水平排水通道,在砂垫层上部压载以增加途中附加应力,使土体中孔隙水较快地通过沙井和砂垫层排除,从而加速土体固结,使地基得到加固。定额分带门架机与不带门架机两类。定额砂井直径按7 cm计算,如设计直径不同时,可按砂井截面积比例调整黄砂用量,其他消耗量不变,如图3-27、图3-28所示。

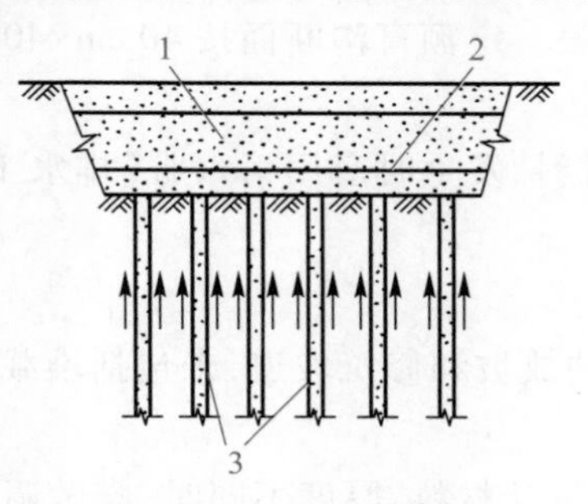

图3-27 砂桩(砂井)设置
1-基坑;2-砂垫层;3-排水砂井

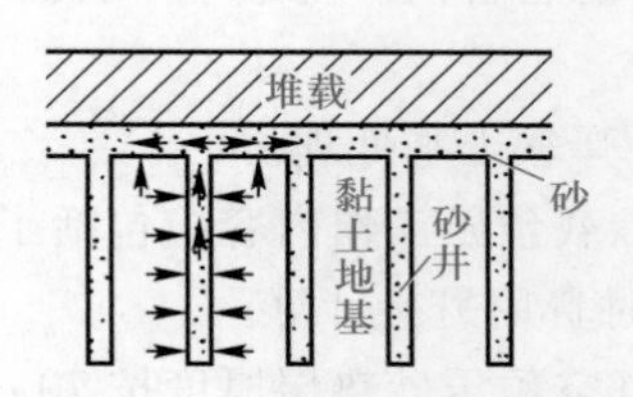

图3-28 砂井排水加固地基

⑦ 塑料排水板:将带状塑料排水板用插板机将其插入软弱土层中,组成垂直和水平排水体系,然后在地基表面堆载预压(或真空预压),土中孔隙水沿塑料带的沟槽上升溢出地面,从而加速了软弱地基的沉降过程,使得地基得到压密加固。

定额分为板长小于或等于15 cm、大于15 cm两类,袋装砂井、塑料排水板定额,其材料消耗量已包括袋装砂井、塑料排水板预留长度。

⑧ 土工合成材料:在软弱地基或边坡上埋设土工布(或土工格栅)作为加筋起到排水、反虑、隔离、加固和补强的作用,以提高土体承载力。定额按材料不同分为土工布与土工格栅、玻璃纤维格栅三类。

铺设土工布(或土工格栅)定额子目按铺设形式分为平铺和斜铺两种情况,定额中未考虑块石、钢筋锚固等因素,如实际发生可按实计算有关费用。定额中土工布按针缝计算,如采用搭接,土工布含量乘以系数1.05。土工布按300 g/m^{2}取定,如实际规格为150 g/m^2、200 g/m^2、400 g/m^{2}时,定额人工分别乘以系数0.7、0.8、1.2。

路基处理定额应用

⑨ 水泥稳定土:过湿土填筑路堤时当填料成软塑状态,可在土中掺入一定含量的水泥,结硬后形成水泥稳定土,分层填筑压实,定额水泥含量为5%,按水泥拌和方式分为人机配合和人工拌和两类。

⑩ 路基填筑:将软弱土层进行换填。根据换填材料的不同,定额分为砂、塘渣、石屑、粉煤灰、抛石挤淤、泡沫混凝土等六项。其中,泡沫混凝土按干密度级别为500 g/m^{3}的配合比编制,如设计干密度级别不同,可按设计调整相应的材料消耗量。

(二)道路基层

1. 道路基层的分类及施工工艺

道路基层按位置分为底基层、上基层;按材料分为上合土基层、稳定类半刚性土基层等。

(1) 多合土基层。

① 二灰土基层：由粉煤灰、石灰和土按照一定比例拌合而成的一种筑路材料的简称。拌和方式有人工拌和、拌和机拌和、厂拌人铺。二灰土压实成型后能在常温和一定湿度条件下起水硬作用，逐渐形成板体。它的强度在较长时间内将随着龄期而增加，但不耐磨，因其初期承载能力小，在未铺筑其他基层、面层以前，不宜开放交通。二灰土的压实厚度以 10～20 cm 为宜，最小施工厚度为 10 cm。

② 二灰碎石基层：是由粉煤灰、石灰和碎石按照一定比例拌和而成的一种筑路材料的简称。其中石灰：粉煤灰：碎石指的是质量比，拌和方式只有拌和机集中拌和。

③ 石灰、土、碎石基层：是石灰、土、碎石按照一定质量拌和而成的一种筑路材料，拌和方式分为机拌和厂拌两种。

多合土基层中各种材料是按常用的配合比编制的，当设计配合比与定额不符时，有关的材料消耗量可以调整。但人工和机械台班的消耗量不得调整。

(2) 稳定类半刚性基层。

① 粉煤灰三渣基层：粉煤灰三渣材料分为路拌、厂拌两类。粉煤灰三渣基层由熟石灰、粉煤灰和碎石拌和而成，是一种具有水硬性和缓凝性特征的路面结构层材料。在一定的温度、湿度条件下碾压成型后，强度逐步增长形成板体，具一定的抗弯能力和良好的水稳定性。

水泥稳定基层等如采用厂拌，可套用厂拌粉煤灰三渣基层相应子目；道路基层如采用沥青混凝土摊铺机摊铺，可套用厂拌粉煤灰三渣基层（沥青混凝土摊铺机摊铺）相应子目，材料调整换算，其他不变。

② 水泥稳定类基层：包括水泥稳定碎石基层（5%、6%水泥含量）、水泥稳定碎石砂基层的定额子目。

水泥稳定碎石是由水泥和碎石级配料经拌和、摊铺、振捣、压实、养护后形成的一种路基材料，特别在地下水位以下部分，强度能持续成长，从而延长道路的使用寿命。水泥稳定碎石基层的施工工艺为：放样→拌制→运输→摊铺→振捣碾压→养护→清理。因水泥稳定碎石在水泥初凝前必须终压成型，所以采用现场拌和，并采用支模后摊铺，摊铺完成后，边缘用平板式振捣器振实，再用轻型压路机初压、重型压路机终压的施工方法，压实厚度以 10～20 cm 为宜，最小施工厚度为 10 cm。严禁施工贴薄层。

水泥稳定碎石基层分为机拌人铺、机拌沥青摊铺机摊铺、厂拌人铺、厂拌沥青摊铺机摊铺，发生时分别套用相应定额。

③ 沥青稳定类基层：沥青稳定碎石采用人工摊铺撒料，喷油机喷油，压路机碾压的施工方法。

(3) 底基层。

底基层根据材料的不同分为：天然砂砾、卵石、碎石、块石、矿渣、塘渣、砂、石屑。定额分为人工铺装与人机配合铺装两类，铺设厚度与定额不同时按比例调整。常见基层做法如图 3-29、图 3-30 所示。

2. 几点定额说明

(1) 混合料多层次铺筑时，其基础顶层需进行养生，养生期按 7 天考虑，其用水量已综合在顶层多合土养生定额内，使用时不得重复计算用水量。

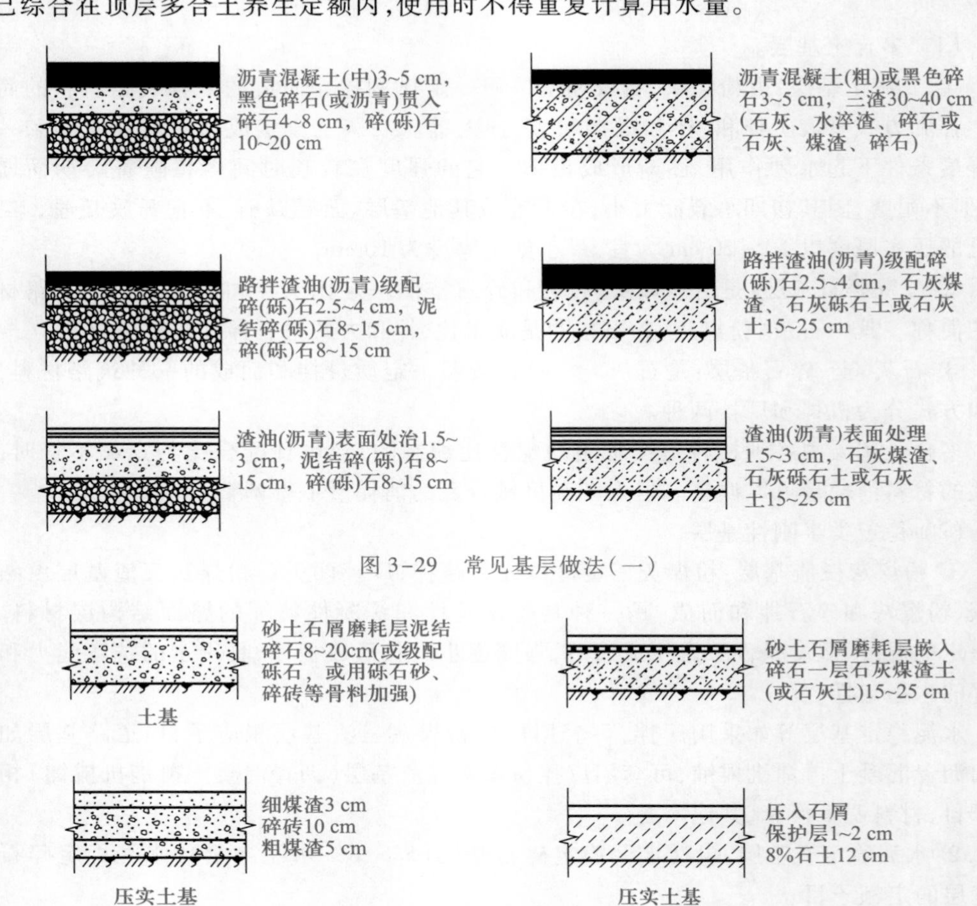

图 3-29 常见基层做法(一)

图 3-30 常见基层做法(二)

(2) 各种底、基层材料消耗中如做面层封顶时不包括水的使用量，当作为面层封顶时如需加水碾压，加水量可另行计算。

(3) 基层混合料中的石灰均为生石灰的消耗量。

(4) 本章定额未包括搅拌点至施工地点的熟料运输，发生时套用第一册相应熟料运输定额。

(5) 本章中设有"每增减 1 cm"的子目，适用于压实厚度 20 cm 以内的调整，压实厚度在 20 cm 以上的应按规范按两层结构层铺筑，以此类推。

(6) 本章定额未包括搅拌点至施工地点的半成品运输，发生时套用第一册相应半成品运输定额。

[例 3-1] 某道路基层设计为现拌 5% 水泥稳定碎石砂基层，设计厚度为 36 cm，试套用定额。

【解】 道路基层压实厚度在 20 cm 以上的应按两层结构层铺筑，

套定额[2-139]×2-[2-140]×4

基价(5 700.52×2-275.90×4)元/100 m^2 = 10 297.44 元/100 m^2

[例 3-2] 若[例 3-1]中道路结构层改为 36 cm 厚三渣基层，采用厂拌粉煤灰三

渣,用沥青摊铺机铺筑,试套用定额。

【解】　沥青摊铺机摊铺厂拌粉煤灰三渣子目分为 20 cm 和每减 1 cm 两项,应按两层结构层铺筑。

套定额[2-93]×2-[2-94]×4

基价(3 053.07×2-140.24×4)元/100 m^2 =5 545.18 元/100 m^2

[例 3-3]　塘渣底层 30 cm 厚,人机配合一次性铺筑,试套用定额。

【解】　人机配合铺筑塘渣底层子目分为 20 cm 和每减 1 cm 两项,应按两层结构层铺筑。

套定额[2-117]×2-[2-118]×10

基价(1 647.57×2-74.20×10)元/100 m^2 =2 553.14 元/100 m^2

(三) 道路面层

1. 道路面层的分类及施工工艺

道路面层定额主要包括简易路面、沥青类路面及水泥混凝土路面。

(1) 沥青类路面。

① 沥青表面处治:分为单层式、双层式、三层式。

三层式沥青表面处治施工工艺:清扫基层→洒透层(或黏层)沥青油料→洒第一层沥青→撒第一层骨料→碾压→洒第二层沥青→撒第二层骨料→碾压→洒第三层沥青→撒第三层骨料→碾压。双层式、单层式沥青表面处治则依次减少洒沥青、撒骨料、碾压遍数。

② 沥青贯入式:厚度宜为 4 ~8 cm。

施工工艺:清扫基层→洒透层(或黏层)沥青油料→撒主层骨料→碾压→洒第一遍沥青→撒第一遍嵌缝料→碾压→洒第二遍沥青→撒第二遍嵌缝料→碾压→洒第三遍沥青→撒封层料→碾压→初期养护。

③ 黑色(沥青)碎石:又称沥青碎石路面。

沥青碎石混合料采用拌和厂机械拌和,摊铺方式分为人工摊铺或沥青摊铺机摊铺,先轻型后重型压路机碾压成型。

④ 沥青混凝土。

沥青混凝土路面是由几种规格大小不同颗粒的矿料(包括碎石或轧制的砾石、石屑、砂和矿粉等)和一定数量的沥青,按照一定的比例在一定温度下拌和而成的混合料,经摊铺碾压而成的路面面层结构。

沥青混凝土路面按沥青材料的不同分为石油沥青混凝土路面和煤沥青混凝土路面;按矿料的最大粒径不同可分为粗粒式(LH-15、LH-10)、沥青砂(LH-5)等类型,LH代表沥青混凝土混合料,其数字代表矿料最大粒径(单位为 mm);按路面结构形式分为单层式或双层式,一般单层式厚 4 ~6 cm,双层式厚 7 ~9 cm,其中下层厚 4 ~5 cm、上层厚 3 ~4 cm。沥青类路面结构层示意图如图 3-31 所示。

沥青混凝土混合料采用拌和厂机械拌和,摊铺方式分为人工摊铺和沥青摊铺机摊铺,压实分为初压、复压、终压三个阶段。施工时应控制每个阶段沥青混合料的施工温度,如出厂温度、运至现场温度、摊铺温度、碾压温度、碾压终了温度、开放交通温度。

粗、中粒式沥青混凝土路面在发生厚度“增减 0.5 cm”时,定额子目按“每增减 1 cm”子目减半套用。

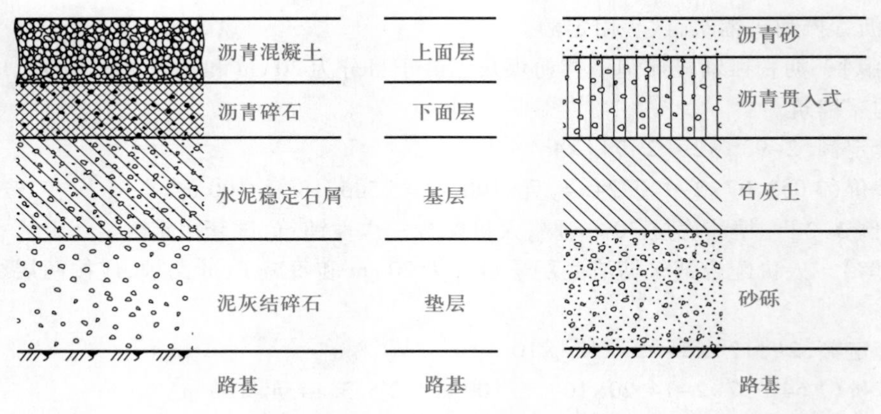

图 3-31 沥青类路面结构层示意图

(2) 沥青透层、黏层与封层。

透层、黏层、封层是沥青混合料路面施工的辅助层,可以起到过渡、黏结或提高道路性能的作用。《城镇道路工程施工与质量验收规范》(CJJ 1—2008)第 8.4 条关于沥青透层油、黏层油与封层油的内容如下。

① 透层油。透层油一般喷洒在无机结合料与粒料基层或水泥稳定层面上,让油料渗入基层后方可铺筑面层,其作用是使非沥青类材料基层与沥青面层之间良好黏结。透层油沥青的稠度宜通过试验确定,对于表面致密的半刚性基层宜采用渗透性好的稀透层沥青;对级配砂砾、级配碎石等粒料基层宜采用软稠的透层沥青。

② 黏层油。黏层油一般是喷洒在双层式或三层式热拌热铺沥青混合料路面的沥青层之间,或旧路上加铺沥青起黏结的油层。目的是使层与层之间的混合料黏成整体,提高道路的整体强度。

③ 封层油。封层油一般用于路面结构层的连接与防护,如喷洒在需要开放交通的基层上,或在旧路上铺筑进行路面养护修复。其作用是使道路表面密封,防止雨水侵入道路,保护路面结构层,防止表面磨耗损坏。封层分为上封层和下封层。上封层铺筑在沥青面层的上表面,下封层铺筑在沥青面层的下表面。

定额分别列有石油沥青和乳化沥青两种油料,具体应根据设计要求套用相应子目。如设计喷油量不同,消耗量按设计调整进行换算。

[例 3-4] 某道路结构图如图 3-32 所示,沥青路面部分采用机械摊铺,试套用沥青路面定额。

【解】 ① 透油层:根据设计喷油量不同,沥青油料含量按设计调整。

定额中半刚性基层石油沥青按 1.1 L/m², 现设计采用石油沥青用量为 1.3 kg/m²,则石油沥青定额消耗量调整为(1.3×0.135/1.1) t=0.160 t

套定额 2-162 换基价:[397.25+(0.160-0.135)×2 672]元/100 m² =464.05 元/100 m²

② 沥青层:粗、中粒式沥青混凝土路面在发生厚度"增减 0.5 cm"时,定额子目按"每增减 1 cm"子目减半套用的原则,定额套用如下:

粗粒式沥青混凝土 7.5 cm 厚:套定额[2-192]+[2-193]×1.5

基价(4 732.65+788.40×1.5)元/100 m² =5 915.25 元/100 m²

中粒式沥青混凝土 4.5 cm 厚:套定额[2-200]+[2-203]×0.5

基价(3 236.24+805.81×0.5)元/100 m² =3 639.15 元/100 m²

细粒式沥青混凝土 3.5 cm 厚:套定额[2-208]+[2-209]×0.5

基价(2 920.98+975.52×0.5)元/100 m² =3 408.74 元/100 m²

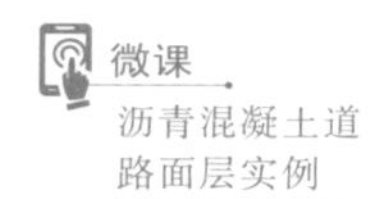

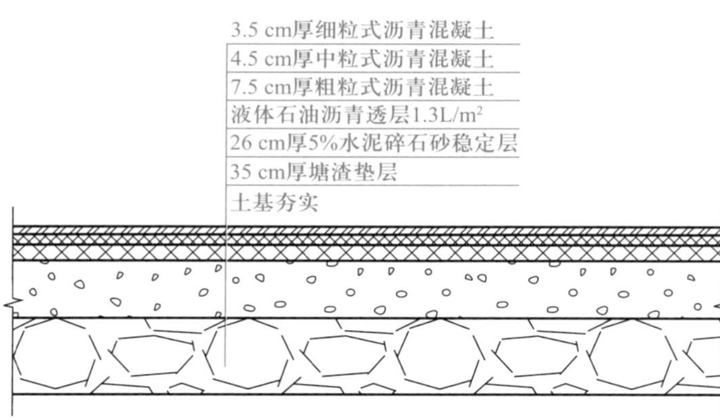

图 3-32　某道路结构图

(3) 水泥混凝土路面。

① 水泥混凝土路面施工工艺。模板安装→混凝土的搅拌和运输→浇筑→振捣→安装伸缩缝板、钢筋→找平→拉毛、刻槽、养生→切缝、灌封。

② 水泥混凝土板块划分。水泥混凝土板块一般采用矩形,板宽即纵缝间距,其最大间距不得大于 4.5 cm;板长即横缝间距,应根据气候条件、板厚和实践经验确定,一般为 4 ~5 m,最大不得超过 6 m。板宽和板长之比以 1 : 1.3 为宜。板的横断面一般采用等厚式,最大板块不宜超过 25 m²,厚度通过计算确定,最小厚度一般不小于 15 cm,如图 3-33 所示。

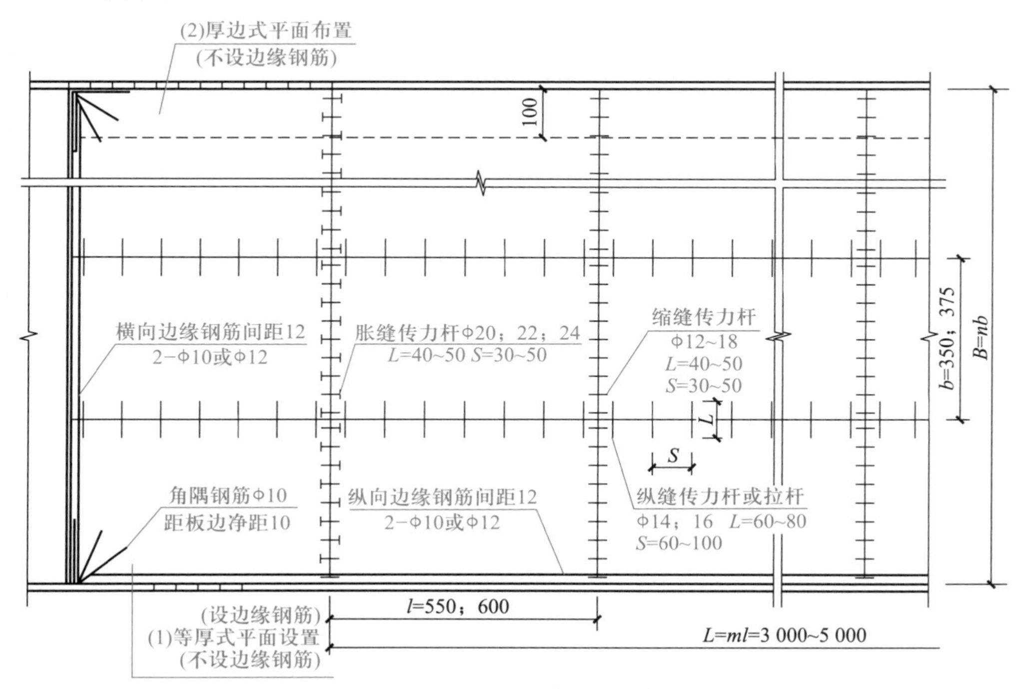

图 3-33　水泥混凝土路面平面布置图

③ 接缝。纵向和横向接缝一般为垂直相交，其纵缝两侧的横缝不得相互错位。

a. 纵缝。纵缝是沿行车方向两块混凝土板之间的接缝，通常在板厚中央设置拉杆。纵缝可分为纵向施工缝和纵向伸缩缝两类，如图 3-34、图 3-35 所示。

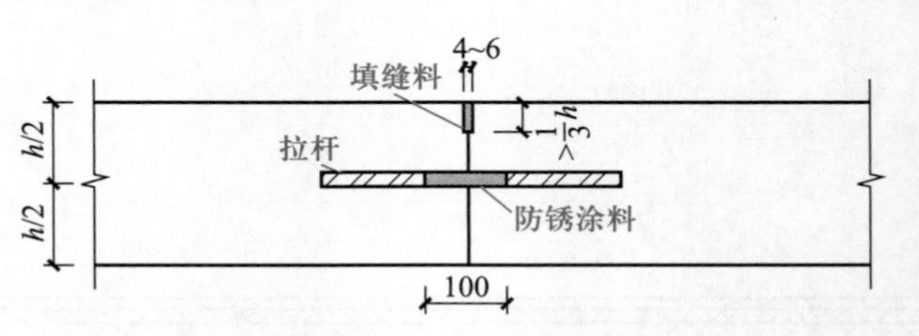

图 3-34　纵向施工缝构造图

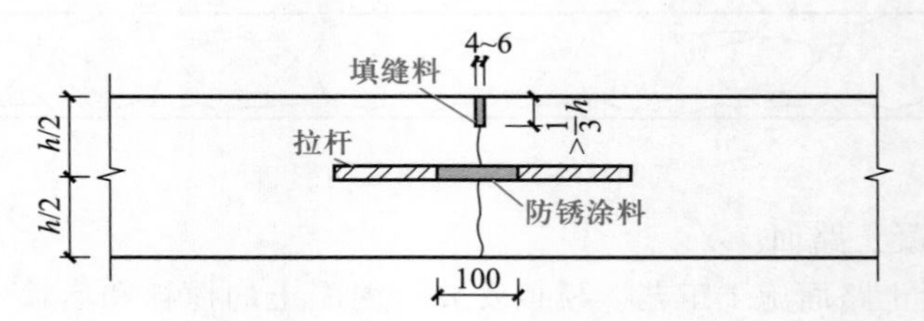

图 3-35　纵向伸缩缝构造图

当一次铺筑宽度小于路面宽度时，应设纵向施工缝，纵向施工缝采用平缝形式，上部锯切槽口，切槽深度一般为 1/3 板厚，槽内灌塞填缝料。

当一次铺筑宽度大于 4.5 m 时，应设置纵向缩缝，缩缝采用假缝形式，锯切的槽口深度应大于板厚的 1/3 深度。

b. 横缝。横缝可分为横向缩缝、横向胀缝和横向施工缝三类。缩缝是在混凝土浇筑以后用切缝机进行切缝的接缝，通常为不设传力杆的假缝，在邻近胀缝或自由端部的三条缩缝，应采用传力假缝形式。

胀缝下部应设预制填缝板，中穿传力杆，上部填封缝料。传力杆在浇筑前必须固定，使之平行于板面及路中心线。在邻近桥梁或其他固定构筑物或与其他道路相交处应设置胀缝。

每日施工终了或遇浇筑混凝土过程中因故中断时，必须设置横向施工缝，其位置宜设置在缩缝或胀缝处。胀缝处的施工缝同胀缝施工，缩缝处的施工缝应采用加传力杆的平缝或企口缝形式。

④ 路面钢筋。混凝土路面中除在纵缝处设置拉杆（采用螺纹钢筋）、横缝处设置传力杆（采用光圆钢筋）外，还需要按要求在特殊部位设置补强钢筋，如边缘钢筋、角隅钢筋、钢筋网等。混凝土面层钢筋定额中编制了传力杆、构造筋和钢筋网子目。钢筋网片套用钢筋网定额，传力杆、拉杆套用传力杆定额，边缘（角隅）加固筋等钢筋均套用构造筋定额，如图 3-36 ~ 图 3-38 所示。

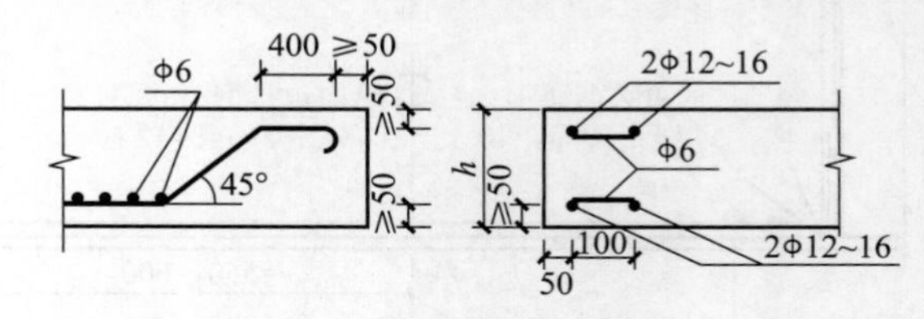

图 3-36　边缘钢筋构造

2. 几点定额说明

（1）水泥混凝土路面，综合考虑了有筋、无筋等不同因素所影响的工效。水泥混凝土路面中的传力杆、边缘（角隅）加固筋、纵向拉杆等，套用本定额第一册《通用项目》第四章“钢筋工程”相应定额子目。

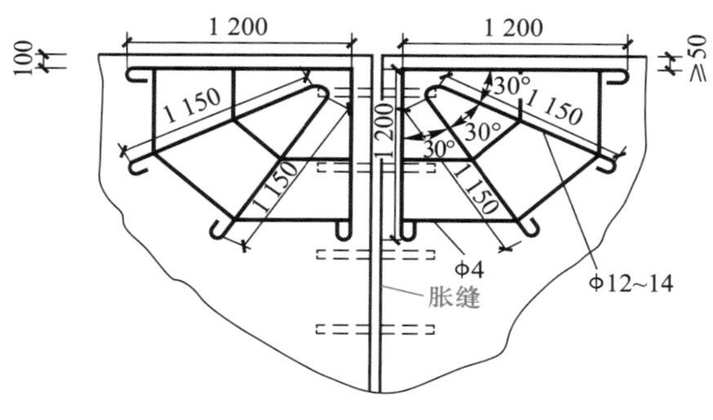

图 3-37　发针型角隅钢筋构造

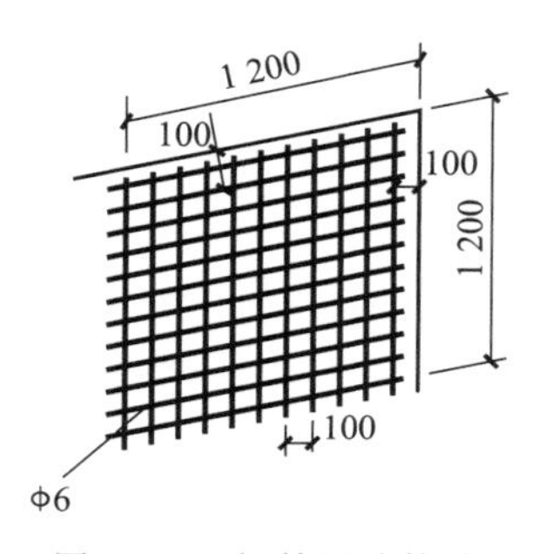

图 3-38　钢筋网片构造

（2）水泥混凝土路面按商品混凝土考虑。水泥混凝土路面以平口为准，如设计为企口时，按相应定额执行，其中的人工消耗量乘以系数 1.01，模板消耗量乘以系数 1.05。

（3）摊铺彩色沥青混凝土面层时，套用细粒式沥青混凝土路面定额，主材换算，柴油消耗量乘以系数 1.2。

（4）橡胶沥青应力吸收层（SAMI）橡胶沥青喷油量按 2.5 kg/m^2 编制，当设计喷油量不同时，按设计量调整。

（四）人行道及其他

（1）本章所采用的人行道板、侧平石、花岗岩等铺砌材料与设计不同时，应进行调整换算，除定额另有说明外，人工与机械消耗量不变。

（2）各类垫层厚度如与设计不同时，材料、搅拌机械的消耗量应进行调整，人工消耗量不变。材料配合比如与设计不同时，材料应进行调整，人工、机械消耗量不变。

（3）预制成品侧石安砌中，如其弧线转弯处为现场浇筑，则套用现浇侧石子目。

（4）现场预制侧平石制作定额套用第三册《桥涵工程》相应定额子目。

（5）高度大于 40 cm 的侧石按高侧石定额套用。

（6）人行道板安砌项目中人行道板如采用异形板，其人工乘以系数 1.1，材料消耗量不变；人行道砖人字纹铺装按异形考虑，如图 3-39～图 3-42 所示。

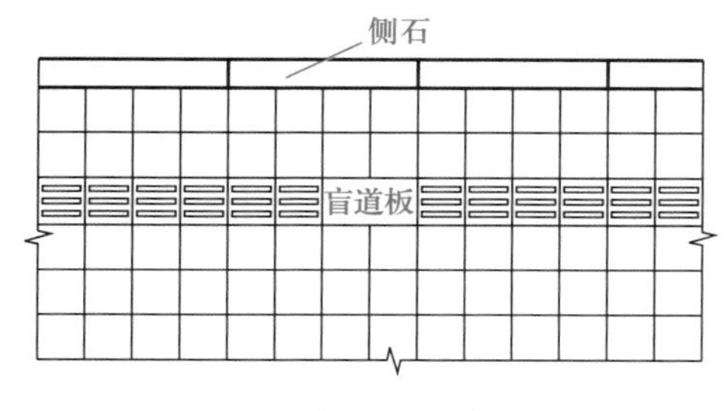

图 3-39　普通人行道板做法

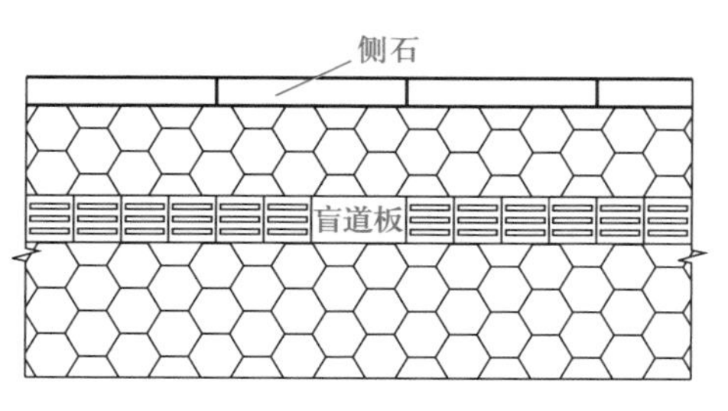

图 3-40　异形人行道板做法

（7）花岗岩面层安砌定额中石材厚度按 4 cm 编制，如设计厚度不同，石材厚度应进行换算，同时石材厚度每增加 1 cm，相应定额人工消耗量每 100 cm^2 增加 0.5 工日。

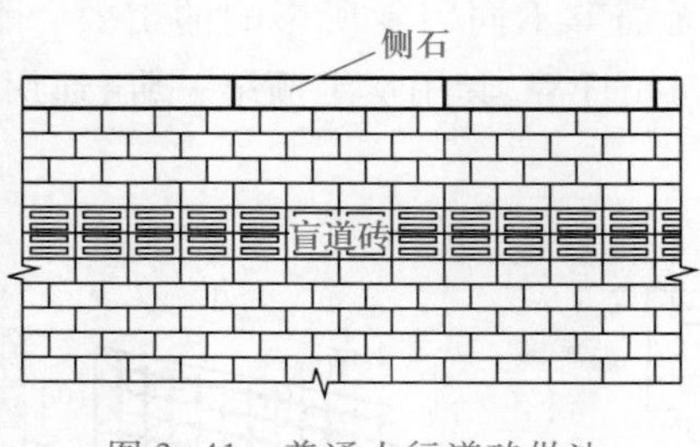

图 3-41 普通人行道砖做法

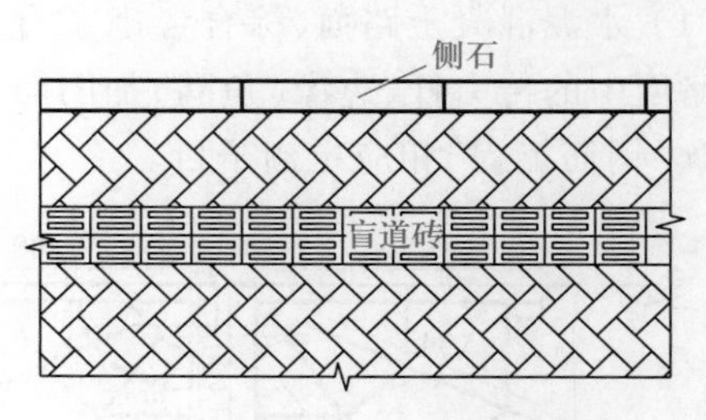

图 3-42 人字纹人行道砖做法

（8）广场砖铺设定额中，拼图案是指铺贴不同颜色或规格的广场砖形成环形、菱形等图案。分色线性铺装按不拼图案定额套用，如图 3-43、图 3-44 所示。

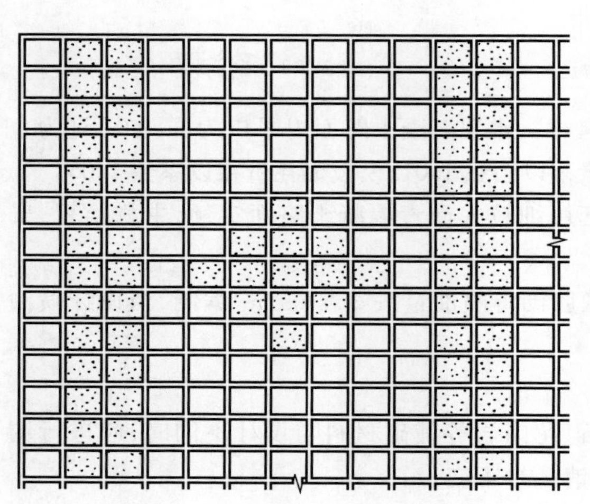

图 3-43 离缝广场砖分色拼图案

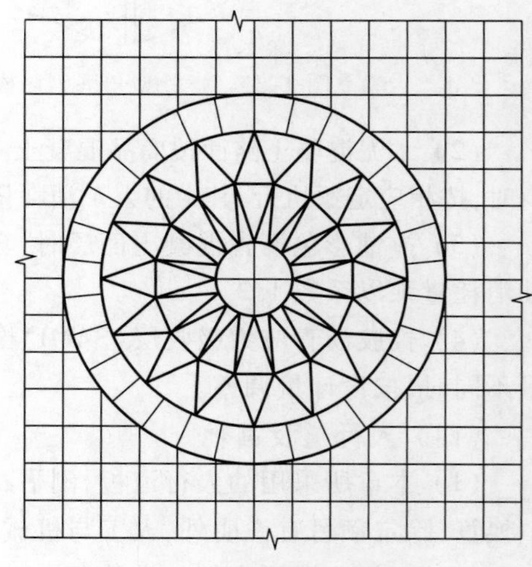

图 3-44 密缝广场砖拼图案

（9）广场砖铺设离缝定额中，广场砖消耗量已扣除缝宽面积，计算工程量时不得重复扣除。

（10）现浇人行道面层按本色水泥编制，如设计配色与上光应另行增加颜料与上光费用。

人行道路面结构图如图 3-45 所示。

（五）交通管理设施

（1）交通标志杆、门架杆、信号灯及标志牌按成品考虑。定额中的小型标志牌成品材料单价含铝槽、抱箍和螺栓费用，但不含反光膜的费用；大型标志牌为未计价材料，如图 3-46 ~ 图 3-49 所示。

（2）柱式标志杆依据杆的直径和长度按“根”计算。若安装双柱式标志杆时，按相应定额消耗量乘以系数 2 计算。F 杆包括三 F 杆、四 F 杆，T 杆包括双 T 杆、三 T 杆、四 T 杆。

（3）标志牌分为三角形、圆形、正方形、长方形等。标志牌安装按地面组装，与标志杆进行连接、拼装成型考虑。

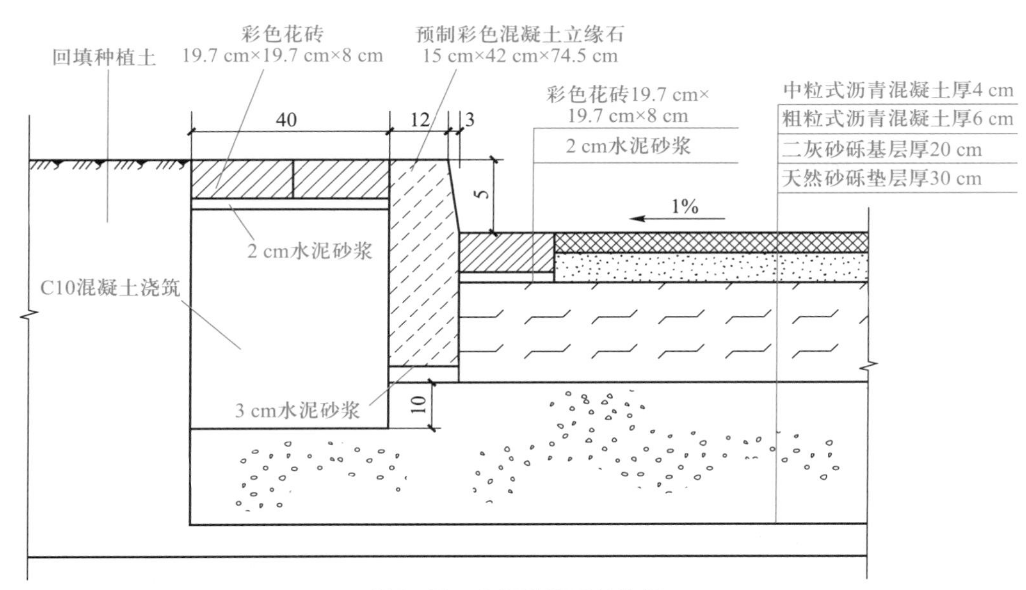

图 3-45 人行道路面结构图

图 3-46 交通标志杆

图 3-47 门架杆

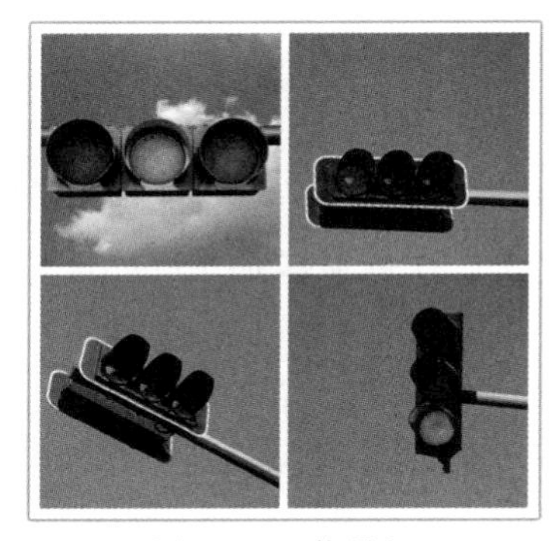

图 3-48 信号灯

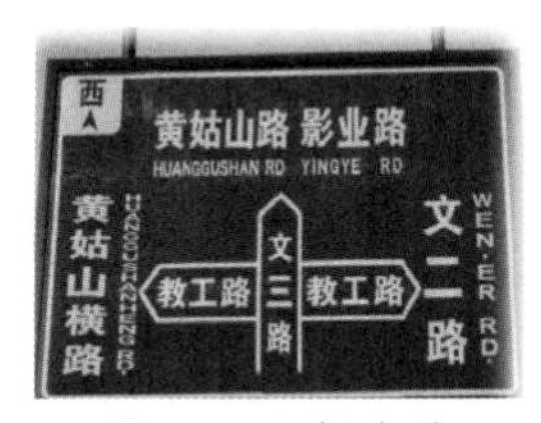

图 3-49 标志牌

（4）面积在 1.5 m^2 以内的标志牌，按形状分类，以“块”为单位，标志牌铝合金板厚度按 1.5 mm 考虑，如实际设计不同，标志牌单价可做换算调整。

(5) 附着式反光轮廓标安装于波形梁护栏或其他护栏上,已综合考虑各种安装方法。路面突起路标采用黏合剂合于混凝土或沥青路面上。

(6) 路面标线包括纵向标线、横道线和标记。标记包括箭头、文字、字符、图形等。路面标线定额中,如实际不刷底漆或不撒反光玻璃珠,则扣减定额中底漆、手推式热熔底漆车或反光玻璃珠的消耗量,其余不变。

(7) 信号灯按发光单元透光面尺寸(ϕ300、ϕ400)及功能(机动车信号灯、非机动车信号灯等)分类。本定额取各自其中一种规格作为定额基价,套用定额时信号灯单价按实际类型和规格型号进行定额换算,其余不变。

(8) 全封闭固定式隔离护栏、机非塑胶隔离墩、防撞设施、减速垄、塑胶警示柱、路边线轮廓标均为成品,计算时按成品价考虑;成品材料的规格、型号或材料不同时可做换算。如图 3-50、图 3-51 所示。

图 3-50 隔离护栏

图 3-51 水马

(9) 基础挖填方及钢筋可执行本定额第一册《通用项目》中的相应定额。

(10) 混凝土基础定额中未包括下部预埋件,发生时另行计算。

(11) 手孔井定额中已综合了铺垫层、浇筑混凝土、砌井、水泥砂浆抹面、安装盖板等工作内容。

(12) 定额中防撞筒、水马未包括灌水或灌砂的费用,发生时另行计算。

(13) 人(手)孔井按照杭州市综合交通研究中心提供的设计图编制,如涉及混凝土墙的与定额不同时,可调整换算。

三、工程量计算规则

(一) 路基处理

(1) 路床(槽)碾压宽度应按设计道路底层宽度加加宽值计算。加宽值在无设计说明或经批准施工组织设计中无明确规定时按底层两层各加 25 cm 计算,人行道碾压按一侧计算。

(2) 堆载预压、真空预压按设计图示尺寸加固面积以“m^2”计算。

(3) 强夯分为满夯、点夯,区分不同的夯击能量,按设计图示尺寸的夯击范围计算,设计无规定时,按每边超边基础外缘的宽度 3 m 计算。

(4) 掺石灰、改换片石,工程量按设计图示尺寸以“m^3”计算。

(5) 石灰砂桩工程量为设计断面乘以桩长,以“m^3”计算。

(6) 水泥粉煤灰碎石桩(CFG)按设计图示桩长(包括桩尖)以“m”计算。弃土外运按成孔体积以“m^3”计算。

（7）袋装砂井及塑料排水带按设计深度以“m”计算。

（8）土工合成材料工程量按铺设面积以“m^2”计算。

（9）路基填筑应按填筑体积以“m^3”计算。

（二）道路基层

（1）道路路基面积按设计道路基层图示尺寸以“m^2”计算。

（2）多合土养生面积按设计基层的顶层面积以“m^2”计算。

（3）道路基层与底层工程量计算时不扣除各种井所占的面积。设计道路基层横断面是梯形时，应按其截面平均宽度计算面积。

（三）道路面层

（1）沥青混凝土、水泥混凝土及其他类型路面工程量以“m^2”计算。带平石的面层（一般是沥青混凝土路面）应扣除平石面积，不扣除各类井所占面积。

（2）伸缩缝嵌缝工程量按设计缝长乘以设计缝深以“m^2”计算。

（3）锯缝机锯缝、填灌缝工程量按设计图示尺寸以“延长米”计算。

（4）路面防滑条工程量按设计图示尺寸以“m^2”计算。

（5）道路模板工程量根据实际施工情况，按与混凝土接触面积以“m^2”计算。

（6）土工布贴缝按混凝土路面缝长乘以设计宽度以“m^2”计算（纵横相交处面积不扣除）。

（7）道路面层铺筑面积计算：按设计面积计算，即按道路设计长度乘以横断面宽度，再加上道路交叉口转角面积计算，不扣除各类井位所占面积。

交叉口转角面积计算公式如下：

（1）路正交时路口转角面积计算（图 3-52）：$F=0.2146R^2$。

（2）道路斜交时路口转角面积计算（图 3-53）：$F=R^2[\tan \alpha/2-0.00873\alpha]$（$\alpha$ 以角度计）。

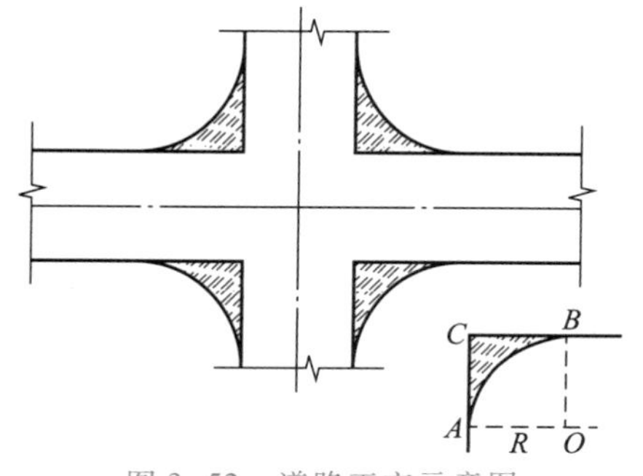

图 3-52　道路正交示意图

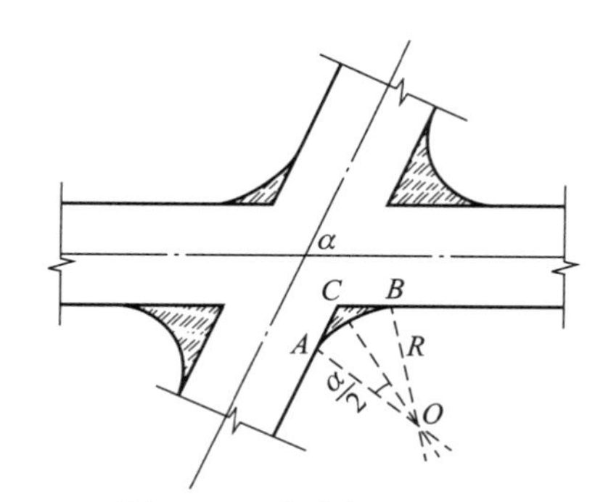

图 3-53　道路斜交示意图

（四）人行道及其他

（1）人行道板、草坪砖、花岗岩板、广场砖铺设按设计图示尺寸以“m^2”计算，应扣除侧石、树池及单个面积大于 0.3 m^2 的矩形盖板所占的面积。当单个面积大于 0.3 m^2 的矩形盖板表面镶贴花岗岩等其他材质面层时，其工程量计入相应人行道铺设面积内。

（2）侧平石安砌、砌筑树池等项目按设计长度以“延长米”计算，现浇侧石项目按

"m^3"计算。

(3) 现浇混凝土侧、平石模板按混凝土与模板的接触面积以"m^2"计算。

(4) 花坛、台阶花岗岩面层安砌按设计图示尺寸展开面积以"m^2"计算。

(五) 交通管理设施

(1) 标志牌按设计图示尺寸数量以"块"计算。小型标志牌定额中反光膜数量及单价按一般情况考虑,如实际不同,反光膜数量及单价可调整,其余不变。

(2) 柱式标志杆依据杆的直径和长度以"根"为单位,悬臂式标志杆以"t"为单位。悬臂式弯杆质量按弯杆、上法兰、螺栓等的总质量计算,F(T)杆质量按立柱、横梁、法兰(立柱上法兰及横梁法兰)、加劲肋、盖帽、螺栓的总质量计算。

(3) 门式架以"t"为单位。门式架的质量按立柱、横梁、直斜腹杆、法兰(立柱及横梁)、加劲肋、柱帽、螺栓等的总质量之和计算。

(4) 路面标线线条按标线漆划的净面积计算。突起路标按实际安装个数计算。预成型标带按贴铺路面面积计算。箭头按个数计算。文字、字符按单体的外围矩形面积计算,图形按外框尺寸面积计算。标线清除按实际清除面积计算。

(5) 信号灯按发光单元透光面积尺寸(¢300、¢400)及功能(机动车信号灯、非机动车信号灯等)分类,以"组"为单位计算。

(6) 防眩板按设计安装长度以"延长米"为单位计算工程量,如防眩板实际安装的间距与定额取定不同时,可调整定额中的材料数量。

教学单元四　道路工程定额计价实例

一、中山路道路工程

(一) 工程描述

中山路为新建城市道路次干道,设计路段桩号为 K0+000 ~ K0+260,道路起点位于斜交十字交叉口。道路横断面采用双幅路形式,红线宽度为 42 m,在桩号 K0+060 ~ K0+240 设有 4 m 宽的中间分隔带,两侧人行道处共设树池 42 只。道路平面图如图 3-54 所示,道路结构图如图 3-55 所示。

(二) 有关施工方案说明

(1) 全线均为挖方路段二类土,采用机械挖土,余土直接装车外运,运距为 5 km,挖土体积为 1 627.27 m^3。

(2) 施工机械中的大型机械有:履带式挖掘机、履带式推土机各 1 台,压路机 2 台。

(3) 粉煤灰三土渣基层采用沥青摊铺机摊铺,施工时两侧立侧模,稳定层顶层采用养护毯养生。

(4) 在稳定层与粗粒式沥青混凝土之间喷洒透层油,设计石油沥青用油量为 1.2 L/m^2。

(5) 水泥稳定碎石均在施工搅拌站集中搅拌,搅拌站设在桩号 K0+100 处;混凝土为非泵送商品混凝土,砂浆为预拌砂浆。

(6) 沥青混凝土、粉煤灰三渣、人行道吸水砖及平、侧石均按成品考虑。

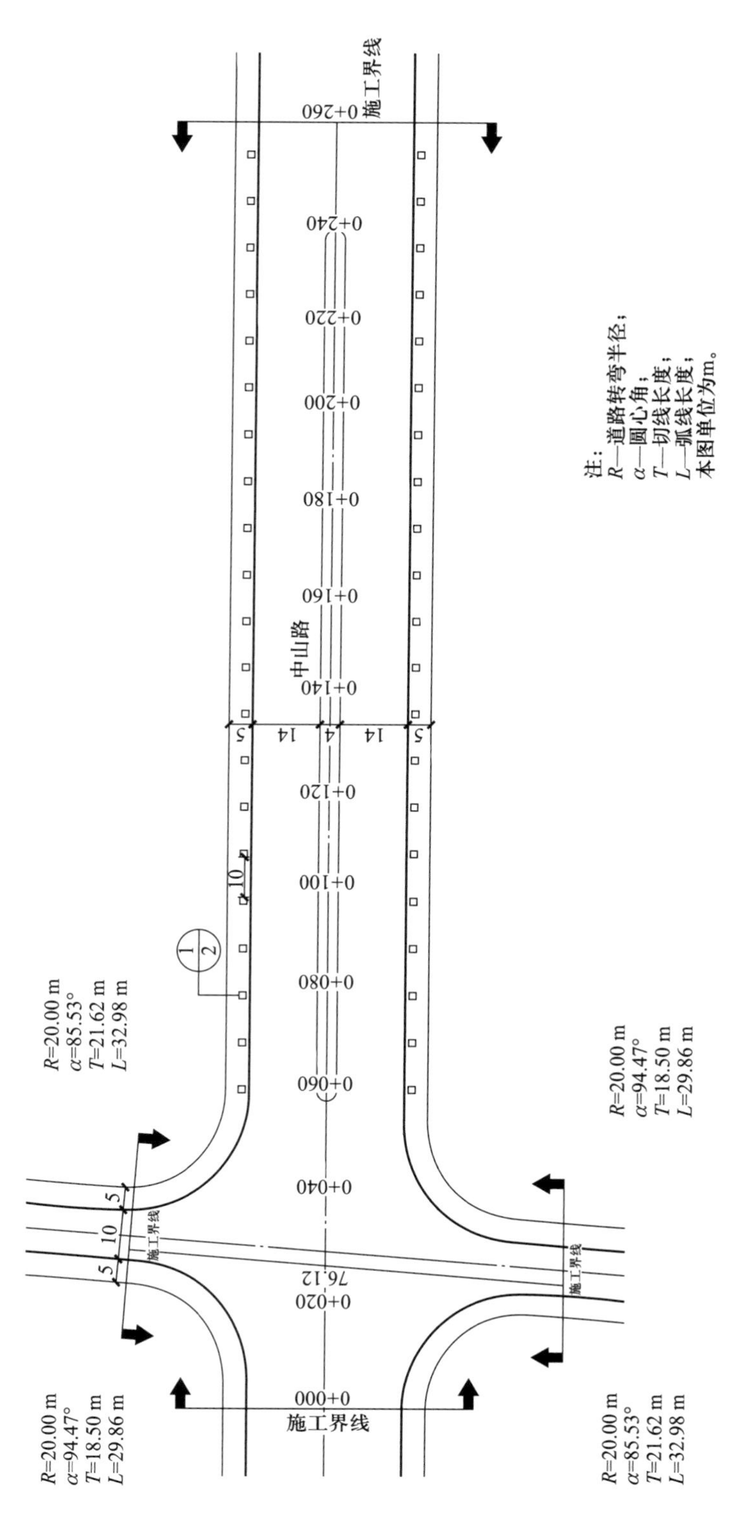
施工界线
0+260
0+240
0+220
0+200
0+180
0+160
中山路
0+140
5
14
4
14
5
0+120
10
0+100
1
2
0+080
0+060
0+040
0+020
76.12
0+000
施工界线
施工界线
施工界线
5
10
5
R=20.00 m
α=85.53°
T=21.62 m
L=32.98 m
R=20.00 m
α=94.47°
T=18.50 m
L=29.86 m
R=20.00 m
α=94.47°
T=18.50 m
L=29.86 m
R=20.00 m
α=85.53°
T=21.62 m
L=32.98 m
注：
R—道路转弯半径；
α—圆心角；
T—切线长度；
L—弧线长度；
本图单位为m。

图 3-54　道路平面图

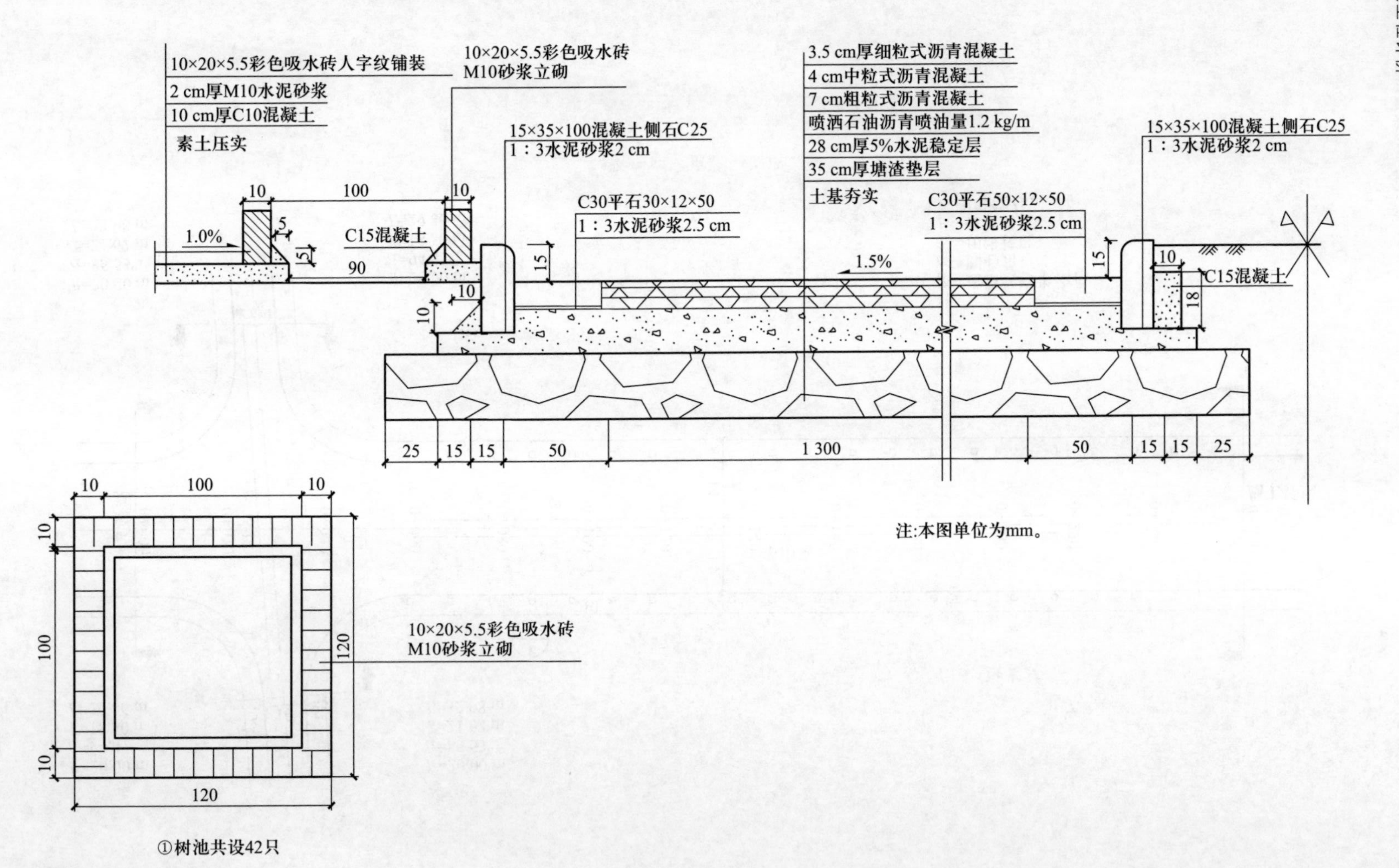

注:本图单位为mm。

图 3-55 道路结构图

（三）编制要求

（1）试根据以上条件按定额清单计价法计算道路工程的工程量并编制预算书。

（2）编制依据：《浙江省市政工程预算定额》（2018 版）。

（3）工、料、机价格按照 2018 版定额取定，其中人行道吸水砖单价暂定为 40 元/m^2。

【解】　根据图纸计算出基本数据如下：

① 混凝土侧石长度。

道路人行道侧石：$L_{人行道}=(260-18.50-21.62-10/\sin 85.53+29.86+32.98+3.9)\times 2\ m=553.18\ m$

中央分隔带侧石：$L_{分隔带}=[(180-4)\times2+3.14\times4]\ m=364.56\ m$

② 道路面积。

主线直线面积：$S_{主线}=260\times32\ m^2=8\ 320\ m^2$

交叉线增加面积：$S_{交叉口}=\{[20\times(\tan 85.53/2-0.008\ 73\times85.53)+202\times(\tan 94.47/2-0.008\ 73\times94.47)]\times2+(76.12-32/\sin 85.53)\times10\}\ m^2=809.17\ m^2$

式中，76.12 为交叉口中心线斜长。

扣分隔带面积：$S_{分隔带}=[(180-4)\times4+3.14\times2]\ m^2=716.57\ m^2$

道路面积合计：$S=(8\ 320+809.17-716.57)\ m^2=8\ 412.60\ m^2$

③ 人行道面积。

人行道面积（含侧石）：$S_{人行道}=553.18\times5\ m^2=2\ 765.90\ m^2$

扣树池面积：$S_{树池}=1.2\times1.2\times42\ m^2=60.48\ m^2$

人行道面积合计：$S=(2\ 765.90-60.48)\ m^2=2\ 705.42\ m^2$

工程量计算书见表 3-4，市政工程预算书见表 3-5。

表 3-4　工程量计算书

工程名称：中山路道路工程

序号	工程项目名称	单位	计算公式	数量
1	挖掘机挖土装车一、二类土	m^3	已知条件	1 627.27
2	自卸汽车运土方运距 5 km 内	m^3	已知条件	1 627.27
3	路床碾压检验	m^2	8 412.60+(553.18+364.56)×0.8	9 146.79
4	人机配合铺装塘碴底层厚度 35 cm	m^2	8 412.60+(553.18+364.56)×0.55	8 917.36
5	沥青混凝土摊铺机摊铺粉煤灰三渣基层厚度 28 cm	m^2	8 412.60+(553.18+364.56)×0.3×0.205/0.28	8 614.18
6	粉煤灰三渣基层模板	m^2	(553.18+364.56)×0.28	256.97
7	粉煤灰三渣顶层养护毯养护	m^2	8 412.60+(553.18+364.56)×0.3	8 687.92
8	粉煤灰三渣基层喷洒石油沥青透层	m^2	8 412.60-(553.18+364.56)×0.5	7 963.7
9	机械摊铺粗粒式沥青混凝土路面厚 7 cm	m^2	7 963.7	7 963.7
10	机械摊铺中粒式沥青混凝土路面厚 4 cm	m^2	7 963.7	7 963.7

续表

序号	工程项目名称	单位	计算公式	数量
11	机械摊铺细粒式沥青混凝土路面厚 3.5 cm	m^2	7 963.7	7 963.7
12	人行道整形碾压	m^2	2 765.90+553.18×0.25	2 904.2
13	非泵送商品 C15 混凝土人行道基础厚度 10 cm	m^2	2 765.90-0.9×0.9×42-553.18×0.15	2 648.90
14	彩色吸水砖人行道板人字纹安砌 M10 水泥砂浆垫层厚度 2 cm	m^2	2 765.90-60.48-553.18×0.15	2 622.44
15	人工铺装侧平石 C15 混凝土靠背	m^3	553.18×0.1×0.1/2+364.56×0.18×0.1+0.95×4×0.05×0.05/2×42	9.53
16	人工铺装侧平石 M10 水泥砂浆黏结层	m^3	(553.18+364.56)×0.025×0.5+(553.18+364.56)×0.02×0.15+(1.2×1.2-0.9×0.9)×42×0.02	14.754
17	混凝土侧石安砌	m	553.18+364.56	917.74
18	混凝土平石安砌	m	553.18+364.56	917.74
19	彩色吸水砖立砌树池水泥砂浆 M10	m	1.1×4×42	184.80
20	履带式挖掘机 1 m^3 以内场外运输费用	次	1	1
21	履带式推土机 90kW 以内场外运输费用	次	1	1
22	压路机场外运输费用	次	2	2

二、某道路混凝土路面工程

某道路施工段长 200 m、宽 16 m，采用商品水泥混凝土路面，板厚 24 cm，板块划分如图 3-56 所示。设计要求在起、终点各设一条胀缝，胀缝采用沥青木板，靠近胀缝的三条缩缝均设传力杆（不带套筒），其余缩缝为假缝形，锯缝深度为 5 cm，嵌缝料为 PG 道路胶。施工时路面分两幅浇筑，每次浇筑半幅道路宽度。

试求混凝土路面、构造钢筋、锯缝机锯缝、伸缩缝及混凝土模板的工程量及定额套用（拉杆钢筋 $\phi14$ 单价为 3.85 元/kg）。

【解】 混凝土路面的工程量及定额套用：

商品混凝土路面 24 cm 厚：200×16 m^2 = 3 200 m^2

套定额：[2-213]+[2-214×4]；基价：(8 477.32+401.54×4)元/100 m^2 = 10 083.48 元/100 m^2

定额人材机费用 = 32×10 083.48 元 = 322 671.36 元

构造钢筋的工程量及定额套用：

表 3-5　市政工程预算书

工程名称:中山路道路工程

序号	定额编号	项目名称	单位	数量	综合单价/元						合价/元
					人工费	材料费	机械费	企业管理费	利润	小计	
		通用项目									
1	1-71	挖掘机挖土装车一、二类土	m^3	1 627. 27	0. 36	0	2. 7	0. 52	0. 31	3. 89	6 325
2	1-94+1-95×4	自卸汽车运土方运距 5 km 内	m^3	1 627. 27	0	0	11. 79	2. 01	1. 18	14. 98	24 371
		小计									30 697
		道路工程									
3	2-1	路床碾压检验	m^2	9 146. 79	0. 26	0	1. 03	0. 22	0. 13	1. 64	14 989
4	21-117×2-2-118×5	人机配合铺装塘碴底层厚度 35 cm	m^2	8 917. 36	1. 31	25. 35	1. 29	0. 44	0. 26	28. 65	255 507
5	2-93×2-2-94×12	沥青混凝土摊铺机摊铺粉煤灰三渣基层厚度 28 cm	m^2	8 614. 18	3. 52	39. 39	0. 67	0. 71	0. 42	44. 71	385 162
6	2-215	粉煤灰三渣基层模板	m^2	256. 97	34. 34	11. 43	2. 85	6. 34	3. 72	58. 67	15 077
7	2-224	粉煤灰三渣顶层养护毯养护	m^2	8 687. 92	0. 81	2. 18	0	0. 14	0. 08	3. 21	27 879
8	2-160	粉煤灰三渣基层喷洒石油沥青透层	m^2	7 963. 7	0. 18	4. 09	0. 06	0. 04	0. 02	4. 39	34 999
9	2-192+2-193	机械摊铺粗粒式沥青混凝土路面厚 7 cm	m^2	7 963. 7	0. 89	52. 29	2. 03	0. 50	0. 29	56. 00	445 961
10	2-200	机械摊铺中粒式沥青混凝土路面厚 4 cm	m^2	7 963. 7	0. 62	30. 58	1. 16	0. 30	0. 18	32. 84	261 537
11	2-208+2-209×0. 5	机械摊铺细粒式沥青混凝土路面厚 3. 5 cm	m^2	7 963. 7	0. 72	31. 75	1. 61	0. 40	0. 23	34. 71	276 418
12	2-2	人行道整形碾压	m^2	2 904. 2	1. 26	0	0	0. 21	0. 13	1. 60	4 648

续表

序号	定额编号	项目名称	单位	数量	综合单价/元						合价/元
					人工费	材料费	机械费	企业管理费	利润	小计	
13	2-230	非泵送商品 C15 混凝土人行道基础厚度 10 cm	m^2	2 648.9	2.13	40.6	0.04	0.37	0.22	43.36	114 847
14	2-232	彩色吸水砖人行道板人字纹安砌 DMM7.5 g 干混砂浆垫层厚度 2 cm	m^2	2 622.44	14.48	50.34	0.15	2.49	1.46	68.92	180 750
15	2-246	人工铺装侧平石 C15 混凝土靠背	m^3	9.53	1.08	4.06	0	0.18	0.11	5.43	52
16	2-248	人工铺装侧平石 M7.5 干混砂浆黏结层	m^3	14.75	1.11	4.25	0.21	0.22	0.13	5.93	87
17	2-249	混凝土侧石安砌	m	917.74	6.45	36.54	0	1.10	0.64	44.73	41 054
18	2-251	混凝土平石安砌	m	917.74	3.41	30.82	0	0.58	0.34	35.15	32 260
19	2-260H	彩色吸水砖立砌树池水泥砂浆 M10	m	184.8	3.29	25.01	0	0.56	0.33	29.19	5 394
20	3 001	履带式挖掘机 1 m^3 以内场外运输费用	台次	1	540.00	1 181.33	1 528.51	352.47	206.64	3 808.96	3 809
21	3 003	履带式推土机 90kW 以内场外运输费用	台次	1	540	836.01	1 429.95	335.68	196.80	3 338.44	3 338
22	3 010	压路机场外运输费用	台次	2	405	1 069.91	1 298.83	290.33	170.21	3 234.29	6 469
		小计									2 110 239
		合计									2 140 936

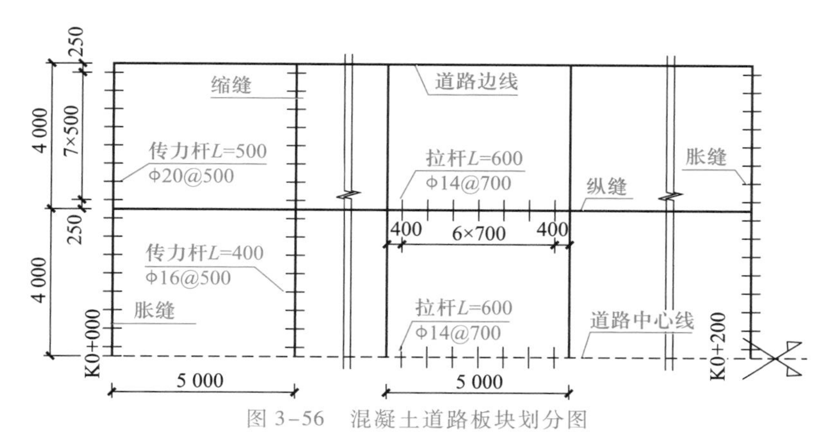

图 3-56　混凝土道路板块划分图

(1) 横缝处传力杆钢筋长度：

① 缩缝(带传力杆的共 6 条)ϕ16：(7+1)×4×6×0.4 m=76.8 m

② 胀缝(2 条)ϕ20：(7+1)×4×2×0.5 m=32 m

钢筋重量为[0.006 17×(76.8×16²+32×20²)/1 000] t=0.200 t

套定额：1-285；基价：4 735.99 元/t

定额人材机费用=0.200×4 735.99 元=947.20 元

(2) 纵缝处拉杆钢筋长度：

纵缝(3 条)ϕ14：(6+1)×(200/5)×3×0.6 m=504 m

套定额：1-282H；基价：11 801.68 元/t

钢筋重量为[0.006 17×(504×14²)/1 000] t=0.609 t

定额人材机费用=0.609×11 801.68 元=7 187.22 元

锯缝机锯缝的工程量及定额套用：

缩缝 39 条，纵缝 2 条(纵向施工缝不要锯缝)

锯缝长度：(39×16+2×200) m=1 024 m

套定额：2-219；基价：293.25 元/100 m

定额人材机费用=10.24×293.25 元=3 002.88 元

伸缩缝嵌缝的工程量及定额套用：

伸缝(胀缝)2×16×0.24 m^2=7.68 m^2

套定额：2-217；基价：1 074.42 元/10 m^2

定额人材机费用=0.768×1 074.42 元=825.15 元

缩缝嵌缝 1 024 m

套定额：2-221；基价：1 156.81 元/10 m^2

定额人材机费用=10.24×1 156.81 元=11 845.73 元

混凝土模板的工程量及定额套用：

道路分两幅浇筑，纵向共设三道模板；横向施工起点与原施工段直接相接不设模板，仅在施工终了断面处设一处横向模板。

模板工程量：(200×3×0.24+16×0.24) m^2=147.84 m^2

套定额：2-215；基价：4 863.10 元/100 m^2

定额人材机费用=1.478 4×4 863.10 元=7 189.61 元

项目四

市政管道工程计量计价

学习目标

熟悉市政给水管道工程项目清单工程量计算、工程量清单编制以及工程项目清单计价。

掌握市政排水管道工程项目清单工程量计算、工程量清单编制以及工程项目清单计价。

了解市政燃气与集中供热工程项目清单工程量计算、工程量清单编制以及工程项目清单计价。

技能目标

能根据市政给水、排水工程项目图纸，按照现行的工程量清单计量、计价规范以及预算定额，编制工程量清单和编制工程量清单计价文件。

市政管道工程项目是市政工程预算定额专业册的项目，包括《浙江省市政工程预算定额》(2018 版)第五册《给水工程》、第六册《排水工程》、第七册《燃气与集中供热工程》。

教学单元一　给 水 工 程

给水工程一般由给水水源、取水构筑物、输水管、给水处理厂和给水管网五个部分组成，分别起取集、输送原水、改善原水水质和输送合格用水到用户的作用。在一般地形条件下,这个系统中还包括必要的储水和抽升设施。

本书只讲解给水管网部分。

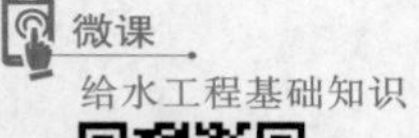
微课
给水工程基础知识

一、给水工程基础知识

给水管网由管道、配件和附属设施组成。

(一) 常用管材

1. 铸铁管

铸铁管是给水管网及输水管道中最常用的管材。它的优点是抗腐蚀性好、经久耐用、价格较低,缺点是质脆、不耐震动和弯折、工作压力较钢管低、管壁较钢管厚,且自重较大。给水铸铁管按材质分为灰口铸铁管和球墨铸铁管。在灰口铸铁管中,碳全部(或大部)不是与铁呈化合物状态,而是呈游离状态的片状石墨;球墨铸铁管中,碳大部分呈球状石墨存在于铸铁中,使之具有优良的机械性能,故又称可延性铸铁管。

(1) 灰口铸铁管。

灰口铸铁管如图 4-1 所示,是给水管道中常用的一种管材,与钢管比较,其价格较低、制造方便、耐腐蚀性较好,但质脆、自重大。管径以公称直径表示,其规格为 *DN*75 ~ *DN*1 500,有效长度(单节)为 4 m、5 m、6 m,承受压力分为低压、普压、高压三种规格。铸铁管的接口基本可分为承插式接口和法兰接口,不同形式的接口其安装方式又各不相同。

图 4-1 灰口铸铁管

① 青铅接口承插铸铁管安装工作内容:检查及清扫管材、切管、管道安装、化铅、打麻、打铅口。

② 石棉水泥、膨胀水泥接口承插铸铁管安装工作内容:检查及清扫管材、切管、管道安装、调制接口材料、接口、养护。

③ 胶圈接口承插铸铁管安装工作内容:检查及清扫管材、切管、管道安装、上胶圈。

承插式刚性接口如图 4-2 所示,一般由嵌缝和密封材料组成。嵌缝的作用是使承插口缝隙均匀,增加接口的黏着力,保证密封填料击打密实,而且能防止填料掉入管内。嵌缝材料有油麻、橡胶圈(图 4-3)、粗麻绳和石棉绳,其中给水管常用前两种材料。

(2) 球墨铸铁管。

球墨铸铁管如图 4-4 所示,它是以镁或稀土镁合金球化剂在浇筑前加入铁水中,

使石墨球化，同时加入一定量的渣铁或渣钙合金做孕育剂，以促进石墨球化。石墨呈球状时，对铸铁基本的破坏程度减轻，应力集中亦大大降低，因此它具有较高的强度与延伸率。

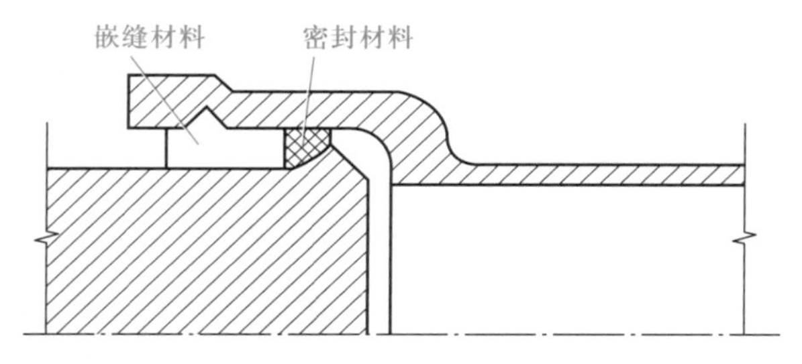

图 4-2 承插式刚性接口

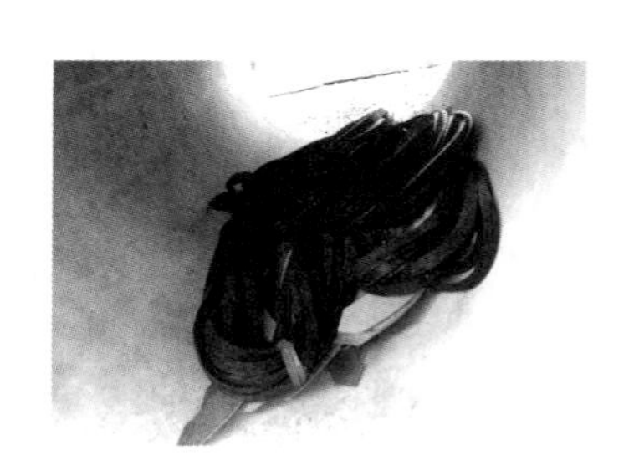

图 4-3 橡胶圈

图 4-4 球墨铸铁管

球墨铸铁管采用胶圈接口，其 T 形推入式接口工具配套、操作简便、快速，适用于 *DN*75 ~ *DN*2 000 的输水管道，在国内外输水工程中广泛应用。

胶圈接口工作内容：检查及清扫管材、切管、管道安装、上胶圈。

2. 钢管

详见项目四中教学单元三 燃气与集中供热工程。

3. 塑料管

塑料管按制作原料的不同，分为硬聚氯乙烯管（UPVC 管）、聚丙烯管（PPR 管）、聚丁烯管（PE 管）和工程塑料管（ABS 管）等。塑料管的共同特点是质轻、耐腐蚀性好、管内壁光滑、流体摩擦阻力小、使用寿命长。

（1）硬聚氯乙烯管（UPVC 管）。

按采用的生产设备及其配方工艺，UPVC 管（图 4-5）分为给水用 UPVC 管和排水用 UPVC 管，给水用 UPVC 管的质量要求是用于制作 UPVC 管的树脂中，含有已被国际医学界普遍公认的对人体致癌物质聚乙烯单体不得超过 5 mg/kg；对生产工艺上所要求添加的重金属稳定剂等一些助剂，应符合《医用软聚氯乙烯管材》（GB 10010—2009）的要求。管材的额定压力分为 0.63 MPa、1.0 MPa 和 1.6 MPa 三个等级。给水用硬聚氯乙烯管的常用规格为 *D*20 ~ *D*315，常用承插粘接和承插橡胶圈接口。

（2）聚丙烯管（PPR 管）。

PPR 管（图 4-6）是以石油炼制厂的丙烯气体为原料聚合而成的聚烃族热塑性

管材。由于原料来源丰富,因此价格便宜。PPR 管是热塑性管材中材质最轻的一种管材,密度为 0.91 ~0.92 g/cm^3,呈白色蜡状,比聚乙烯透明度高,其强度、刚度和热稳定性也高于聚乙烯管。PPR 管的常用规格为 *D*20 ~ *D*500,常采用热熔连接。

图 4-5 UPVC 管

图 4-6 PPR 管

(3) 聚丁烯管(PE 管)。

PE 管(图 4-7)的重量很轻(相对密度为 0.925),该管具有独特的抗蠕变(冷变形)性能,故机械密封接头能保持紧密,抗拉强度在屈服极限以上时,能阻止变形,使之能反复绞缠而不折断。

PE 管材在温度低于 80 ℃时,对皂类洗涤剂及很多酸类、碱类有良好的稳定性;室温时对醇类、醛类、酮类、醚类和脂类有良好的稳定性,但易受某些芳香烃类和氯化溶剂侵蚀,温度越高越显著。PE 管的常用规格为 *D*20 ~ *D*200,常采用热熔连接。

(4) 工程塑料管(ABS 管)。

ABS 管(图 4-8)是丙烯腈-丁二烯-苯乙烯的共混物,属于热塑料管材,表面光滑,管质轻,具有较高的耐冲击强度和表面硬度。ABS 管的常用规格为 *D*20 ~ *D*220,常采用承插粘接。

图 4-7 PE 管

图 4-8 ABS 管

(二) 常用法兰、螺栓及垫片

管道与阀门、管道与管道、管道与设备的连接,常采用法兰连接。采用法兰连接既有安装拆卸的灵活性,又有可靠的密封性。法兰连接是一种可拆卸的连接形式,它的应用范围很广。法兰连接包括上下法兰、垫片及螺栓螺母三部分。

1. 法兰

法兰按结构形式和压力不同可分为以下几种。

(1) 平焊法兰(图 4-9):是中低压工艺管道最常用的一种。平焊法兰与管子固定时是将法兰套在管端,焊接法兰里口和外口,使法兰固定。平焊法兰适用于公称压力不超过2.5MPa的管道系统中。

（2）对焊法兰（图4-10）：又称高颈法兰。它的强度大，不易变形，密封性能较好。对焊法兰分为以下几种形式：

图4-9　平焊法兰

图4-10　对焊法兰

① 光滑式对焊法兰：其公称压力在2.5 MPa以下，规格为*DN*10～*DN*800。

② 凹凸式密封面对焊法兰：由于凹凸密封严密性强，承受压力大，每副法兰的密封面必须是一个凹面、一个凸面。常用公称压力范围为4.0～16.0 MPa，规格范围为*DN*15～*DN*400。

③ 榫槽密封面对焊法兰：这种法兰密封性能好，结构形式类似于凹凸式密封面对焊法兰，同样是一副法兰必须配套使用。公称压力为1.6～6.4 MPa，常用规格范围为*DN*15～*DN*400。

④ 梯形槽式密封面对焊法兰：这种法兰承受压力大，常用公称压力为6.4 MPa、10.1 MPa、16.0 MPa，常用规格范围为*DN*15～*DN*250。

上述各种形式的密封对焊法兰，只是法兰密封面的形式不同，而法兰安装方法是一样的。

（3）管口翻边活动法兰（图4-11）：多用于铜铝等有色金属及不锈钢管道上，其优点是可以节省贵重金属，同时由于法兰可以自由活动，法兰穿螺栓时非常方便，缺点是不能承受较大的压力。适用于0.6 MPa以下的管道连接，规格范围为*DN*10～*DN*500。法兰材料为Q235号钢。

（4）焊环活动法兰（图4-12）：多用于管壁比较厚的不锈钢管及不易于翻边的有色金属管道的法兰连接。法兰的材料为Q235、Q255碳素钢，它的连接方法是将与管子材质相同的焊环直接焊在管端，利用焊环做密封面，其密封面有光滑式和榫槽式两种。

（5）螺纹法兰（图4-13）：是用螺纹与管端连接的法兰，有高压和低压两种。高压螺纹法兰被广泛应用于现代工业管道的连接。密封面由管端与透镜垫圈形式，对螺纹和管端垫圈接触面的加工要求精度很高。高压螺纹的特点是法兰与管内介质不接触，安装也比较方便；低压螺纹法兰现已逐步被平焊法兰代替。

2. 垫片

法兰垫片是法兰连接起密封作用的材料。根据管道所输送介质的腐蚀性、温度、压力及法兰密封面的形式，垫片分为以下几种。

（1）橡胶石棉垫（图4-14）：是法兰连接用量最多的垫片，能适用于很多介质，如蒸汽、煤气、空气、盐水、酸和碱等。

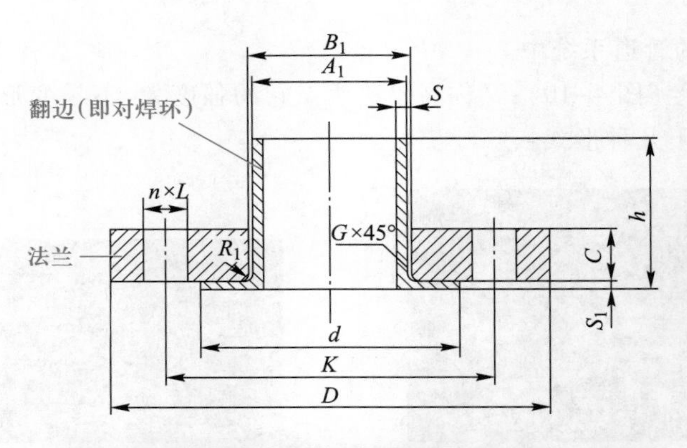

图 4-11 管口翻边活动法兰

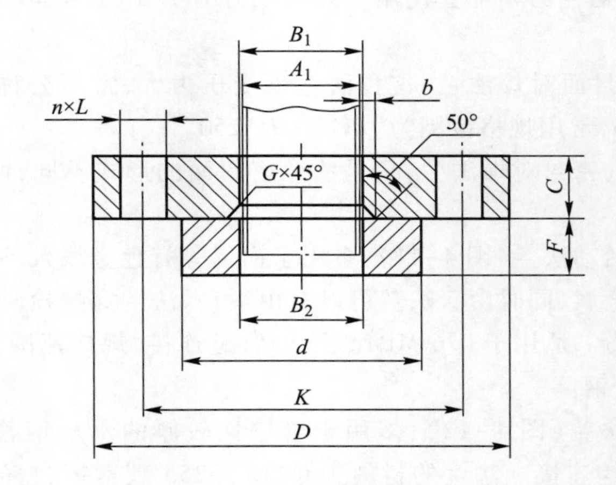

图 4-12 焊环活动法兰

图 4-13　螺纹法兰

图 4-14　橡胶石棉垫

炼油工业常用的橡胶石棉垫有两种，一种是耐油橡胶石棉垫，适用于输送油品、液化气、丙烷和丙酮等介质；另一种是高温耐油橡胶石棉垫，使用温度可达 350～380 ℃。

（2）橡胶垫（图 4-15）：有一定的耐腐蚀性。这种垫片的特点是利用橡胶的弹性，达到较好的密封效果，常用于输送低压水、酸和碱等介质的管道法兰连接。

（3）缠绕式垫片（图 4-16）：是用金属钢带和非金属填料带缠绕而成。这种垫片具有制造简单、价格低廉、材料能被充分利用、密封性能较好的优点，在石油化工工艺管道上被广泛利用。

图 4-15　橡胶垫

图 4-16　缠绕式垫片

（4）齿形垫（图 4-17）：是利用同心圆的齿形密纹与法兰密封面相接触，构成多道密封，因此密封性能较好，常用于凹凸式密封面法兰的连接。齿形垫的材质有普通碳素钢、低合金钢和不锈钢等。

（5）金属垫片（图 4-18）：按形式分为金属平垫片、椭圆形垫片、八角形垫片和透镜式垫片；按制造材质分为低碳钢、不锈钢、紫铜、铝和铅等。

（6）塑料垫（图 4-19）：适用于输送各种腐蚀性较强流体管道的法兰连接。常用的塑料垫片有聚氯烯垫片、聚四氟乙烯垫片和聚乙烯垫片等。

3. 法兰用螺栓

用于连接法兰的螺栓，有单头螺栓和双头螺栓两种，其螺纹一般都是三角形公制粗螺纹。

单头螺栓（图 4-20）分为半精制和精制两种，常用的材质有 Q235、25 号钢和 25Cr2MoV 钢等。双头螺栓（图 4-21）多采用等长双头精制螺栓，制造材质有 35 号钢、40 号钢和 37SiMn2MoV 钢等。螺母分为半精制和精制两种，按螺母形式分为 a 型和 b 型两种，半精制单头螺栓多采用 a 型螺母，精制双头螺栓多采用 b 型螺母。

图 4-17　齿形垫

图 4-18　金属垫片

图 4-19　塑料垫

图 4-20　单头螺栓

（三）常用控件

各种管道系统中，都有开启和关闭以及调节流量、压力参数的要求，这个要求是靠各种阀门来控制的，所以阀门是用于控制各种管道设备内流体（空气、燃气，水、蒸汽、油等）工况的一种机械装置。它一般由阀门、阀瓣、阀盖、阀杆及手轮等部件组成。

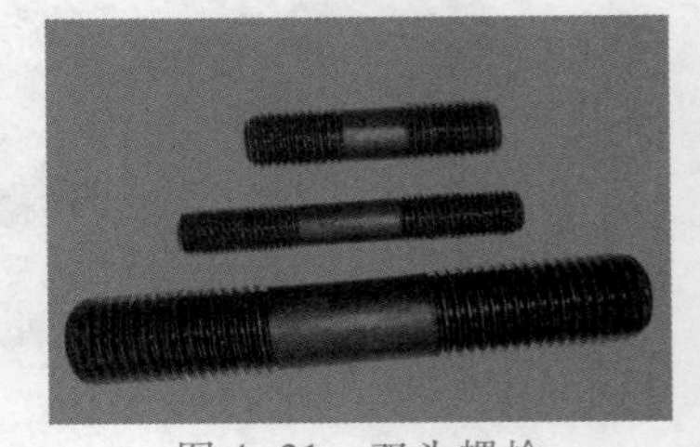
图 4-21　双头螺栓

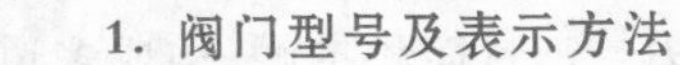

1. 阀门型号及表示方法

阀门产品的型号一般由七个单元组成，如图 4-22 所示。

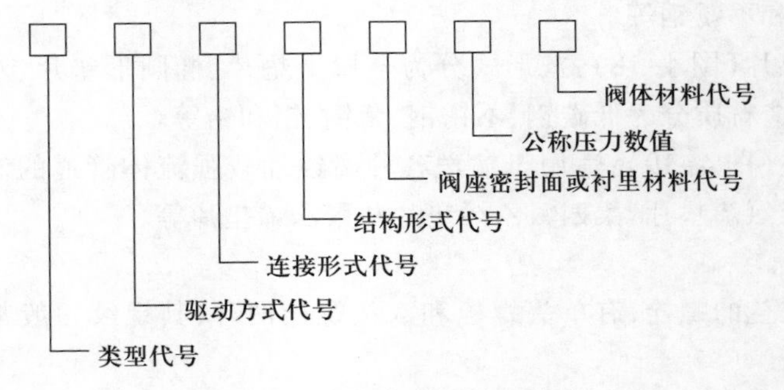

图 4-22　阀门型号及表示方法

（1）类型代号用汉语拼音字母表示，见表 4-1。

（2）驱动方式代号用阿拉伯数字表示，见表 4-2。

表 4-1 阀门类型代号

类型	代号	类型	代号
闸阀	Z	旋塞阀	X
截止阀	J	止回阀和底阀	H
节流阀	L	安全阀	A
球阀	Q	减压阀	Y
蝶阀	D	疏水阀	S
隔膜阀	G		

表 4-2 阀门驱动方式代号

类型	代号	类型	代号
电磁动	0	锥齿动	5
电磁波动	1	气动	6
电液动	2	液动	7
涡轮	3	气-液动	8
圆柱齿轮	4	电动	9

（3）连接形式代号用阿拉伯数字表示，见表 4-3。

表 4-3 阀门连接形式代号

连接形式	代号	连接形式	代号
内螺纹	1	对夹	7
外螺纹	2	卡箍	8
法兰	3	卡套	9
焊接	4		

（4）阀座密封面或衬里材料用汉语拼音字母表示，见表 4-4。

表 4-4 阀座密封面或衬里材料代号

阀座密封面或衬里材料	代号	阀座密封面或衬里材料	代号
铜合金	T	渗氮钢	D
橡胶	X	硬质合金	Y
尼龙塑料	N	衬胶	J
氟塑料	F	衬	Q
锡基轴承合金（巴士合金）	B	搪瓷	C
合金钢	H	渗硼钢	P

（5）阀体材料代号用汉语拼音字母表示，见表 4-5。

表 4-5 阀门阀体材料代号

阀体材料	代号	阀体材料	代号
HT250	Z	Cr5Mo	I
KTH300-06	K	1Cr18Ni9Ti	P
QT400-15	Q	Cr18Ni12Mo2Ti	R
H62	T	12Cr1MoV	V
ZG230-450	C		

2. 常用阀门简介

(1) 截止阀(图 4-23):主要用于热水供应及高压蒸汽管路中,其结构简单,严密性较高,制造和维修方便,阻力比较大。

流体经过截止阀时要转弯改变流向,因此水阻力较大,安装时要注意流体"低进高出",方向不能装反。

截止阀的结构比闸阀简单,制造、维修方便,也可以调节流量,应用广泛;但其流动阻力大,为防止堵塞和磨损,不适用于带颗粒和黏性较大的介质。

(2) 闸阀(图 4-24):又称闸门或闸板阀,它是利用闸板升降控制开闭的阀门,流体通过阀门时流向不变,因此阻力小。它广泛应用于冷、热水管道系统中。

图 4-23 截止阀

图 4-24 闸阀

闸阀和截止阀相比,在开启和关闭时闸阀省力,水阻较小,阀体比较短,当闸阀完全开启时,其阀板不受流动介质的冲刷磨损。但是闸阀的缺点是严密性较差,尤其启闭频繁时,闸板与阀座之间的密封面易受磨损;不完全开启时,水阻仍然较大。因此闸阀一般只作为截断装置,用于完全开启或完全关闭的管路中,不宜用于需要调节开度大小和启闭频繁的管路上。闸阀无安装方向,但不宜单侧受压,否则不易开启。

闸阀的密封性好,流体阻力小,开启、关闭力较小,也有一定调节流量的性能,并且能从阀杆的升降高低看出阀的开度大小,主要适合一些大口径管道上。

(3) 止回阀(图 4-25):又称单流阀或逆止阀,它是一种根据阀瓣前后压力差而自动启闭的阀门。它有严格的方向性,只允许介质向一个方向流通,而阻止其逆向流动。用于不让介质倒流的管路上,如用于水泵出口的管路上作为水泵停泵时的保护装置。

根据结构不同,止回阀可分为升降式和旋启式。升降式的阀体与截止阀的阀体相同。升降式止回阀只能用在水平管道上，垂直管道应用旋启式止回阀，安装时应注意介质的流向，它在水平或垂直管路上均可应用。

止回阀一般适用于清洁介质，不适用于带固体颗粒和黏性较大的介质。

（4）安全阀（图 4-26）：是一种安全装置，当管路系统或设备（如锅炉、冷凝器）中介质的压力超过规定数值时，便自动开启阀门排气降压，以免发生爆破危险。当介质的压力恢复正常后，安全阀又自动关闭。

图 4-25　止回阀

图 4-26　安全阀

安全阀一般分为弹簧式和杠杆式两种。弹簧式安全阀是利用弹簧的压力来平衡介质的压力，阀瓣被弹簧紧压在阀座上，平常阀瓣处于关闭状态。转动弹簧上面的螺母，即改变弹簧的压紧程度，便能调整安全阀的工作压力，一般要先用压力表参照定压。

杠杆式安全阀又称重锤式安全阀，它是利用杠杆将重锤所产生的力矩紧压在阀瓣上。保持阀门关闭，当压力超过额定数值时，杠杆重锤失去平衡，阀瓣就会打开。所以改变重锤在杠杆上的位置，就改变了安全阀的工作压力。

选用安全阀的主要参数是排泄量，排泄量决定安全阀的阀座口径和阀瓣开启高度。由操作压力决定安全阀的公称压力，由操作温度决定安全阀的使用温度范围，由计算出的安全阀定压值决定弹簧或杠杆的调压范围，再根据操作介质决定安全阀的材质和结构形式。

（5）减压阀（图 4-27）：用于管路中降低介质压力。常用的减压阀有活塞式、波纹管式及薄膜式等几种。减压阀的原理是介质通过阀瓣通道小孔时阻力大，经节流造成压力损耗从而达到减压目的。减压阀的进、出口一般要安装截止阀。

图 4-27　减压阀

减压阀只适用于蒸汽、空气和清洁水等清净介质。在选用减压阀时要注意，不能超过减压阀的减压范围，保证在合理情况下使用。

3. 室外消火栓

室外消火栓是发生火灾时的取水水嘴，按安装形式可分为地上式和地下式两种，如图 4-28、图 4-29 所示。

地上式消火栓装于地面上，目标明显，易于寻找，但较易损坏，且妨碍交通。地上式消火栓一般适用于气温较高的地区。地下式消火栓适用于气温较低的地区，装于地下式消火栓井内，使用不如地上式方便，消防人员应熟悉消火栓设置的位置。

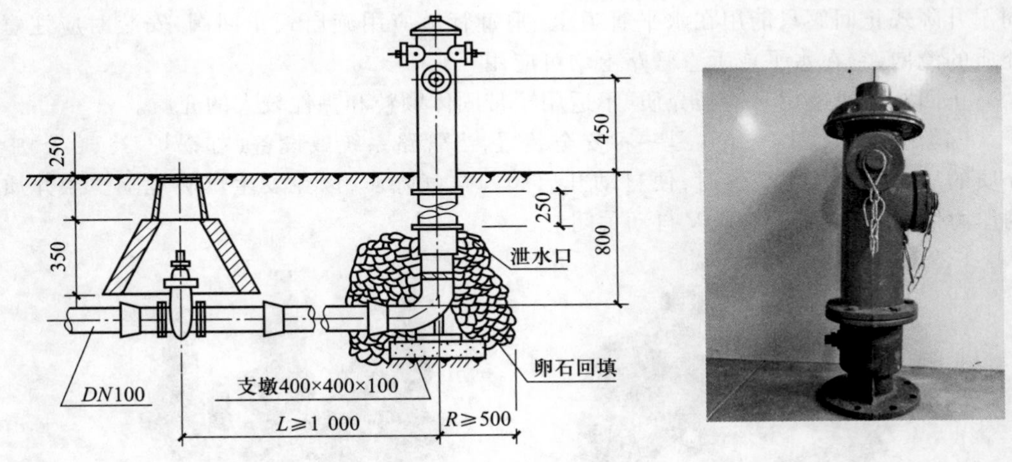

图 4-28　地上式消火栓(室外地上式消火栓)

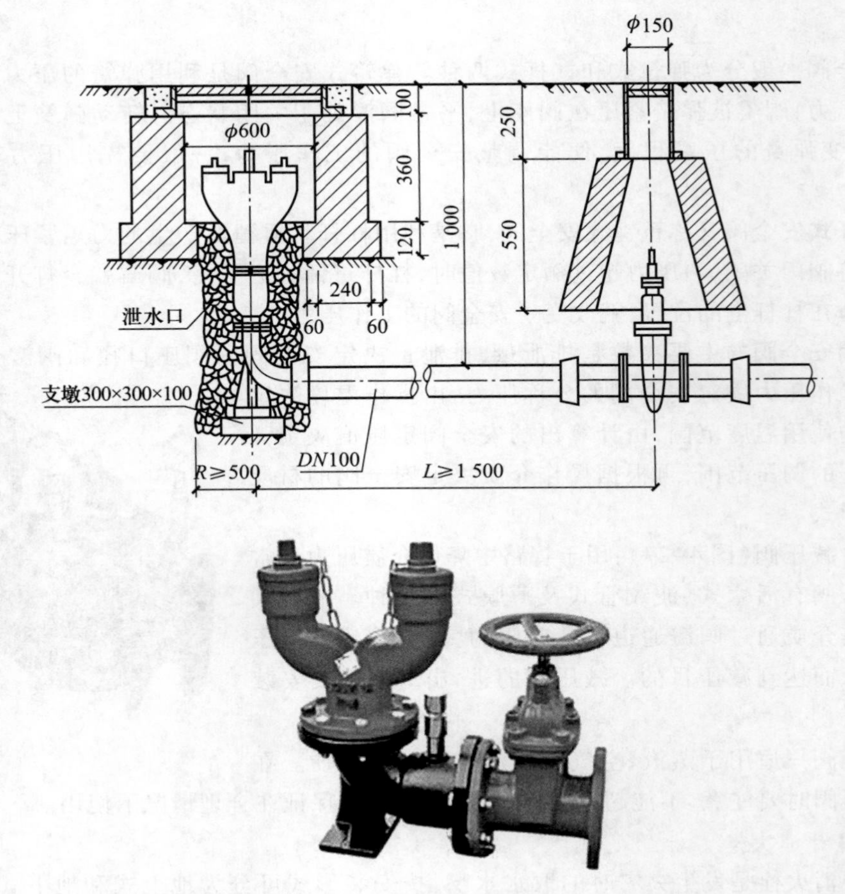

图 4-29　地下式消火栓(室外地下式消火栓)

消防规范规定,接室外消火栓的管径不得小于 100 mm,相邻两消火栓的间距不应大于 120 m。消火栓距离建筑物外墙不得小于 5 m,距离车行道边不大于 2 m。

（四）给水管道工程施工

1. 挖管沟

管沟开挖的方式主要分为人工开挖和机械开挖两种。人工挖管沟时，应认真控制管沟底的标高和宽度，并注意不使沟底的原土遭受扰动或破坏；机械挖管沟时，应确保沟底原土结构不被扰动或破坏，同时由于机械不可能准确地将沟底按规定标高平整，因此，在达到设计管沟标高以上 20 cm 左右时，由人工清挖。挖管沟的土方，可根据施工环境、条件堆放在管沟的两侧或一侧。堆土需放在距管沟沟边 0.8～1 m 以外。根据施工规范要求，管径开挖深度：一、二类土深度大于或等于 1 m，三类土深度大于或等于 1.5 m，四类土深度大于或等于 2 m 时，应考虑放坡。若在路面施工时，考虑到放坡造成破坏原有路面（混凝土路面或沥青路面）相对较大，补偿及修复费用也较大且影响正常交通，因此，在马路面开挖管沟时，宜用挡板支撑，尽量少用放坡形式。

2. 管沟支撑

管沟支撑可分为密撑和疏撑两种。密撑即满铺挡板，疏撑即间隔铺挡板。用于支撑的材料有木材、钢板桩等。作为支撑的木材应符合下列要求：撑板的厚度一般为 5 cm，方木截面一般为 15 cm×15 cm，如因下管需要，横方木的支撑点间距大于 2.5 m 时，其方木截面应加大。圆撑木的小头直径一般采用 10～15 cm。劈裂腐朽的木料不得作为支撑材料。

3. 管道基础

铸铁管及钢管在一般情况下可不做基础，将天然地基整平，管道敷设在未经扰动的原土上；如在地基较差或在含岩石地区埋管时，可采用砂基础或混凝土基础。砂基础厚度不小于 150～200 mm，并应夯实。采用混凝土基础时，一般可用垫块法施工，管子下到沟槽后用混凝土垫块垫起，待符合设计标高后进行接口，接口完毕经水压试验合格后再浇筑整段混凝土基础。若为柔性接口，每隔一段距离应留出 600～800 mm 范围不浇混凝土而填砂，使柔性接口可以自由伸缩。

4. 管道安装

下管前应对管沟进行检查，检查管沟底是否有杂物，管基原土是否被扰动并进行处理，管沟底标高及宽度是否符合标准，检查管沟两边土方是否有裂缝及坍塌的危险。另外，下管前应对管材、管件及配件等的规格、质量进行检查，合格者方可使用；吊装及运输时，对法兰盘面、预应力钢筋混凝土管承插口密封工作面及金属管的绝缘防腐层等均应采取必要的保护措施，避免损伤。采用吊机下管时，应事先与起重人员或吊车司机一起踏勘现场，根据管沟深度、土质、附近的建筑物、架空电线及设施等情况，确定吊车距沟边距离、进出路线及有关事宜。绑扎套管应找准重心，使起吊平稳，起吊速度均匀，回转应平稳，下管应低速轻放。人工下管是采用压绳下管的方法，下管的大绳应紧固，不断股、不腐烂。

给水管道敷设质量必须符合下列要求：接口严密紧固，经水压试验合格；平面位置和纵断面高程准确；地基和管件、阀门等的支墩紧固稳定；保持管内清洁，经冲洗消毒，化验水质合格。

铸铁管的承口和插口的对口间隙，最大不得超过表 4-6 的规定；接口环形间隙应均匀，允许偏差不得超过表 4-7 的规定。

表 4-6 承口和插口的对口最大间隙

管径/mm	沿直线敷设时/mm	沿曲线敷设时/mm
75	4	5
100 ~ 250	5	7
300 ~ 500	6	10
600 ~ 700	7	12
800 ~ 900	8	15
1 000 ~ 1 200	9	17

表 4-7 接口环形间隙允许偏差

管件/mm	标准环形间隙/mm	允许偏差/mm
75 ~ 200	10	+3 −2
250 ~ 400	11	+3 −2
500 ~ 900	12	+4 −2
1 000 ~ 1 200	13	+4 −2

钢管安装,除阀件或有特殊要求用法兰或螺纹连接外,均采用焊接。钢管安装前应进行检查,不符合质量标准的,管道对口前必须进行修口,使管道端面、坡口、角后、钝边、圆度等均符合对口接头尺寸的要求。管道端面应与管中心线垂直,允许偏差不得大于 1 mm。安装管道上的阀门或带有法兰的附件时,应防止产生拉应力。邻近法兰一侧或两侧接口,应在法兰上所有螺栓拧紧后方准焊接。电焊壁厚大于或等于4 mm和气焊壁厚大于或等于 3 mm 的管道,其端头应切坡口。两根管子对口的管壁厚度相差不得超过 3 mm。对口时,两管纵向焊缝应错开,错开的环向距离不得小于 1 000 mm。

阀门安装前,应按设计要求检查型号,清除阀内污物,检查阀杆是否灵活,明确开关转动的方向,以及阀体、零件等有无裂纹砂眼等,检查法兰两面的平面是否平整,阀门安装的位置及阀杆方向,应便于检修和操作,如设计上无规定时,在水平管道上阀门的阀杆应垂直向上,阀门安装必须要安放在支承座上,支承座可用杉桩或水泥支墩。

5. 钢管内外防腐

金属管道表面涂油漆前,应将铁锈、铁屑、油污、灰尘等物清理干净,露出金属光泽,除锈工作完成后,应及时涂第一层底油漆;刷油漆时,金属表面应干燥清洁,第一层油漆应与金属表面接触良好,第一层油漆干燥后,再刷第二层。涂刷的油漆应厚度均匀、光亮一致,不得脱皮、起褶、起泡、漏涂等。防腐层的分类和结构应根据土层腐蚀性的不同来确定,见表 4-8。

表 4-8　防腐层的分类和结构

防腐层次	防腐层种类		
	正常防腐层	加强防腐层	特强防腐层
1	涂底子层	涂底子层	冷底子层
2	沥青涂层	沥青涂层	沥青涂层
3	外包保护层	加强包扎层(封闭层)	加强包扎层(封闭层)
4		沥青涂层	沥青涂层
5		沥青涂层	加强包扎层(封闭层)
6			沥青涂层
7			外包保护层

钢板卷管内防腐多采用水泥砂浆内喷涂，所采用的水泥强度等级为 32.5 级或 42.5 级，所用的砂颗粒要坚硬、洁净，级配良好，水泥砂浆抗压强度不得低于 30 MPa，管段里水泥砂浆防腐层达到终凝后，必须立即进行浇水养护或在管段内筑水养护，保持管内湿润状态 7 天以上。

6. 阀门井、水表井砌筑

阀门井、水表井的作用是便于阀门管理人员从地面上进行操作，井内净空尺寸要便于检修人员对阀杆密封填料的更换，并且能在不破坏井壁结构的情况下(有时需要揭开面板)更换阀杆、阀杆螺母、阀杆螺栓。施工时必须注意以下几点：阀杆在井盖圈内的位置，能满足地面上开关阀门的需要；装设开关箭头，以便阀门管理人员明确开关方向；阀井内净空尺寸应符合设计要求；阀井底板(及其垫层)面板的厚度、混凝土的强度等级、钢筋布置以及井身砌筑材料与施工图一致。

水表井是保护水表的设施，起方便抄表与水表维修的作用，其砌筑大致与阀门井的要求相同。井室的形式可根据附件的类型、尺寸确定，可参照《给水排水标准图集》S1 选用，如图 4-30、图 4-31 所示。

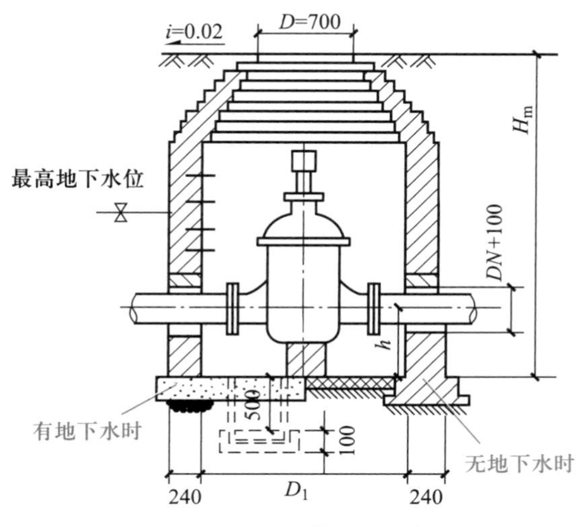

图 4-30　地上操作收口阀门井

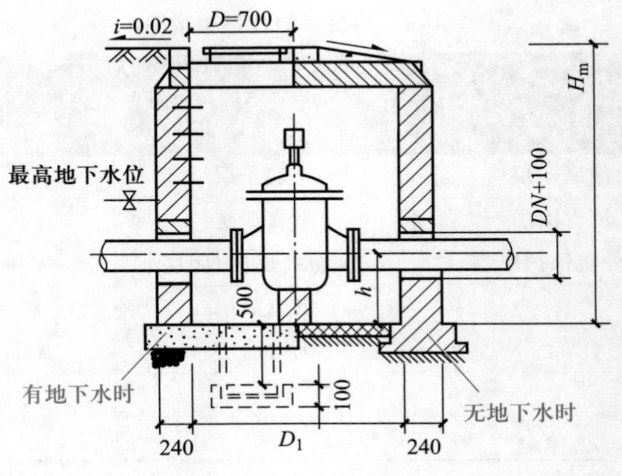

图 4-31 井下操作立式阀门井

7. 管道支墩、挡墩

在给水管道中，特别是在三通、弯管、虹吸管或倒虹管等部位，为避免在供水运行及水压试验时，所产生的外推力造成承插口松脱，需要设置支墩、挡墩。支墩、挡墩的常用形式有以下几种。

(1) 水平支墩：是为了克服管道承插口的水平推力而设置的，包括各种曲率弯管支墩、管道分处三叉支墩、管道末端的塞头支墩。

(2) 垂直弯管支墩：包括向上弯管支墩和向下弯管支墩两种，分别克服水流通过向上弯管和向下弯管时所产生的外推力。

(3) 空间两向扭曲支墩：是为了克服管道在同一地点既做水平转向，又做垂直转向所产生的外推力而设置的。

支墩的形式、构造、尺寸可参照《给水排水标准图集》S1 选用，图 4-32 所示。

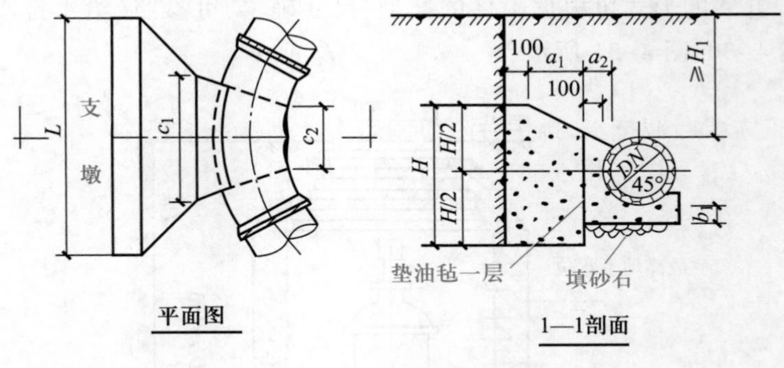

图 4-32 水平弯管支墩

8. 管沟回填

管道安装完成后，管沟应立即进行回填土方工作。管沟回填必须确保构筑物的安全，管道及井室等不移位、不被破坏，接口及防腐绝缘层不受破坏。管沟回填可视情况或根据设计要求回填原土、回填中砂。管沟回填土应按施工图设计或有关规定，达到密实度的要求。

9. 管道水压试验

水压试验的管段长度不超过 1 000 m，如因特殊情况超过 1 000 m 时，应与设计单位、管理单位共同研究确定。水压试验分为强度试验和严密性试验两种。无论采用哪种试验方法，在水压试验前，均应把管道内的气排清，将管道灌满水并浸泡一段时间；支墩、挡墩要达到设计强度；回填土应达到设计规定密实度要求后方能试压。

10. 管道冲洗、消毒

管道消毒的目的是为了杀灭新敷设管道内的各种细菌，使其供水后不致污染水质。消毒一般采用高浓度的氯化水浸泡 2 h 以上（一般漂白粉溶液），这种水的游离氯浓度为 20～40 mg/L。

管道消毒之后，即可进行冲洗。冲洗水的流速最好不低于 0.7 m/s，否则不易把管内杂物冲掉，或造成冲洗水量过多。对于主要输水干管的冲洗，由于冲洗水量大，管网降压严重，应事先认真拟定冲洗方案，并调整管网压力，如有必要，事先还应通知主要用户。在冲洗过程中，严格监视水压变化情况。冲洗前应对排水口状况进行仔细检查，下水道或河流能否排泄正常冲洗的水量，冲洗水流是否会影响河堤、桥梁、船只等的安全，在冲洗过程中应设专人进行安全监护。

11. 新旧管连接

新敷设的输配水管道，除冲洗管在消毒冲洗前进行接验外，其余的原有输配水管均应在新敷设的管道完成消毒后报请管理单位同意后才能进行。接通旧管道应做好以下准备工作：挖好工作坑，并根据需要做好支撑及护栏，以保证安全；在放出旧管中的存水时，应根据排水量准备足够的抽水机具，清理排水路线，以保证水利排水；检查管件、阀门、接口材料、吊装机具、工具、用具等，要做到品种、规格、数量均符合要求。夜间进行新旧管连接是一项紧张而有秩序的工作，因此分工必须明确，统一指挥，并与管网管理单位派至现场的人员密切配合，在规定的时间内完成接驳工作。

12. 施工排水

市政给水管道施工排水贯穿施工整个过程，包括：地下水、地表水（如管道穿越河床、渠沟时的水流，穿越河塘的积水）、雨水及各种管道的来水（如跨越地下原敷设的上下水管，因施工需要断截排水，排污管时而流出来的下水或消污水，断截给水管时而流放出来的自来水）等。施工排水的主要方法有抽排、引流、围截等。

微课

给水工程清单项目设置

（五）给水管道工程施工图及其画法、图例

详见项目四中教学单元三　燃气与集中供热工程。

二、给水工程清单编制

给水工程清单编制及清单报价的依据有：《建设工程工程量清单计价规范》（GB 50500—2013）、《市政工程工程量计算规范》（GB 50857—2013）等。

（一）给水管道

1. 开槽施工的给水管道敷设

开槽施工的给水管道敷设清单项目通常有：混凝土管、塑料管、钢管、铸铁管。

开槽施工的给水管道敷设工程量清单项目编码、项目特征描述的内容、计量单位及工程量计算规则等按照二维码“开槽管道敷设”中的规定执行。

(1) 给水管道敷设清单工程量计算时,按设计图示中心线长度以延长米计算。不扣除附属构筑物、管件及阀门等所占的长度。

(2) 管道敷设的做法如为标准设计,也可在项目特征中标注标准图集号。

2. 不开槽施工的给水管道敷设

不开槽施工的给水管道敷设清单项目通常有:水平导向钻进、顶管及顶管工作坑。

表格

不开槽管道敷设

不开槽施工的给水管道敷设工程量清单项目编码、项目特征描述的内容、计量单位及工程量计算规则等按照二维码“不开槽管道敷设”中的规定执行。

(二) 管件、阀门及附件安装

管件、阀门及附件安装的清单项目有:各种材质管件、阀门、法兰、盲板、套管、消火栓等。工程量清单项目设置、项目特征描述的内容、计量单位及工程量计算规则,应按照二维码“管件、阀门及附件安装”中的规定执行。

表格

管件、阀门及附件安装

(三) 支架制作及安装

支架制作及安装的清单项目有:砌筑支墩、混凝土支墩、金属支架、金属吊架等。工程量清单项目设置、项目特征描述的内容、计量单位及工程量计算规则,应按照二维码“支架制作及安装”中的规定执行。

表格

支架制作及安装

(四) 给水管道附属构筑物

给水管道附属构筑物清单项目通常有:砌筑井、塑料检查井、混凝土井。

给水管道附属构筑物工程量清单项目编码、项目特征描述的内容、计量单位及工程量计算规则等按照二维码“排水管道附属构筑物”中的规定执行。

给水管道附属构筑物为标准定型附属构筑物时,如定型井,在项目特征中应标注标准图集编号及页码。

表格

排水管道附属构筑物

三、给水工程清单报价(依据《浙江省市政工程预算定额》2018 版)

(一) 报价工程量计算

管道安装

微课

给水管道安装定额计量、计价

(1) 管道安装均按施工图中心线的长度计算(支管长度从主管中心开始计算到支管末端交接处的中心),管件、阀门所占长度已在管道施工损耗中综合考虑,计算工程量时均不扣除其所占长度。

(2) 管道安装均不包括管件(指三通、弯头、异径管)、阀门的安装,管件安装执行本册有关定额。

(3) 遇有新旧管连接时,除球墨铸铁管新旧管连接(胶圈接口),管道安装工程量计算到碰头的阀门旧管处,但阀门及与阀门相连的承(插)盘短管、法兰盘的安装均包括在新旧管连接定额内,不再另计。球墨铸铁管新旧管连接(胶圈接口),阀门及与阀门相连的承(插)盘短管的安装不包括在新旧管连接定额内,需另计。

微课

给水管道防腐 取水工程定额计量、计价

管道防腐

管道防腐按施工图中心线长度计算,计算工程量时不扣除管件、阀门所占的长度,但管件、阀门的防腐也不另行计算。IPN8710 防腐涂料、氯磺化聚乙烯漆等刷涂按刷涂面积计算。

[例 4-1] 无缝钢管 ϕ325 mm×9 mm 共 50 m,采用 IPN8710 防腐涂料进行管道内外防腐,试计算防腐工程量。

【解】 IPN8710 防腐涂料管道外防腐工程量 $=\pi\cdot\phi\cdot L=3.14\times0.325\times50\ \text{m}^2=51.03\ \text{m}^2$

IPN8710 防腐涂料管道内防腐工程量 $=\pi(\phi-2\delta)L=3.14\times(0.325-2\times0.009)\times50\ \text{m}^2=48.20\ \text{m}^2$

给水管件安装定额计量、计价

管件安装

(1) 管件、分水栓、马鞍卡子、二合三通、水表、与铸铁承盘插盘短管法兰连接阀门、自动双口排气阀的安装按图示数量以“个”为单位计算。

(2) 室外消火栓按图示数量以“套”为单位计算。

给水管道附属构筑物定额计量、计价

管道附属构筑物

(1) 各种井均按施工图数量,以“座”为单位计算。

(2) 管道支墩按施工图以实体积计算,不扣除钢筋、铁件所占的体积。

取水工程

大口井内套管、辐射井管安装按设计图中心线长度计算。

(二) 预算定额的应用

《浙江省市政工程预算定额》(2018 版)第五册《给水工程》,包括管道安装、管道防腐、管件安装、管道附属构筑物和取水工程,共 5 章 568 子目。

1. 本册定额使用范围

本定额使用于城镇范围内的新建、扩建市政给水工程。

2. 本册定额与《浙江省安装工程预算定额》的界限划分

如图 4-33 所示,A、B 为水源管道。一般情况下,水源地至城市水厂或工厂蓄水池的管道,执行市政定额,但钢制输水管执行安装定额工业管道分册。

小区室外管道与市政管道,有水表井的以水表为界,无水表井的以两者碰头处为界。

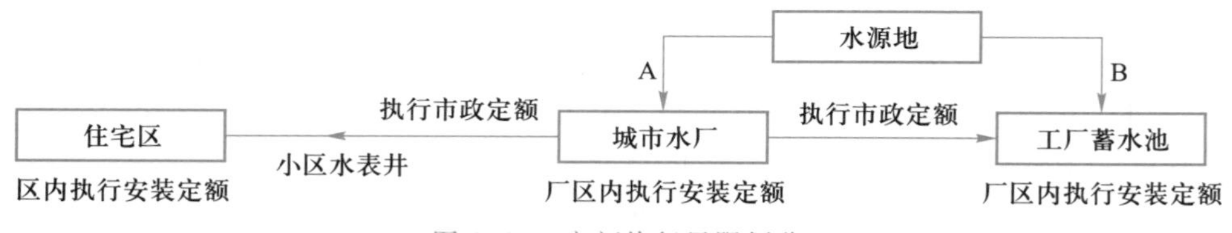

图 4-33 定额执行界限划分

3. 本册定额与其他相关册的关系

(1) 给水管道沟槽和给水构筑物的土石方工程、打拔工具桩、围堰工程、支撑工程、脚手架工程、拆除工程、井点降水、临时便桥等执行第一册《通用项目》中的有关定额。

(2) 给水管过河工程及取水头工程中的打桩工程、桥管基础、承台、混凝土桩及钢筋的制作安装等执行第三册《桥涵工程》中的有关定额。

(3) 给水工程中的沉井工程、构筑物工程、顶管工程、给水专用机械设备安装，均执行第六册《排水工程》中的有关定额。

(4) 过桥钢管安装、法兰安装、阀门(除与承盘、插盘短管法兰连接阀门外)安装，均执行第七册《燃气与集中供热工程》中的有关定额。

(5) 管道除锈、防腐除本册包括内容外执行《浙江省通用安装工程预算定额》(2018 版)的有关定额。

4. 使用本册定额应注意的问题

(1) 本册定额管道、管件安装均按沟深 3 m 以内考虑，如超过 3 m 时，另行计算。

(2) 本册定额均按无地下水考虑。

管 道 安 装

(1) 本章定额包括衬塑镀锌钢管安装、钢管安装、承插铸铁管安装、球墨铸铁管安装、预应力混凝土管安装、塑料管安装、新旧管连接、管道试压、消毒冲洗等，共 9 节 190 个子目。

(2) 本章定额管道管节长度是综合取定的，承插式铸铁管管节长度：*DN*200 以内取定 4 m，*DN*1 600 以内取定 5 m(球墨铸铁管取定 6 m)。塑料管管节长度取定 5 m，实际不同时，不做调整。

(3) 套管内的管道敷设按相应的管道安装工人、机械乘以系数 1.2。

(4) 混凝土管道安装不需要接口时，套用第六册《排水工程》中的有关定额。

(5) 本章定额给定的消毒冲洗水量，如水质达不到饮用水标准，水量不足时，可按实调整，其他不变。

(6) 新旧管线连接项目所指的管径是指新旧管中管径较大者。

(7) 本章定额不包括以下内容：

① 管道试压、消毒冲洗、新旧管道连接的排水工作内容，按批准的施工组织设计另计。

② 新旧管连接所需的工作坑及工作坑垫层、抹灰执行第六册《排水工程》中的有关定额。

③ 塑料管安装(对接熔接、电熔管件熔接)套用第七册《燃气及集中供热工程》有关定额。

[例 4-2] 套管内安装球墨铸铁管(胶圈接口)*DN*300，试套用定额。

【解】 套用定额编号[5-335]，单位：个。

基价 =(100.98×1.2+2.44+6.72×1.2)元 = 131.68 元

其中人工费 = 121.18 元，机械费 = 8.06 元。

未计价主材：球墨铸铁管(10.000m)和胶圈 *DN*300(1.720 只)

假设预算价：球墨铸铁管 *DN*300(355.30 元/m)和橡胶圈 *DN*300(27.70 元/只)。

主材单位价值 =(355.30×10.000+27.70×1.720)元/10 m = 3 600.64 元/10 m。

[例 4-3] 钢管新旧管连接(焊接)如图 4-34 所示，试套用定额。

【解】 套用定额编号[5-137]，单位：处。

基价＝1 136.46 元，其中人工费＝793.40 元，机械费＝165.60 元。

未计价主材：钢板卷管（0.56m）、法兰（2.000 片）和法兰阀门（1.000 个）。

假设预算价：钢板卷管 DN300（390.88 元/m）、平焊法兰 DN300（138 元/片）和法兰阀门 Z45T-1.0DN300（3 293 元/个）。

主材单位价值＝（390.88×0.560＋138×2.000＋3 293×1.000）元/处＝3 787.89 元/处

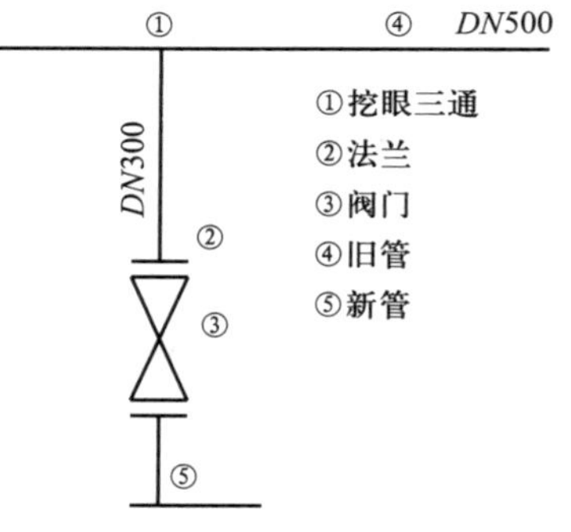

图 4-34　钢管新旧管连接（焊接）

管道防腐

（1）本章定额内容包括铸铁管（钢管）地面离心机械内涂防腐、人工内涂防腐、IPN8710 防腐、氯磺化聚乙烯防腐、环氧煤沥青防腐、熔结环氧粉末防腐，共 7 节 40 个子目。

（2）地面防腐综合考虑了现场和厂内集中防腐两种施工方法。

（3）除本册已包括内容外，其他管道防腐套用《浙江省通用安装工程预算定额》（2018 版）的有关定额。

管件安装

（1）本章定额包括钢管件制作、钢管件安装、铸铁法兰盲板安装、铸铁管件安装、承插式预应力混凝土转换件安装、塑料管件安装、分水栓、马鞍卡子、二合三通（哈夫三通）、铸铁穿墙管、水表、与铸铁承插盘短管连接法兰阀门、自动双口排气阀、室外消火栓安装等，共 16 节 257 个子目。

（2）铸铁管件安装适用于铸铁三通、弯头、套管、渐缩管、短管、承盘、插盘的安装、并综合考虑了承口、插口、带盘的接口。与承盘插盘短管连接的阀门安装以“个”计，包括两个垫片及两副法兰用的螺栓。其他阀门或法兰安装套用第七册《燃气与集中供热工程》中的有关定额。

（3）铸铁管件安装（胶圈接口）也适用于球墨铸铁管件的安装。

（4）马鞍卡子安装所列直径是指主管直径。

（5）Y 形三通钢管制作套用钢制三通，定额乘以系数 1.2。

（6）法兰式水表安装仅为水表安装以“个”计。与水表前后连接的阀门及止回阀、管件另套用有关定额。

（7）法兰伸缩节套用相应阀门定额。

（8）本章定额不包括以下内容：

① 与马鞍卡子相连的阀门安装，执行第七册《燃气与集中供热工程》中的有关定额。

② 分水栓、马鞍卡子、二合三通（哈夫三通）安装的排水内容，应按批准的施工组织设计另计。

［例 4-4］　球墨铸铁法兰盲板 DN400 安装，试套用定额。

【解】　套用定额编号［5-351］，单位：个。

基价=156.45 元,其中人工费=113.81 元,机械费=0 元。

未计价主材:法兰盲板(1.000 个)。

假设预算价:球墨铸铁法兰盲板 *DN*400(500 元/个)。

主材单位价值=402×1.000 元/个=500 元/个

[例 4-5] 法兰式水表安装 *DN*200,试套用定额。

【解】 套用定额编号[5-455],单位:个。

基价=82.09 元,其中人工费=65.61 元,机械费=0 元。

未计价主材:法兰水表(1.000 个)。

假设预算价:法兰水表 *DN*200(1 500 元/个)。

主材单位价值=1 238×1.000 元/个=1 500 元/个。

管道附属构筑物

(1) 本章定额内容包括砖砌圆形阀门井、砖砌矩形卧式阀门井、砖砌矩形水表井、消火栓井、圆形排泥湿井、管道支墩工程,共 6 节 67 个子目。

(2) 砖砌圆形阀门井、矩形卧式阀门井、矩形水表井、消火栓件、圆形排泥湿井是按标准图集《室外给水管道附属构筑物》(05S502)编制的,全部按无地下水考虑。

(3) 本章定额所指的井深是指垫层顶面至铸铁井盖顶面的距离。井深大于 1.5 m 时,应按第六册《排水工程》中的有关项目计取脚手架搭拆费。

(4) 本章定额是按普通铸铁井盖、井座考虑的,如设计要求采用球墨铸铁井盖、井座,其材料单价换算,其他不变。

(5) 排气阀井可套用阀门井的有关定额。

(6) 矩形卧式阀门井筒每增加 0.2 m 定额,包括 2 个井筒同时增加 0.2 m。

(7) 本章定额不包括以下内容:

① 模板安装拆除、钢筋制作安装。如发生时,执行第六册《排水工程》中的有关定额。

② 预制盖板、成型钢筋的场外运输。如发生时,执行第一册《通用项目》中的有关定额。

③ 圆形排泥湿井的进水管、溢流管的安装,执行本册有关定额。

[例 4-6] 直筒式砖砌阀门井(井内径 1.2 m、井深 1.3 m),试套用定额。

【解】 套用定额编号[5-504]和[5-505],单位:座。

基价=(1 949.87-134.54)元/座=1 815.33 元/座,

其中人工费=(559.98-49.28)元=510.70 元,

机械费=5.02 元。

未计价主材:无。

取 水 工 程

(1) 本章定额内容包括大口井内套管安装、辐射井管安装、钢筋混凝土渗渠管制作安装、渗渠滤料填充,共 4 节 14 个子目。

(2) 大口井内管道安装:

① 大口井套管为井底封闭套管,按法兰套管全封闭接口考虑。

② 大口井底作反滤层时，执行渗渠滤料填充项目。

（3）本章定额不包括以下内容，如发生时，按以下规定执行：

① 辐射井管的防腐，执行《浙江省通用安装工程预算定额》（2018 版）中的有关定额。

② 模板制作安装拆除、钢筋制作安装、沉井工程。如发生时，执行第六册《排水工程》有关定额。其中渗渠制作的模板安装拆除人工按相应项目乘以系数 1.2。

③ 土石方开挖、回填、脚手架搭拆、围堰工程执行第一册《通用项目》中的有关定额。

④ 船上打桩及桩的制作，执行第三册《桥涵工程》中的有关项目。

⑤ 水下管线敷设，执行第七册《燃气与集中供热工程》中的有关项目。

（三）给水工程计量计价实例

［例 4-7］ 某给水工程如图 4-35 所示。

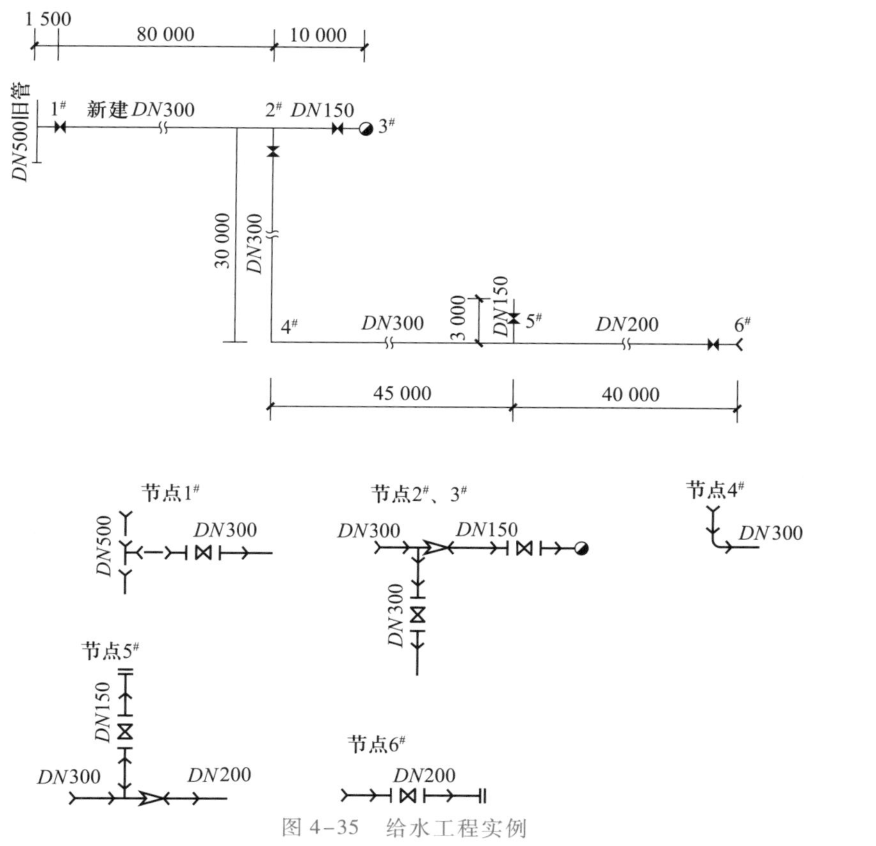

图 4-35　给水工程实例

施工说明：

（1）给水管采用球墨铸铁管，胶圈接口。

（2）消火栓采用地上式，详见《给水排水标准图集》S1。

（3）阀门采用 Z45T-1 型，阀门井采用圆形（收口式），井内径为 1.2 m，详见《给水排水标准图集》S1。

（4）管道安装完毕后应进行消毒冲洗。

（5）管道覆土厚度不得小于 0.7 m。

【解】 案例工程预算书见表 4-9、表 4-10。

表 4-9　案例工程预算书(一)

工程名称:某给水工程

序号	编号	项目工程	单位	工程量	单位价值				总价值			
					主材 设备	安装费	工资	机械费	主材 设备	安装费	工资	机械费
		给水工程										
1	5-29	球墨铸铁管安装(胶圈接口)*DN*150	10 m	1. 300	1 775. 82	29. 70	28. 38		2 309	39	37	
2	5-30	球墨铸铁管安装(胶圈接口)*DN*200	10 m	4. 000	2 391. 77	44. 92	42. 57		9 567	180	170	
3	5-31	球墨铸铁管安装(胶圈接口)*DN*300	10 m	15. 650	3 600. 64	78. 15	42. 57	32. 50	56 350	1 223	666	509
4	5-87	球墨铸铁管新旧管连接(胶圈接口)*DN*500	处	1	3 334. 42	994. 62	951. 16	12. 44	3 334	995	951	12
5	5-107	管道试压 *DN*200 以内	100 m	0. 530		178. 52	108. 19	11. 19		95	57	6
6	5-108	管道试压 *DN*300 以内	100 m	1. 565		217. 68	128. 10	11. 26		341	200	18
7	5-125	管道消毒冲洗 *DN*200 以内	100 m	0. 530		144. 60	78. 86			77	42	
8	5-126	管道消毒冲洗 *DN*300 以内	100 m	1. 565		219. 06	93. 27			343	146	
9	5-197	承插正三通 *DN*300	个	1	1 037. 16	41. 72	32. 16	5. 84	1 037	42	32	6

续表

序号	编号	项目工程	单位	工程量	单位价值				总价值			
					主材 设备	安装费	工资	机械费	主材 设备	安装费	工资	机械费
10	5-197	承插异径三通 *DN*300×150	个	1	79.5	41.72	32.16	5.84	795	42	32	
11	5-197	承插弯头 *DN*300	个	1	743.36	41.72	32.16	5.84	743	42	32	
12	5-197	承插大小头 *DN*300×150	个	1	475.06	41.72	32.16	5.84	475	42	32	
13	5-197	承插大小头 *DN*300×200	个	1	502.56	41.72	32.16	5.84	503	42	32	
14	5-195	承盘短管 *DN*150	个	3	202.33	25.07	23.48		607	75	70	
15	5-195	插盘短管 *DN*150	个	2	200.13	25.07	23.48		400	50	47	
16	5-196	承盘短管 *DN*200	个	2	288.85	33.07	30.44		578	66	61	
17	5-196	插盘短管 *DN*200	个	1	288.85	33.07	30.44		289	33	30	
18	5-197	承盘短管 2 *DN*300	个	2	513.56	41.72	32.16	5.84	1 027	83	64	12

表 4-10 案例工程预算书(二)

工程名称:某给水工程

序号	名称	单位	数量	市场价	合价
1	球墨铸铁钢管 *DN*150	m	13.00	175.20	2 278
2	球墨铸铁钢管 *DN*200	m	40.00	236.00	9 440
3	球墨铸铁钢管 *DN*300	m	156.50	355.30	55 604
4	橡胶圈 *DN*150	只	13	13.85	174
5	橡胶圈 *DN*200	只	13	18.47	241
6	橡胶圈 *DN*300	只	45	27.70	1 259
7	橡胶圈 *DN*500	只	3	50.79	155
8	球墨铸铁三通 *DN*500×300	个	1	1 980.00	1 980
9	承插异型三通 *DN*300×150	个	1	738.10	738
10	承插正三通 *DN*300	个	1	980.10	980
11	承插弯头 *DN*300	个	1	686.40	686
12	铸铁套管 *DN*500	个	1	1 199.00	1 199
13	承插大小头 *DN*300×150	个	1	418.00	418
14	承插大小头 *DN*300×200	个	1	445.50	446
15	承盘短管 *DN*150	个	3	173.80	521
16	承盘短管 *DN*200	个	2	250.80	502
17	承盘短管 *DN*300	个	2	465.50	913
18	插盘短管 *DN*150	个	2	171.60	343
19	插盘短管 *DN*200	个	1	250.80	251
20	插盘短管 *DN*300	个	2	466.40	933
21	球墨铸铁盲板 *DN*150	个	1	72.90	73
22	球墨铸铁盲板 *DN*200	个	1	121.00	121
23	法兰匣阀 Z45T-1*DN*150	个	2	1 085.00	2 116
24	法兰匣阀 Z45T-1*DN*200	个	1	1 607.00	1 607
25	法兰匣阀 Z45T-1*DN*300	个	2	3 293.00	6 586
26	地上式消防栓 1.0 MPa 浅 150 型	套	1	2 219.00	2 219
	合计				91 783

教学单元二 排水工程

一、排水工程基础知识

排水工程是指收集和排出人类生活污水和生产中各种废水、多余地表水和地下水(降低地下水位)的工程。

排水工程通常由排水管网、污水处理厂和出水口组成。排水管网是收集和输送废水的设施，包括排水设备、检查井、管渠、水泵站等工程设施。污水处理厂是处理和利用废水的设施，包括城市及工业企业污水处理厂（站）中的各种处理构筑物等。出水口是使废水排入水体并使其与水体良好混合的工程设施。

（一）排水管道

1. 常见的管材及接口形式

排水管道常见的管材分为钢筋混凝土管、塑料管、金属管。

钢筋混凝土管的管口形式分为平口式、企口式、承插式，如图 4-36 ~ 图 4-38 所示。

图 4-36　平口式钢筋混凝土管

图 4-37　企口式钢筋混凝土管

其中，平口式钢筋混凝土管道通常采用（钢丝网）水泥砂浆抹带接口（图 4-39）；企口式钢筋混凝土管道通常采用 q 形橡胶圈接口；承插式钢筋混凝土管道通常采用 O 形橡胶圈接口（图 4-40）。

图 4-38　承插式钢筋混凝土管

图 4-39　水泥砂浆抹带接口

塑料管在排水管道工程中通常采用 UPVC 管（图 4-41）、HDPE 管（图 4-42）、玻璃钢管。管口形式一般为承插式，接口通常采用 O 形橡胶圈接口。

金属管在排水管道工程的倒虹管（图 4-43）中通常采用钢管，接口形式通常采用焊接。

2. 管道的基础形式

钢筋混凝土管通常采用现浇钢筋混凝土条形（带形）基础（图 4-44），基础下方设素混凝土垫层或碎石垫层。钢筋混凝土条形（带形）基础可分为：平基、管座两个部位，如图 4-45 所示。

图 4-40 O 形橡胶圈接口

图 4-41 承插式 UPVC 管

图 4-42 承插式 HDPE 管

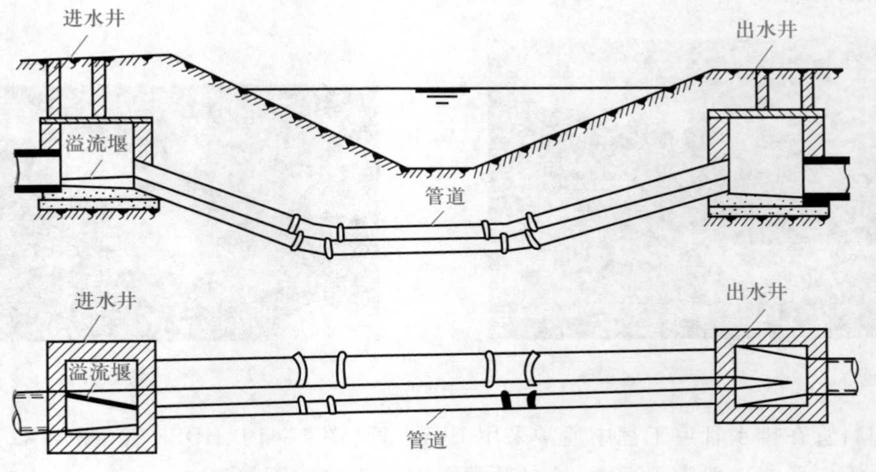

图 4-43 折管式倒虹管

塑料管通常采用砂基础(图 4-46)或砂碎石基础。

倒虹管的钢管通常采用钢筋混凝土方包基础。

3. 管道的施工方法

排水管道的施工方法可分为两大类:开槽施工、不开槽施工。

图 4-44　钢筋混凝土条形(带形)基础

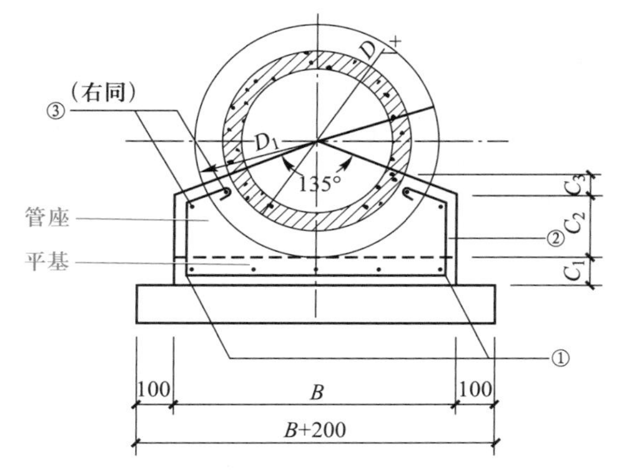

图 4-45　钢筋混凝土条形(带形)基础横剖面及部位划分图

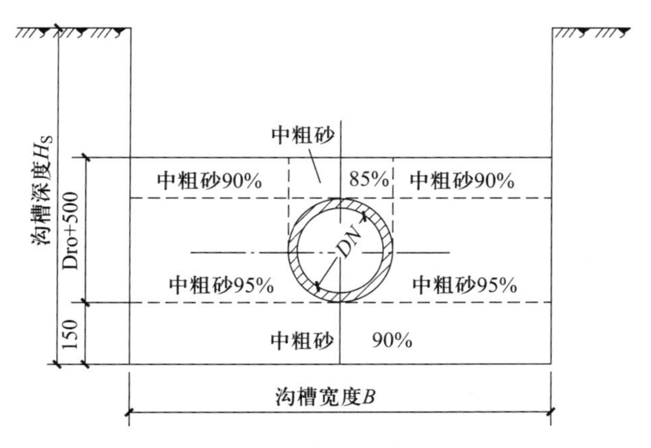

图 4-46　砂基础剖面图

排水管道一般采用开槽施工,可以采用人工开挖、机械(挖掘机)开挖,采用挖掘机开挖时,为了防止扰动基底原状土,距沟槽底 20～30 cm 须用人工辅助清底。在开挖施工过程中,需根据土质、地下水、挖深等情况,采取相应的排降水措施及沟槽支撑措施。

在排水管道穿越建筑物、铁路、交通流量大的公路、河流等障碍物时,在管道挖深很大时，在交通流量很大的城市干道下敷设排水管道时，常常采用不开槽施工。比较常见的是顶管法（图 4-47）、水平定向钻进（图 4-48）。

图 4-47　顶管施工示意图

图 4-48　水平定向钻进施工示意图

顶管法施工主要包括：工作坑开挖或采用沉井法施工工作坑、安拆顶进后座及坑内平台、安拆顶进设备、顶进（分为人工挖土顶进、机械顶进，机械顶进分为泥水平衡、土压平衡）、安拆中继间或顶进触变泥浆减阻等工作内容。

（二）排水检查井、雨水口

排水管道在管道交叉、转弯、管径变化、坡度变化、标高变化处以及直线上每隔一定距离处，均需设置检查井以连接管道。

排水检查井可分为雨水检查井、污水检查井；按结构类型通常可分为落底井、流槽井（不落底井），污水检查井通常为流槽井，雨水检查井部分为落底井、部分为流槽井；按井身材料可分为砌筑井（砖砌、石砌、混凝土预制块砌筑）、混凝土井（图 4-49）、塑料井（图 4-50）等；按井室平面形状可分为矩形井、圆形井、扇形井等。

最常见的排水检查井为矩形砖砌井，其构造部位可分为井垫层、井底板、井室、井室盖板、井筒、井圈、井盖及井盖座，如图 4-51 所示。

雨水口一般设置在路侧边沟上及路边低洼地点，是雨水管道系统上收集雨水的构筑物，路面上的雨水进入雨水口后，通过雨水连接管进入雨水检查井，再进入雨水管道。雨水口通常采用砖砌井身，平面形状通常为矩形，其构造部位可分为雨水口垫层、底板、井身、井座、井箅及井箅座，如图 4-52 所示。

（三）出水口

出水口是排水系统的终点构筑物，将雨水或处理后达到排放标准的污水排入河道或收纳水体。雨水出水口通常为非淹没式（图 4-53），即出水管的管底标高高于水体最高水位或常水位。污水出水口通常为淹没式，即出水管的管底标高低于水体常水位。

图 4-49 混凝土井

图 4-50 塑料井

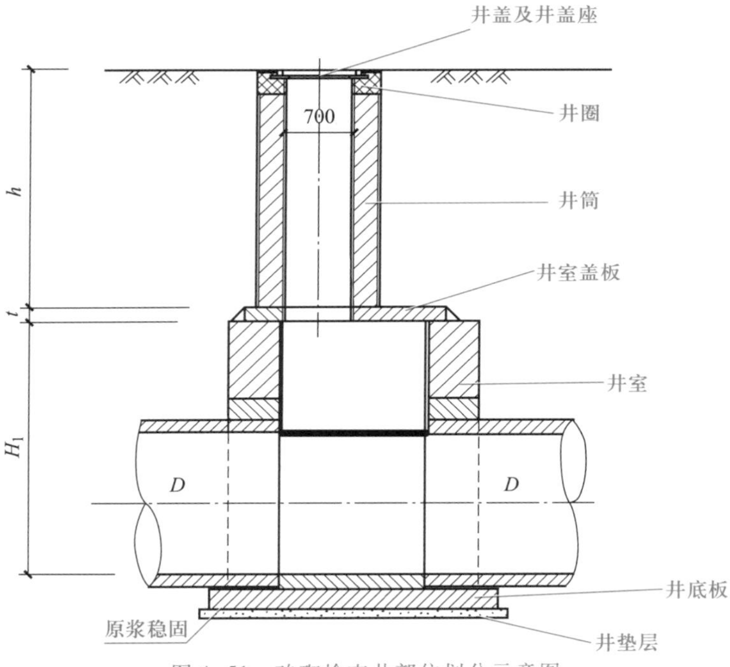

井盖及井盖座
井圈
700
井筒
井室盖板
井室
井底板
井垫层
原浆稳固
h
t
H_1
D
D

图 4-51 砖砌检查井部位划分示意图

图 4-52 雨水口及其井箅、井箅座

图 4-53　非淹没式出水口

出水口根据材料分为砖砌出水口、石砌出水口、混凝土出水口；根据其形式可分为一字式出水口、八字式出水口、门式出水口。

（四）排水构筑物

1. 排水泵站

排水泵站是一种为了提升污水、雨水、污泥的标高而修建的构筑物。其中较常见的是污水排水泵站。

排水泵站由于深度比较大，大多采用沉井法施工。沉井是钢筋混凝土井筒状（平面形状为矩形或圆形）的结构物，它是以井内挖土，依靠自身重力克服井壁与土体间的摩擦阻力后下沉到设计标高，然后进行混凝土封底。沉井的施工程序包括井筒预制、井筒挖土下沉、井筒封底，如图 4-54 所示。

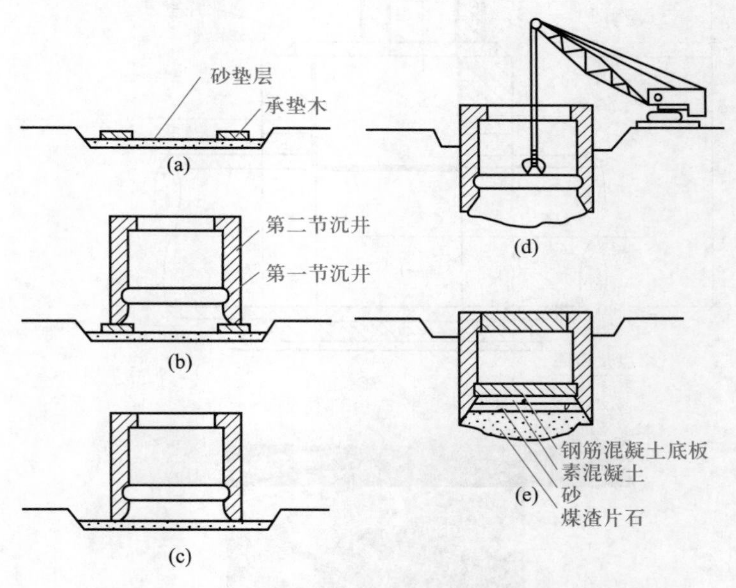

图 4-54　沉井施工程序示意图

2. 污水处理构筑物

常见的污水处理构筑物分为以下三种：

（1）一级处理构筑物：主要有粗格栅、细格栅、沉砂池、初（预）沉池等。

（2）二级处理构筑物：主要有曝气池、氧化沟、二沉池、浓缩池、消化池、生物滤池、生物转盘、生物流化床等。

(3) 三级处理构筑物:主要有消毒池等。

污水处理构筑物按其结构类型可分为砌体结构、混凝土结构、钢结构,其中混凝土结构分为现浇混凝土结构、预制拼装混凝土结构,砌体结构分为石砌、砖砌、预制块砌筑。

污水处理构筑物施工过程中,需按规范要求进行施工缝的设置和处理;污水处理构筑物施工完成后,必须进行满水试验,以检测池体渗漏水是否符合规范要求;砌体结构施工后,须进行防水的施工和处理。

3. 排水构筑物的设备

排水构筑物中的专用机械设备包括:格栅等拦污及提水设备(图 4-55);加氯机等投药消毒处理设备;曝气机、曝气器、生物转盘(图 4-56)等水处理设备;吸泥机、刮泥机(图 4-57)等排泥、排渣、除砂机械;脱水机等污泥脱水机械等。

图 4-55 格栅机

图 4-56 生物转盘

图 4-57 周边传动刮泥机

排水构筑物中的通用机械设备执行《浙江省通用安装工程预算定额》。

(五) 模板、钢筋、井字架、脚手架

在排水工程现浇及预制混凝土结构施工过程中,需进行模板的支设和拆除,模板可采用木模板、钢模板。施工中须进行钢筋的制作、运输、安装,普通钢筋须区分圆钢、螺纹钢;预应力钢筋须区分先张法、后张法。排水检查井井深超过 1.5 m 可以考虑搭拆井字架。排水工程砌筑或浇筑高度超过 1.2 m、抹灰高度超过 1.5 m 时,可以考虑搭拆脚手架。

微课
排水管道工程清单项目

二、排水工程清单编制

（一）排水管道

1. 开槽施工的排水管道敷设

开槽施工的排水管道敷设清单项目通常有混凝土管、塑料管、钢管、铸铁管等，清单项目编码、项目特征描述的内容、计量单位及工程量计算规则等按照二维码“开槽管道敷设”中的规定执行。

表格
开槽管道敷设

（1）排水管道敷设清单工程量计算时，不需要扣除排水检查井等构筑物所占的长度。

（2）管道敷设的做法如为标准设计，也可在项目特征中标注标准图集号。

2. 不开槽施工的排水管道敷设

表格
不开槽管道敷设

不开槽施工的排水管道敷设清单项目通常有水平导向钻进、顶管及顶管工作坑等，清单项目编码、项目特征描述的内容、计量单位及工程量计算规则等按照二维码“不开槽管道敷设”中的规定执行。

（二）排水管道附属构筑物

排水管道附属构筑物清单项目通常有砌筑井、塑料检查井、混凝土井、雨水口、砌体出水口、混凝土出水口等，清单项目编码、项目特征描述的内容、计量单位及工程量计算规则等按照二维码“排水管道附属构筑物”中的规定执行。

表格
排水管道附属构筑物

排水管道附属构筑物为标准定型附属构筑物时，如排水检查井采用定型井时，在项目特征中应标注标准图集编号及页码。

（三）沉井

沉井清单项目通常有现浇混凝土沉井井壁及隔墙、沉井下沉、沉井混凝土底板、沉井内地下混凝土结构、沉井混凝土顶板等，清单项目编码、项目特征描述的内容、计量单位及工程量计算规则等按照二维码“水处理构筑物（1）”中的规定执行。

表格
水处理构筑物(1)

（1）沉井混凝土地梁工程量应并入底板内计算。

（2）沉井垫层按桥涵工程相关项目编码列项。

（四）污水处理构筑物

污水处理构筑物工程量清单项目编码、项目特征描述的内容、计量单位及工程量计算规则等按照二维码“水处理构筑物（2）”中的规定执行。

表格
水处理构筑物(2)

（1）污水处理构筑物的垫层按桥涵工程相关项目编码列项。

（2）污水处理构筑物工程中建筑物应按《房屋建筑和装饰工程工程量计算规范》（GB 50854—2013）中的相关项目编码列项。

（3）污水处理构筑物工程中园林绿化项目应按《园林绿化工程工程量计算规范》（GB 50858—2013）中的相关项目编码列项。

表格
水处理设备

（五）污水处理（专用）设备

污水处理（专用）设备工程量清单项目编码、项目特征描述的内容、计量单位及工程量计算规则等按照二维码“水处理设备”中的规定执行。

污水处理的定型设备（通用设备）应按《通用安装工程工程量计算规范》（GB

50856—2013）中的相关项目编码列项。

（六）钢筋、模板、井字架、脚手架

钢筋工程

1. 钢筋

排水工程钢筋清单项目通常有现浇构件钢筋、预制构件钢筋、先张法预应力钢筋、后张法预应力钢筋及预埋铁件等，单项目编码、项目特征描述的内容、计量单位及工程量计算规则等按照二维码“钢筋工程”中的规定执行。

2. 模板

排水管道工程措施清单项目计量

排水工程模板清单项目按照施工部位的不同划分为垫层模板、基础模板、柱模板、梁模板、板模板、小型构件模板、沉井井壁（隔墙）模板、沉井顶板模板、沉井底板模板、管道平基模板、管道管座模板、井顶（盖）板模板、池壁（隔墙）模板、池盖模板、其他现浇构件模板等，清单项目编码、项目特征描述的内容、计量单位及工程量计算规则等按照二维码“混凝土模板”中的规定执行。

混凝土模板

按浙建站计[2013]63 号的规定，混凝土模板可单列技术措施项目，也可作为混凝土项目的组合工作内容，需结合工程实际情况确定。

3. 井字架、脚手架

排水工程井字架、脚手架工程量清单项目编码、项目特征描述的内容、计量单位及工程量计算规则等按照表 4-11 的规定执行。

表 4-11　脚手架工程（编码：041101）

项目编号	项目名称	项目特征	计量单位	工程量计算规则	工程内容
041101001	墙面脚手架	墙高	m^2	按墙面水平线长度乘以墙面砌筑高度计算	1. 清理场地 2. 搭设、拆除脚手架、安全网 3. 材料场内外运输
041101002	柱面脚手架	1. 柱高 2. 柱结构外围周长		按柱结构外围周长乘以柱砌筑高度计算	
041101003	仓面脚手架	1. 搭设方式 2. 搭设高度		按仓面水平面积计算	
041101004	沉井脚手架	沉井高度		按井壁中心线周长乘以井高计算	
041101005	井字架	井深	座	按设计图示数量计算	1. 清理场地 2. 搭设、拆除井字架 3. 材料场内外运输

各类井的井深按井底基础以上到井盖顶的高度计算。

井字架、脚手架清单项目均为技术措施清单项目。

三、排水工程清单报价

排水工程清单报价的关键是确定分部分项清单项目及技术措施清单项目的综合单价；而确定清单项目的综合单价需先确定清单项目的组合工作内容、计算确定各项组合工作内容的报价（定额）工程量、确定各项组合工作内容的定额套用（确定人、材、机消耗量）。

《浙江省市政工程预算定额》（2018 版）第六册《排水工程》包括管道铺设，井、渠（管）道基础及砌筑，不开槽施工管道工程，给排水构筑物，给排水机械设备安装，模板、井字架工程。适用于城镇范围内新建、改建和扩建的市政排水管渠道工程。

管道接口、检查井、给排水构筑物需要做防腐处理的，执行《浙江省房屋建筑与装饰工程预算定额》（2018 版）和《浙江省通用安装工程预算定额》（2018 版）的相关子目。

给排水构筑物工程中的泵站上部建筑工程以及《排水工程》册定额中未包括的建筑工程执行《浙江省房屋建筑与装饰工程预算定额》（2018 版）的相关子目。给水排水机械设备安装中的通用机械应执行《浙江省通用安装工程预算定额》（2018 版）的相关子目。

（一）报价（定额）工程量计算

管道铺设

定额包括混凝土管道铺设、塑料排水管铺设、排水管道接口、管道闭水试验、管道检测等相应子目。

1. 管道铺设

管道铺设按井中至井中的中心扣除检查井长度，以“延长米”计算工程量。

（1）每座矩形检查井扣除长度按管线方向井室内径计算（矩形检查井的井室内尺寸有管线方向、垂直于管线方向两个尺寸，扣除检查井长度时取管线方向的内尺寸计算）。

（2）每座圆形检查井扣除长度按管线方向井室内径每侧减 15 cm 计算。

（3）雨水口所占长度不予扣除。

［例 4-8］ 某管道平面图如图 4-58 所示，已知 Y1 ~ Y4 均为圆形检查井，Y1、Y2 井内径为 1.1 m，Y3、Y4 井内径为 1.3 m。试计算各管段管道铺设的工程量。

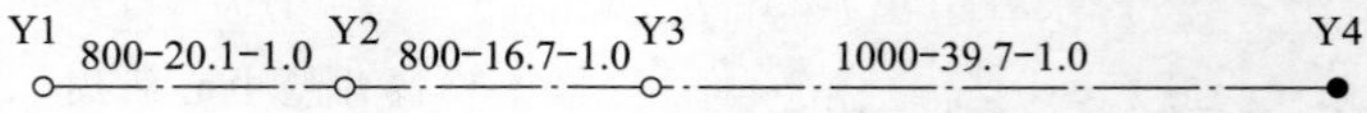

图 4-58 某管道平面图

【解】 Y1 ~ Y2 段管道铺设的工程量 = [20.1-(1.1/2-0.15)-(1.1/2-0.15)] m = 19.3 m

Y2 ~ Y3 段管道铺设的工程量 = [16.7-(1.1/2-0.15)-(1.3/2-0.15)] m = 15.8 m

Y3 ~ Y4 段管道铺设的工程量 = [39.7-(1.3/2-0.15)-(1.3/2-0.15)] m = 38.7 m

［例 4-9］ 某管道平面图如图 4-58 所示，已知 Y1、Y2 为 1 100 mm×1 250 mm 矩形检查井，Y3、Y4 为 1 100 mm×1 500 mm 矩形检查井。试计算各管段管道铺设的工程量。

【解】 Y1、Y2 管线方向的井内径为 1 100 mm、垂直于管线方向的井内径为 1 250 mm

Y3、Y4 管线方向的井内径为 1 100 mm、垂直于管线方向的井内径为 1 500 mm

Y1～Y2 段管道铺设的工程量=(20.1−1.1/2−1.1/2) m =19 m

Y2～Y3 段管道铺设的工程量=(16.7−1.1/2−1.1/2) m =15.6 m

Y3～Y4 段管道铺设的工程量=(39.7−1.1/2−1.1/2) m =38.6 m

2. 管道接口

管道接口区分管径及做法，以实际接口个数计算工程量。

管道接口个数=管节数量−1

管节数量=管道铺设长度/单节管道的长度 （计算结果向上取整数）

［例 4−10］ 某管道平面图如图 4−58 所示，已知 Y1、Y2 为 1 100 mm×1 250 mm 矩形检查井，Y3、Y4 为 1 100 mm×1 500 mm 矩形检查井，管道均采用承插式钢筋混凝土管道、橡胶圈接口，*D*800 管单节管道长 3 m，*D*1 000 管管单节管道长 2 m，试计算 Y2～Y3、Y3～Y4 段管道接口的工程量。

【解】 Y2～Y3 段 *D*800 管道铺设的工程量=(16.7−1.1/2−1.1/2)m=15.6 m

管节数量=(15.6/3)节=6 节

管道接口工程量=(6−1)个接口=5 个接口

Y3～Y4 段管道铺设的工程量=(39.7−1.1/2−1.1/2)m=38.6 m

管节数量=(38.6/2)节=20 节

管道接口工程量=(20−1)个接口=19 个接口

3. 管道闭水试验

管道闭水试验以实际闭水长度计算，不扣除各种井所占长度。

4. 管道检测

管道检测长度小于或等于 100 m 时，按 100 m 计算；检测长度大于 100 m 时，按实际检测长度计算。

井、渠（管）道基础及砌筑

井、渠（管）道基础及砌筑定额包括井垫层和底板、井砌筑、浇筑及抹灰、井盖（篦）制作安装，渠（管）道垫层及基础、渠道砌筑、渠道抹灰及勾缝、渠道沉降缝，钢筋混凝土盖板、过梁的预制安装，排水管道出水口，方沟闭水试验等相应子目。

1.（渠）管道基础及垫层

排水管道垫层、基础定额计量计价

渠（管）道垫层、基础按设计图示尺寸按实体积以“m^3”计算。

（1）排水管道接入检查井时，管口通常与井内壁齐平，所以在计算管道垫层、基础的实体积时，垫层、基础的长度应扣除检查井所占的长度。

（2）钢筋混凝土条形基础工程量计算时，需区分平基、管座分别进行计算。

［例 4−11］ 某工程雨水管道平面图、管道基础图如图 4−59 所示，采用钢筋混凝土管，基础采用钢筋混凝土条形基础。已知检查井均为 1 100 mm×1 100 mm 的砖砌井，管道垫层采用现浇现拌混凝土；基础均用非泵送商品混凝土。试计算 Y2～Y3 段管道垫层、管道基础的工程量。

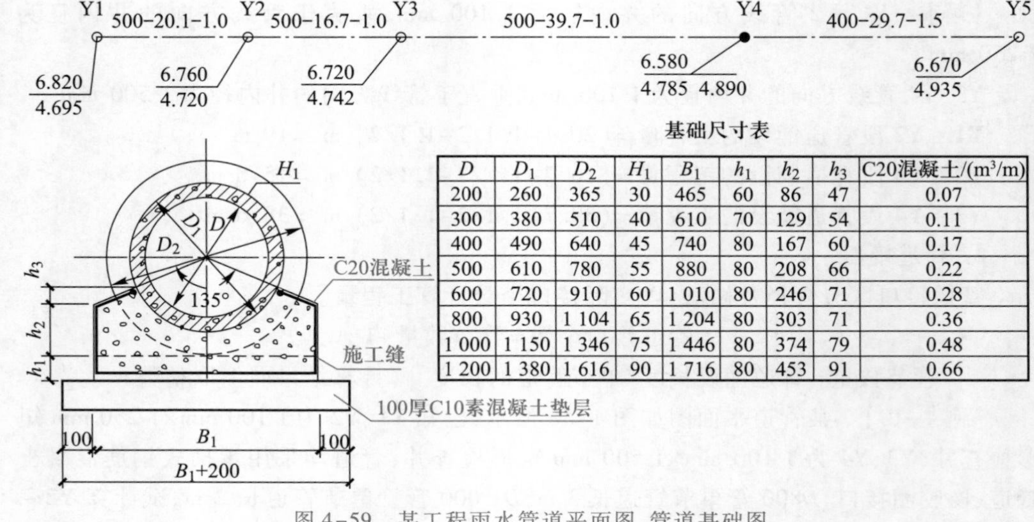

基础尺寸表

D	D_1	D_2	H_1	B_1	h_1	h_2	h_3	C20混凝土/(m^3/m)
200	260	365	30	465	60	86	47	0.07
300	380	510	40	610	70	129	54	0.11
400	490	640	45	740	80	167	60	0.17
500	610	780	55	880	80	208	66	0.22
600	720	910	60	1 010	80	246	71	0.28
800	930	1 104	65	1 204	80	303	71	0.36
1 000	1 150	1 346	75	1 446	80	374	79	0.48
1 200	1 380	1 616	90	1 716	80	453	91	0.66

图 4-59 某工程雨水管道平面图、管道基础图

【解】 Y2～Y3 段管道管径为 $D500$，井中到井中长度为 16.7 m。

查图中的“基础尺寸表”可知：该段管道下方平基宽度为 880 mm、平基厚度为 80 mm；垫层宽度＝(880+200) mm＝1 080 mm、垫层厚度为 100 mm。

(1) 管道垫层。

$$工程量=[(0.88+0.2)\times0.1\times(16.7-1.1)]\ m^3=1.68\ m^3$$

(2) 管道基础。

① 平基。

$$工程量=[0.88\times0.08\times(16.7-1.1)]\ m^3=1.10\ m^3$$

② 管座。

$$工程量=[(0.22-0.88\times0.08\times1)\times(16.7-1.1)]\ m^3=2.33\ m^3$$

微课
检查井垫层、基础定额计量计价

2. 井

(1) 井底板(基础)及垫层。井垫层、井底板(基础)按设计图示尺寸按实体积以“m^3”计算。

微课
检查井砌筑定额计量计价

(2) 井砌筑。井砌筑按实体积以“m^3”计算。

① 不扣除管径 500 mm 以内管道所占体积；需扣除管径 500 mm 以上管道所占体积。

② 常见矩形检查井如图 4-60、图 4-61 所示，下部井室平面形状为矩形，上部井筒平面形状为圆形，在井砌筑工程量计算时，应分别计算井室砌筑(矩形)工程量、井筒砌筑(圆形)工程量，并分别套用相应的定额子目。

微课
检查井抹灰定额计量计价

③ 砖砌流槽砌筑的工程量并入井室砌体工程量内计算。

④ 石砌流槽、混凝土流槽工程量另行单独计算。

(3) 井抹灰。井抹灰、勾缝按面积以“m^2”计算。

在计算井砌筑体积、计算井抹灰面积时，需先确定井深，进而确定井室高度、井筒高度，从而计算井室砌筑体积、井筒砌筑体积及井抹灰面积。

检查井砌筑、抹灰工程量的计算步骤如下：

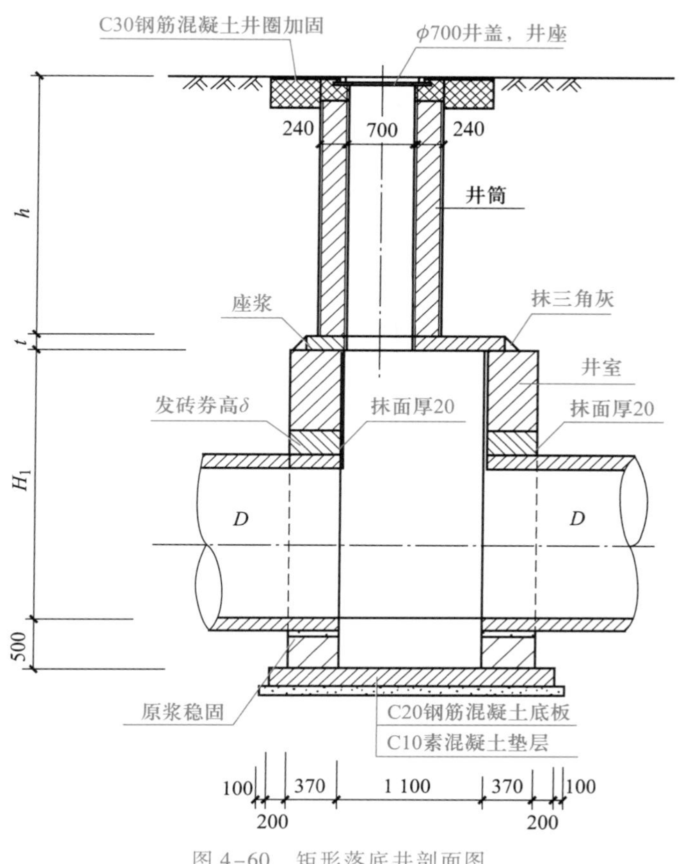

图 4-60　矩形落底井剖面图

① 计算检查井井深。

井深=井盖顶标高-井基础顶标高

井深(流槽井)=设计井盖平均标高-管内底标高+管壁厚+坐浆厚度(通常为 2 cm)

井深(落底井)=设计井盖平均标高-管内底标高+落底高度

检查井位于路面范围内时,井盖顶与路面齐平,故井盖顶标高等于设计路面标高;检查井位于绿化带等非路面范围时,井盖顶通常高出地面 2～3 cm。

② 确定井室高度 H_1。

通常按设计要求的最小高度确定井室高度 H_1,并计算井室砌筑高度。

井室砌筑高度(流槽井)=设计要求的最小井室高度 H_1+管壁厚+坐浆厚度(通常为 2 cm)

井室砌筑高度(落底井)=设计要求的最小井室高度 H_1+落底高度

③ 计算井筒总高度 h,并计算井筒砌筑高度。

井筒总高度 h=井深-井室砌筑高度-井室盖板厚 t

井筒砌筑高度=井筒总高度 h-混凝土井圈的厚度-井盖及井盖座的厚度

④ 计算井砌筑工程量(分为井室砌筑、井筒砌筑)、井抹灰的工程量(分为井壁抹灰、流槽抹灰)。

井室/筒砌筑工程量=每米高度的井室/筒砌筑体积×井室/筒砌筑高度

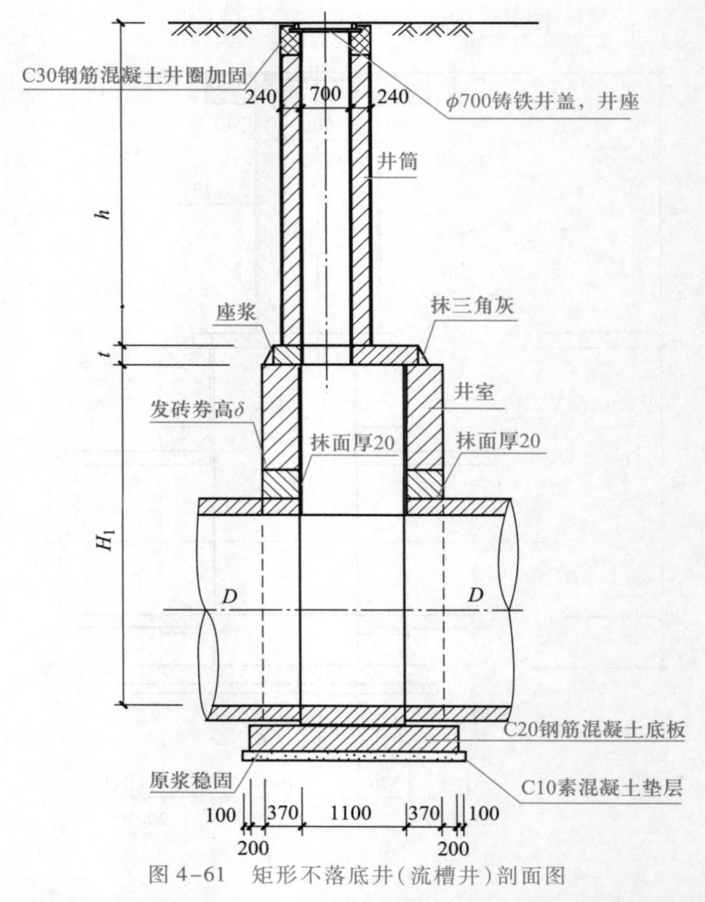

图 4-61 矩形不落底井(流槽井)剖面图

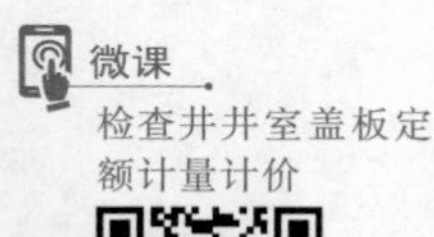

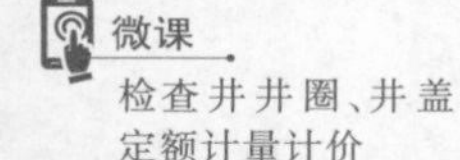

井室/筒抹灰工程量=每米高度的井室/筒抹灰面积×井室/筒砌筑高度

(4) 井钢筋混凝土盖板、过梁、井圈制作、安装。井钢筋混凝土盖板、过梁、井圈制作、安装均按实体积以“m^3”计算。

(5) 井盖(箅)及井盖(箅)座安装。井盖(箅)及井盖(箅)座安装按安装的套数计算。

3. 渠道砌筑、抹灰与勾缝、沉降缝;渠道盖板预制、安装

渠道砌筑按实体积以“m^3”计算。渠道抹灰与勾缝按面积以“m^2”计算。渠道沉降缝按缝长或缝的断面面积计算。渠道盖板预制、安装均按实体积以“m^3”计算。

4. 出水口

出水口工程量按其数量以“处”计算。

5. 方沟闭水

方沟(包括存水井)闭水试验的工程量,按实际闭水长度的用水量以“m^3”计算。

[例 4-12] 某工程的排水管道平面图、雨水管道纵断面图、管道基础结构图、检查井结构设计说明、矩形落底井平剖面图、矩形落底井各部尺寸表及工程数量表、矩形不落底井(流槽井)平剖面图、矩形不落底井(流槽井)各部尺寸表及工程数量表、检查井底板结构图、检查井井室盖板(井顶板)结构图、检查井井室盖板(井顶板)钢筋及工程数量表、井圈(井座)结构图如图 4-62 ~ 图 4-73 所示,试计算 Y-2、Y-3 井砌筑、抹灰的工程量;计算 Y-2、Y-3 井垫层、底板、井室盖板、井圈、井盖及井盖座的工程量。

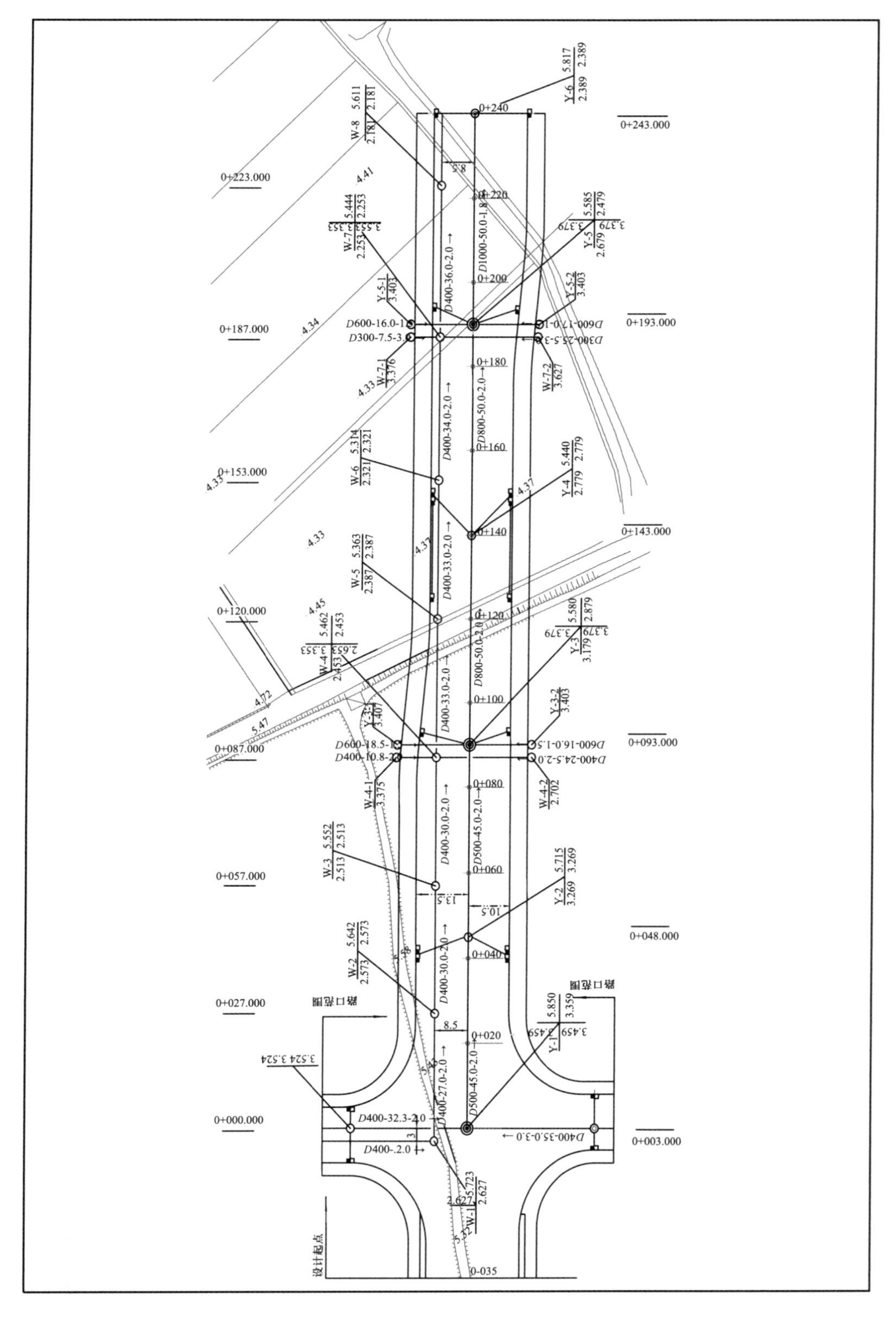

图4-62　某工程排水管道平面图

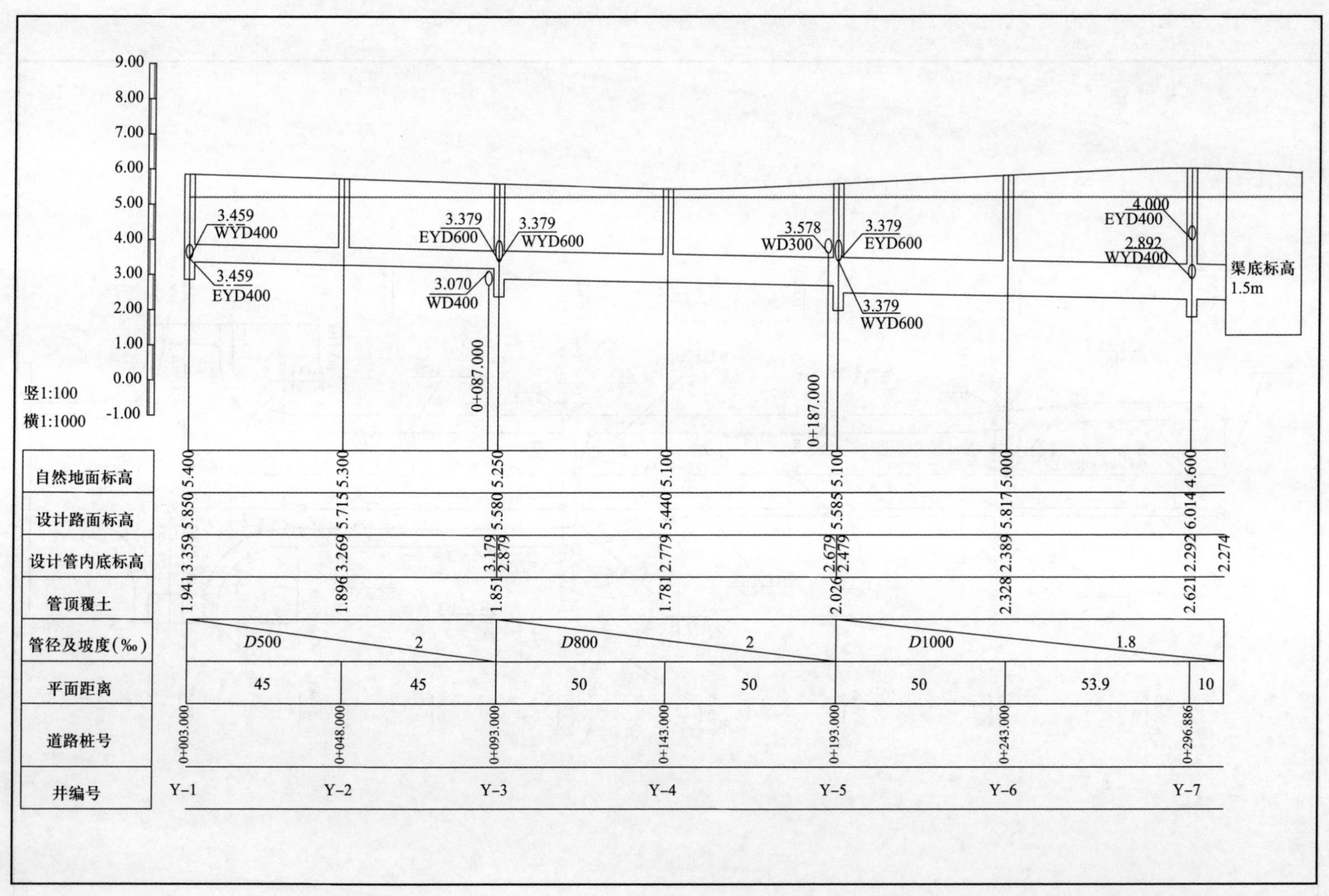

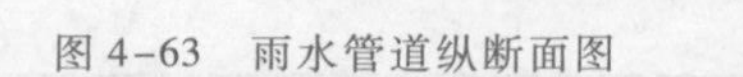
图 4-63　雨水管道纵断面图

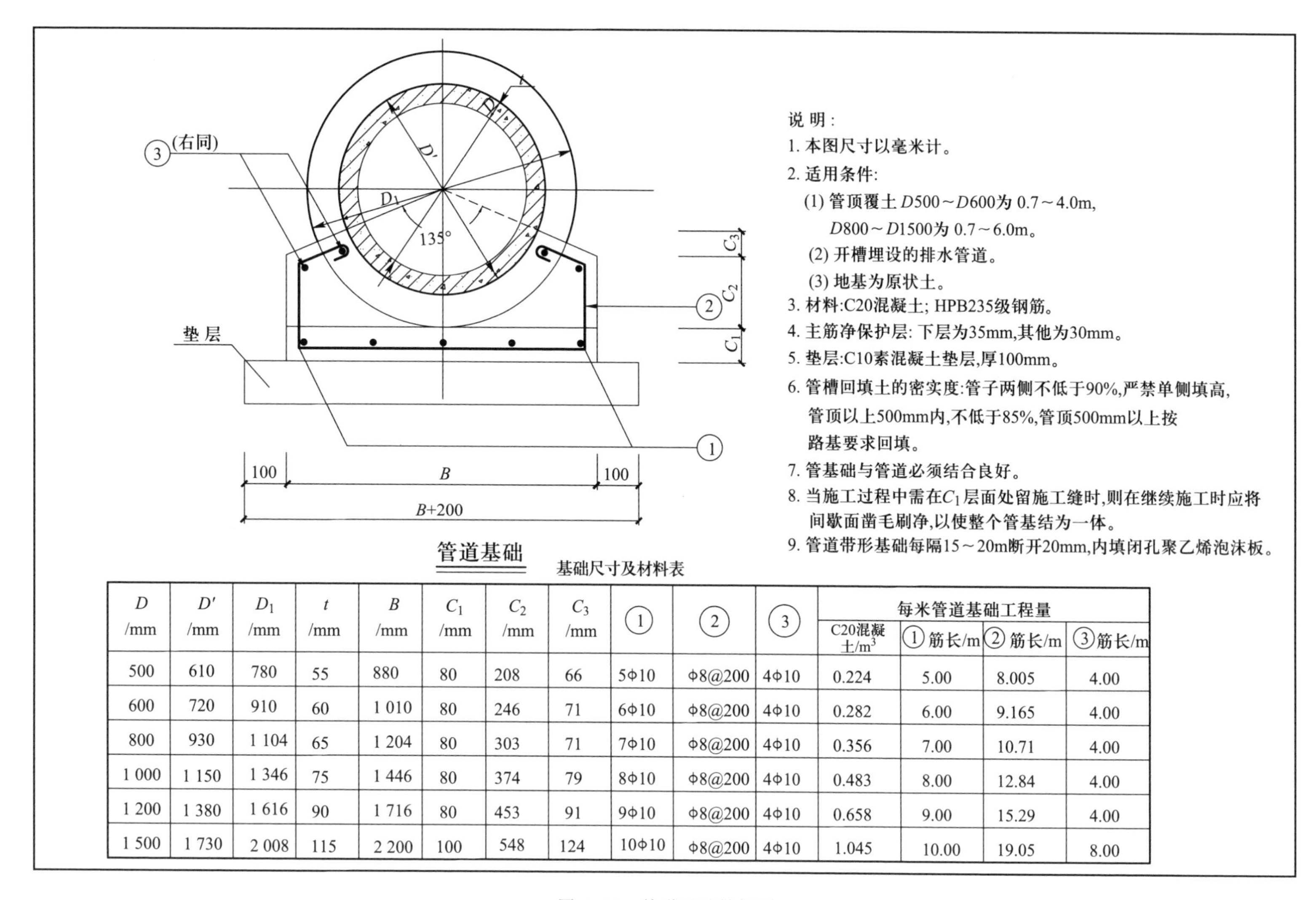

基础尺寸及材料表

D /mm	D′ /mm	D_1 /mm	t /mm	B /mm	C_1 /mm	C_2 /mm	C_3 /mm	①	②	③	每米管道基础工程量			
											C20混凝土/m^3	①筋长/m	②筋长/m	③筋长/m
500	610	780	55	880	80	208	66	5Φ10	Φ8@200	4Φ10	0.224	5.00	8.005	4.00
600	720	910	60	1 010	80	246	71	6Φ10	Φ8@200	4Φ10	0.282	6.00	9.165	4.00
800	930	1 104	65	1 204	80	303	71	7Φ10	Φ8@200	4Φ10	0.356	7.00	10.71	4.00
1 000	1 150	1 346	75	1 446	80	374	79	8Φ10	Φ8@200	4Φ10	0.483	8.00	12.84	4.00
1 200	1 380	1 616	90	1 716	80	453	91	9Φ10	Φ8@200	4Φ10	0.658	9.00	15.29	4.00
1 500	1 730	2 008	115	2 200	100	548	124	10Φ10	Φ8@200	4Φ10	1.045	10.00	19.05	8.00

图 4-64　管道基础结构图

检查井结构设计说明

1. 检查井图尺寸除说明外均为毫米。
2. 排水检查井内容:
   (1)检查井分为砖砌矩形检查井和方形检查井。
   (2)检查井分为落底井和不落底井两种。
   (3)雨污交汇井采用落底井，井内雨水管断开，污水管穿过。
3. 适用条件:
   (1) 设计荷载:城-B。
   (2) 土容重:干容重: $18kN/m^3$,饱和容重:$20kN/m^3$。
   (3) 地下水位:地面下1.0m。
   (4) 检查井顶板上覆土厚度: 井筒总高度小于或等于2.0m的井筒顶板及井筒总高度大于2.0m的二级井筒顶板适用覆土厚度：0.6~2.0m 。小于0.6m或大于3.5m的顶板应另行设计。
   (5) 地基承载力≥80kPa。
4. 材料:
   (1)砖砌检查井用M10水泥砂浆砌筑MU10机砖,检查井内外表面及抹三角灰用1:2水泥砂浆抹面,厚20mm。
   (2)钢筋混凝土构件:预制与现浇均采用C20混凝土，钢筋:Φ-HPB235级钢筋,Φ-HRB335级钢筋。
   (3)混凝土垫层:C10。
5. 检查井配用Φ700的双关节翻盖式铸铁井座及井盖板。
6. 检查井底板均选用钢筋混凝土底板,并与主干管的第一节管子或半节长管子基础浇筑成整体。
7. 管子上半圆砌发砖券,当管道$D \leqslant 800$ mm时,券高δ为120mm,当管道$D \geqslant 1000$ mm时，券高δ为240 mm。
8. 施工注意事项:
   (1)预制或现浇盖板必须保证底面平整光洁,不得有蜂窝麻面。
   (2)安装井座须座浆,井盖顶板要求与路面相平。
9. 除图中已注明外,其余垫层做法与接入主管基础垫层相同。
10. 井筒必须按模数高度设置,若最后砌至顶部在20~60mm之间,宜用C30细石混凝土找平再放置预制井座或直接现浇钢筋混凝土井座。
11. 由于检查井基础大部分位于淤泥质土层上，检查井基础地基需处理，处理方法同管基下软基处理。

图 4-65　检查井结构设计说明

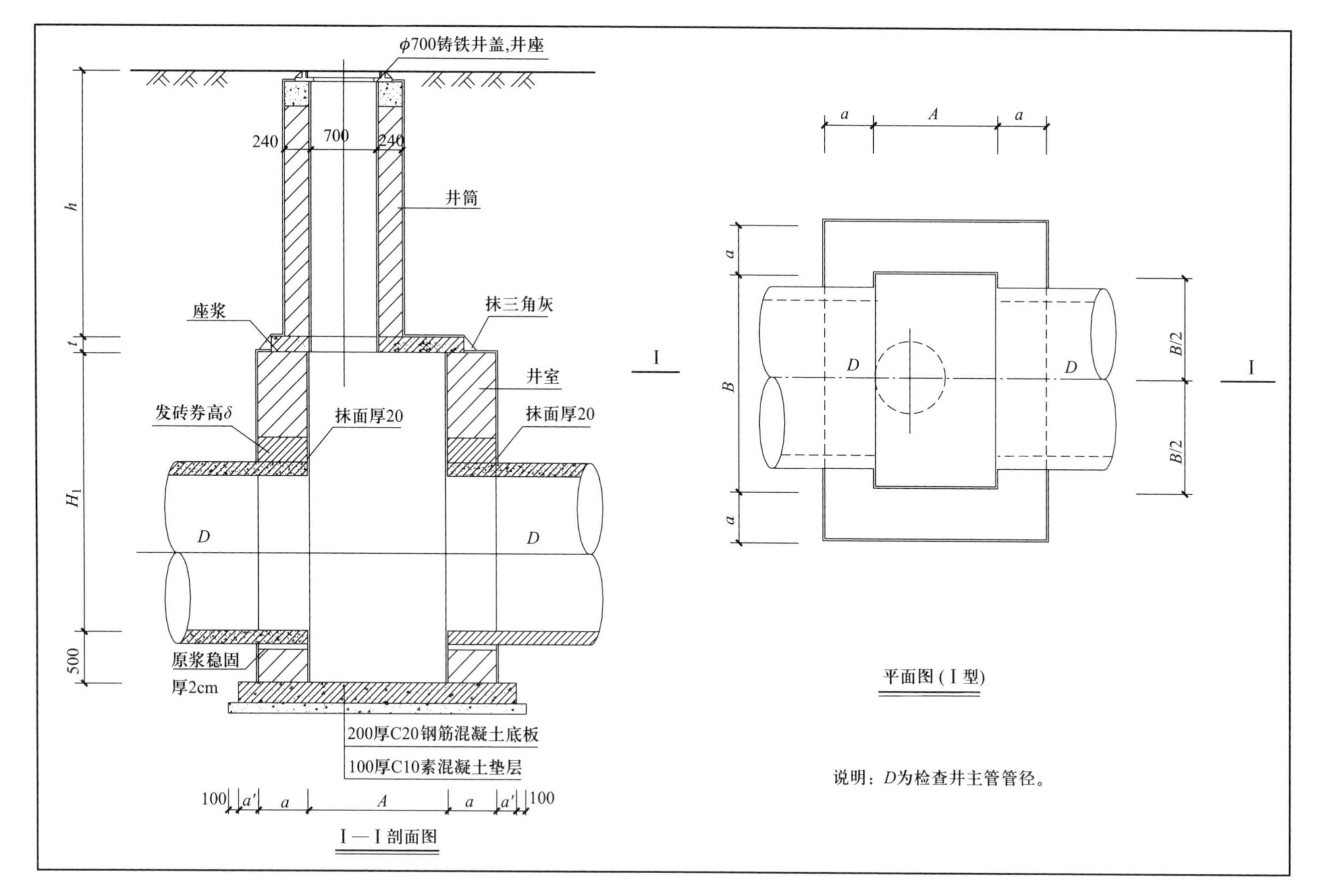

图 4-66　矩形落底井平剖面图

各部尺寸

管 径 D/mm	井室平面尺寸 $A \times B$/mm×mm	井壁厚度 a/mm	井室高度 H_1/mm	井筒高度 h/mm
≤600	1 100×1 100	370	1 800~1 900	600 ~2 000
800	1 100×1 250	370	1 800~1 900	600 ~2 000
1 000	1 100×1 500	370	1 800~2 100	600 ~2 000
1 200	1 100×1 750	370	1 800~2 300	600 ~1 600
		490		1 600 ~2 000

工程数量表

管 径 D/mm	井室平面尺寸 $A \times B$ /mm×mm	井壁厚度 a/mm	井室砖砌体 /(m^3/m)	井室砂浆抹面 /(m^2/m)	井筒砖砌体 /(m^3/m)	井筒砂浆抹面 /(m^2/m)	顶板数量 /块	井盖井座数量 /套
≤600	1 100×1 100	370	2.18	11.76	0.71	5.91	1	1
800	1 100×1 250	370	2.29	12.36			1	1
1 000	1 100×1 500	370	2.47	13.36			1	1
1 200	1 100×1 750	370	2.66	14.36			1	1
		490	3.75	15.32			1	1

图 4-67 矩形落底井各部尺寸表及工程数量表

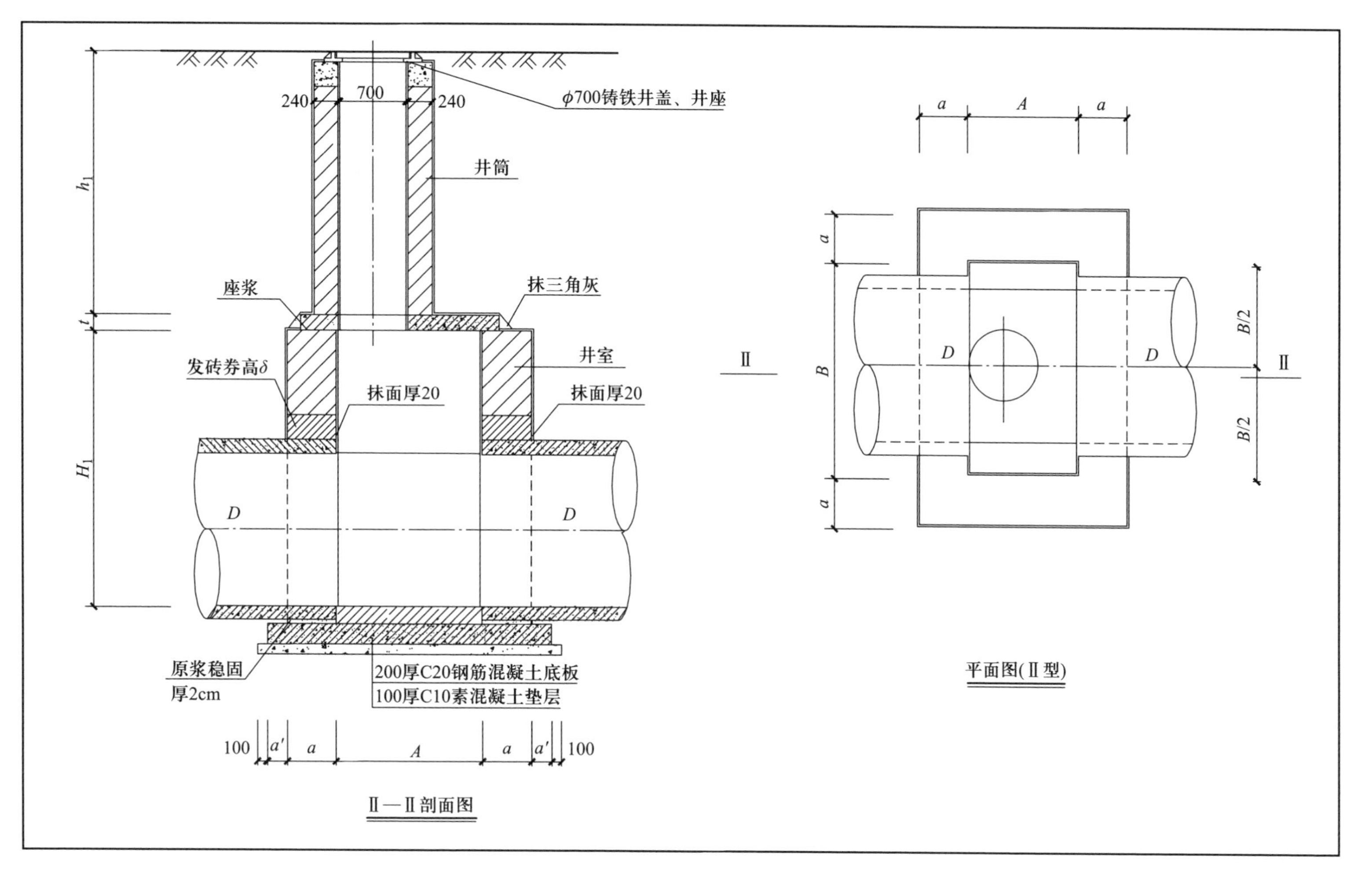

图 4-68　矩形不落底井（流槽井）平剖面图

各部尺寸

管 径 D/mm	井室平面尺寸 $A \times B$/mm×mm	井壁厚度 a/mm	井室高度 H_1/mm	井筒高度 h/mm
≤600	1 100×1 100	370	1 800~2 400	600 ~2 000
800	1 100×1 250	370	1 800~2 400	600 ~2 000
1 000	1 100×1 500	370	1 800~2 600	600 ~2 000
1 200	1 100×1 750	370	1 800~2 800	600 ~2 000

工程数量表

<table>
<tr><th>管 径 D/mm</th><th>井室平面尺寸 A×B/ mm×mm</th><th>井壁厚度 a/mm</th><th>井室砖砌体 /(m³/m)</th><th>井室砂浆抹面 /(m²/m)</th><th>流槽砖砌体 /m³</th><th>流槽砂浆抹面 /m²</th><th>井筒砖砌体 /(m³/m)</th><th>井筒砂浆抹面 /(m²/m)</th><th>顶板数量 /块</th><th>井盖井座数量 /套</th></tr>
<tr><td>≤600</td><td>1 100×1 100</td><td>370</td><td>2.18</td><td>11.76</td><td>0.35</td><td>2.14</td><td rowspan="4">0.71</td><td rowspan="4">5.91</td><td>1</td><td>1</td></tr>
<tr><td>800</td><td>1 100×1 250</td><td>370</td><td>2.29</td><td>12.36</td><td>0.58</td><td>2.76</td><td>1</td><td>1</td></tr>
<tr><td>1 000</td><td>1 100×1 500</td><td>370</td><td>2.47</td><td>13.36</td><td>0.83</td><td>3.38</td><td>1</td><td>1</td></tr>
<tr><td>1 200</td><td>1 100×1 750</td><td>370</td><td>2.66</td><td>14.36</td><td>1.13</td><td>4.00</td><td>1</td><td>1</td></tr>
</table>

图 4-69 矩形不落底井（流槽井）各部尺寸表及工程数量表

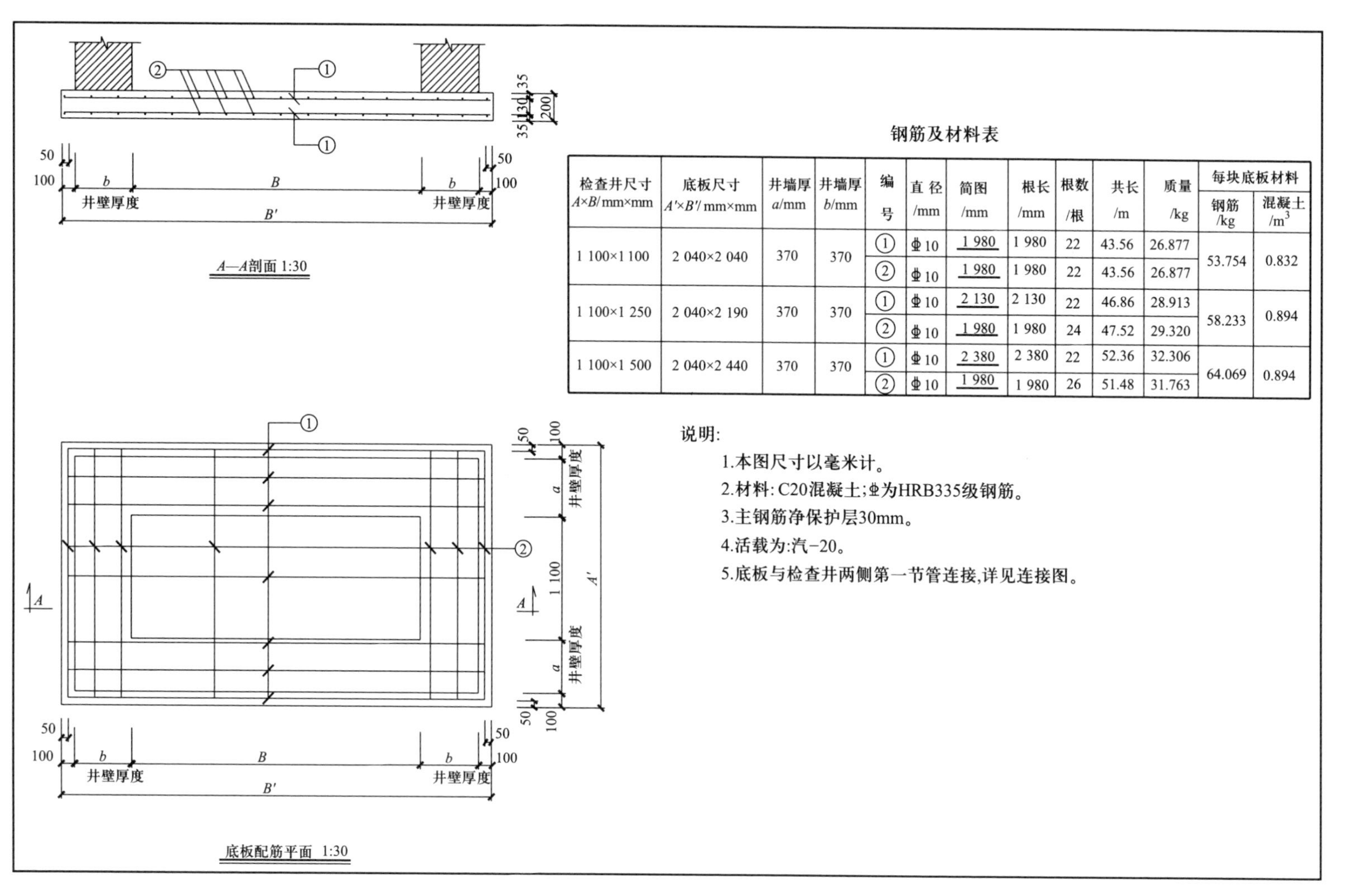

钢筋及材料表

检查井尺寸 A×B/mm×mm	底板尺寸 A'×B'/mm×mm	井墙厚 a/mm	井墙厚 b/mm	编号	直径 /mm	简图 /mm	根长 /mm	根数 /根	共长 /m	质量 /kg	每块底板材料 钢筋 /kg	每块底板材料 混凝土 /m³
1 100×1 100	2 040×2 040	370	370	①	Φ10	1 980	1 980	22	43.56	26.877	53.754	0.832
				②	Φ10	1 980	1 980	22	43.56	26.877		
1 100×1 250	2 040×2 190	370	370	①	Φ10	2 130	2 130	22	46.86	28.913	58.233	0.894
				②	Φ10	1 980	1 980	24	47.52	29.320		
1 100×1 500	2 040×2 440	370	370	①	Φ10	2 380	2 380	22	52.36	32.306	64.069	0.894
				②	Φ10	1 980	1 980	26	51.48	31.763		

说明:

1.本图尺寸以毫米计。
2.材料: C20混凝土;Φ为HRB335级钢筋。
3.主钢筋净保护层30mm。
4.活载为:汽-20。
5.底板与检查井两侧第一节管连接,详见连接图。

图 4-70 检查井底板结构图

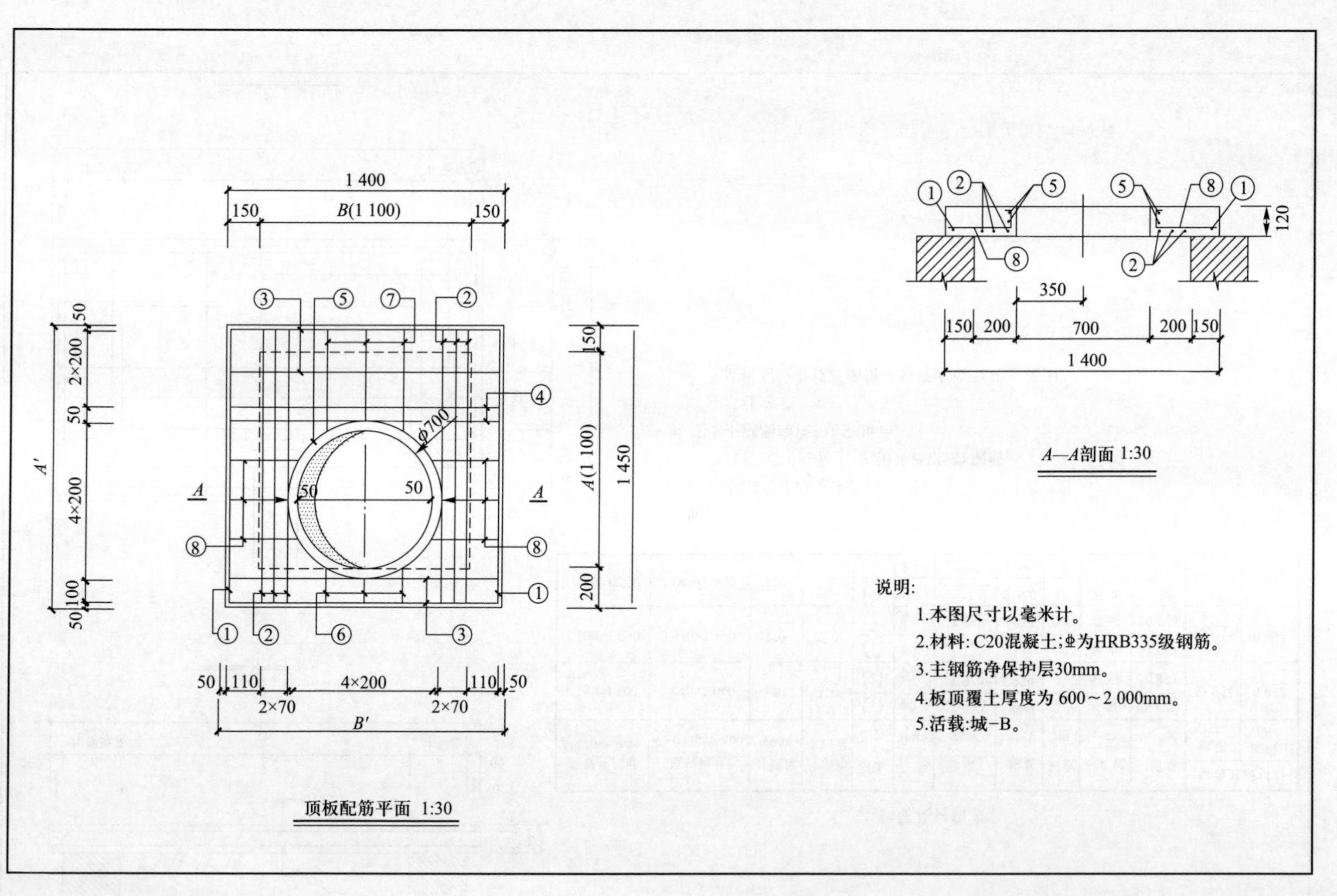

图 4-71 检查井井室盖板（井顶板）结构图

钢筋及工程数量表

检查井尺寸 $A\times B$ /mm×mm	盖板尺寸 $A'\times B'$ /mm×mm	编号	直径 /mm	简图 /mm	根长 /mm	根数 /根	共长 /m	质量 /kg	每块顶板材料用量	
									钢筋 /kg	混凝土 /m³
		①	Φ10	1 390	1 390	2	2.780	1.715		
		②	Φ12	1 390	1 390	6	8.340	7.406		
		③	Φ10	1 340	1 340	4	5.360	3.307		
		④	Φ12	1 340	1 340	2	2.680	2.380		
1 100×1 100	1 450×1 400	⑤	Φ12	D800 搭接42d	3 020	2	6.040	5.364	23.232	0.197
		⑥	Φ10	50 80 均长140	均长 270	3	0.810	0.500		
		⑦	Φ10	50 80 均长490	均长 620	3	1.86	1.148		
		⑧	Φ10	50 80 均长290	均长 420	6	2.52	1.555		
		①	Φ10	1 390	1390	2	2.780	1.715		
		②	Φ12	1 390	1390	6	8.340	7.406		
		③	Φ10	1 490	1490	4	5.960	3.677		
		④	Φ12	1 490	1490	2	2.980	2.648		
1 100×1 250	1 450×1 550	⑤	Φ12	D800 搭接42d	3020	2	6.040	5.364	24.290	0224
		⑥	Φ10	50 80 均长140	均长 270	3	0.810	0.500		
		⑦	Φ10	50 80 均长490	均长 620	3	1.86	1.148		
		⑧	Φ10	50 80 均长365	均长 495	6	2.97	1.832		
		①	Φ10	1 390	1390	2	2.780	1.715		
		②	Φ12	1 390	1390	6	8.340	7.406		
		③	Φ10	1 740	1740	4	6.960	4.294		
		④	Φ12	1 740	1740	2	3.480	3.092		
1 100×1 500	1 450×1 800	⑤	Φ12	D800 搭接42d	3020	2	6.040	5.364	25.814	0.267
		⑥	Φ10	50 80 均长140	均长 270	3	0.810	0.500		
		⑦	Φ10	50 80 均长490	均长 620	3	1.86	1.148		
		⑧	Φ10	50 80 均长490	均长 620	6	3.72	2.295		

图 4-72　检查井井室盖板(井顶板)钢筋及工程数量表

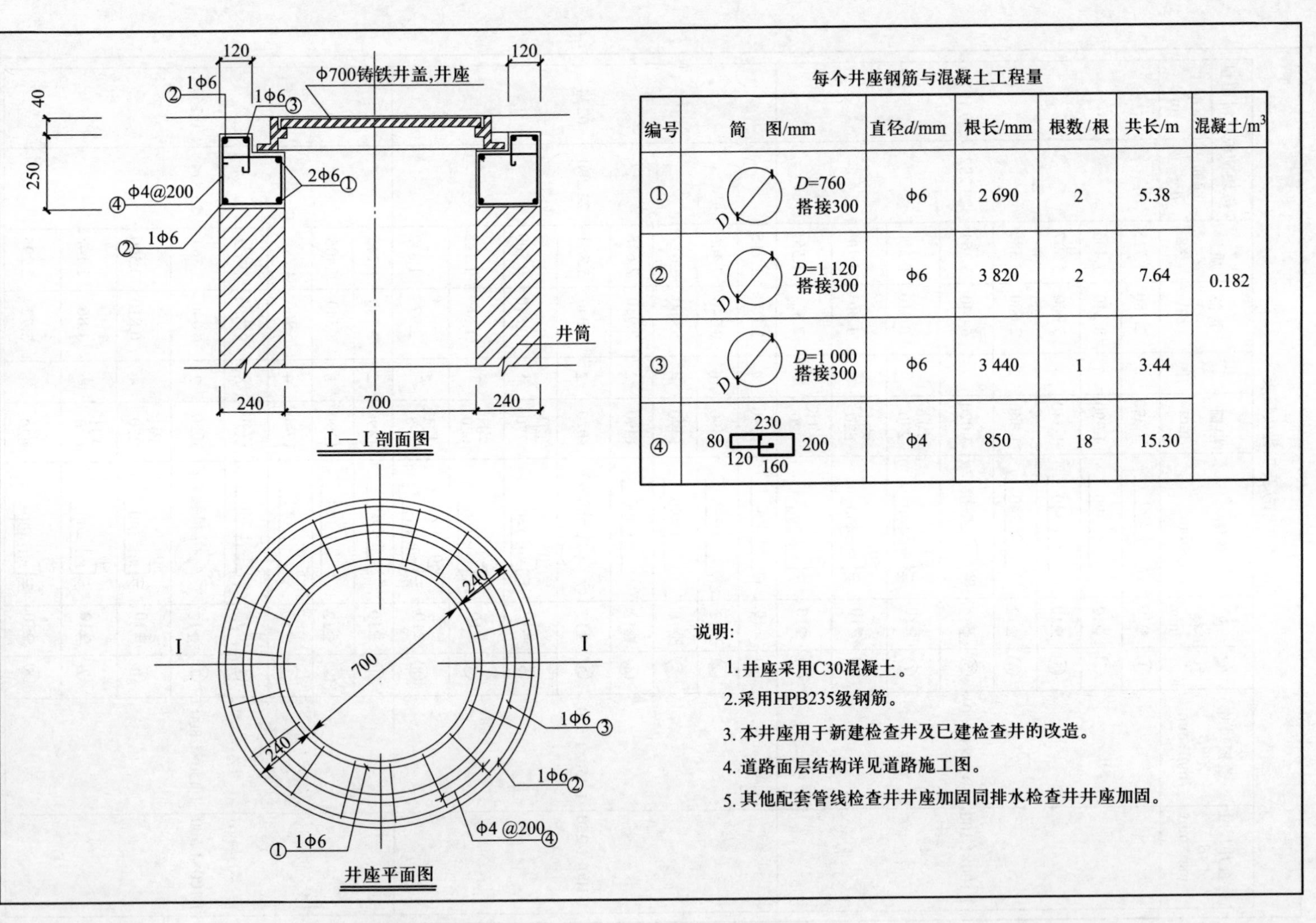

每个井座钢筋与混凝土工程量

编号	简　图/mm	直径d/mm	根长/mm	根数/根	共长/m	混凝土/m^3
①	D=760 搭接300	Φ6	2 690	2	5.38	0.182
②	D=1 120 搭接300	Φ6	3 820	2	7.64	
③	D=1 000 搭接300	Φ6	3 440	1	3.44	
④	80 230 120 160 200	Φ4	850	18	15.30	

说明:

1. 井座采用C30混凝土。
2. 采用HPB235级钢筋。
3. 本井座用于新建检查井及已建检查井的改造。
4. 道路面层结构详见道路施工图。
5. 其他配套管线检查井井座加固同排水检查井井座加固。

图 4-73　井圈（井座）结构图

【解】（1）计算井砌筑、抹灰的工程量。

计算思路及步骤：先确定 Y2、Y3 井的平面尺寸及类型，并计算井深，然后确定井室、井筒高度，最后计算砌筑、抹灰的工程量。

① 查管道平面图、纵断面图可知 Y2 为流槽井。

查管道平面图可知接入 Y2 井的管道管径为 $D500$，查流槽井各部尺寸表，可确定 Y2 井身平面尺寸为 1 100 mm×1 100 mm。

Y2 井深 = [5.715−3.269+(0.61−0.5)/2+0.02] m = 2.521 m

查流槽井各部尺寸表，取定 Y2 井的井室高度 H_1 = 1.8 m。

则：井室砌筑高度 = [1.8+(0.61−0.5)/2+0.02] m = 1.875 m

查流槽井工程数量表可知：1 100 mm×1 100 mm 井室砌筑工程量为 2.18 m^3/m，1 100 mm×1 100 mm 井流槽砌筑工程量为 0.35 m^3。

则：Y2 井室砌筑工程量 = (2.18×1.875+0.35) m^3 = 4.44 m^3（注：流槽井砖砌流槽砌筑的工程量并入井室砌筑工程量中）

查井顶板（井室盖板）结构图，可知井室盖板厚度 t = 0.12 m。

则：井筒总高度 h_1 = (2.521−1.875−0.12) m = 0.646 m

查井圈（座）结构图，可知井圈厚 0.25 m，铸铁井盖及井盖座厚 0.04 m。

则：井筒砌筑高度 = (0.646−0.25−0.04) m = 0.356 m

查流槽井工程数量表可知：1 100 mm×1 100 mm 井筒砌筑工程量为 0.71 m^3/m。

则：Y2 井筒砌筑工程量 = 0.71×0.356 m^3 = 0.25 m^3

查流槽井工程数量表可知：1 100 mm×1 100 mm 井室抹灰工程量为 11.76 m^2/m，井筒抹灰工程量为 5.91 m^2/m，流槽抹灰工程量为 2.14 m^2。

则：Y2 井井壁抹灰工程量 = (11.76×1.875+5.91×0.356) m^2 = 24.15 m^2

Y2 井流槽抹灰工程量 = 2.14 m^2

② 查管道平面图、纵断面图可知 Y3 为落底井。

查管道平面图可知接入 Y3 井的管道最大管径为 $D800$，查落底井各部尺寸表，可确定 Y3 井身平面尺寸为 1 100 mm×1 250 mm。

Y3 井深 = (5.580−2.879+0.5) m = 3.201 m

查落底井各部尺寸表，取定 Y3 井的井室高度 H_1 = 1.8 m

则：井室砌筑高度 = (1.8+0.5) m = 2.3 m

查落底井工程数量表可知：1 100 mm×1 250 mm 井室砌筑工程量为 2.29 m^3/m；查管道基础结构图可知：接入 Y3 井的 $D800$ 管插口外径 D' = 930 mm；查落底井各部尺寸表可知：1 100 mm×1 250 mm 井的井室壁厚 = 370 mm。

则：Y3 井室砌筑工程量 = $(2.29\times2.3-\pi/4\times0.93^2\times0.37)$ m^3 = 5.02 m^3（注：井室砌筑体积需可扣除 $D>500$ 的管道所占的体积）

查井顶板（井室盖板）结构图，可知井室盖板厚度 t = 0.12 m。

则：井筒总高度 h_1 = (3.201−2.3−0.12) m = 0.781 m

查井圈（座）结构图，可知井圈厚 0.25 m，铸铁井盖及井盖座厚 0.04 m。

则：井筒砌筑高度 = (0.781−0.25−0.04) m = 0.491 m

查落底井工程数量表可知：1 100 mm×1 250 mm 井筒砌筑工程量为 0.71 m^3/m。

则:Y3 井筒砌筑工程量 $=0.71\times0.491\ m^3=0.35\ m^3$

查落底井工程数量表可知:1 100 mm×1 250 mm 井室抹灰工程量为 $12.36\ m^2/m$,井筒抹灰工程量为 $5.91\ m^2/m$。

则:Y3 井井壁抹灰工程量 $=(12.36\times2.3+5.91\times0.491)\ m^2=31.33\ m^2$

③ 合计:Y2、Y3 检查井井室砌筑工程量 $=(4.44+5.02)\ m^3=9.46\ m^3$

Y2、Y3 检查井井筒砌筑工程量 $=(0.25+0.35)\ m^3=0.60\ m^3$

Y2、Y3 检查井井壁抹灰工程量 $=(24.15+31.33)\ m^2=55.48\ m^2$

Y2 井流槽抹灰工程量 $=2.14\ m^2$

(2) 计算井垫层、底板、井室盖板、井圈、井盖及井盖座的工程量。

① 井底板。

查井底板结构图可知:Y2 井底板平面尺寸为 2 040 mm×2 040 mm,Y3 井底板平面尺寸为 2 040 mm×2 190 mm,井底板厚度均为 200 mm。

井底板工程量 $=(2.04\times2.04\times0.2+2.04\times2.19\times0.2)\ m^3=1.73\ m^3$

② 井垫层。

查流槽井、落底井平剖面图,可知井垫层每侧比底板宽 100 mm,垫层厚 100 mm。

井垫层工程量 $=(2.24\times2.24\times0.1+2.24\times2.39\times0.1)\ m^3=1.04\ m^3$

③ 井室盖板。

查井室盖板(井顶板)结构图,井室盖板(井顶板)钢筋及工程数量表,可知:Y2 井的井室盖板平面尺寸为 1 450 mm×1 400 mm,混凝土体积为 $0.197\ m^3$;Y3 井的井室盖板平面尺寸为 1 450 mm×1 500 mm,混凝土体积为 $0.224\ m^3$。

a. 井室盖板预制的工程量 $=(0.197+0.224)\ m^3=0.42\ m^3$

b. 井室盖板安装的工程量 $=(0.197+0.224)\ m^3=0.42\ m^3$

④ 井圈。

查井圈(井座)结构图可知:每座井的井圈混凝土体积为 $0.182\ m^3$。

a. 井圈预制的工程量 $=0.182\times2\ m^3=0.36\ m^3$

b. 井圈安装的工程量 $=0.182\times2\ m^3=0.36\ m^3$

⑤ 井盖及井盖座。

井盖及井盖座安装的工程量=2 套

不开槽施工管道工程

不开槽施工管道工程定额包括人工挖工作坑、交汇坑土方,安拆顶进后座及坑内平台,安拆敞开式顶管设备及附属设施,安拆封闭式顶管设备及附属设施,敞开式管道顶进,封闭式管道顶进,钢管顶进,铸铁管顶进,方(拱)涵顶进、安拆中继间,顶进触变泥浆减阻,压浆孔封拆,钢筋混凝土沉井洞口处理,水平定向钻牵引管道等相应子目,适用于雨、污水管(涵)及外套管的不开槽埋管工程。

1. 人工挖工作坑、交汇坑土方

工作坑挖土方以挖方体积计算。

2. 安拆顶进后座及坑内平台

按数量以“个”计算。

3. 安拆顶管设备及附属设施(图 4-74)

安拆敞开式/封闭式顶管设备及附属设施的工程量按设备套数以"套"计算。

图 4-74　工作坑顶管设备及附属设施

4. 管道、方(拱)涵顶进

各种材质管道、各种形式的顶管工程量及方(拱)涵顶进,按实际顶进长度,以"延长米"计算。

5. 安拆中继间(图 4-75)

按不同顶管管径以"套"计算。

图 4-75　中继间

6. 触变泥浆减阻(图 4-76)

(1) 触变泥浆减阻每两井间的工程量,按两井之间的净距离以"延长米"计算。

(2) 压浆孔封拆工程量按压浆孔数量以"孔"计算。

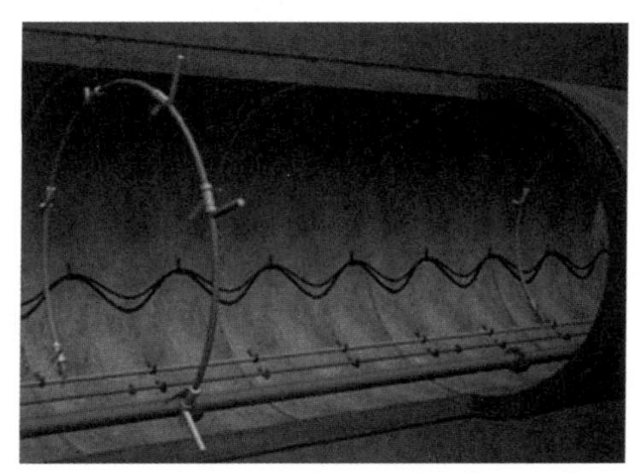

图 4-76　触变泥浆减阻的注浆管及注浆孔

7. 水平定向钻牵引管道

(1) 水平定向钻牵引工程量按井中到井中的中心距离以"延长米"计算,不扣除井所占长度。

(2) 水平定向钻牵引,清除泥浆工程量按管外径体积乘以系数 0.67 计算。

8. 钢筋混凝土沉井洞口处理

按洞口数量以"个"计算。

给水排水构筑物

给水排水构筑物定额包括沉井,现浇钢筋混凝土池,预制混凝土构件,折板、壁板制作安装,滤料铺设,防水工程,施工缝,井、池渗漏试验等相应子目。

1. 沉井

(1) 沉井垫木按刃脚底中心线以"延长米"计算;灌砂、垫层按体积以"m^3"计算。

(2) 沉井制作工程量按混凝土体积以"m^3"计算。

① 刃脚的计算高度,从刃脚踏面至井壁外凸(内凹)口计算,如沉井井壁没有外凸(内凹)口时,则从刃脚踏面至底板顶面为准。

② 底板下的地梁并入底板计算。

③ 框架梁的工程量包括切入井壁部分的体积。

④ 井壁、隔墙或底板混凝土中,不扣除单孔面积 0.3 m^2 以内的孔洞所占体积。

(3) 沉井制作的脚手架安、拆,不论分几次下沉,其工程量均按井壁中心线周长与隔墙长度之和乘以井高计算。井高按刃脚底面至井壁顶的高度计算。

(4) 沉井下沉的土方工程量,按沉井外壁所围的平面投影面积乘以下沉深度(预制时刃脚底面至下沉后设计刃脚底面的高度),并乘以土方回淤系数 1.03 计算。

2. 钢筋混凝土池

(1) 钢筋混凝土各类构件均按图示尺寸,以混凝土实体积计算,不扣除单孔面积 0.3 m^2 以内的孔洞体积。

(2) 各类池盖中的进人孔、透气孔盖以及与盖相连接的结构,工程量合并在池盖中计算。

(3) 平底池的池底体积,应包括池壁下的扩大部分;池底带有斜坡时,斜坡部分应按坡底计算;锥形底应算至壁基梁底面,无壁基梁者算至锥底坡的上口。

(4) 池壁计算体积时应区分不同厚度,如上薄下厚的壁,以平均厚度计算。池壁高度应自池底板面算至池盖下面。

(5) 无梁盖柱的柱高,应自池底上表面算至池盖的下表面,并包括柱座、柱帽的体积。

(6) 无梁盖应包括与池壁相连的扩大部分的体积;肋形盖应包括主、次梁及盖部分的体积;球形盖应自池壁顶面以上,包括边侧梁的体积在内。

(7) 沉淀池水槽是指池壁上的环形溢水槽及纵横 U 形水槽,但不包括与水槽相连接的矩形梁,矩形梁可执行梁的相应项目。

3. 预制混凝土构件

(1) 预制。

① 预制钢筋混凝土滤板按图示尺寸区分厚度以“m^3”计算，不扣除滤头套管所占体积。

② 除钢筋混凝土滤板外，其他预制混凝土构件均按图示尺寸以“m^3”计算，不扣除单孔面积 0.3 m^2 以内孔洞所占体积。

（2）安装。

① 钢筋混凝土滤板、铸铁滤板安装工程量按面积以“m^2”计算。

② 其他预制混凝土构件按体积以“m^3”计算。

4. 折板、壁板制作安装

（1）折板安装区分材质均按图示尺寸以“m^3”计算。

（2）稳流板安装区分材质不分断面均按图示长度以“延长米”计算。

（3）壁板制作安装按图示尺寸以“m^2”计算。

5. 滤料铺设

各种滤料铺设均按设计要求的铺设平面乘以铺设厚度以“m^3”计算，锰砂、磁铁矿石滤料以“t”计算。

6. 防水工程

（1）各种防水层按实铺面积以“m^2”计算，不扣除单孔面积 0.3 m^2 以内孔洞所占面积。

（2）平面与立面交接处的防水层，其上卷高度超过 500 mm 时，按立面防水层计算。

7. 施工缝

各种材质的施工缝填缝及盖缝均不分断面按设计缝长以“延长米”计算。

8. 井、池渗漏试验

井、池的渗漏试验区分井、池的容量范围，按水容量以“m^3”计算。

模板、井字架工程

模板、井字架工程定额包括现浇混凝土模板工程、预制混凝土模板工程、钢管井字架等相应子目。

（1）现浇混凝土构件模板按构件与模板的接触面积以“m^2”计算，不扣除单孔面积 0.3 m^2 以内孔洞所占面积，洞侧壁模板也不另行增加。

（2）现浇小型构件（单件体积在 0.05 m^3 以内的构件）模板按构件的实体积以“m^3”计算。

（3）预制混凝土构件模板，按构件的实体积以“m^3”计算。

（4）各种材质的地模、胎模，按施工组织设计的工程量，并应包括操作等必要的宽度以“m^2”计算，执行《桥涵工程》的相应项目。

（5）井底混凝土流槽模板按混凝土与模板的接触面积计算。

（6）砖、石拱圈的拱盔和支架均以拱盔与圈弧弧形接触面积计算，并执行《桥涵工程》的相应项目。

微课
排水管道垫层、基础模板及钢筋定额计量计价

［例 4-13］　试计算图 4-58、图 4-59 中 Y2 ~ Y3 段管道垫层、管道基础混凝土模

板的工程量,管道垫层、基础采用现浇现拌混凝土,施工时采用木模板。

【解】 (1) C10 素混凝土垫层模板。

垫层厚度=0.1 m

垫层长度=管道敷设长度=(16.7-1.1)m=15.6 m

垫层混凝土模板工程量=0.1×15.6×2 m^2=3.12 m^2

(2) 管道基础模板。

① 平基模板。

平基厚度=0.08 m

平基长度=管道敷设长度=(16.7-1.1)m=15.6 m

平基混凝土模板工程量=0.08×15.6×2 m^2=2.50 m^2

② 管座模板。

查图中的"基础尺寸表"可知,管座厚度=0.208 m

管座长度=管道敷设长度=(16.7-1.1)m=15.6 m

管座混凝土模板工程量=0.208×15.6×2 m^2=6.49 m^2

[例 4-14] 试计算图 4-62 ~ 图 4-73 中 Y2、Y3 检查井各混凝土结构部位模板的工程量,施工时各混凝土结构部位均采用木模板。

检查井模板、井字架定额计量计价

【解】 Y2 为 1 100 mm×1 100 mm 砖砌流槽井,Y3 为 1 100 mm×1 250 mm 砖砌落底井。

Y2、Y3 井以下部位为现浇混凝土结构:井垫层、井底板;Y2、Y3 井以下部位为预制混凝土结构:井室盖板(井顶板)、井圈(井座)。

(1) 井垫层模板。

Y2 井垫层厚 100 mm,平面尺寸为 2 240 mm×2 240 mm;Y3 井垫层厚 100 mm,平面尺寸为 2 240 mm×2 390 mm。

井垫层模板工程量=(2.24×0.1×4+2.24×0.1×2+2.39×0.1×2)m^2=1.82 m^2

(2) 井底板模板。

Y2 井底板厚 200 mm,平面尺寸为 2 040 mm×2 040 mm;Y3 井底板厚 200 mm,平面尺寸为 2 040 mm×2 190 mm。

井底板模板工程量=(2.04×0.2×4+2.04×0.2×2+2.19×0.2×2)m^2=3.32 m^2

(3) 井室盖板模板。

Y2 井室盖板混凝土体积=0.197 m^3;Y3 井室盖板混凝土体积=0.224 m^3。

井室盖板模板工程量=(0.197+0.224)m^3=0.42 m^3

(4) 井圈模板。

Y2 井圈混凝土体积=0.182 m^3;Y3 井圈混凝土体积=0.182 m^3

井圈模板工程量=0.182×2 m^3=0.36 m^3

(二) 预算定额的套用

《浙江省市政工程预算定额》(2018 版)第六册《排水工程》内容包括:管道敷设,井、渠(管)道基础及砌筑,不开槽施工管道施工,给水排水构筑物,给水排水机械设备安装,模板、井字架工程,共 6 章 1 175 个子目。

管道敷设定额的套用

包括混凝土管道敷设、塑料排水管敷设、排水管道接口、管道闭水试验、管道检测等相应的定额子目。

1. 管道敷设

混凝土管道敷设区分管口形式(平接(企口)式、承插式)、下管方式(人工下管、人机配合下管)、管径套用相应的定额。

塑料管道敷设区分管径套用相应的定额。

(1) 如在无基础的槽内敷设混凝土管道,其人工、机械乘以系数 1.18。

(2) 如遇有特殊情况必须在支撑下串管敷设,人工、机械乘以系数 1.33。串管敷设是指在沟槽两侧有挡土板且有钢(木)支撑下的管道敷设。

2. 管道接口

管道接口分为混凝土管道接口和塑料管道接口。

混凝土管道接口区分管口形式(平企接口、承插接口)、接口做法(水泥砂浆接口、钢丝网水泥砂浆接口、膨胀水泥砂浆接口、石棉水泥接口、q 型橡胶圈接口、现浇混凝土套环接口、沥青油膏接口、O 型胶圈承插接口)、管座中心角角度(图 4-77)、管径套用相应的定额。

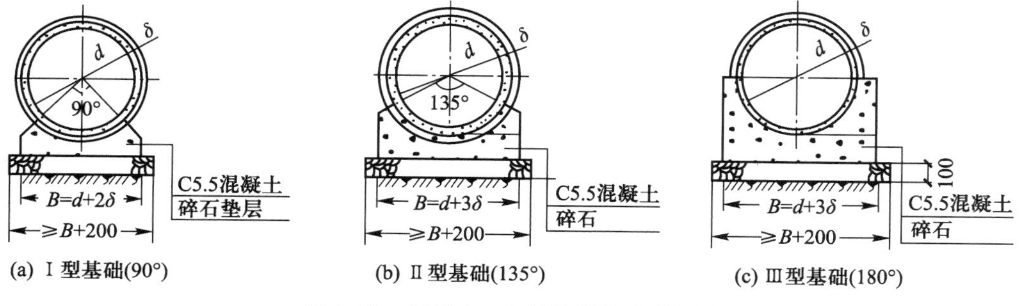

图 4-77　不同中心角的管道基础示意图

塑料管道接口区分接口做法(承插式橡胶圈接口、热熔接口、电热熔接口)、管径套用相应的定额。

(1) 管道敷设采用橡胶圈接口时,如排水管材为成套购置(即管材单价中已包括了胶圈价格),则胶圈接口定额中的胶圈费用不再计取。

(2) 排水管道接口定额中,企口管的膨胀水泥砂浆接口和石棉水泥接口适于 360°,其他接口均是按管座 120°和 180°列项的。如管座角度不同,根据相应材质的接口做法按表 4-12 进行调整。

表 4-12　调 整 系 数

序号	项目名称	实做角度	调整基数或材料	调整系数
1	水泥砂浆接口	90°	120°定额基价	1.330
2	水泥砂浆接口	135°	120°定额基价	0.890

续表

序号	项目名称	实做角度	调整基数或材料	调整系数
3	钢丝网水泥砂浆接口	90°	120°定额基价	1.330
4	钢丝网水泥砂浆接口	135°	120°定额基价	0.890
5	企口管膨胀水泥砂浆接口	90°	定额中水泥砂浆	0.750
6	企口管膨胀水泥砂浆接口	120°	定额中水泥砂浆	0.670
7	企口管膨胀水泥砂浆接口	135°	定额中水泥砂浆	0.625
8	企口管膨胀水泥砂浆接口	180°	定额中水泥砂浆	0.500
9	企口管石棉水泥接口	90°	定额中水泥砂浆	0.750
10	企口管石棉水泥接口	120°	定额中水泥砂浆	0.670
11	企口管石棉水泥接口	135°	定额中水泥砂浆	0.625
12	企口管石棉水泥接口	180°	定额中水泥砂浆	0.500

［例 4-15］ 某排水管道管径为 500 mm，采用平口式混凝土管道，采用 135°水泥砂浆接口，试确定套用的定额子目及基价。

【解】 套用定额子目：[6-62]H

基价＝125.87×0.890 元/10 个口＝112.02（元/10 个口）

（3）定额中的水泥砂浆接口、钢丝网水泥砂浆接口均不包括内抹口。如设计要求内抹口时，按抹口周长每 100 延长米增加水泥砂浆 0.042 m^3、人工 9.22 工日计算。

［例 4-16］ 某 *D*600 钢筋混凝土平口管道采用 135°基础，接口采用水泥砂浆抹带接口（内外抹口），已知 10 个接口的内抹口周长为 18.84 m，试确定套用的定额子目及基价。

【解】 套用定额子目：[6-63]H

基价＝[141.63×0.890+(0.042×446.95+9.22×135.00)×18.84/100]元/10 个口
＝364.09 元/10 个口

3. 管道闭水

管道闭水区分闭水试验的管道管径套用相应的定额。

4. 管道检测

区分管道检测的方法套用相应的定额。管道检测不区分新旧管道，定额已综合考虑；管道检测定额不包括管道清淤、冲洗、封堵等前期工作费用，发生时按实际另行计算。

井、渠（管）道基础及砌筑定额的应用

1.（渠）管道基础及垫层

（1）（渠）管道垫层按其采用的材料套用相应的定额。

（2）（渠）管道基础按基础的形式（枕基、条形基础、负拱基础）、部位（平基、管座等）、采用的材料（砖石、混凝土等）套用相应的定额子目。

（3）嵌石混凝土定额中的块石含量按25%计算，如与实际不符，应进行调整。

（4）各项目所需模板的制作、安装、拆除执行《排水工程》册第六章“模板、井字架工程”的相应项目；钢筋（铁件）的加工执行定额第一册《通用项目》相应定额。

（5）管道基础伸缩缝执行定额第一册《通用项目》相关定额。

［例4-17］　试确定图4-58、图4-59中Y2～Y3段管道垫层、基础套用的定额子目及基价，垫层采用现浇现拌C10（40）混凝土；基础均用非泵送商品混凝土。

【解】（1）管道垫层。

套用定额子目：［6-292］H

定额子目中采用C15非泵送商品混凝土，本例采用C10现浇现拌混凝土。

C10（40）现浇现拌混凝土单价为269.57元/m^3。

500 L（双锥反转出料）混凝土搅拌机台班单价为215.37元/台班。

基价 = ［4 406.63+(269.57−399.00)×10.1+0.392×10.1×135.00+0.03×10.1×215.37］元/10 m^3
= 3 699.14 元/10 m^3

（2）管道基础。

查图可知：Y2～Y3段管道采用C20钢筋混凝土条形基础。

① 平基。

套用定额子目：［6-299］H

定额中采用C15非泵送商品混凝土，本例采用C20非泵送商品混凝土。

查C20非泵送商品混凝土单价为412.00元/m^3。

基价 = ［4 576.81+(412.00−399.00)×10.100］元/10 m^3 = 4 708.11 元/10m^3

② 管座。

套用定额子目：［6-304］H

定额中采用C25泵送商品混凝土，本例采用C20非泵送商品混凝土。

查C20非泵送商品混凝土单价为412.00元/m^3。

基价 = ［5 067.69+(412.00−447.00)×10.1+2.748×(1.35−1)×135.00］元/10 m^3
= 4 844.03 元/10 m^3

2. 井

（1）井底板（基础）及垫层。

井垫层、底板按其采用的材料套用相应的定额。井底板（基础）也可按其采用的材料参照套用管道平基的定额子目。

（2）井砌筑。

① 井砌筑区分砌筑材料（砖砌、石砌）、井身平面形状（圆形、矩形）套用相应的定额子目。

② 砖砌流槽工程量并入砖砌井室工程量内；石砌流槽、混凝土流槽套用相应的定额子目。

③ 石砌体均按块石考虑，如果用片石时，石料与砂浆用量分别乘以系数1.09和1.19，其他不变。

④ 砌墙高度超过1.2 m所需脚手架执行定额第一册《通用项目》的相应定额。

⑤ 井砌筑中的爬梯可按实际用量，执行定额第一册《通用项目》的相应定额。

(3) 井抹灰。

① 井抹灰区分砖墙/石墙抹灰、区分抹灰部位(井壁、井底、流槽)套用相应的定额子目。

② 井室、井筒不分内外抹灰,均套用井壁抹灰子目。

③ 抹灰高度超过 1.5 m 所需脚手架执行定额第一册《通用项目》的相应定额。

(4) 井钢筋混凝土盖板、过梁、井圈制作、安装。

① 井钢筋混凝土盖板、过梁、井圈的制作主要区分构件部位套用相应的定额子目。

② 井钢筋混凝土盖板、过梁、井圈的安装主要区分构件部位、单件(块)体积套用相应的定额子目。

③ 凡大于 0.05 m^3 的检查井过梁,执行混凝土过梁制作、安装项目。

④ 本章小型构件是指单件体积在 0.05 m^3 以内的构件。

(5) 井盖(箅)及井盖(箅)座安装。

区分井盖及井盖座、井箅及井箅座,区分材质套用相应的定额子目。

3. 渠道砌筑、抹灰与勾缝、沉降缝;渠道盖板预制、安装

(1) 渠道砌筑区分渠道材质(砖砌、石砌、预制块砌筑、现浇混凝土)、区分部位(墙身、拱盖、墙帽或底板、壁板、顶板)套用相应的定额子目。

石砌体均按块石考虑,如果用片石时,石料与砂浆用量分别乘以系数 1.09 和 1.19,其他不变。

[例 4-18] 某渠道墙身采用 M10 干混砂浆砌筑片石,片石单价为 46.18 元/t,试确定渠道墙身套用的定额子目及基价。

【解】 套用定额子目:[6-313]H

定额采用 M7.5 干混砌筑砂浆,本例采用 M10 干混砌筑砂浆。

M10 干混砌筑砂浆的单价为 413.73 元/m^3。

$$\begin{aligned}\text{基价}&=[4\,614.24+(18.442\times1.09\times46.18-18.442\times77.67)+3.670\times(1.19-1)\times413.73]\text{元}/10\ m^3\\&=4\,398.64\ \text{元}/10\ m^3\end{aligned}$$

(2) 渠道抹灰区分渠道墙面材质(砖墙、石墙)、区分部位(底面、墙面、正拱面、负拱面)套用相应的定额子目。

(3) 渠道勾缝区分渠道墙面材质(砖墙、片石墙、块石墙)、区分勾缝类型(平缝、凹缝、凸缝)套用相应的定额子目。

(4) 渠道沉降缝区分沉降缝做法(几毡几油、几布几油、油浸麻丝、建筑油膏、橡胶止水带、塑料止水带)套用相应的定额子目。

(5) 渠道盖板预制区分矩形盖板、拱(弧)形盖板、槽形盖板;矩形盖板区分板厚套用相应的定额子目。

(6) 渠道盖板安装区分矩形盖板、槽形盖板;矩形盖板区分单块体积套用相应的定额子目。

拱(弧)形混凝土盖板的安装,按相应体积的矩形板安装定额人工、机械乘以系数 1.15 执行。

4. 出水口

(1) 出水口区分材质(砖砌、石砌)、形式(一字式、八字式、门字式)、规格(覆土厚度、管径等）套用相应的定额子目。

（2）定额中砖砌、石砌一字式、门字式、八字式排水管道出水口按《给水排水标准图集》S2 编制。

（3）干砌、浆砌出水口的平坡、锥坡、翼墙按定额第一册《通用项目》的相应项目执行。

5. 方沟闭水

方沟闭水区分封堵砖墙厚度（24 cm、36 cm、49 cm）套用相应的定额子目。

［例 4-19］ 试确定图 4-62 ~ 图 4-73 中 Y2、Y3 井砌筑、抹灰套用的定额子目及基价，砌筑采用干混砂浆，井壁抹灰采用现拌砂浆，流槽抹灰采用 M20.0 干混砂浆；确定 Y2、Y3 井垫层及底板混凝土，井室盖板及井圈预制、安装，井盖及井盖座安装套用的定额子目及基价，井垫层采用现浇现拌混凝土，其他各部位均采用非泵送商品混凝土。

【解】（1）井砌筑。

查流槽井平剖面图、落底井平剖面图可知：Y2、Y3 井井室平面形状为矩形，井筒平面形状为圆形。

查检查井结构设计说明可知：Y2、Y3 井均为砖砌井，采用 M10 砂浆砌筑 MU10 机砖。

① 井室砌筑套用定额子目：［6-252］H

M10 干混砌筑砂浆的单价为 413.73 元/m^3。

$$基价=4\ 061.05\ 元/10\ m^3$$

② 井筒砌筑套用定额子目：［6-251］H

M10 干混砌筑砂浆的单价为 413.73 元/m^3。

$$基价=4\ 675.50\ 元/10\ m^3$$

（2）井抹灰。

查检查井结构设计说明可知：Y2、Y3 井均为砖砌井，检查井内外及流槽均采用 1 ∶ 2水泥砂浆抹面，厚 20 mm。

① 井壁抹灰套用定额子目：［6-260］H

定额采用 M20.0 干混抹灰砂浆，本例采用现拌 1 ∶ 2 水泥抹灰砂浆。

现拌 1 ∶ 2 水泥抹灰砂浆的单价为 268.85 元/m^3。

200 L 灰浆搅拌机台班单价为 154.97 元/台班。

$$\begin{aligned}基价&=[2\ 934.44+(268.85-446.95)\times2.174+0.382\times2.174\times135.00+\\&\quad 0.167\times2.174\times154.97-0.079\times193.83]元/100\ m^2\\&=2\ 700.31\ 元/100\ m^2\end{aligned}$$

② 流槽抹灰套用定额子目：［6-262］

基价=2 633.39 元/100 m^2

（3）井垫层。

查流槽井平剖面图、落底井平剖面图，或查检查井结构设计说明可知：检查井采用 100 mm 厚 C10 素混凝土垫层。

套用定额子目：［6-249］H

定额采用 C15 非泵送商品混凝土,本例采用 C10(40)现浇现拌混凝土。

C10(40)现浇现拌混凝土单价为 269.57 元/m^3。

500 L(双锥反转出料)混凝土搅拌机台班单价为 215.37 元/台班。

$$基价=[4\ 727.31+(269.57-399.00)\times10.1+0.392\times10.1\times135.00+0.03\times10.1\times215.37]元/10\ m^3=4\ 019.82\ 元/10\ m^3$$

(4) 井底板。

查流槽井平剖面图、落底井平剖面图,或查检查井底板结构图可知:检查井采用 200 mm 厚 C20 钢筋混凝土底板。

套用定额子目:[6-250]H

定额采用 C25 非泵送商品混凝土,本例采用 C20 非泵送商品混凝土。

C20 非泵送商品混凝土单价为 412.00 元/m^3。

$$基价=[4\ 994.41+(412.00-421.00)\times10.100]元/10\ m^3=4\ 403.51\ 元/10\ m^3$$

(5) 井室盖板。

查检查井顶板(井室盖板)平剖面结构图可知:井室盖板采用 C20 钢筋混凝土,为预制混凝土结构。

① 预制。

套用定额子目:[6-354]

$$基价=5\ 622.20\ 元/10\ m^3$$

② 安装。

查检查井顶板(井室盖板)钢筋及工程数量表可知:Y2 井室盖板单块体积为 0.197 m^3、Y3 井室盖板单块体积为 0.224 m^3,单件体积为 0.3 m^3 以内。

套用定额子目:[6-365]

$$基价=2\ 024.97\ 元/10\ m^3$$

(6) 井圈。

查检查井井圈(井座)结构图及工程数量表可知:井圈采用 C30 钢筋混凝土,为预制混凝土结构。

① 预制。

套用定额子目:[6-272]H

定额采用 C20 非泵送商品混凝土,本例采用 C30 非泵送商品混凝土。

C30 非泵送商品混凝土单价为 438.00 元/m^3。

$$基价=[5\ 101.29+(438.00-412.00)\times10.100]元/10\ m^3=5\ 363.89\ 元/10\ m^3$$

② 安装。

查检查井井圈(井座)结构图及工程数量表可知:井圈单块体积为 0.182 m^3。

套用定额子目:[6-370]

$$基价=2\ 621.87\ 元/10\ m^3$$

(7) 井盖及井盖座(安装)。

查流槽井平剖面图、落底井平剖面图,或查检查井结构设计说明可知:检查井采用 ϕ700 mm 铸铁井盖及井盖座。

套用定额子目：[6-275]

基价＝6 984.11 元/10 套

不开槽施工管道工程定额的应用

1. 人工挖工作坑、交汇坑土方

(1) 工作坑人工挖土方按土壤类别综合考虑，区分挖土深度套用相应的定额子目。

(2) 工作坑回填土，视其回填的实际做法，执行定额第一册《通用项目》的相应子目。

(3) 本章定额未包括土方场外运输处理费用，发生时可执行定额第一册《通用项目》的相应定额或其他有关规定。

(4) 工作坑垫层、基础执行《排水工程》册第二章“井、渠（管）道基础及砌筑”的相应项目，人工乘以系数 1.10，其他不变。

2. 安拆顶进后座及坑内平台

(1) 区分后座材质、顶管管径等套用相应的定额子目。

(2) 安拆顶管后座及坑内平台定额已综合取定，适用于敞开式和封闭式施工方法，其中钢筋混凝土后座的模板制作、安装、拆除执行《排水工程》册第六章“模板、井字架工程”相应定额。

3. 安拆顶管设备及附属设施

(1) 安、拆顶管设备定额中，已包括双向顶进时设备调向的拆除、安装以及拆除后设备转移至另一顶进坑所需的人工和机械台班。

(2) 安拆敞开式顶管设备及附属设施区分顶管管径套用相应的定额子目。

(3) 安拆封闭式顶管设备及附属设施区分泥水平衡、土压平衡顶管以及顶管管径套用相应的定额子目。

4. 管道、方（拱）涵顶进

(1) 管道顶进区分顶管管材（钢筋混凝土管、钢管、铸铁管）套用定额。

① 钢筋混凝土管顶进区分敞开式顶进、封闭式顶进套用定额，敞开式顶进区分顶进方式（全挤压式、挤压式）、顶管管径套用相应的定额子目，封闭式顶进区分顶进方式（泥水平衡、土压平衡）、顶管管径套用相应的定额子目。

② 钢管顶进区分顶进方式（手掘式、挤压式）、顶管管径套用相应的定额子目。

③ 铸铁管顶进区分顶管管径套用相应的定额子目。

(2) 方（拱）涵顶进区分方（拱）涵截面积套用相应的定额子目。

(3) 工作坑内管（涵）明敷，应根据管径、接口的做法执行《排水工程》册第一章的相应定额，人工、机械乘以系数 1.10，其他不变。

(4) 单位工程中，管径 ϕ1 650 mm 以内敞开式顶进在 100 m 以内、封闭式顶进（不分管径）在 50 m 以内时，顶进定额中的人工费与机械费乘以系数 1.30。

[例 4-20]　某敞开式顶管施工，管道为 ϕ1 200 mm 钢筋混凝土 F 管，管道顶进长度为 90 m，采用挤压式顶进，试确定套用的定额子目及基价。

【解】　套用定额子目：[6-517]H

基价=[149 414.77+(21 539.93+15 599.16)×(1.30-1)]元/100 m

=160 556.50 元/100 m

(5) 顶管采用中继间顶进时,各级中继间后面的顶管人工与机械数量乘以表 4-13 中的系数分级计算。

表 4-13 中继间顶进人工费、机械费调整系数表

中继间顶进分级	一级顶进	二级顶进	三级顶进	四级顶进	超过四级
人工费、机械费调整系数	1.20	1.45	1.75	2.10	另计

[例 4-21] 某 ϕ1 500 mm 钢筋混凝土 F 管封闭式顶管工程,总长度为 200 m,采用泥水平衡式顶进,设置四级中继间顶进,如图 4-78 所示,试求其人工用量和泥水平衡顶管掘进机台班用量。

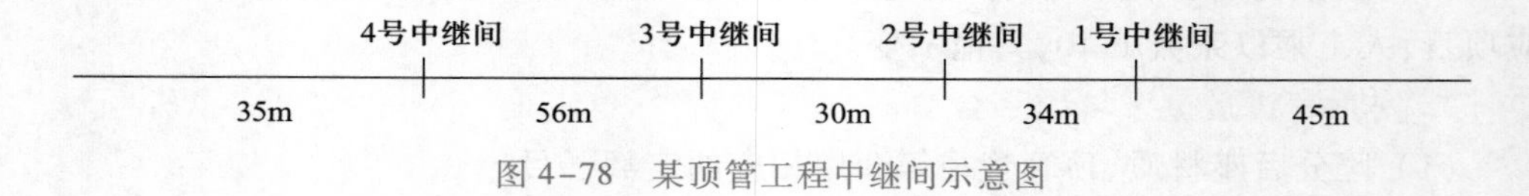

图 4-78 某顶管工程中继间示意图

【解】 1 号中继间前面的顶管套用定额子目:[6-530]

1 号中继间后面的顶管套用定额子目:[6-530]H

顶进总人工用量=(45/100+34/100×1.2+30/100×1.45+56/100×1.75+35/100×2.1)×169.301 工日

=509.26 工日

泥水平衡顶管掘进机台班用量=(45/100+34/100×1.2+30/100×1.45+56/100×1.75+35/100×2.1)×16.930 台班

=50.925 台班

(6) 顶管工程中的材料是按 50 m 水平运距、坑边取料考虑的,如因场地等情况取用料水平运距超过 50m 时,根据超过距离和相应定额另行计算。

(7) 全挤压不出土顶管定额适用于软土地区不出土挤压式施工。

(8) 本章定额未包括泥浆场外运输处理费用,发生时可执行定额第一册《通用项目》的相应定额或其他有关规定。

(9) 顶进施工的方(拱)涵断面大于 4 m^2 时,按定额第三册《桥涵工程》箱涵顶进部分有关定额或规定执行。

(10) 如果钢管、铸铁管需设置导向装置,方(拱)涵管需设滑板和导向装置时,另行计算。

5. 安拆中继间

安拆中继间区分顶管管径套用相应的定额子目。

6. 触变泥浆减阻

触变泥浆减阻区分顶管管径套用相应的定额子目。

7. 水平定向钻牵引管道

水平定向钻牵引管道区分管径套用相应的定额子目。

（1）水平定向钻牵引管道定额适用于排水工程塑料管（HDPE）牵引项目，如采用其他管材，另行补充。

（2）水平定向钻牵引如使用钢筋辅助管道拖位，钢筋制作、安装执行定额第一册《通用项目》相应定额。

（3）水平定向钻牵引定额未包括管材接口材料及连接费用，发生时按《排水工程》第一章“管道敷设”相应定额执行。

8. 钢筋混凝土沉井洞口处理

钢筋混凝土沉井洞口处理区分洞口直径套用相应的定额子目。

给水排水构筑物定额的应用

1. 沉井

沉井制作区分结构部位（井壁隔墙、底板、顶板、刃脚、结构梁、结构柱、结构平台等）、区分混凝土拌制方式（现浇现拌混凝土、商品混凝土）、区分厚度（50 cm 内、50 cm 外）套用相应的定额子目。

（1）沉井工程是按深度 12 m 以内，陆上排水沉井考虑的。水中沉井、陆上水冲法沉井以及离河岸边近的沉井，需要采取地基加固等特殊措施者，可执行《通用项目》册相应子目。

（2）沉井下沉项目中已考虑了沉井下沉的纠偏因素，但不包括压重助沉措施，若发生可另行计算。

（3）沉井制作不包括外掺剂，若使用外掺剂时，可按当地有关规定执行。

（4）沉井井壁及隔墙的厚度不同如上薄下厚时，可按平均厚度执行相应定额。

2. 现浇钢筋混凝土池

现浇钢筋混凝土池区分池体结构部位（池底、池壁、柱、梁、池盖、板、池槽、导流墙/筒、设备基础等）、区分混凝土拌制方式（现浇现拌混凝土、商品混凝土）、区分结构部位的类型、规格（如池底类型分为半地下室池底、架空式池底，半地下室池底又划分为平池底、锥坡池底、圆池底，各种池底根据厚度划分为 50 cm 内、50 cm 外）套用相应的定额子目。

（1）池壁遇有附壁柱时，按相应柱定额项目执行，其中人工乘以系数 1.05，其他不变。

（2）池壁挑檐是指在池壁上向外出檐作走道板用；池壁牛腿是指池壁上向内出檐以承托池盖用。

（3）无梁盖柱包括柱帽及柱座。

（4）井字梁、框架梁均执行连续梁项目。

（5）混凝土池壁、柱（梁）、池盖是按在地面以上 3.6 m 以内施工考虑的，如超过 3.6 m，则按以下规定调整换算：

① 采用卷扬机施工时，每 10 m^3 混凝土增加的卷扬机（带塔）和人工工日见表 4-14。

② 采用塔式起重机施工时，每 10m^3 混凝土增加的塔式起重机消耗量见表 4-15。

表 4-14　采用卷扬机施工的人工、机械调整系数表

序号	项目名称	增加人工工日	增加卷扬机(带塔)台班
1	池壁、隔墙	7.83	0.59
2	柱、梁	5.49	0.39
3	池盖	5.49	0.39

表 4-15　采用塔式起重机施工的机械调整系数表

序号	项目名称	增加卷扬机(带塔)台班
1	池壁	0.319
2	隔墙,柱、梁,池盖	0.510

(6) 池盖定额项目中不包括进人孔盖板,发生时另行计算。

(7) 格型池池壁执行直型池池壁相应项目(指厚度)人工乘以系数 1.15,其他不变。

(8) 悬空落泥斗按落泥斗相应项目人工乘以系数 1.40,其他不变。

3. 预制混凝土构件

预制混凝土构件区分不同的构件部位套用相应的定额子目。

(1) 预制混凝土滤板中已包括了所设置预埋件 ABS 塑料滤头的套管用工,不得另计。

(2) 集水槽若需留孔时,按每 10 个孔增加 0.5 个工日计。

(3) 除混凝土滤板、铸铁滤板、支墩安装外,其他预制混凝土构件的安装均执行异型构件安装项目。

4. 折板、壁板制作安装

(1) 折板安装区分材质(玻璃钢折板、塑料折板)、类型(A 型、B 型)套用相应定额子目。

(2) 壁板制作安装区分材质(木质、塑料),区分稳流板、浓缩室壁板套用相应的定额子目。

5. 滤料铺设

滤料铺设区分滤料材质(黄砂、石英砂、卵石、碎石、锰砂、磁铁矿石等)套用相应的定额子目。

6. 防水工程

防水工程区分防水做法(防水砂浆、五层防水、涂沥青、油毡防水层、苯乙烯涂料)、部位(平池底、锥池底、直池壁、圆池壁等)套用相应的定额子目。

7. 施工缝

施工缝区分不同的做法(油浸麻丝、油浸木丝板、玛蹄脂、建筑油膏、沥青砂浆、止水带等)套用相应的定额子目。

(1) 各种材质填缝的断面取定见表 4-16。

(2) 如实际设计的施工缝断面与上表不同时,材料用量可以换算,其他不变。

表 4-16 各种材质填缝断面尺寸表

序号	项目名称	断面尺寸/cm	序号	项目名称	断面尺寸/cm
1	建筑油膏、聚氯乙烯胶泥	3×2	4	氯丁橡胶止水带	展开宽 30
2	油浸木丝板	2.5×15	5	白铁盖缝	展开宽平面 590；立面 250
3	紫铜板、钢板止水带	展开宽 45	6	其他	15×3

（3）各项目的工作内容为：

① 油浸麻丝：熬制沥青、调配沥青麻丝、填塞。

② 油浸木丝板：熬制沥青、浸木丝板、嵌缝。

③ 玛蹄脂：熬制玛蹄脂、灌缝。

④ 建筑油膏、沥青砂浆：熬制油膏沥青，拌和沥青砂浆，嵌缝。

⑤ 紫铜板、钢板止水带：铜板、钢板剪裁、焊接成型、铺设。

⑥ 橡胶止水带：止水带的制作、接头及安装。

⑦ 铁皮盖板：平面埋木砖、钉木条、木条上钉铁皮；立面埋木砖、木砖上钉铁皮。

8. 井、池渗漏试验

井、池渗漏试验区分池体容量（500 m^3 以内、5 000 m^3 以内、10 000 m^3 以内、10 000 m^3以上）套用相应的定额子目。

（1）井池渗漏试验容量在 500 m^3 以内是指井或小型池槽。

（2）井、池渗漏试验注水采用电动单级离心清水泵，定额项目中已包括了泵的安装与拆除用工，不得再另计。

（3）如构筑物池容量较大，需从一个池子向另一个池子注水做渗漏试验，采用潜水泵时，其台班单价可以换算，其他均不变。

9. 其他

（1）构筑物的垫层执行《排水工程》册第二章相应项目，其中人工乘以系数 0.87，其他不变。如构筑物池底混凝土垫层需要找坡时，其人工不变。

（2）构筑物混凝土项目中的模板执行《排水工程》册第六章的相应项目，钢筋加工执行第一册《通用项目》相应定额。

（3）砌筑物高度超过 1.2 m 时应计算脚手架搭拆费用，脚手架搭拆高度在8 m以内时，执行《通用项目》相应项目；搭拆高度大于 8 m 时，执行《隧道工程》相应项目。

（4）泵站上部工程以及本章中未包括的建筑工程，执行《浙江省房屋建筑与装饰工程预算定额》。

（5）构筑物中的金属构件支座安装，执行《浙江省通用安装工程预算定额》相应子目。

（6）构筑物的防腐、内衬工程金属面，应执行《浙江省通用安装工程预算定额》相应项目，非金属面应执行《浙江省房屋建筑与装饰工程预算定额》相应项目。

(7) 沉井预留孔洞砖砌封堵套用《隧道工程》第四章“盾构法掘进”相应子目。

模板、井字架工程定额的应用

1. 模板

模板安拆区分现浇混凝土模板、预制混凝土模板,区分混凝土结构部位(基础、池体池底、池壁、池盖、柱梁、板、池槽、管道平基、管座等),区分模板材质(钢模、木模、复合木模)套用相应的定额子目。

(1) 模板安拆以槽(坑)深3 m为准,超过3 m时,人工增加8%的系数,其他不变。

(2) 模板的预留洞按水平投影面积计算,小于0.3 m^2 者,圆形洞每10个增加0.72工日,方形洞每10个增加0.62工日。

(3) 现浇混凝土梁、板、柱、墙的模板,支模高度是按3.6 m考虑的,超过3.6 m时,超过部分的工程量另按超高的项目执行。

(4) 预制构件模板中不包括地、胎模,需设置者,土地模可按《通用项目》平整场地的相应项目执行;水泥砂浆、混凝土砖地、胎模按《桥涵工程》的相应项目执行。

(5) 小型构件是指单件体积在0.05 m^3 以内的构件;地沟盖板模板项目适用于单块体积在0.3 m^3 以内的矩形板;井盖模板项目适用于井口盖板,井室盖板按矩形板模板项目执行。

[例4-22] 试确定[例4-13]中Y2~Y3段管道垫层、管道基础混凝土模板套用的定额子目及基价,管道垫层、基础采用现浇现拌混凝土,施工时采用木模板。

【解】 (1) C10素混凝土垫层模板。

套用定额子目:[6-1 090]

基价=2 562.66 元/100 m^2

(2) 管道基础模板。

① 平基模板。

套用定额子目:[6-1 142]

基价=4 432.01 元/100 m^2

② 管座模板。

套用定额子目:[6-1 144]

基价=5 316.60 元/100 m^2

[例4-23] 试确定[例4-22]中Y2、Y3井各混凝土结构部位模板套用的定额子目及基价,施工时各混凝土结构部位均采用木模板。

【解】 Y2为1 100 mm×1 100 mm砖砌流槽井,Y3为1 100 mm×1 250 mm砖砌落底井。

Y2、Y3井以下部位为现浇混凝土结构:井垫层、井底板。

Y2、Y3井以上部位为预制混凝土结构:井室盖板(井顶板)、井圈(井座)。

(1) 井垫层模板。

套用定额子目:[6-1 090]

基价=2 562.66 元/100 m^2

（2）井底板模板。

套用定额子目：[6-1 142]（参照套用）

基价＝4 432.01 元/100 m^2

（3）井室盖板模板。

套用定额子目：[6-1 158]

基价＝1 761.91 元/10 m^3

（4）井圈模板。

套用定额子目：[6-1 168]

基价＝4 574.21 元/10 m^3

2.（钢管）井字架

井字架区分井深套用相应的定额子目。

[例 4-24]　试确定[例 4-14]中 Y2、Y3 井施工时搭设钢管井字架套用的定额子目及基价。

【解】　Y2 井深＝[5.715－3.269＋(0.61－0.5)/2＋0.02]m＝2.521 m

Y3 井深＝(5.580－2.879＋0.5)m＝3.201 m

套用定额子目：[6-1 172]

基价＝149.22 元/座

教学单元三　燃气与集中供热工程

一、燃气与集中供热工程基础知识

（一）燃气工程基础知识

1. 城市燃气管网系统概念及组成

（1）城市燃气管网系统是指自气源厂或城市门站起至各类用户引入管的所有室外燃气管道。

（2）城市燃气管网系统包括各种压力级的燃气管道、阀门及附属设施、管理及监控设施等。

（3）城镇燃气通常分为四大类：天然气、人工煤气、液化石油气及沼气。

2. 燃气管道的分类

燃气管道按设计压力可以分为四种，相应的划分见表 4-17。

表 4-17　城镇燃气设计压力分级表

名称		压力
高压燃气管道	A	2.5 MPa<P≤4.0 MPa
	B	1.6 MPa<P≤2.5 MPa
次高压燃气管道	A	0.8 MPa<P≤1.6 MPa
	B	0.4 MPa<P≤0.8 MPa

续表

名称		压力
中压燃气管道	A	0.2 MPa<P≤0.4 MPa
	B	0.1 MPa<P≤0.2 MPa
低压燃气管道		P≤0.01 MPa

3. 常用燃气管材及连接方式

(1) 钢管。

常用的钢管主要有焊接钢管和普通无缝钢管。通常,无缝钢管适用于各种压力级别的城市燃气管道。

钢管的连接方式主要为焊接、法兰连接。

(2) 铸铁管。

用于燃气管道的铸铁管均采用球墨铸铁管,通常为铸模浇铸或离心浇铸铸铁管。铸铁管的抗拉强度、抗弯曲及抗冲击能力不如钢管,但其抗腐蚀性比钢管好,在中、低压燃气管道中被采用。

铸铁管一般采用承插、螺旋压盖和法兰连接三种方式。

(3) 塑料管。

塑料管又称 PE 管,是当前城镇燃气管道使用最多的一种管材。通常可分为中密度聚乙烯管、高密度聚乙烯管和尼龙-11 塑料管等。适用于环境温度在-5~60 ℃范围内的中低压燃气管道。

塑料管的连接方式可采用螺纹连接、热熔连接和电熔连接等。

4. 燃气用附属设备

为了保证燃气管网的安全运行,并考虑到接线、检修的方便,在燃气管网的适当位置需设置必要的附属设备,包括阀门及阀门井、法兰、补偿器、排水器、放散管等。

(1) 法兰是一种标准化的可拆卸连接形式,燃气管网常用的法兰分为平焊法兰、对焊法兰、螺纹法兰。

(2) 补偿器是调节管线因温度变化而伸长或缩短的配件,常用于架空管道和需要进行蒸汽吹扫的管道上。

(3) 排水器是用于排除燃气管道中冷凝水的配件。

(4) 放散管是一种专门用来排放管道内部空气或燃气的装置。

5. 燃气管道的基本施工程序

(1) 埋地燃气钢管的基本施工程序:测量放线、开挖沟槽、排管对口、焊接、下管、通球试验、防腐、附属设备安装、吹扫、试压、回填。

(2) 埋地燃气聚乙烯管的基本施工程序:测量放线、开挖沟槽、排管对口、熔接(电熔或热熔)、下管、附属设备安装、吹扫、试压、回填。

(二) 集中供热工程基础知识

1. 城市集中供热管网划分

城市集中供热管网划分为一级管网和二级管网。

(1) 一级管网:一般为热源(可以为锅炉房或者电厂)至换热站的这部分供热

管线。

（2）二级管网：在换热站通过换热器换热后，经过循环泵送至小区热用户，从换热站至热用户的这部分管线称为二级管网。

城市供热管道内的介质分为热水和蒸汽。城市供热管道的敷设方式分为地沟敷设、直埋敷设、架空敷设。

2. 直埋供热管网常用管材

供热管网工程常用的钢管主要材质为碳素钢（C≤2.5%）、低合金钢。钢管按生产方式分为有缝钢管、无缝钢管。无缝钢管是指采用热轧等热加工方法和冷拔等冷加工方法生产的没有焊缝的钢管；有缝钢管又称焊接钢管，分为直缝钢管、螺旋缝埋弧焊钢管。目前，供热管道多采用螺旋缝埋弧焊钢管。

由于金属是热的良导体，热力管道需要解决表面热损失的问题，需要对管道进行保温处理。直埋保温管分为现场施工、工厂预制两类。

（1）现场施工直埋管道：管外护套多为玻璃纤维缠裹，施工质量难以保证，管道运行后易出现渗水现象。近年来较多采用工厂预制的直埋保温管道，更有利于管道施工质量的提高。

（2）工厂预制的直埋保温管道：分为高密度聚乙烯或玻璃增强塑料外护管聚氨酯泡沫塑料预制直埋保温管、钢外护管真空复合预制直埋保温管。

① 高密度聚乙烯或玻璃增强塑料外护管聚氨酯泡沫塑料预制直埋保温管：主要用于 140 ℃以下的热水管网，如图 4-79 所示。

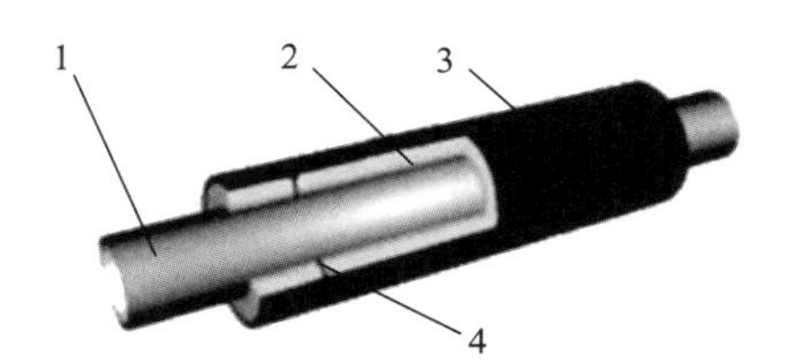

图 4-79 聚氨酯泡沫塑料预制直埋保温管

1-工作钢管；2-高压发泡沫聚氨酯保温层；3-高密度聚乙烯外护管；4-支架

② 钢外护管真空复合预制直埋保温管：主要用于 200 ℃以下的热水管网以及 350 ℃以下的高温蒸汽管网，如图 4-80 所示。

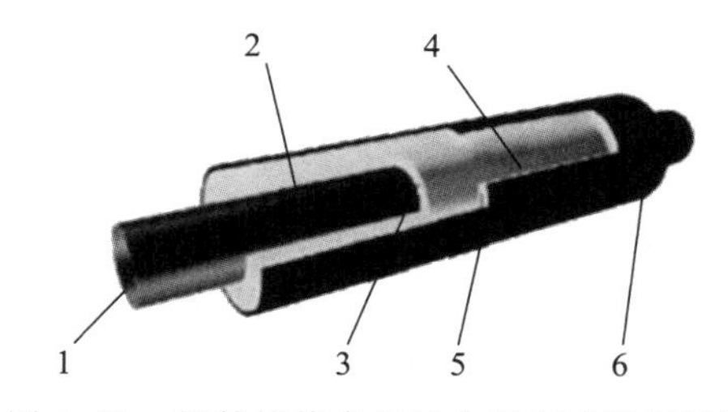

图 4-80 钢外护管真空复合预制直埋保温管

1-工作钢管；2-保护垫层；3-耐高温隔热层（硅酸）；4-铝箔反射绝热层；5-聚氨酯保温层；6-外护钢管（含防腐层）

3. 供热管网管件、附件及附属构筑物

供热管件主要有三通、四通、管接头等。附件包括阀门、放气装置、放水装置、补偿器、除污器、疏水器、散热器等。在供热管道上常见的阀门类型有截止阀、闸阀、蝶阀、止回阀、调节阀等;截止阀、闸阀、蝶阀的连接方式有法兰连接、螺纹连接和焊接连接;直埋蒸汽管道的阀门宜选用焊接连接。

由于热水中所含的气体要不断地析离出来,积聚在管道的最高处,妨碍热水的循环、增加管道的腐蚀,所以在热水、凝结水管道的高点处包括分段阀门划分的每个管段的高点处须加设放气装置。卧式排气阀如图 4-81 所示。

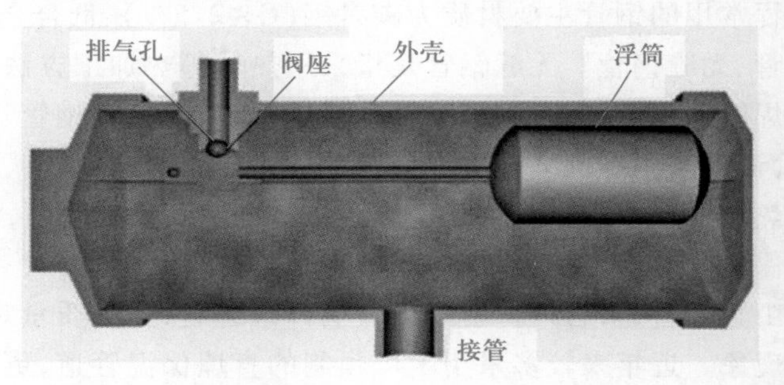

图 4-81 卧式排气阀

在热水、凝结水管道的低点处包括分段阀门划分的每个管段的低点处须加设放水装置。

供热管道随着所输送热媒温度的升高,出现热伸长现象,如该热伸长得不到补偿,将会使管道承受巨大的应力,甚至使管道破裂,故需设置补偿器,以补偿管道的热伸长并减少或消除因热膨胀产生的应力。套筒补偿器如图 4-82 所示。

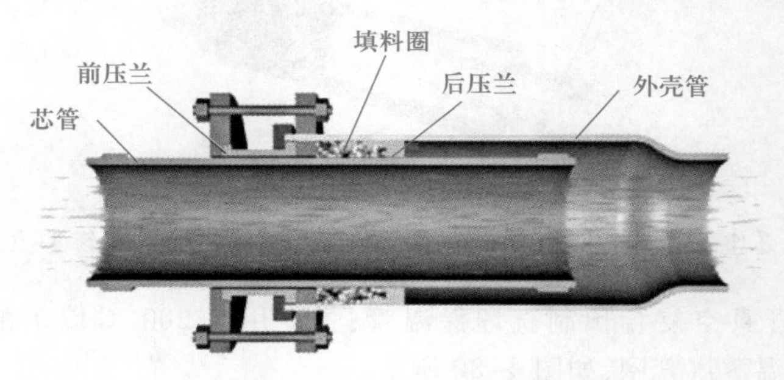

图 4-82 套筒补偿器

除污器用于过滤和清除供热管网中的杂质、污物,通常安装在锅炉、循环泵、板式换热器等设备的入口前。

疏水器的作用是自动而迅速地排出供热管道及设备中的凝水,同时排出系统中积留的空气和其他非凝性气体。浮筒式疏水器如图 4-83 所示。

供热管网附属构筑物包括地沟、沟槽、检查井。其中,地沟分为通行地沟、半通行地沟、不通行地沟。地下敷设的供热管网,在管道分支处,装有套筒补偿器、阀门、排水装置等处,都应设置检查井。

4. 供热管道的基本施工程序

城市供热管道的敷设方式分地沟敷设、直埋敷设、架空敷设。

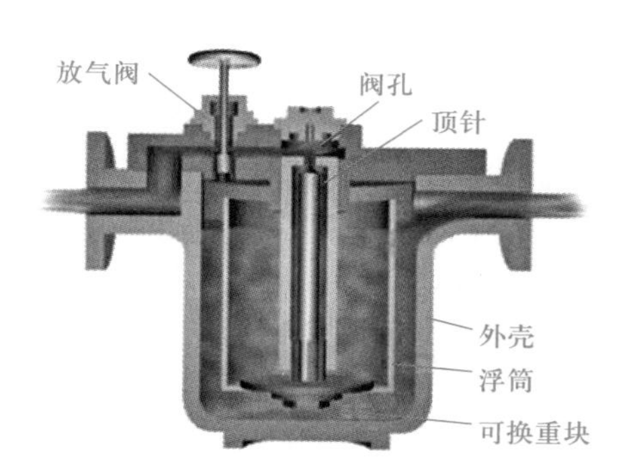

图 4-83 浮筒式疏水器

（1）地沟敷设的基本施工程序如图 4-84 所示。

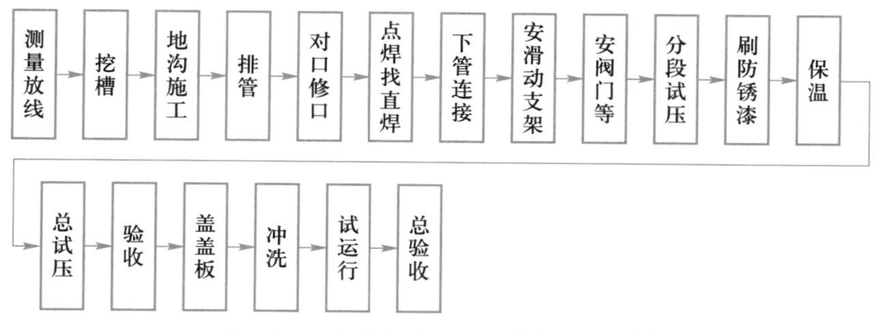

图 4-84 供热管道地沟敷设施工程序图

（2）架空敷设的基本施工程序如图 4-85 所示。

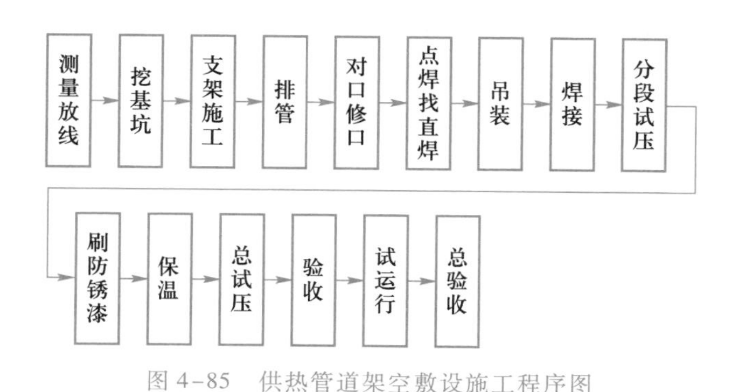

图 4-85 供热管道架空敷设施工程序图

二、燃气与集中供热工程清单编制

（一）管道敷设

开槽施工的燃气管道敷设清单项目通常有塑料管、钢管、铸铁管等管道敷设。

开槽施工的集中供热管道敷设清单项目通常有直埋式预制保温管、管道架空跨越、隧道（沟、管）内管道等。

开槽施工的燃气与集中供热管道敷设工程量清单项目编码、项目特征描述的内容、计量单位及工程量计算规则等按照二维码“开槽管道敷设”中的规定执行。

表格
开槽管道敷设

(1) 管道敷设清单工程量计算时,不需要扣除检查井等构筑物、管件、阀门等所占的长度。

(2) 管道敷设的做法如为标准设计,也可在项目特征中标注标准图集号。

(3) 管道架空跨越敷设的支架制作、安装及支架基础、垫层应按“支架制作及安装”相关清单项目编码列项。

(4) 管道刷油、防腐、保温工程应按《通用安装工程工程量计算规范》(GB 50856—2013)附录 M 刷油、防腐蚀、绝热工程中相关项目编码列项。

(5) 管道检验及试验要求:应按各专业的施工验收规范及设计要求,对已完管道工程进行的管道吹扫、冲洗消毒、强度试验、严密性试验等内容进行描述。

(6) 所有涉及土方工程的内容应按《市政工程工程量计算规范》(GB 50857—2013)附录 A 土石方工程中相关项目编码列项。

(二) 管件、阀门及附件安装

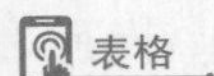

管件、阀门及附件安装

燃气与集中供热工程管件、阀门及附件安装清单项目包括:铸铁管管件、钢管管件制作安装,塑料管管件、转换件、阀门、法兰、盲堵板制作安装,套管制作安装,补偿器、除污器制作安装,凝水缸、调压器等。

燃气与集中供热管件、阀门及附件安装工程量清单项目编码、项目特征描述的内容、计量单位及工程量计算规则等按照二维码“管件、阀门及附件安装”中的规定执行。

(1) 燃气与集中供热管件、阀门及附件安装工程量按设计图示数量计算。

(2) 凝水缸项目的凝水井按《市政工程工程量计算规范》(GB 50857—2013)附录 E.4 管道附属构筑物相关项目编码列项。

(3) 高压管道及管件、阀门安装,不锈钢管及管件、阀门安装,管道焊缝无损探伤应按《通用安装工程工程量计算规范》(GB 50856—2013)附录 H 工业管道中相关项目编码列项。

(4) 阀门电动机需单独安装,应按《通用安装工程工程量计算规范》(GB 50856—2013)附录 K 给水排水、采暖、燃气工程中相关项目编码列项。

(三) 支架制作及安装

燃气与集中供热工程支架制作及安装清单项目包括:砖砌支墩、混凝土支墩、金属支架制作安装、金属吊架制作安装。其清单项目编码、项目特征描述的内容、计量单位及工程量计算规则等按照二维码“支架制作及安装”中的规定执行。

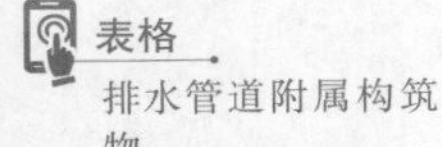

(四) 管道附属构筑物

燃气与集中供热工程管道附属构筑物清单项目包括:砌筑井、混凝土井、塑料检查井等。其清单项目编码、项目特征描述的内容、计量单位及工程量计算规则等按照二维码“排水管道附属构筑物”中的规定执行。

管道附属构筑物为标准定型附属构筑物时,在项目特征中应标注标准图集编号及页码。

三、燃气与集中供热工程清单报价

(一) 报价(定额)工程量计算

管道安装

燃气与集中供热工程管道安装定额包括:碳钢管安装、直埋式预制保温管安装、碳素钢板卷管安装、活动法兰承插铸铁管安装、塑料管安装、套管内敷设钢板卷管、套管内敷设铸铁管安装、管线警示及标志等。

燃气及集中供热工程管道安装的工程量=管道的长度

管线警示的工程量=警示带/线/板的长度

警示标志桩的工程量=标志桩的数量

(1) 不扣除管件、阀门、法兰等所占的长度。

(2) 塑料管安装区分:对接熔接、电熔管件熔接。

(3) 管道安装中不包括整体气密性试验和强度试验。

管件制作、安装

燃气与集中供热工程管件制作、安装包括:碳钢管件制作安装、铸铁管件安装、盲(堵)板安装、钢塑过渡接头安装、防雨环帽制作安装等。

焊接弯头制作的工程量=弯头的个数

弯头安装的工程量=弯头的个数

三通安装的工程量=三通的个数

挖眼接管的工程量=挖眼接管的个数

(挖眼接管是一种管壁上开有小孔的连接零件,用于管道连接的特殊部位)

钢管煨弯的工程量=钢管煨弯的个数

铸铁管件安装的工程量=管件的数量

盲板安装的工程量=盲板的组数

钢塑过渡接头安装的工程量=钢塑过渡接头的个数

防雨环帽制作、安装的工程量=防雨环帽的重量

直埋式预制保温管管件安装的工程量=保温管管件的个数

法兰、阀门安装

燃气与集中供热工程法兰、阀门安装包括:法兰安装,闸门安装,阀门解体、检查、清洗、研磨,阀门水压试验,阀门操纵装置安装等。

法兰安装的工程量=法兰的数量

阀门安装的工程量=阀门的个数

阀门水压试验的工程量=试验的阀门个数

低压/中压阀门解体、检查、清洗、研磨的工程量=阀门的个数

阀门操纵装置安装的工程量=操纵装置的重量

燃气用设备安装

燃气用设备安装包括:凝水缸制作安装,调压器安装,鬃毛过滤器安装,萘油分离器安装,安全水封、检漏管安装,煤气调长器安装,铸铁管钻眼攻丝等。

凝水缸制作安装的工程量=凝水缸的数量

调压器安装的工程量=调压器的数量

鬃毛过滤器安装的工程量=过滤器的数量

萘油分离器安装的工程量=分离器的数量

安全水封、检漏管安装的工程量=安全水封、检漏管的数量

煤气调长器安装的工程量=煤气调长器的数量

铸铁管钻眼攻丝的工程量=钻眼攻丝的数量

燃气集中供热用容器具安装

燃气集中供热用容器具安装包括:除污器组成安装、补偿器安装等项目。

除污器安装/除污器组成安装的工程量=除污器的数量

补偿器安装的工程量=补偿器的数量

管道试压、吹扫

燃气与集中供热管道试压、吹扫包括:强度试验,气密性试验,管道吹扫,气体置换,管道总试压及冲洗,牺牲阳极、测试桩安装,钢管胶带防腐,管线聚乙烯热收缩套(带)补口,管道清通等项目。

(1) 强度试验、气密性试验、管道吹扫、气体置换:工程量按管道长度计算。管道长度未满 10 m 者,以 10 m 计;超过 10 m 者按实际长度计。

(2) 管道总试压及冲洗:管道总试压按每公里为一个打压次数,执行本定额一次项目,不足 0.5 km 按实计算,超过 0.5 km 计算一次。

(3) 牺牲阳极、测试桩安装:工程量按牺牲阳极、测试桩安装的组数计算。

(4) 钢管胶带防腐:工程量按钢管胶带防腐处理的面积计算。

(5) 管线聚乙烯热收缩套(带)补口:工程量按管线聚乙烯热收缩套(带)补口的数量计算。

(6) 管道清通:工程量按清通的管长计算。

桥管制作、安装

桥管制作、安装包括:单跨桥管制作、安装,双跨桥管制作、安装,多跨桥管制作、安装等项目。桥管制作、安装工程量区分管道公称直径、桥管跨数以桥管座数计算。50 m跨度桥管以 15 m、20 m、15 m 的主跨分档,以 4 个立柱计算托架抱箍;75 m 跨度桥管以 15 m、20 m、25 m、15 m 的主跨分档,以 5 个立柱计算托架抱箍。定额子目中已经考虑了桥管托架及两端的防护栅。定额子目中未考虑桥管内外涂、落水、加强箍的消耗量,施工时可根据实际桥管工程量另行计取。

（二）预算定额的应用

《浙江省市政工程预算定额》（2018 版）第七册《燃气与集中供热工程》内容包括：燃气与集中供热工程的管道安装，管件制作、安装，法兰、阀门安装，燃气用设备安装，燃气集中供热用容器具安装，管道试压、吹扫及桥管制作、安装，共 7 章 987 个子目。

管道安装定额的应用

管道安装包括：碳钢管安装、直埋式预制保温管安装、碳素钢板卷管安装、活动法兰承插铸铁管安装、塑料管安装、套管内敷设钢板卷管、套管内敷设铸铁管安装、管线警示及标志等相应子目。

燃气与集中供热工程管道安装区分管材、区分管径规格、区分管道连接方式套用相应的定额子目。

（1）定额中燃气管道的输送压力按中压 B 级及低压考虑，如安装中压 A 级和高压煤气管道，定额人工乘以系数 1.3。碳钢管道、管件安装均不再做调整。

燃气工程压力 P 的划分范围为：

① 高压：A 级，0.8 MPa $<P\leqslant$ 1.6 MPa；B 级，0.4 MPa $<P\leqslant$ 0.8 MPa。

② 中压：A 级，0.2 MPa $<P\leqslant$ 0.4 MPa；B 级，0.005 MPa $<P\leqslant$ 0.2 MPa。

③ 低压：$P\leqslant$ 0.005 MPa。

（2）定额中集中供热工程压力 P 的划分范围为：

① 低压：$P\leqslant$ 1.6 MPa。

② 中压：1.6 MPa $<P\leqslant$ 2.5 MPa。

（3）铸铁管安装按 N1 和 X 型接口考虑，如采用 N 型和 SMJ 型，人工乘以系数 1.05。

N1 型铸铁管机械接口如图 4-86 所示。

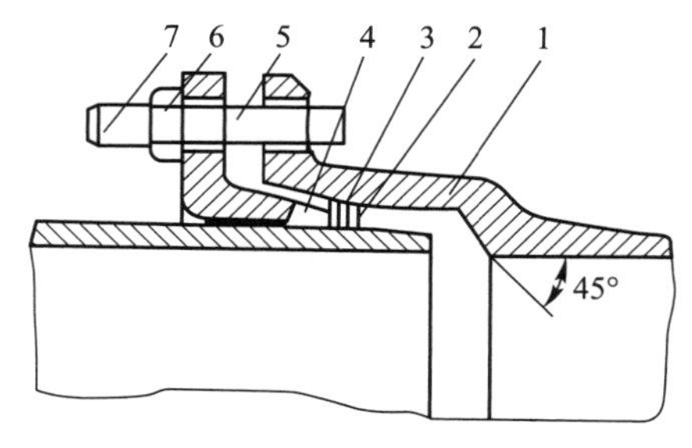

图 4-86　N1 型铸铁管机械接口

1-承口；2-插口；3-塑料支撑圈；4-密封胶圈；5-压兰；6-螺母；7-螺栓

SMJ 型铸铁管机械接口如图 4-87 所示。

（4）预制直埋保温管安装未包括塑封的费用。

（5）螺纹钢管安装参照碳钢管定额相应子目。

（6）新旧管道带气接头未列项目，各地区可按煤气管理条例及施工组织设计以实际发生的人工、材料、机械台班的耗用量和煤气管理部门收取的费用进行结算。

（7）埋地钢管使用套管时（不包括顶进的套管），按套管管径套用同一安装项目。

套管封堵的材料费可按实际耗用量进行调整。

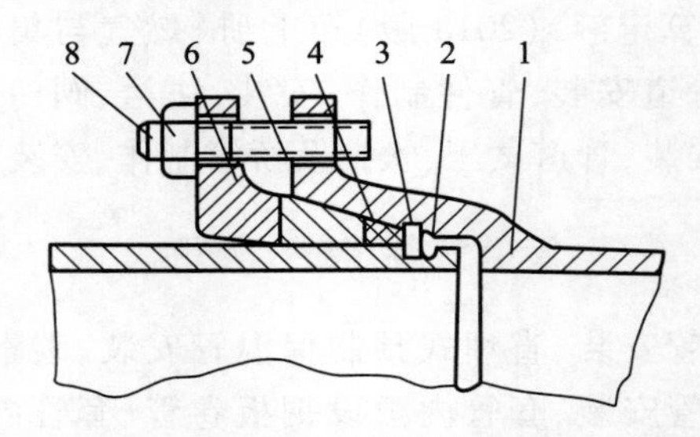

图 4-87 SMJ 型铸铁管机械接口

1-承口;2-插口;3-钢制支撑圈;4-隔离胶圈;5-密封胶圈;6-压兰;7-螺母;8-螺栓

［例 4-25］ 某中压 A 级煤气管采用铸铁管,N 型接口,管径为 *DN*300,试确定套用的定额子目及基价。

【解】 套用定额子目:［7-124］H

安装中压 A 级和高压燃气管道,定额人工乘以系数 1.3,铸铁管安装如采用 N 型和 SMJ 型,人工乘以系数 1.05。

基价=［398.15+314.42×(1.3×1.05-1)］元/10 m=512.91 元/10 m

管件制作、安装定额的应用

燃气与集中供热工程管件制作、安装包括:碳钢管件制作安装、铸铁管件安装、盲(堵)板安装、钢塑过渡接头安装、防雨环帽制作安装等相应定额子目。各种管件制作、安装区分以下条件套用定额。

1. 焊接弯头制作

(1) 区分不同的弯头角度(30°、45°、60°、90°)。

(2) 区分不同的管外径×壁厚。

2. 弯头(异径管)安装

(1) 区分不同的管外径×壁厚。

(2) 异径管外径以大口径为准。

3. 三通安装

区分不同的管外径×壁厚。

4. 挖眼接管

区分不同的管外径×壁厚。

5. 钢管煨弯

(1) 机械煨弯:区分不同的钢管外径。

(2) 中频弯管机煨弯:区分不同的钢管公称直径。

6. 铸铁管件安装

区分不同的铸铁管管件的公称直径。

7. 盲(堵)板安装

区分不同的盲(堵)板公称直径。

8. 钢塑过渡接头安装

区分不同的管外径。

9. 聚乙烯燃气管件安装

区分不同的公称外径。

10. 防雨环帽制作、安装

防雨环帽制作应区分单个环帽的重量(20 kg、50 kg、100 kg、200 kg 以内)。

11. 直埋式预制保温管管件安装

(1) 区分管件安装连接方式(电弧焊、氩电联焊)。

(2) 区分不同的保温管管件公称直径。

定额中按燃气管道为中压 B 级及低压考虑,如安装中压 A 级和高压燃气管道,定额人工乘以系数 1.3。碳钢管件安装不做调整。

法兰、阀门安装定额的应用

燃气与集中供热工程法兰、阀门安装包括:法兰安装,闸门安装,阀门解体、检查、清洗、研磨,阀门水压试验、操纵装置安装等定额子目。各项目区分以下条件套用定额。

1. 法兰安装

(1) 区分平焊法兰、对焊法兰、绝缘法兰。

(2) 区分公称直径。

(3) 定额中垫片均按橡胶石棉板考虑,如设计要求其他介质,可按实调整。

(4) 各种法兰安装定额中只包括一个垫片,不包括螺栓用量,螺栓用量可参考表 4-18、表 4-19。

表 4-18 平焊法兰安装螺栓用量表

外径×壁厚/(mm×mm)	规格	重量/kg	外径×壁厚/(mm×mm)	规格	重量/kg
57×4	M12×50	0.319	377×10	M20×75	3.906
76×4	M12×50	0.319	426×10	M20×80	5.420
89×4	M16×55	0.635	478×10	M20×80	5.420
108×5	M16×55	0.635	529×10	M20×85	5.840
133×5	M16×60	1.338	630×8	M22×85	8.890
159×6	M16×60	1.338	720×10	M22×90	10.668
219×6	M16×65	1.404	820×10	M27×95	19.962
273×8	M16×70	2.208	920×10	M27×100	19.962
325×8	M20×70	3.747	1 020×10	M27×105	24.633

2. 阀门安装

(1) 区分螺纹阀门,焊接法兰阀门,低压齿轮、电动传动阀门,中压齿轮、电动传动阀门,聚乙烯阀门。

表 4-19 对焊法兰安装螺栓用量表

外径×壁厚/(mm×mm)	规格	重量/kg	外径×壁厚/(mm×mm)	规格	重量/kg
57×3.5	M12×50	0.319	325×8	M20×75	3.906
76×4	M12×50	0.319	377×9	M20×75	3.906
89×4	M16×60	0.669	426×9	M20×75	5.208
108×4	M16×60	0.669	478×9	M20×75	5.208
133×4	M16×65	1.404	529×9	M20×80	5.420
159×5	M16×65	1.404	630×9	M22×80	8.250
219×6	M16×70	1.472	720×9	M22×80	9.900
273×8	M16×75	2.310	820×10	M27×85	18.804

(2) 区分公称直径。

(3) 中压法兰、阀门安装执行低压相应项目,人工乘以系数 1.2。

(4) 电动阀门安装不包括电动机的安装。

[例 4-26] 某中压燃气管道安装焊接法兰、阀门,公称直径为 *DN*200,试确定套用的定额子目及基价。

【解】 套用定额子目:[7-612]H

基价=[91.03+89.10×(1.2-1)]元/个=108.85 元/个

3. 阀门水压试验

(1) 区分公称直径。

(2) 阀门压力试验介质按水考虑,如设计要求其他介质,可按实调整。

4. 阀门解体、检查、清洗、研磨

(1) 区分低压、中压。

(2) 区分公称直径。

燃气用设备安装定额的应用

燃气用设备安装包括:凝水缸制作安装,调压器安装,鬃毛过滤器安装,萘油分离器安装,安全水封、检漏管安装,煤气调长器安装等定额子目。各项目区分以下条件套用定额。

1. 凝水缸制作安装

(1) 区分低压碳钢凝水缸制作、中压碳钢凝水缸制作、低压碳钢凝水缸安装、中压碳钢凝水缸安装、低压铸铁凝水缸安装(机械接口)、中压铸铁凝水缸安装(机械接口)、低压铸铁凝水缸安装(青铅接口)、中压铸铁凝水缸安装(青铅接口),并区分公称直径。

(2) 碳钢、铸铁凝水缸安装如使用成品头部装置时,只允许调整材料,其他不变。

(3) 碳钢凝水缸安装未包括缸体、套管、抽水管的刷油、防腐,应按不同设计要求另行套用其他定额相应项目计算。

（4）凝水缸安装中，定额内加“（　）”的未计价材料，如实际未发生时，则不得计算。

2. 调压器安装

（1）雷诺式调压器、T形调压器安装是指调压器成品安装，调压站内组装的各种管道、管件、各种阀门根据不同设计要求，套用定额的相应项目另行计算。

（2）各种调压器安装均不包括过滤器、萘油分离器、安全发散装置（包括水封）安装，发生时，可按定额的相应项目另行计算。

3. 鬃毛过滤器安装、萘油分离器安装

（1）区分公称直径。

（2）鬃毛过滤器、萘油分离器均按成品件考虑。

4. 安全水封、检漏管安装

（1）安全水封安装区分公称直径。

（2）检漏管安装按在套管上钻眼攻丝考虑，已包括水井砌筑。

5. 煤气调长器安装

（1）区分公称直径。

（2）煤气调长器是按焊接法兰考虑的，如采用直接对焊时，应减去法兰安装用材料，其他不变。

（3）煤气调长器是按三波考虑的，如安装三波以上的，其人工乘以系数1.33，其他不变。

燃气集中供热用容器具安装定额的应用

燃气集中供热用容器具安装包括：除污器组成安装、补偿器安装等定额子目。各项目区分以下条件套用定额。

1. 除污器安装、除污器组成安装

（1）区分除污器公称直径。

（2）区分有无调温、调压装置。

2. 补偿器安装

（1）区分补偿器公称直径。

（2）碳钢波纹补偿器是按焊接法兰考虑的，如直接焊接时，应减去法兰安装用材料，其他不变。

（3）法兰用螺栓按表4-18、表4-19选用。

管道试压、吹扫

燃气与集中供热管道试压、吹扫包括：强度试验，气密性试验，管道吹扫，气体置换，管道总试压及冲洗，牺牲阳极、测试桩安装，钢管胶带防腐，管线聚乙烯热收缩套（带）补口，管道清通等定额子目。

1. 强度试验、气密性试验、管道吹扫、气体置换、管道清通

（1）区分公称直径套用定额子目。管线管径与定额表列管径不同时，按管径比例采用比例内插法计算。

（2）管道压力试验，不区分材质和作业环境。试压水如需加温，热源费用及排水

设施另行计算。

(3) 强度试验、气密性试验项目,均包括了一次试压的人工、材料和机械台班的耗用量。

(4) 集中供热高压管道压力试验执行低中压相应定额,其人工乘以系数 1.3。

2. 管道总试压及冲洗

(1) 区分公称直径套用定额子目。管线管径与定额表列管径不同时,按管径比例采用比例内插法计算。

(2) 强度试验、气密性试验项目,分段试验合格后,如需总体试压和发生二次或二次以上试压时,应再套用定额相应项目计算试压费用。

(3) 液压试验时按普通水考虑的,如试压介质有特殊要求的,介质可按实调整。

3. 管线聚乙烯热收缩套(带)补口

管线聚乙烯热收缩套(带)的消耗量按表 4-20 中的有效节长取定,其中损耗率为 3%。

表 4-20 钢管有效节长表

规格	*DN*100	*DN*150	*DN*200	*DN*250	*DN*300	*DN*350	*DN*400	*DN*450	*DN*500
有效节长/m	6	6	6	8	10	10	10	10	10

桥管制作、安装定额的应用

桥管制作安装包括:单跨桥管制作、安装,双跨桥管制作、安装,多跨桥管制作、安装等定额子目。

(1) 桥管安装按安装通航水面净高 5 m 编制,适用于单跨或多跨、平管跨越过河,如设计需要加高或采用斜拉、钢桁架等加固形式时,其加固消耗量另计。折拱形桥管不需要调整。

(2) 桥管安装跨度是指起讫点支墩间的水平距离,如实际跨度不同时,按接近的跨度套用相应的定额子目,其中人工和机械消耗不做调整,管材可按实际长度调整。

(3) 实际施工时管道规格与定额子目规格不符时,按接近规格套用定额,中间规格按较大规格套用,超过定额最大规格时应另行计算。

(4) 定额中取定钢管外径与公称直径对应,见表 4-21。

表 4-21 钢管外径与公称直径对应表

公称直径/mm 以内	管外径×壁厚/(mm×mm 以内)	公称直径/mm 以内	管外径×壁厚/(mm×mm 以内)
300	325×8	1 000	1 020×12
400	426×8	1 200	1 220×12
500	529×10	1 400	1 420×14
600	630×10	1 600	1 620×16
700	720×10	1 800	1 820×16
800	820×10	2 000	2 020×16
900	920×10	—	—

（5）钢管安装如实际壁厚与定额取定不同，电焊条及焊机消耗量可按表 4-22 所列系数调整。

表 4-22 电焊条及焊机消耗量调整系数表

公称直径/mm 以内	400		800		1 200		1 500		2 000	
管壁/mm	4	6	6	8	8	10	10	12	12	14
调整系数	0.313	0.622	0.540	0.894	0.645	0.779	0.621	0.799	0.645	0.815
管壁/mm	10	12	12	14	14	16	16	18	18	20
调整系数	1.236	1.538	1.332	1.594	1.253	1.603	1.284	1.538	1.198	1.415

项目五

市政桥涵工程计量计价

学习目标

学会桥涵工程项目施工图识读。

掌握桥涵工程项目清单工程量计算、清单编制方法。

掌握桥涵工程项目清单报价编制方法,学会定额的应用。

技能目标

能根据给定工程项目图纸、计量计价依据等进行市政桥涵工程项目列项、计量、工程量清单编制、清单报价编制和结算价编制。

在城市道路建设中,为了跨越(如河流、沟谷、其他道路、铁路等)障碍的道路,必须修建各种类型的桥梁和涵洞。随着城市建设的高速发展,城市新型桥梁不断涌现,促进了新的施工机械、施工工艺、施工方法的形成与发展。

教学单元一　基础知识

一、桥梁的分类

(一)按桥梁结构分类

桥梁的分类方法很多,可按照用途、建造材料、使用性质、行车道部分位置、桥梁跨越障碍物的不同条件分类。最基本的方法是按照桥梁的基本结构分类,主要有梁式桥、拱桥、刚架桥、悬索桥(吊桥)、斜拉桥。

1. 梁式桥

梁式桥是我国古代最普遍、最早出现的桥梁,古人称之为平桥。它的结构简单,外形平直,比较容易建造。梁式桥以受弯矩为主的主梁作为承重构件,主梁可以是实腹或空腹。按主梁的静力体系分为简支梁桥、连续梁桥和悬臂梁桥。

动画
简支梁桥受力

(1) 简支梁桥。主要以孔为单元,两端设有橡胶支座,是静定结构。一般适用于中小跨度,结构简单,制造安装方便,也可工厂化施工,造价低,因此被广泛使用。

静定结构是指仅用平衡方程就可以确定全部内力和约束力的几何不变结构。

(2) 连续梁桥。主梁由若干孔为一联,连续支承在几个支座上,是超静定结构。当跨度较大时,采用连续梁较省材料,更适合悬臂拼装法或悬臂浇筑法施工。

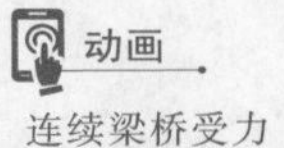

动画
连续梁桥受力

(3) 悬臂梁桥。上部结构由锚固孔、悬臂和悬挂孔组成,悬挂孔支承在悬臂上,用绞相连。有单悬臂梁桥和双悬臂梁桥。

梁式桥是桥梁的基本体系之一,使用广泛,在桥梁建造中占有很大的比例,其上部结构可以是木、钢、钢筋混凝土、预应力混凝土、钢混组合等结构,如图 5-1 所示。

图 5-1 梁式桥

2. 拱桥

拱桥是指在竖直平面以内拱作为上部结构主要承重构件的桥梁。拱桥的主要承重构件是拱圈或拱肋。在竖向荷载作用下,主要承受压力,同时也承受弯矩。

拱桥可用砖、石、混凝土等抗压强度良好的材料建筑,大跨度拱桥则用钢筋混凝土或钢材建造,以承受发生的力矩。近年来,拱桥施工方法也有所创新:如中小跨径拱桥以预制拱肋为拱架,少支架施工为主,或采用悬砌方法;大跨径拱桥则采取分段纵向分条,横向分段,预制拱肋,无支架吊装,组合拼装与现浇相结合的施工方法。此外,采用无支架转体施工方法建造拱桥也有不少成功的经验。图 5-2 所示为传统拱桥,图 5-3 所示为组合拱桥。

3. 刚架桥

刚架桥的主要承重结构是梁或板和立柱或竖墙整体结合在一起的刚架结构,是一种介于梁与拱之间的结构体系,它是由受弯的上部梁(或板)结构与承压的下部柱(或墩)整体结合在一起的结构。由于梁和柱的刚性连接,梁因柱的抗弯刚度而得到卸荷作用,整个体系是压弯结构,也是有推力的结构。刚架桥施工较复杂,一般用于跨度不大的城市或公路的跨线桥和立交桥，如图 5-4 所示。

图 5-2　传统拱桥

图 5-3　组合拱桥

图 5-4　刚架桥

4. 悬索桥(吊桥)

悬索桥又称吊桥，是指以通过索塔悬挂并锚固于两岸的缆索作为上部结构主要承重构件的桥梁。其缆索几何形状由力的平衡条件决定，一般接近抛物线。从缆索垂直下许多吊杆，把桥面吊住，在桥面和吊杆之间常设置加劲梁，同缆索形成组合体系，以减少活载引起的挠度变形。

由于悬索桥可以充分利用材料的强度，并且有用料省、自重轻的特点，因此悬索桥在各种体系桥梁中的跨度能力最大，理论跨径可达 1 000 m 以上，如图 5-5 所示。

图 5-5　悬索桥

5. 斜拉桥

斜拉桥是指将主梁用许多拉索直接拉在桥塔上的一种桥梁。它是由承压的塔、受拉的索和承弯的梁体组合起来的一种结构体系。其可看作是拉索代替支墩的多跨弹性支承连续梁,可使梁体内弯矩减小,降低建筑高度,减轻了结构自重,节省材料。斜拉桥的主梁形式:混凝土梁以箱式、板式、边箱中板为主;钢梁以正交异性极钢箱为主,也有边箱中板。一般来说,斜拉桥跨径 300 ~ 1 000 m 是比较合理的,在这样的跨径范围,斜拉桥与悬索桥相比,斜拉桥有较明显优势,如图 5-6 所示。

图 5-6 斜拉桥

(二) 按桥梁跨径分类

可根据桥梁的长度和跨径大小,将桥梁分为特大桥、大桥、中桥、小桥和涵洞。其划分标准见表 5-1。

表 5-1 桥梁按总长或跨径分类

桥梁分类	多孔跨径总长 L_d/m	单孔跨径总长 L_d/m
特大桥	$L_d \geqslant 500$	$L_d \geqslant 100$
大桥	$100 \leqslant L_d < 500$	$40 \leqslant L_d < 100$
中桥	$30 \leqslant L_d < 100$	$20 \leqslant L_d < 40$
小桥	$8 \leqslant L_d < 30$	$5 \leqslant L_d < 20$
涵洞	$L_d < 8$	$L_d < 5$

注:1. 单孔跨径是指标准跨径。

2. 多孔跨径总长,仅作为划分特大、大、中、小桥的一个指标,梁式桥、板式桥涵为多孔标准跨径的总长;拱式桥涵为两岸桥台内起拱线间的距离;其他形式的桥梁为桥面系车行道长度。

3. 圆管涵及箱涵不论管径或跨径大小、孔数多少,均称为涵洞。

二、桥梁的基本组成

桥梁由桥跨结构、支座系统、桥墩、桥台、墩台基础等五大部件和桥面铺装、排水防水系统、栏杆、伸缩缝、灯光照明等五小部件组成,如图 5-7、图 5-8 所示。

(一) 五大部件

五大部件是指桥梁承受汽车或其他运输车辆荷载的桥垮上部结构与下部结构,它们必须通过承载力计算与分析,是桥梁结构安全性的保证。

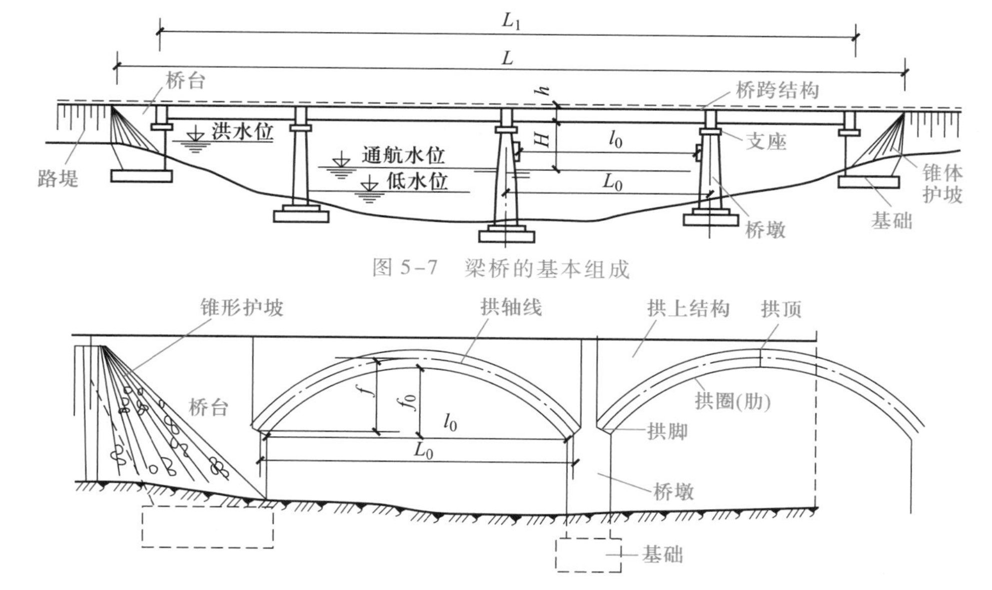

图 5-7　梁桥的基本组成

图 5-8　拱桥的基本组成

1. 桥跨结构

桥跨结构是指线路跨越障碍(如江河、山谷或其他路线等)的结构物。

2. 支座系统

支座系统是指在桥跨结构与桥墩或桥台的支承处所设置的传力装置。它不仅要传递很大的荷载,还要保证桥跨结构能产生一定的变位。

3. 桥墩

桥墩是指在河中或岸上支承桥跨结构的结构物。

4. 桥台

桥台设在桥的两端,一边与路堤相接,以防止路堤滑塌;另一边则支承桥跨结构的端部。为保护桥台和路堤填土,桥台两侧常做锥形护坡、挡土墙等防护工程。

5. 墩台基础

墩台基础是指保证桥梁墩台安全并将荷载传至地基的结构。

上述前两个部件是桥跨上部结构,后三个部件是桥跨下部结构,如图 5-9 所示。

图 5-9　桥梁五大部件

（二）五小部件

五小部件是指直接与桥梁服务功能有关的部件，过去总称为桥面构造。

1. 桥面铺装

桥面铺装（又称行车道铺装）指的是为保护桥面板和分布车轮的集中荷载，用沥青混凝土、水泥混凝土、高分子聚合物等材料铺筑在桥面板上的保护层。桥面铺装的形式有水泥混凝土或沥青混凝土铺装。为使铺装层具有足够的强度和良好的整体性，一般宜在混凝土中铺设直径为 4～6 mm 的钢筋网，如图 5-10 所示。

2. 排水防水系统

排水防水系统应能迅速排出桥面积水，并使渗水的可能性降至最小限度。城市桥梁排水系统应保持桥下无滴水和结构上无漏水现象。

（1）桥面排水。在桥梁设计时要有一个完整的排水系统，在桥面上除设置纵横坡排水外，常常还需要设置一定数量的泄水管。当桥面纵坡大于 2% 而桥长大于 50 m 时，就需要设置泄水管，一般顺桥长方向每隔 12～15 m 设置一个。泄水管可以沿行车道左右对称排列，也可以交错排列，其离缘石的距离为 200～500 mm。泄水管也可布置在人行道下面。

（2）桥面防水。桥面防水层设置在桥面铺装层下面，它将透过铺装层渗下来的雨水汇集到排水设施（泄水管）排出。国内常用的为贴式防水层，由两层卷材（如油毡）和三层黏结材料（沥青砂胶）相间组合而成，一般厚 10～20 mm。桥面伸缩处应连续铺设，不可切断；桥面纵向应铺过桥台背；截面横向两侧，则应伸过缘石底面从人行道与缘石切缝里向上迭起 100 mm，如图 5-11 所示。

图 5-10　桥面铺装

图 5-11　桥梁排水系统

3. 栏杆

栏杆（或防撞栏杆）既是保持安全的构造措施，又是有利于观赏的最佳装饰件。它是桥梁和建筑上的安全设施，要求坚固，且要注意美观。常见种类有木制栏杆、石栏杆、不锈钢栏杆、铸铁栏杆、水泥栏杆、组合式防撞栏杆，如图 5-12 所示。

4. 伸缩缝

伸缩缝是指桥跨上部结构之间或桥跨上部结构与桥台端墙之间所设的缝隙，以保证结构在各种因素作用下的变位。为使行车舒适、不颠簸，桥面上要设置伸缩缝构造。为满足桥面变形的要求，通常在两梁端之间、梁端与桥台之间或桥梁的铰接位置上设置伸缩缝。要求伸缩缝在平行、垂直于桥梁轴线的两个方向，均能自由收缩，牢固可靠，车辆行驶过时应平顺、无突跳与噪声；要能防止雨水和垃圾泥土渗入阻塞；安装、检查、养护、消除污物都要简易方便。在设置伸缩缝处，栏杆与桥面铺装都要断开。伸缩缝的类型有型钢伸缩缝、镀锌薄钢板伸缩缝、橡胶伸缩缝等，如图 5-13 所示。

图 5-12　桥梁栏杆

图 5-13　桥梁伸缩缝

5. 灯光照明

现代城市中，桥梁通常是一个城市的标志性建筑，大多数装置了灯光照明系统，构成了城市夜景的重要组成部分，如图 5-14 所示。

图 5-14　桥梁灯光照明

三、涵洞

涵洞是指设于路基下修筑于路面以下的排水孔道（过水通道），通过这种结构可以让水从公路的下面流过。用于跨越天然沟谷洼地排泄洪水，或横跨大小道路作为人、畜和车辆的立交通道，或农田灌溉作为水渠。涵洞主要由洞身、基础、端和翼墙等组成。按中国公路桥涵设计规范中的规定：多跨桥梁的总长小于 8 m，或单孔跨度小于 5 m者，也称涵洞。

涵洞按照构造形式分为圆管涵、箱涵和拱涵、盖板涵，如图 5-15 ~ 图 5-18 所示。涵洞截面上的最大水平尺寸为涵洞的孔径，如圆管涵是以其内径为孔径，而箱涵、拱涵的孔径为其两侧边墙间的净距。

图5-15 圆管涵

图5-16 钢筋混凝土箱涵

图5-17 石砌拱涵

过水涵洞进出口两端设圬工端墙、翼墙和用片石铺成的锥体，沟床和附近路堤坡面也要铺砌以防冲刷。

（“圬工”即“圬工结构”。以砖、石材、砂浆或混凝土为建筑材料所建成的“砖石结构”或“混凝土结构”统称为“圬工结构”。）

图5-18 盖板涵

圆管涵可用不同材料的管节铺设在基础上。预制钢筋混凝土管、铸铁管、波纹铁管等，均可作为圆管涵管节。箱涵孔径较小时也可用预制钢筋混凝土箱型节段建成。孔径较大的箱涵和各种孔径的拱涵，通常都先用砌石或灌注混凝土修筑基础和边墙，而后在边墙上铺设预制钢筋混凝土盖板形成涵箱（又称盖板箱涵），或砌筑拱圈形成拱涵。

四、桥涵工程定额说明

（一）本章定额说明

本章定额包括打桩工程、钻孔灌注桩工程、砌筑工程、钢筋及钢结构工程、现浇混凝土工程、预制混凝土工程、立交箱涵工程、安装工程、临时工程和装饰工程，共10章593个子目。

（二）本章定额适用范围

（1）单跨100 m以内的城镇桥梁工程。

（2）单跨5 m以内的各种板涵、拱涵工程。

（3）穿越城市道路及铁路的立交箱涵工程。

（三）定额有关说明

（1）预制混凝土及钢筋混凝土构件均属于现场预制，不适用于独立核算、执行产品出厂价格的构件厂所生产的构配件。

（2）定额中提升高度按原地面标高至梁底标高8 m为界，若超过8 m时，应考虑超高因素（悬浇箱梁除外）。

① 现浇混凝土项目按提升高度不同将全桥划分为若干段，以超高段承台顶面以上混凝土（不含泵送混凝土）、模板、钢筋工程量，按表5-2调整相应定额中起重机械的规格及人工、起重台班的消耗量分段计算。

② 陆上安装梁可按表5-2调整相应定额中人工及起重机的台班消耗量，但起重机械的规格不做调整。

表5-2　陆上安装梁人工及起重机消耗量调整表

项目	现浇混凝土			陆上安装梁	
提升高度 H/m	人工	5 t履带式电动起重机		人工	起重机械
	消耗量系数	消耗量系数	规格调整	消耗量系数	消耗量系数
$H\leqslant15$	1.02	1.02	15 t履带式起重机	1.10	1.10
$H\leqslant22$	1.05	1.05	25 t履带式起重机	1.25	1.25
$H>22$	1.10	1.10	40 t履带式起重机	1.50	1.50

（3）定额河道水深取定为3 m。

（4）定额中均未包括各类操作脚手架，发生时按第一册《通用项目》相应定额执行。

（5）定额未包括预制构件的场外运输。

教学单元二　打桩工程

一、打桩工程基础知识

“打桩”就是制作桩基础，桩基础就是桩和桩顶承台构成的深基础。桩根据受力情况分为摩擦桩和端承桩，摩擦桩是利用桩壁与周围泥沙的摩擦来承受上部建筑结构的重量；端承桩是将桩打到地下坚实的地层，并把上部建筑结构的荷载通过桩身传到坚实地层。

本章讲的“打桩”，特指在预制场预制桩，在工点通过施打或者静力压桩的方式把桩打入土层中,构成深基础的过程。用常见的钢筋混凝土预制桩施工举例,其施工工艺流程如图 5-19 所示。

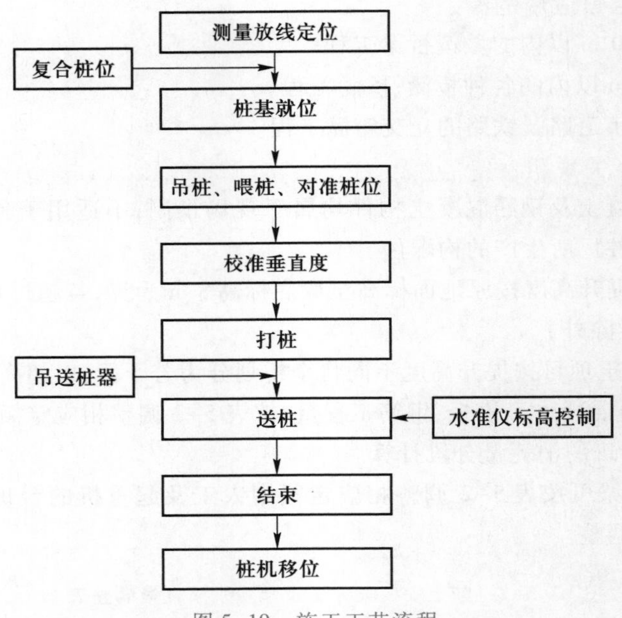

图 5-19 施工工艺流程

(一) 桩的形式

桩的形式有圆木桩、木板桩、钢筋混凝土方桩、钢筋混凝土板桩、钢筋混凝土管桩、钢管桩,如图 5-20 ~ 图 5-25 所示。

图 5-20 圆木桩

(二) 打桩机械

打桩机械主要有简易打拔桩机、起重机械、静力压桩机、柴油打桩机等,如图 5-26 ~ 图 5-29 所示。

图 5-21　木板桩

图 5-22　钢筋混凝土方桩

图 5-23　钢筋混凝土板桩

图 5-24　钢筋混凝土管桩

图 5-25　钢管桩

图 5-26　简易打拔桩机

图 5-27　履带式起重机

图 5-28　静力压桩机

图 5-29　柴油打桩机

（三）送桩

在打桩时，由于打桩架底盘离地面有一定距离，不能将桩打入地面以下设计位置，而需要用打桩机和送桩机将预制桩共同送入土中，这一过程称为送桩。

在设计桩顶低于目前地面，且场地限制无法大面积开挖后再打桩时打桩机械及交通无法开展的情况下，在现地面处打桩，用送桩器将桩顶打至地面以下，如图 5-30 所示。也有桩送桩的做法，但在一些地方是限制的。

图 5-30　送桩器送桩

（四）接桩

由于一根桩的长度打不到设计规定的深度，所以需要将预制桩一根一根地连接起来继续向下打，直至打入设计的深度为止。将已打入的前一根桩顶端与后一根桩的下端相连接在一块的过程称为接桩。常用的接桩方式有浆锚接桩、焊接接桩、法兰螺栓接桩。

拓展阅读

送桩和打桩的区别

1. 浆锚接桩

浆锚法是指接桩时，首先将上节桩对准下节桩，使四根锚筋插入筋孔，下落压梁并套住桩顶的方法，如图 5-31 所示。

2. 焊接接桩

电焊焊接施工时，焊前须清理接口处砂浆、铁锈和油污等杂质，坡口表面要呈金属光泽，加上定位板。接头处如有孔隙，应用楔形铁片全部填实焊牢。焊接坡口槽应分

3～4层焊接，每层焊渣应彻底清除，焊接采用人工对称堆焊，预防气泡和夹渣等焊接缺陷。焊缝应连续饱满，焊好接头自然冷却15 min后方可施压，禁止用水冷却或焊好即压，如图5-32、图5-33所示。

图5-31　浆锚接桩

图5-32　焊接接桩(一)

3. 法兰螺栓接桩

法兰螺栓连接法就是把两根桩先各自固定在一个法兰盘上，两个法兰盘之间加上法兰垫，用螺栓紧固在一起，即完成了连接，如图5-34、图5-35所示。

图5-33　焊接接桩(二)

采用法兰螺栓接桩应符合下列规定：

(1) 法兰结合处，可加垫沥青纸等材料，如法兰有不密贴处，应用薄钢片塞紧。

(2) 法兰螺栓应逐个拧紧，并加设弹簧垫圈或加焊，防止锤击时螺栓松动。

(3) 桩的连接应按设计要求或有关规定进行。

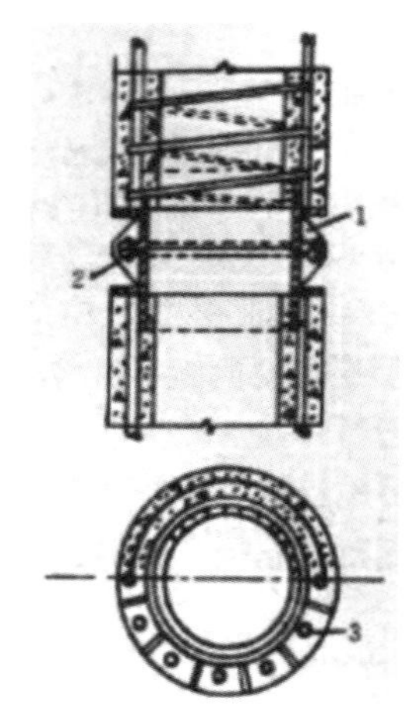

图5-34　法兰螺栓接桩(一)

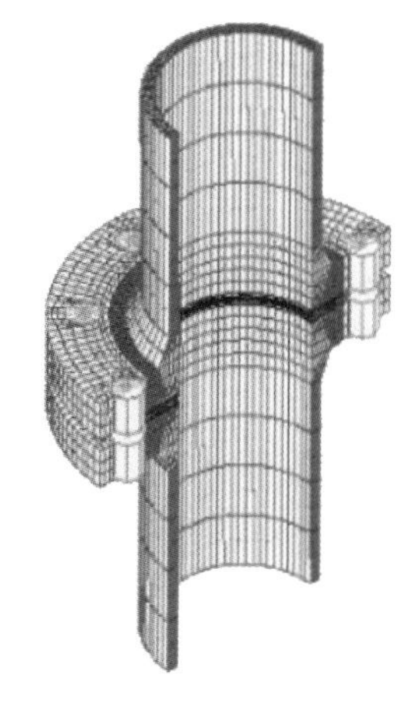

图5-35　法兰螺栓接桩(二)

(五) 按打拔工具桩的施工环境(水上、陆)分类

水上、陆上打拔工具桩划分见表5-3。

表 5-3 水上、陆上打拔工具桩划分表

项目名称	说明
水上作业	距岸线>1.5 m,水深>2 m
陆上作业	距岸线≤1.5 m 水深≤1 m
水、陆作业各占 50%	1 m<水深≤2 m

注:1. 岸线是指施工期间最高水位时,水面与河岸的相交线。

2. 水深是指施工期间最高水位时的水深度。

3. 水上打拔工具桩是按二艘驳船捆扎成船台作业。

二、打桩工程清单编制

桩基工程量清单项目设置、项目特征描述的内容、计量单位及工程量计算规则,应按照二维码“表 C.1 桩基”的规定执行。

(1) 地层情况按表 2-4、2-8 的规定,并根据岩土工程勘察报告按单位工程各地层所占比例(包括范围值)进行描述。对无法准确描述的地层情况,可注明由投标人根据岩土工程勘察报告自行决定报价。

(2) 各类混凝土预制桩以成品桩考虑,应包括成品桩购置费,如果用现场预制,应包括现场预制桩的所有费用。

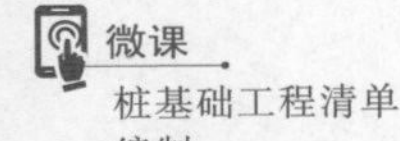

(3) 项目特征中的桩截、混凝土强度等级、桩类型等可直接用标准图代号或设计桩型进行描述。

(4) 打试验桩和打斜桩应按相应项目编码单独列项,并应在项目特征中注明试验桩或斜桩(斜率)。

(5) 项目特征中的桩长应包括桩尖,空桩长度=孔深-桩长,孔深为自然地面至设计桩底的深度。

三、打桩工程清单报价

(一) 打桩工程计价工程量计算

1. 打桩

(1) 钢筋混凝土方桩、板桩按桩长度(包括桩尖长度)乘以桩横断面面积计算。

(2) 钢筋混凝土管桩按桩长度(包括桩尖长度)乘以桩横断面面积,减去空心部分体积计算。

(3) 钢管桩按成品桩考虑,以“t”计算。

$$W=(D-\delta)\times\delta\times0.0246\times L/1000$$

式中 W——钢管桩重量(t);

D——钢管桩直径(mm);

δ——钢管桩壁厚(mm);

L——钢管桩长度(m)。

2. 焊接桩

焊接桩型钢用量可按实调整。

3. 送桩

（1）陆上打桩时，以原地面平均标高增加 1 m 为界线，界线以下至设计桩顶标高之间的打桩实体积为送桩工程量。

（2）支架上打桩时，以当地施工期间的最高潮水位增加 0.5 m 为界线，界线以下至设计桩顶标高之间的打桩实体积为送桩工程量。

（3）船上打桩时，以当地施工期间的平均水位增加 1 m 为界线，界线以下至设计桩顶标高之间的打桩实体积为送桩工程量。

［例 5-1］　某单跨小型桥梁，采用桥梁桩基础，如图 5-36 所示，混凝土强度等级均为 C30，土层均为黏土，试列项并计算桩基础清单工程量。

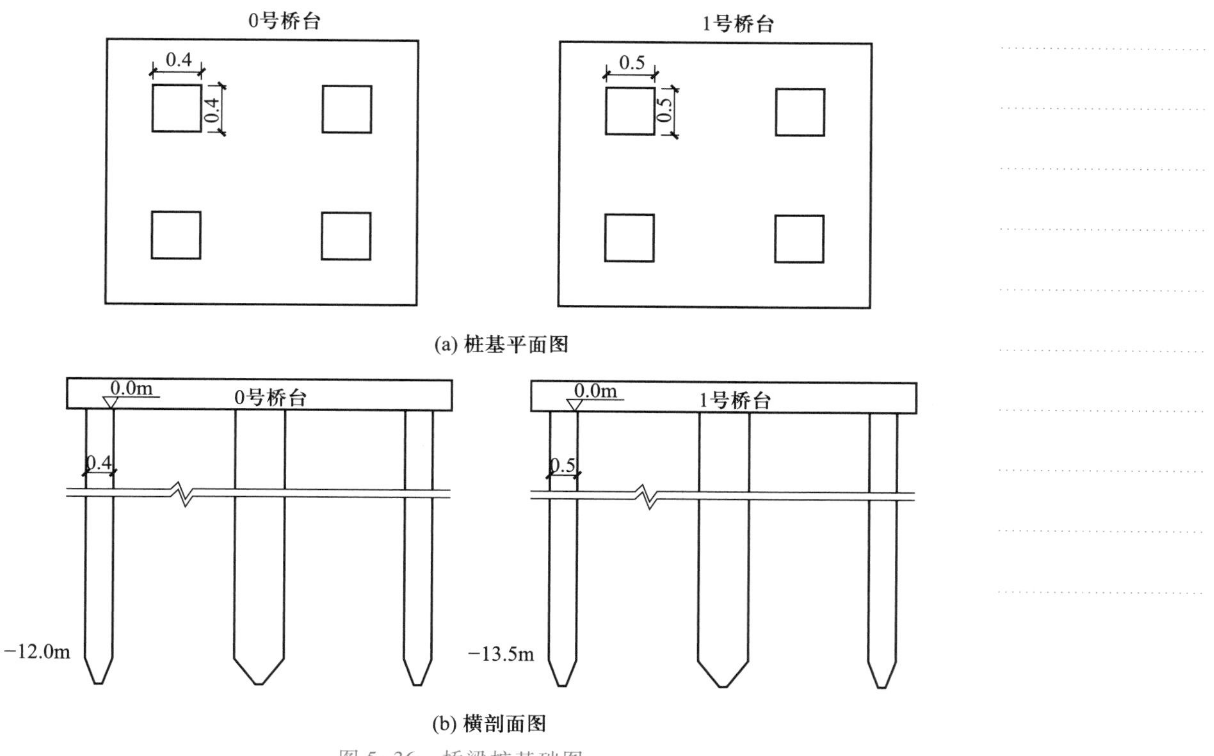

图 5-36　桥梁桩基础图

【解】　由图 5-36 可知，该桥梁两侧桥台下均采用 C30 钢筋混凝土方桩。但由于桩截面尺寸不同，故该桥梁工程桩基础有两个清单项目，应分别计算其工程量，见表 5-4。

表 5-4　桩基础清单工程量

项目编码	项目名称	项目特征	计量单位	工程数量
040301001001	预制钢筋混凝土方桩	1. 地层情况：黏土 2. 桩长：12 m 3. 桩截面：0.4 m×0.4 m 4. 桩倾斜度：垂直 5. 混凝土强度等级：C30	m	12×4 m=48 m

续表

项目编码	项目名称	项目特征	计量单位	工程数量
040301001001	预制钢筋混凝土方桩	1. 地层情况:黏土 2. 桩长:13.5 m 3. 桩截面:0.5 m×0.5 m 4. 桩倾斜度:垂直 5. 混凝土强度等级:C30	m	13.5×4 m=54 m

（二）打桩工程定额应用

（1）打桩工程内容包括打基础圆木桩、打钢筋混凝土方桩、打钢筋混凝土板桩、打钢筋混凝土管桩、打钢管桩、接桩、送桩等项目，共 11 节 104 个子目。

（2）定额中打桩土质类别综合取定。

（3）本章定额均为打直桩，如打斜桩（包括俯打、仰打）斜率在 1∶6 以内时，人工乘以 1.33，机械乘以 1.43。

（4）本章定额均考虑在已搭置的支架平台上操作，但不包括支架平台，其支架平台的搭设与拆除应按本册第九章相关项目计算。

（5）陆上打桩采用履带式柴油打桩机时，不计陆上工作平台费，打桩若需铺设碎石垫层，可另行计算。面积按陆上工作平台面积计算。

（6）船上打桩定额按两艘船只拼搭、捆绑考虑。

（7）打板桩定额中，均已包括打、拔导向桩内容，不得重复计算。

（8）陆上、支架上、船上打桩定额中均未包括运桩。

（9）送桩定额按送 4 m 为界，如实际超过 4 m 时，按相应定额乘以下列调整系数：

① 送桩 5 m 以内乘以系数 1.2。

② 送桩 6 m 以内乘以系数 1.5。

③ 送桩 7 m 以内乘以系数 2.0。

④ 送桩 7 m 以上，以调整后 7 m 为基础，每超过 1 m 递增系数 0.75。

（10）打桩机械的安拆、场外运输费用按机械台班费用定额的有关规定计算。

（11）如设计要求需凿除桩头时，可套用本册第九章“临时工程”相应定额。

（12）如打基础圆木桩采用挖掘机打桩时，可套用第一册《通用项目》相应定额，圆木桩含量做相应调整。

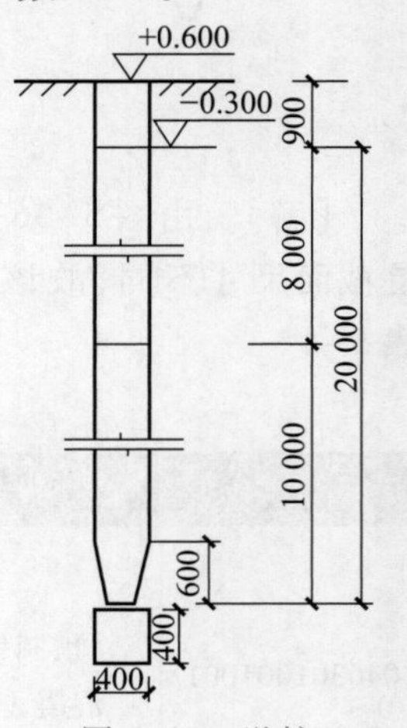

图 5-37 送桩

［例 5-2］ 如图 5-37 所示，自然地坪标高为 0.6 m，桩顶标高为-0.3 m，设计桩长为 20 m（包括桩尖，单根桩长 10 m）。桥台基础共 6 个，每个基础设 4 根预制钢筋混凝土方桩，采用浆锚接桩，试计算陆上打桩、接桩与送桩的定额人材机费。

【解】 （1）打桩：$V=0.4\times0.4\times20\times6\times4\ m^3=76.8\ m^3$

套定额［3-13］，基价＝1 466.74 元/10 m^3

定额人材机费＝146.674×76.8 元＝11 264.56 元

（2）接桩：$n=1\times6\times4$ 个 $=24$ 个

套定额[3-51]，基价 = 171.21 元/个

定额人材机费 = 171.21×24 元 = 4 109.04 元

（3）送桩：$V=0.4\times0.4\times(1+0.6+0.3)\times24$ m = 7.296 m

套定额[3-68]，基价 = 5 303.99 元/10 m^3

定额人材机费 = 530.399×7.296 元 = 3 869.79 元

教学单元三　钻孔灌注桩工程

一、钻孔灌注桩工程基础知识

钻孔灌注桩是指采用不同的钻孔方法，在土中形成一定直径的井孔，达到设计标高后，将钢筋骨架（笼）吊入井孔中，灌注混凝土形成的桩基础。

（一）埋设钢护筒

在钻孔灌注桩中，常埋设钢护筒来定位需要钻的桩位，如图 5-38、图 5-39 所示。护筒为钢护筒，壁厚 10 mm，护筒定位时，先以桩位中心为圆心，根据护筒半径在土上定出护筒位置，护筒就位后，施加压力将护筒埋入约 50 cm。如下压困难，可先将孔位处的土体挖出一部分，然后安放护筒埋入地下。在埋入过程中应检查护筒是否垂直，若发现偏斜，应及时纠正。陆上护筒埋放就位后，将护筒外侧用黏土回填压实，以防止护筒四周出现漏水现象，回填厚度约 40～45 cm，顶端高度高出（水面）地面 0.4～0.6 m，筒位距孔心偏差不得大于 50 mm。

图 5-38　加钢护筒

图 5-39　埋设钢护筒

埋设钢护筒的作用有：定位；保护孔口，以及防止地面石块掉入孔内；保持泥浆水位（压力），防止坍孔；是桩顶标高控制依据之一；防止钻孔过程中的沉渣回流。

一般来说，护筒顶标高采用反循环钻时其顶部应高出地下水位 2.0 m；采用正循环钻时应高出地下水位 1.0～1.5 m；处于旱地时，护筒在满足上述条件的基础上还应高出地面 0.3 m。

（二）人工挖孔桩

人工挖孔灌注桩是指桩孔采用人工挖掘方法进行成孔，然后安放钢筋笼，浇筑混

凝土而成的桩。人工挖孔桩一般直径较粗，最细的也在 800 mm 以上，能够承载楼层较少且压力较大的结构主体，目前应用比较普遍。桩的上面设置承台，再用承台梁拉结、连系起来，使各个桩的受力均匀分布，用以支承整个建筑物，如图 5-40、图 5-41 所示。

人工挖孔桩施工方便、速度较快、不需要大型机械设备，挖孔桩要比木桩、混凝土打入桩抗震能力强，造价比冲击锥冲孔、冲击钻机冲孔、回旋钻机钻孔、沉井基础节省，应用广泛。但挖孔桩井下作业条件差、环境恶劣、劳动强度大，安全和质量显得尤为重要。

图 5-40　人工挖孔桩(一)

图 5-41　人工挖孔桩(二)

（三）回旋钻机钻孔

回旋钻机钻孔灌注桩技术被誉为“绿色施工工艺”，其特点是工作效率高、施工质量好、尘土泥浆污染少。旋挖钻机是一种多功能、高效率的灌注桩孔的成孔设备，可以实现桅杆垂直度的自动调节和钻孔深度的计量；旋挖钻孔施工是利用钻杆和钻斗的旋转，以钻斗自重并加液压作为钻进压力，使土屑装满钻斗后提升钻斗出土。通过钻斗的旋转、挖土、提升、卸土和泥浆置换护壁，反复循环而成孔。吊放钢筋笼、灌注混凝土、后压浆等同其他水下钻孔灌注桩工艺。

旋挖钻机一般适用于黏土、粉土、砂土、淤泥质土、人工回填土及含有部分卵石、碎石的地层。目前，旋挖钻机的最大钻孔直径为 3 m，最大钻孔深度达 120 m，最大钻孔扭矩为 620 kN/m，如图 5-42 所示。

图 5-42　回旋钻机钻孔

（四）冲击锤成孔

冲击式钻机是灌注桩基础施工的一种重要钻孔机械，它能适应各种不同地质情况，特别是卵石层中钻孔，冲击式钻机较之其他形式钻机适应性强。同时，用冲击式钻机造孔，成孔后，孔壁四周形成一层密实的土层，对稳定孔壁、提高桩基承载能力，均有一定作用。冲机钻孔是利用钻机的曲柄连杆机构，将动力的回转运动改变为往复运动，通过钢丝绳带动冲锤上下运动。通过冲锤自由下落的冲击作用，将卵石或岩石破碎，钻渣随泥浆（或用掏渣筒）排出，如图 5-43、图 5-44 所示。

图 5-43　冲击式钻机

动画

冲孔灌注桩施工工艺

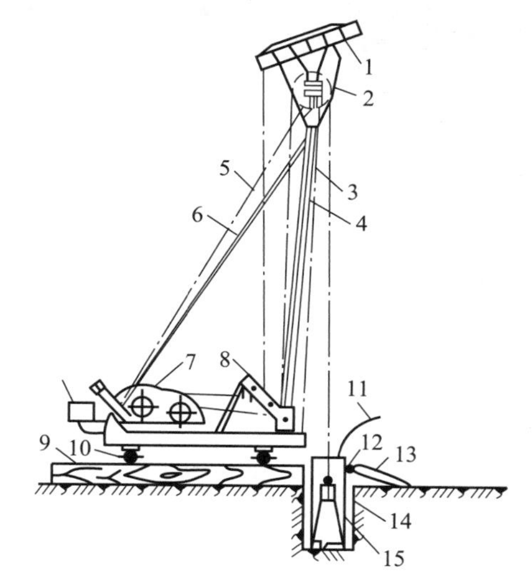

图 5-44　冲击式钻机示意图

1-副滑轮；2-主滑轮；3-主杆；4-前拉索；5-后拉索；6-斜撑；7-双滚筒卷扬机；8-导向轮；9-垫木；10-钢管；11-泥浆管供浆；12-泥浆出口；13-泥浆渡槽；14-护筒回填土；15-泥皮

（五）泥浆池的建造

现场设泥浆池（含回浆用沉淀池及泥浆储备池）一般为钻孔容积的 1.5～2.0 倍，要有较好的防渗能力。在沉淀池的旁边设置渣土区，沉渣采用反铲清理后放在渣土区，保证泥浆的巡回空间和存储空间。

制备泥浆的设备有两种，一是用泥浆搅拌机，一是用水力搅拌器。使用黏土粉造浆时最好用水力搅拌器；使用膨润土造浆时用泥浆搅拌机。

护壁泥浆再生处理：施工中采用重力沉降除渣法，即利用泥浆与土渣的相对密度差使土渣产生沉淀以排除土渣的方法。现场设置回收泥浆池用作回收护壁泥浆使用，泥浆经沉淀净化后，输送到储浆池中，在储浆池中进一步处理（加入适量纯碱和 CMC 改善泥浆性能）经测试合格后重复使用。

为了环保要求，泥浆需要集中处理，不能直接排往天然水体，如图 5-45 所示。

（六）钻孔桩灌注混凝土

灌注混凝土从工艺上来说，人工挖孔桩不需要水下灌注混凝土，回旋钻孔和冲击锤成孔都需要浇筑水下混凝土。泥浆护壁成孔灌注混凝土的浇筑是在水中或泥浆中进行的，故称为浇筑水下混凝土。水下混凝土宜比设计强度提高一个强度等级，必须具备良好的和易性，配合比应通过试验确定。水下混凝土浇筑常用导管法。

图 5-45 泥浆池

浇筑时，先将导管内及漏斗灌满混凝土，其量保证导管下端一次埋入混凝土面以下 0.8 m 以上，然后剪断悬吊隔水栓的钢丝，混凝土拌合物在自重作用下迅速排出球塞进入水中，如图 5-46 所示。

二、钻孔灌注桩工程清单编制

桩基工程量清单项目设置、项目特征描述的内容、计量单位及工程量计算规则，应按照二维码“表 C.1 桩基”的规定执行。

（1）泥浆护壁成孔灌注桩是指在泥浆护壁条件下成孔，采用水下灌注混凝土的桩。其成孔方法包括冲击钻成孔、冲抓锥成孔、回旋钻成孔、潜水钻成孔、泥浆护壁的旋挖成孔等。

拓展阅读

表 C.1 桩基

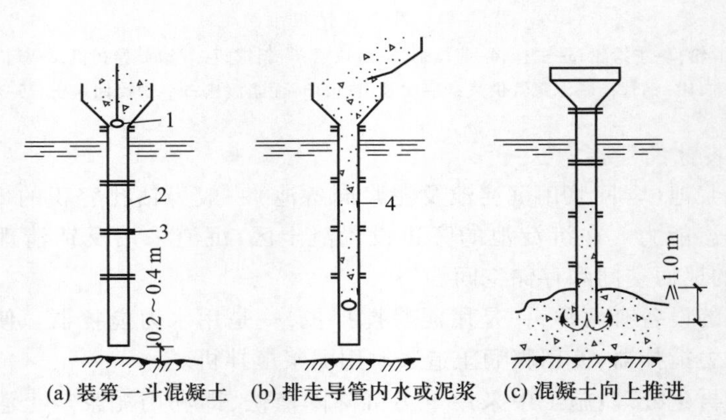

图 5-46 导管法浇筑水下混凝土

1-隔水塞；2-导管；3-接头；4-混凝土

（2）沉管灌注桩的沉管方法包括捶击沉管法、振动沉管法、振动冲击沉管法、内夯沉管法等。

（3）干作业成孔灌注桩是指不用泥浆护壁和套管护壁的情况下，用钻机成孔后，下钢筋笼，灌注混凝土的桩，适用于地下水位以上的土层使用。其成孔方法包括螺旋钻成孔、螺旋钻成孔扩底、干作业的旋挖成孔等。

(4) 混凝土灌注桩的钢筋笼制作、安装,按附录 J 钢筋工程中相关项目编码列项。

(5) 本表工作内容未含桩基础的承载力检测、桩身完整性检测。

[例 5-3]　某桥梁钻孔灌注桩基础,土层均为砂性土,采用泥浆护壁回旋钻成孔桩工艺,桩径为 1.2 m,桩顶设计标高为 0.00 m,桩底设计标高为-28 m,根据图示共计 24 根桩,桩身采用 C25 钢筋混凝土。试根据以上描述列清单项,并计算清单工程量。

【解】　钻孔灌注桩基础清单工程量见表 5-5。

表 5-5　钻孔灌注桩基础清单工程量

项目编码	项目名称	项目特征	计量单位	工程量计算
040301004001	泥浆护壁成孔灌注桩	1. 地层情况:砂土 2. 桩长:28 m 3. 桩径:1.2 m 4. 成孔方法:回旋钻 5. 混凝土强度等级:C25	m	28×24 m=672 m
040301011001	截桩头	1. 桩径:1.2 m 2. 高度:1.5 m 3. 混凝土强度等级:C25 4. 有无钢筋:有	根	24 根

三、钻孔灌注桩工程清单报价

1. 定额有关说明

(1) 本章定额包括埋设钢护筒、人工挖孔桩、转盘式钻孔桩机成孔、旋挖桩机钻孔、冲孔桩机成孔、泥浆池建造和拆除、泥浆运输、灌注混凝土等项目,共 9 节 64 个子目。

(2) 本定额适用于桥涵工程钻孔灌注桩基础工程。

(3) 本定额中涉及的各类土(岩石)层鉴别标准如下。

① 砂土层:粒径在 2~20 mm 的颗粒质量不超过总质量 50% 的土层,包括黏土、粉质黏土、粉土、粉砂、细砂、中砂、粗砂和砾砂。

② 碎(卵)石层:粒径在 2~20 mm 的颗粒质量超过总质量 50% 的土层,包括角砾、圆砾及粒径在 20~200 mm 的碎石、卵石、块石、漂石,此外还包括极软岩、软岩。

③ 岩石层:除极软岩、软岩以外的各类较软岩、较硬岩、坚硬岩。

(4) 埋设钢护筒定额中钢护筒按摊销量计算。若在深水作业,钢护筒无法拔出时,可按钢护筒实际用量(或参照表 5-6 中重量)减去定额用量一次增列计算。

表 5-6　钢护筒定额每米重量表

桩径/mm	600	800	1 000	1 200	1 500	2 000
每米护筒重量/(kg/m)	120.28	155.37	184.96	286.06	345.09	554.99

(5) 人工挖孔桩。

① 人工挖孔桩挖孔按设计注明的桩芯直径及孔深套用定额;桩孔土方需要外运时,按土方工程相应定额计算,挖孔时若遇淤泥、流沙岩石层,可按实际挖、凿的工程量

套用相应定额计算挖孔增加费。

② 人工挖孔子目中,已综合考虑了孔内照明、通风。孔内垂直运输方式按人工考虑。

③ 护壁不分现浇或预制,均套用安设混凝土护壁定额。

(6) 灌注桩。

① 转盘式、旋挖钻机成孔定额按砂土层编制,如设计要求进入岩石层时,套用相应定额计算岩石层成孔增加费;如设计要求穿越碎(卵)石层时,按套用岩石层成孔增加费再乘以表 5-7 的系数计算穿越增加费。

表 5-7 穿越碎(卵)石层定额增加系数表

成孔方式	系数
转盘式钻机成孔	0.35
旋挖钻机成孔	0.25

② 冲孔桩机成孔按不同土(岩)层分别编制定额子目。

③ 旋挖钻机成孔定额按湿作业成孔工艺考虑,如实际采用干作业成孔工艺,相应定额扣除黏土、水用量和泥浆泵台班,并不计泥浆工程量。

④ 成孔工艺灌注桩的充盈系数按常规地质情况编制,未考虑地下障碍物、溶洞、暗河等特殊地层。灌注混凝土定额中混凝土材料消耗已包含灌注充盈量,见表 5-8。

表 5-8 灌注混凝土充盈系数表

项目名称	充盈系数
转盘式钻机成孔	1.20
旋挖钻机成孔	1.15
冲孔钻机成孔	1.35

(7) 桩孔空钻部分回填根据施工组织设计要求套用相应定额。填土时套用第一册《通用项目》土石方工程松填土定额,填碎石时套用本册第五章碎石垫层定额乘以系数 0.7。

(8) 定额中未包括:钻机场外运输、截除余桩,其费用可套用相应定额和说明另行计算。

(9) 定额中未包括在钻机中遇到障碍必须清除的工作,发生时另行计算。

(10) 套用回旋钻机钻孔、冲孔桩机冲抓成孔、冲孔桩机冲击锤成孔定额时,若工程量小于 150 m^3,定额的人工及机械乘以系数 1.25。

(11) 注浆管埋设定额按桩底注浆考虑,如设计采用侧向注浆,则人工和机械乘以系数 1.2。利用声测管注浆时不得重复计算。注浆管埋设如遇材质、规格不同时,材料单价换算,其余不变。

(12) 声测管按无缝钢竹编制,具体尺寸及数量应按设计图确定。

(13) 泥浆处置。

① 定额分为泥浆池建拆、泥浆运输、泥浆固化。定额未考虑泥浆废弃处置费,发生时按工程所在地市场价格计算。

② 桩施工产生的渣土和经过固化后的泥浆弃运,按本定额第一册《通用项目》土方

运输定额子目计算，其中泥浆固化后的外运工程量按固化前泥浆工程量的40%计算。

2. 工程量计算规则

（1）钻孔桩成孔工程量按成孔长度乘以设计桩截面积以“m^3”计算。成孔长度：陆上时，为原地面至设计桩底的长度；水上时，为水平面至设计桩底的长度减去水深。岩石层增加费工程量按实际入岩数量以“m^3”计算。设计要求穿越碎（卵）石层按地质资料表明长度乘以设计桩径截面积以“m^3”计算。

（2）冲孔桩机冲抓（击）锤冲孔工程量分别按进入各类层土、岩石层的成孔长度乘以设计桩截面积以“m^3”计算。

（3）人工挖桩孔工程量按护壁外围截面积乘以深度以“m^3”计算，孔深按自然地坪至设计桩底标高的长度计算。挖淤泥、流沙、入岩增加费按实际挖凿数量以“m^3”计算。护壁按设计图示截面积乘以护壁长度以“m^3”计算，护壁长度按打桩前的自然地坪标高至设计桩底标高（不含入岩长度）另加0.2 m计算。

（4）灌注桩混凝土工程量按桩长乘以设计桩截面积计算，桩长=设计桩长+设计加灌长度。设计未规定加灌长度时，加灌长度按不同设计桩长确定：25 m以内按0.5 m、35 m以内按0.8 m、35 m以上按1.2 m计算。

（5）桩孔回填土工程量按加灌长度顶面至自然地坪的长度乘以桩孔截面积以“m^3”计算。

（6）钻孔灌注桩如需搭设工作平台，可按定额第九章“临时工程”相应定额执行。

（7）钻孔灌注桩钢筋笼按设计图重量计算，执行定额第一册《通用项目》相应定额。

（8）钻孔灌注桩需预埋铁件时，执行定额第一册《通用项目》相应定额。

（9）声测管按设计图质量以“t”计算。

（10）注浆管工程量按打桩前的自然地坪标高至设计桩底标高的长度另加0.2 m计算。

（11）桩底（侧）后注浆工程量按设计注浆量计算。

（12）泥浆渣土处置。

① 各类成孔灌注桩泥浆（渣土）工程量按表5-9的规定计算。

表5-9　成孔灌注桩泥浆（渣土）工程量计算表

桩型	泥浆（渣土）工程量	
	泥浆	渣土
转盘式钻机成孔灌注桩	按成孔工程量	—
旋挖钻机成孔灌注桩	按成孔工程量乘以系数0.2	按成孔工程量
冲抓锤成孔灌注桩	按成孔工程量乘以系数0.2	按成孔工程量
冲击锤成孔灌注桩	按成孔工程量	—
人工挖孔灌注桩	—	按成孔工程量

② 泥浆池建造和拆除、泥浆运输工程按表5-10中的泥浆工程量以“m^3”计算。

③ 泥浆固化按实际需要固化处理的泥浆工程量以“m^3”计算。

[例5-4]　某高架桥基础打桩工程，陆上成孔，采用转盘式钻机。需打ϕ1 500 mm

钻孔灌注桩40根,设计桩长为30 m,入岩深度为2 m,上部护筒设2 m,采用C30水下混凝土,只计算泥浆池搭设费用,试计算工程量并套用定额。

【解】 (1) 埋设钢护筒:40×2 m=80 m,

套定额[3-103],基价=3 295.38元/10 m

定额人材机费=(80×3 295.38/10)元=26 363.04元。

(2) 钻孔桩成孔:$30\times3.14\times(1.5/2)^2\times40\ m^3=2\ 119.5\ m^3$,

套定额[3-124],基价=1 404.52元/10 m^3

定额人材机费=2 119.5×140.452元=297 688.01元

(3) 入岩增加费:$2\times3.14\times(1.5/2)^2\times40\ m^3=45\ m^3$,

套定额[3-130],基价=7 530.79/10 m^3

定额人材机费=45×753.08元=33 888.6元

(4) 泥浆池搭设:工程量等于成孔工程量=2 119.5 m^3,

套定额[3-150],基价=57.12元/10 m^3

定额人材机费=2 119.5×5.712元=12 106.58元

(5) 灌注水下混凝土C25:$(30+0.8)\times3.14\times(1.5/2)^2\times40\ m^3=2\ 176.02\ m^3$

套定额[3-156],基价=5 715.28元/10 m^3

定额人材机费=2 176.02×571.53元=1 243 660.71元

教学单元四 砌筑工程

一、砌筑工程基础知识

1. 浆砌块石、料石

浆砌石是使用胶结材料的块石砌体。石块依靠胶结材料的黏结力、摩擦力和石块本身重量,保持建筑物稳定。

块石指的是符合工程要求的岩石,经开采并加工而成的形状大致方正的石块。主要有花岗石块石、砂石块石等。

料石(又称条石)是由人工或机械开采出的较规则的六面体石块,是用来砌筑建筑物用的石料。按其加工面的平整程度可分为毛料石、粗料石、半细料石和细料石四种;按形状可分为条石、方石及拱石。料石的宽度、厚度均不宜小于200 mm,长度不宜大于厚度的4倍。

在桥梁工程中,浆砌块石常用于桥墩台身、挡墙、侧墙、栏杆、帽石、缘石、拱圈等,如图5-47~图5-50所示。

砌筑砂浆分为现场配制砂浆和预拌砌筑砂浆。现场配制砂浆又分为水泥砂浆(M30、M25、M20、M15、M10、M7.5、M5七个强度等级)和水泥混合砂浆(M15、M10、M7.5、M5四个强度等级)。

2. 浆砌混凝土预制块

混凝土预制块是将干硬混凝土通过挤压、振动等方法在专用模具中成型后形成的混凝土预制块,如图 5-51 所示。

图 5-47　浆砌块石桥墩

图 5-48　浆砌石拱圈

图 5-49　浆砌石锥坡

图 5-50　浆砌石挡墙

图 5-51　浆砌混凝土预制块护坡

二、砌筑工程清单编制

砌筑工程量清单项目设置、项目特征描述的内容、计量单位及工程量计算规则,应按表 5-10 所示的规定执行。

三、砌筑工程清单报价

(一) 砌筑工程量计算

(1) 砌筑工程量按设计粉砌体尺寸以“m^3”体积计算,嵌入砌体中的钢管、沉降缝、伸缩缝以及单孔面积在 0.3 m^2 以内的预留孔所占体积不予扣除。

(2) 拱圈底模工程量按模板接触砌体的面积计算。

表 5-10 砌　　筑

项目编码	项目名称	项目特征	计量单位	工程量计算规则	工作内容
040305001	垫层	1. 材料品种、规格 2. 厚度	m³	按设计图示尺寸以体积计算	垫层铺筑
040305002	干砌块料	1. 部位 2. 材料品种、规格 3. 泄水孔材料品种、规格 4. 滤水层要求 5. 沉降缝要求			1. 砌筑 2. 砌体勾缝 3. 砌体抹面 4. 泄水孔制作、安装 5. 滤层铺设 6. 沉降缝
040305003	浆砌块料	1. 部位 2. 材料品种、规格 3. 砂浆强度等级 4. 泄水孔材料品种、规格 5. 滤水层要求 6. 沉降缝要求			
040305004	砖砌体				
040305005	护坡	1. 材料品种 2. 结构形式 3. 厚度 4. 砂浆强度等级	m²	按设计图示尺寸以面积计算	1. 修整边坡 2. 砌筑 3. 砌体勾缝 4. 砌体抹面

注：1. 干砌块料、浆砌块料和砖砌体应根据工程部位不同，分别设置清单编码。

2. 本节清单项目中"垫层"是指碎石、块石等非混凝土类垫层。

（二）砌筑工程定额应用

（1）本章定额包括浆砌块石、料石、混凝土预制块、砖砌体和拱圈底模等，共 5 节 16 个子目。

（2）本章定额适用于砌筑高度在 8 m 以内的桥涵砌筑工程。本章定额未列的砌筑项目，可按第一册《通用项目》相应定额执行。

（3）砌筑定额中未包括垫层、拱背和台背的填充项目，如发生上述项目，可套用第二册《道路工程》相应定额。

（4）拱圈底模定额中不包括拱盔和支架，可按本册第九章"临时工程"相应定额执行。

［例 5-5］ 某工程采用现拌砂浆 M7.5 砌筑块石墩台，试确定定额编号及基价。

【解】 套定额[3-164]H，

$$\begin{aligned}基价 &= 3\,824.09+(228.35-413.73)\times2.750+0.382\times2.750\times\\&\quad 135+0.167\times2.750\times154.97-0.113\times193.83\\&=3\,505.38\ 元/10\ m^3\end{aligned}$$

教学单元五　钢结构工程

一、钢结构工程清单编制

钢结构工程量清单项目设置、项目特征描述的内容、计量单位及工程量计算规则，应按照二维码“表 C.7 钢结构”的规定执行。

二、钢结构工程清单报价

（一）钢结构工程工程量计算

（1）钢构件工程量按设计图纸的主材（不包括螺栓）质量以“t”计算。

（2）钢梁质量为钢梁（含横隔板）、桥面板、横肋、横梁及锚筋等结构工程量之和。

（3）钢拱肋的工程量包括拱肋钢管、横撑、腹板、拱脚处外侧钢板、拱脚接头钢板等多种加劲块。

（4）钢立柱上的节点板、加强环、内衬管、牛腿等并入钢立柱工程量内。

（二）预算定额的应用

（1）本章定额包括桥钢梁安装、钢管拱安装、钢立柱安装，共 3 节 7 个子目。

（2）本章定额适用于工厂制作、现场吊装的钢结构。构件由制作工厂至安装现场的运输费用计入构件价格内。

（3）钢梁安装定额中未包括临时支撑。

（4）系杆、吊索定额中未包括锚具用量，但已包括锚具安装。

教学单元六　现浇混凝土工程

一、现浇混凝土工程基础知识

（一）实体桥墩（台）

实体桥墩（台）是指依靠自身重量来平衡外力而保持稳定的桥墩。它一般适用于荷载较大的大、中型桥梁，或流冰、漂浮物较多的江河之中，如图 5-52 所示。

图 5-52　实体桥墩

此类桥墩的特点有：

（1）利用自身重量（包括桥跨结构重）平衡外力，而保证桥墩的稳定。

（2）圬工结构为砖、石、混凝土结构，不设受力钢筋，仅配构造钢筋。

（3）圬工体积大，自重和阻水面积大，要求地基土承载力较高。

（二）轻型桥墩（台）

它是针对重力式桥墩的缺点而出现的桥墩，具有外形轻盈美观、圬工量少、可减轻地基负荷、节省基础工程、便于用拼装结构或用滑升模板施工、有利于加速施工进度、提高劳动生产率等优点。实现轻型桥墩的主要途径为：改用强度较高的材料，改变桥墩的结构形式和桥墩受力情况。

1. 空心桥墩

外形似重力式桥墩，但它是中空的薄壁墩。可采用钢筋混凝土现浇或为预应力混凝土拼装结构，较适用于高桥墩，如图 5-53 所示。

2. 构架式桥墩

它是以桁架、刚架为主体的轻型桥墩，在城市、公路桥上常采用 X 形、Y 形、V 形等刚架式桥墩，外形优美，结构新颖，如图 5-54 所示。

图 5-53 空心桥墩

图 5-54 Y 形桥墩

3. 薄壁桥墩

薄壁桥墩多为采用滑模施工的钢筋混凝土结构。因薄壁桥墩顺桥方向的尺寸纤细，受纵向水平力时易产生挠曲变形，故又称柔性桥墩。利用桥跨结构将若干个柔性桥墩顶和邻近的刚性桥墩（台）顶以铰或固结相连，形成多跨超静定结构，可使全桥纵向水平力主要由刚性桥墩（台）承担，极大地改善了柔性墩的受力情况，如图 5-55 所示。

4. 桩柱式桥墩

桩柱式桥墩为桩式、双柱式、单柱式桥墩的统称。多采用就地灌注钢筋混凝土建造，也有采用预制构件拼装，或将打入桩组成排架式墩的。在桩式或双柱墩中，桩（柱）的长细比较大时，也具有上述薄壁桥墩的特点，是柔性桥墩的另一种结构形式，如图 5-56 所示。

（三）台帽、墩帽

台帽位于桥台上，上部荷载通过台帽传递给台身；墩帽位于桥墩上，上部荷载通过墩帽传递给墩身，如图 5-57 所示。

图 5-55 薄壁桥墩

图 5-56 桩柱式桥墩

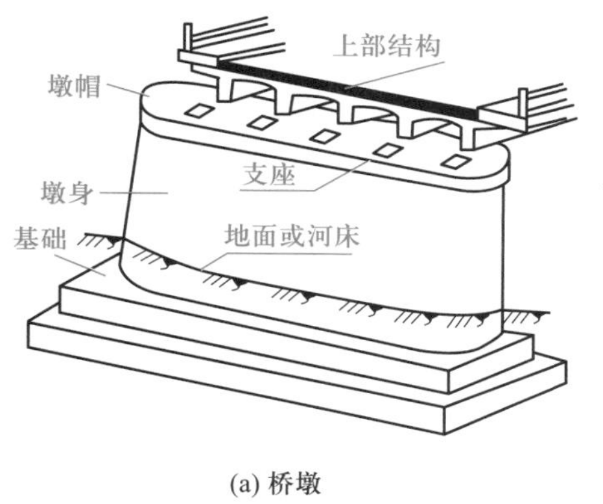

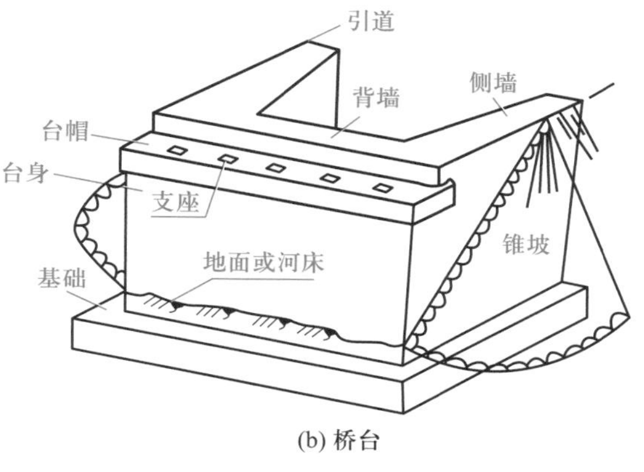

图 5-57 梁桥重力式桥墩

（四）盖梁

盖梁指的是为支承、分布和传递上部结构的荷载，在排架桩墩顶部设置的横梁，又称帽梁。在桥墩（台）或在排桩上设置钢筋混凝土或少筋混凝土的横梁。主要作用是支撑桥梁上部结构，并将全部荷载传到下部结构，如图 5-58 所示。

图 5-58 盖梁

微课
桥涵现浇混凝土工程清单编制

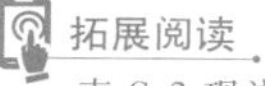
拓展阅读
表 C.3 现浇混凝土构件

二、现浇混凝土工程清单编制

现浇混凝土工程工程量清单项目设置、项目特征描述的内容、计量单位及工程量计算规则按照二维码“表 C.3 现浇混凝土构件”的规定执行。

(1) 桥梁现浇混凝土清单项目应区别现浇混凝土的结构部位、混凝土强度等级、碎石的最大粒径,划分设置不同的清单项目,并分别计算工程量。

(2) 现浇混凝土项目包括的工程内容主要有混凝土浇筑、养生,不包括混凝土结构的钢筋制作安装、模板工程。钢筋制作安装按钢筋工程另列清单项目计算,现浇混凝土结构的模板列入施工措施项目计算。

三、现浇混凝土工程清单报价

(一) 现浇混凝土工程工程量计算

(1) 混凝土工程量按设计尺寸以实体积(不包括空心板、梁的空心体积)计算,不扣除钢筋、铁丝、铁件、预留压浆孔道和螺栓所占的体积。

(2) 模板工程量按模板接触混凝土的面积计算。

(3) 现浇混凝土墙、板上单孔面积在 0.3 m^2 以内的空洞体积不予扣除,洞侧壁模板面积亦不再计算;单孔面积在 0.3 m^2 以上时,应予扣除,洞侧壁模板面积并入墙、板工程量之内计算。

(4) U 形台体积计算方法:桥梁采用 U 形台者较多。一般情况下桥台外侧都是垂直面,而内侧向内放坡,台帽成 l 形,如图 5-59 所示。其混凝土工程是按一个长方体减去中间空的一块截头方锥体,再减去台帽处的长方体计算。

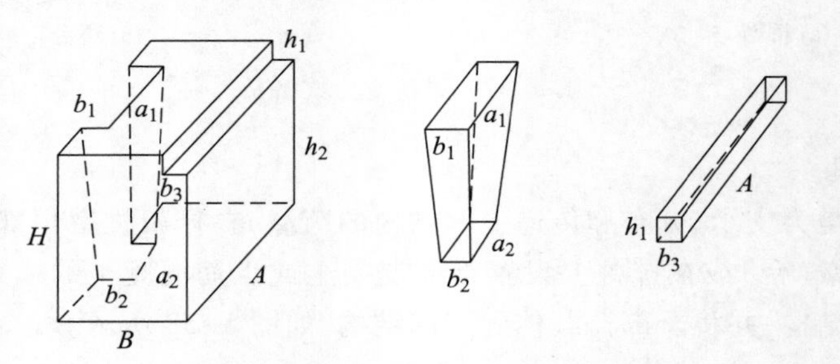

图 5-59 U 形桥台体积计算图

长方体体积:$V_1 = A \cdot B \cdot H$

截头方锥体体积:$V_2 = \dfrac{H}{6}[a_1b_1 + a_2b_2 + (a_1+b_1)(a_1+b_2)]$

台帽以上部分体积:$V_3 = A \cdot b_3 \cdot h_1$

桥台体积:$V = V_1 - V_2 - V_3$

(5) 现浇箱涵的底板、顶板按断面积乘以长度以“m^3”计算,断面积包括与侧墙连接的扩大部分。侧墙按断面积乘以长度以“m^3”计算,侧墙的高度不包括侧墙的扩大部分,无扩大部分时,侧墙的高度按底板的上表面至顶板的下表面计算。

(二) 现浇混凝土工程定额应用

(1) 本章定额包括基础、承台、墩、台、柱、桥梁、板、接缝等项目,共 15 节 94 个子目。

(2) 本章定额适用于桥涵工程现浇各种混凝土构建物。

(3) 本章定额中嵌石混凝土的块石含量按 15% 考虑,如与设计不同时,块石和混凝土消耗量应按表 5-11 进行调整,人工和机械不变。

表 5-11　嵌石混凝土块石和混凝土消耗量调整表

块石掺量/%	10	15	20	25
每立方米块石掺量/t	0.254	0.381	0.508	0.635

注:1. 块石掺量另加损耗率 2%。
2. 混凝土用量扣除嵌石百分数后,乘以损耗率 1.5%。

(4) 本章定额中均未包括预埋铁件,如与设计不同时,可按设计用量套用第一册《通用项目》相应定额。

(5) 承台分有底模两种,应按不同的施工方法套用本章相应项目。

(6) 定额中混凝土按常用强度等级列出,如设计要求不同时可以换算。

(7) 现浇混凝土箱涵定额适用于穿越城市道跻的现浇箱涵。

(8) 本章定额中防撞护栏采用定型钢模,其他模板均按工具式钢模、木模综合取定。另外,结合桥梁实际情况综合了不分部位的复合模板与定型钢模板项目。

(9) 定型钢模板数量包括配件在内,接缝的橡胶板费用已摊入定型钢模板单价中。

(10) 现浇梁、板等模板定额中未包括支架部分,如发生时可按本册第九章"临时工程"相应定额执行。

(11) 沥青混凝土桥面铺装及下穿箱涵路面铺装执行定额第二册《道路工程》相应定额。

(12) 伸缩缝混凝土采用钢纤维混凝土,定额中钢纤维用量按 50 kg/m^3 考虑,如设计用量与定额用量不同时,应按设计用量调整。

(13) 板与板梁的划分以跨径 8 m 为界,即跨径小于或等于 8 m 的为板,跨径大于 8 m 的为板梁。

(14) 当设计对混凝土结构的外观有特殊要求时,模板费用可根据实际情况另行调整。

[例 5-6]　某桥梁桥台为 U 形桥台,与桥台台帽为一体,现场浇筑施工,如图 5-59、图5-60 所示。已知:$H=4$ m,$B=3$ m,$A=10$ m,$a_1=6$ m,$a_2=5$ m,$b_1=2$ m,$b_2=1$ m,$h_1=0.7$ m,$b_3=1.0$ m。试求该桥梁桥台混凝土工程量。

图 5-60　U 形桥台

【解】 混凝土工程量：

大长方体体积：$V_1=A\cdot B\cdot H=10\times3\times4\ \text{m}^3=120\ \text{m}^3$

截头方锥体体积：$V_2=\dfrac{H}{6}[a_1b_1+a_2b_2+(a_2+b_1)(a_1+b_2)]$

$=4/6\times[6\times2+5\times1+(5+2)\times(6+1)]\ \text{m}^3=44\ \text{m}^3$

台帽处的长方体体积 $V_3=A\cdot b_3\cdot h_1=10\times1\times0.7\ \text{m}^3=7\ \text{m}^3$

桥台体积：$V=V_1-V_2-V_3=(120-44-7)\ \text{m}^3=69\ \text{m}^3$

[例 5-7] 某城市高架桥梁，采用支架上现浇混凝土箱梁 C40，采用泵送商品混凝土，试确定定额编号及基价。

【解】 套定额[3-228]，

基价＝5 927.20 元/10 m^3。

教学单元七 预制混凝土工程

一、预制混凝土工程基础知识

（一）预制混凝土 T 形梁

T 形梁是指横截面形式为 T 形的梁，两侧挑出部分称为翼缘，其中间部分称为梁肋（或腹板）。由于其相当于是将矩形梁中对抗弯强度不起作用的受拉区混凝土挖去后形成的，除与原有矩形抗弯强度完全相同外，既可以节约混凝土，又减轻了构件的自重，提高了跨越能力，如图 5-61、图 5-62 所示。

图 5-61 T 形梁

图 5-62 T 形梁吊装

（二）预制混凝土板梁

板梁指的是桥梁主梁断面形式，根据其形态分为实心板梁和空心板梁，如图 5-63、图 5-64 所示。

图 5-63　空心板梁

图 5-64　板梁吊装

（三）预制混凝土箱梁

桥箱梁内部为空心状，上部两侧有翼缘，类似箱子，因而得名，分为单箱、多箱等。

钢筋混凝土结构的箱梁分为预制箱梁和现浇箱梁。在独立场地预制的箱梁结合架桥机可在下部工程完成后进行架设，可加速工程进度、节约工期；现浇箱梁多用于大型连续桥梁。目前常见的箱梁以材料分主要有两种，一是预应力钢筋混凝土箱梁，二是钢箱梁。其中，预应力钢筋混凝土箱梁为现场施工，除了有纵向预应力外，有些还设置横向预应力；钢箱梁一般是在工厂中加工好后再运至现场安装，有全钢结构，也有部分加钢筋混凝土铺装层，如图 5-65、图 5-66 所示。

图 5-65　预制混凝土箱梁

图 5-66　钢箱梁

二、预制混凝土工程清单编制

预制混凝土工程工程量清单项目设置、项目特征描述的内容、计量单位及工程量计算规则按照表 5-12 的规定执行。

三、预制混凝土工程清单报价

（一）预制混凝土工程工程量计算

1. 混凝土工程量计算

（1）预制桩工程量按桩长度（包括桩尖长度）乘以桩横断面面积计算。

桥涵预制混凝土工程清单编制

表 5-12 预制混凝土构件(编码:040304)

项目编码	项目名称	项目特征	计量单位	工程量计算规则	工作内容
040304001	预制混凝土梁	1. 部位 2. 图集、图纸名称 3. 构件代号、名称 4. 混凝土强度等级 5. 砂浆强度等级	m^3	按设计图示尺寸以体积计算	1. 模板制作、安装、拆除 2. 混凝土拌和、运输、浇筑 3. 养护 4. 构件安装 5. 接头灌缝 6. 砂浆制作 7. 运输
040304002	预制混凝土柱				
040304003	预制混凝土板				
040304004	预制混凝土挡土墙墙身	1. 图集、图纸名称 2. 构件代号、名称 3. 结构形式 4. 混凝土强度等级 5. 泄水孔材料种类、规格 6. 滤水层要求 7. 砂浆强度等级			1. 模板制作、安装、拆除 2. 混凝土拌和、运输、浇筑 3. 养护 4. 构件安装 5. 接头灌缝 6. 泄水孔制作、安装 7. 滤水层铺设 8. 砂浆制作 9. 运输
040304005	预制混凝土其他构件	1. 部位 2. 图集、图纸名称 3. 构件代号、名称 4. 混凝土强度等级 5. 砂浆强度等级			1. 模板制作、安装、拆除 2. 混凝土拌和、运输、浇筑 3. 养护 4. 构件安装 5. 接头灌浆 6. 砂浆制作 7. 运输

(2) 预制空心构件按设图尺寸扣除空心体积,以实体积计算。空心板梁的堵头板体积不计入工程量内,其消耗已在定额中考虑。

（3）预制空心板梁，凡采用橡胶囊做内模，考虑其压缩变形因素，可增加混凝土数量，当梁长在 16 m 可按设计计算体积增加 7%，若梁长大于 16 m 时，则增加 9% 计算。如设计图已注明考虑橡胶囊变形时，不得再增加计算。如采用钢模时，不考虑内模压缩变形因素。

（4）预应力混凝土构件的封锚混凝土数量并入构件混凝土工程量计算。

2．模板工程量计算

（1）预制构件中预应力混凝土构件及 T 形梁、I 形梁、双曲梁、桁架拱等构件均按模板接触混凝土的面积（包括侧模、底模）计算。

（2）灯柱、端柱、栏杆等小型构件按平面投影面积计算。

（3）预制构件中非预应力构件按模板接触混凝土的面积计算，不包括胎、地模。

（4）空心板梁中空心部分，如定额采用橡胶囊抽拔，其摊销量已包括在定额中，不再计算空心部分模板工程量；如采用钢模板时，模板工程量按其与混凝土的接触面积计算。

（5）空心板中空心部分，可按模板接触混凝土的面积计算工程量。

（二）预制混凝土工程定额说明

（1）本章定额包括预制桩、立柱、板、梁及小型构件等，共 10 节 71 个子目。

（2）本章定额适用于桥涵工程现场制作的预制构件。

（3）本章定额中均包括预埋铁件，如设计要求预埋铁件时，可按设计用量套用第一册《通用项目》相应定额。

（4）本章定额不包括地模、胎模费用，需要时可按本册第九章“临时工程”相应定额执行。

（5）预制构件场内运输定额适用于陆上运输，构件场外运输则参照浙江省建筑工程预算定额执行。

［例 5-8］　某城市高架桥工程二标段长度为 96 m，桥面宽度为 26 m，简支梁结构。采用预制小箱梁架设，每根小箱梁长度为 16 m，小箱梁之间横向连系采用 C50 混凝土后浇带，后浇带宽 0.25 m，如图 5-67 所示。试计算预制箱梁的混凝土工程量和模板工程量。

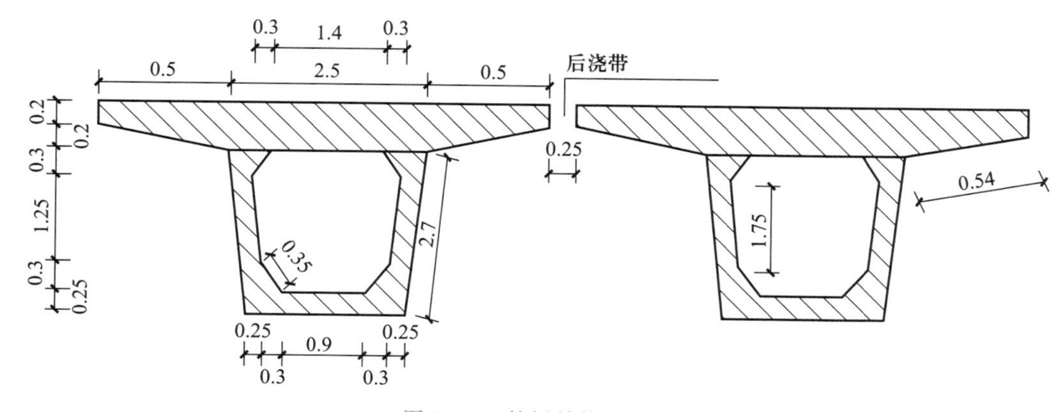

图 5-67　箱梁结构示意图

【解】　由图 5-67 可知，小箱梁的宽度为 3.5 m，桥面总宽为 26 m，后浇带宽度为

0.25 m，所以在横断面上需要的箱梁数目为：$3.5x+(x-1)\times0.25=26$，故 $x=7$ 根。桥梁总长为 96 m，纵断面上需要（96/16）根＝6 根，所以该标段共需小箱梁 42 根。

（1）制箱梁的混凝土工程量。

$$V=[3.5\times0.2+(3.5+2.5)\times0.5\times0.2+(2.5+2.0)\times0.5\times2.1-(1.5+2.0)\times0.5\times1.85+4\times0.5\times0.3\times0.3]\times16\times42\ \text{m}^3=1\ 994.16\ \text{m}^3$$

（2）模板工程量。

$$S=(3.5+2.0+2.7\times2+0.54\times2+0.2\times2+0.9+1.4+0.35\times4+1.75\times2)\times16\times42\ \text{m}^2=13\ 157.76\ \text{m}^2$$

教学单元八　立交箱涵工程

一、立交箱涵工程基础知识

当新建道路下穿铁路、公路、城市道路路基施工时，通常采用箱涵顶进施工技术。箱涵顶进主要是应用在已建造好的铁路或者公路的路基下面，顶进完成后类似于隧道的感觉（图 5-68）。由于顶进箱涵施工法不影响既有铁路或者公路的通行，所以近年来应用非常广泛。

图 5-68　立交箱涵

箱涵顶进的施工步骤为：现场调查→工程降水→工作坑开挖→后背制作→滑板制作→铺设润滑隔离层→箱涵制作→顶进设备安装→既有线加固→箱涵试顶进→吃土顶进→监控量测→箱体就位→拆除加固设施→拆除后背及顶进设备→工作坑恢复。

（一）箱涵制作

为了避免不均匀沉降，在基坑需要施作滑板，在滑板上涂刷好润滑隔离层，即可进行箱涵制作。预制箱涵的内容及其先后程序为：

（1）安装模板（钢模或木模）。

（2）绑扎箱涵底板钢筋和一部分竖墙钢筋。

（3）浇筑底板和一部分竖墙混凝土。

（4）混凝土养护。

（5）支护内模。

（6）接高竖墙和顶板钢筋。

（7）支护外模。

（8）浇筑接高竖墙和顶版混凝土。

（9）混凝土养护。

（10）拆除所有外模。

（11）安装钢刃角和挖土工作台。

（12）涂刷箱涵外墙面及顶板部分的防水层。

（二）箱涵顶进

1. 箱涵顶进前检查工作

（1）箱涵主体结构混凝土强度必须达到设计强度，防水层级保护层按设计完成。

（2）顶进作业面包括路基下地下水位已降至基底下 500 mm 以下，并宜避开雨期施工，若在雨期施工，必须做好防洪及防雨排水工作。

（3）后背施工、线路加固达到施工方案要求；顶进设备及施工机具符合要求。

（4）顶进设备液压系统安装及预顶试验结果符合要求。

（5）工作坑内与顶进无关人员、材料、物品及设施撤出现场。

（6）所穿越的线路管理部门的配合人员、抢修设备、通信器材准备完毕。

2. 箱涵顶进启动

（1）启动时，现场必须有主管施工技术人员专人统一指挥。

（2）液压泵站应空转一段时间，检查系统、电源、仪表无异常情况后试顶。

（3）液压千斤顶顶紧后（顶力在 0.1 倍结构自重），应暂停加压，检查顶进设备、后背和各部位，无异常时可分级加压试顶。

（4）每当油压升高 5 ~ 10 MPa 时，需停泵观察，应严密监控顶镐、顶柱、后背、滑板、箱涵结构等部位的变形情况，如发现异常情况，立即停止顶进；找出原因采取措施解决后方可重新加压顶进。

（5）当顶力达到 0.8 倍结构自重时箱涵未启动，应立即停止顶进；找出原因采取措施解决后方可重新加压顶进。

（6）箱涵启动后，应立即检查后背、工作坑周围土体稳定情况，无异常情况，方可继续顶进。

3. 顶进挖土

（1）根据箱涵的净空尺寸、土质情况，可采取人工挖土或机械挖土。一般宜选用小型反铲按设计坡度开挖，每次开挖进尺 0.4 ~ 0.8 m，配装载机或直接用挖掘机装汽车出土。顶板切土，侧墙刃脚切土及底板前清土须由人工配合。挖土顶进应三班连续作业，不得间断。

（2）两侧应欠挖 50 mm，钢刃脚切土顶进。当属斜涵时，前端锐角一侧清土困难应优先开挖。如没有中刃脚时应紧切土前进，使上下两层隔开，不得挖通漏天，平台上不得积存土料。

(3) 列车通过时严禁继续挖土,人员应撤离开挖面。当挖土或顶进过程中发生塌方,影响行车安全时,应迅速组织抢修加固,做出有效防护。

(4) 挖土工作应与观测人员密切配合,随时根据箱涵顶进轴线和高程偏差,采取纠偏措施。

4. 顶进作业

(1) 每次顶进应检查液压系统、顶柱(铁)安装和后背变化情况等。

(2) 挖运土方与顶进作业循环交替进行。每前进一顶程,即应切换油路,并将顶进千斤顶活塞回复原位;按顶进长度补放小顶铁,更换长顶铁,安装横梁。

(3) 箱涵身每前进一顶程,应观测轴线和高程,发现偏差及时纠正。

(4) 箱涵吃土顶进前,应及时调整好箱涵的轴线和高程。在铁路路基下吃土顶进,不宜对箱涵做较大的轴线、高程调整动作。

5. 监控与检查

(1) 箱涵顶进前,应对箱涵原始(预制)位置的里程、轴线及高程测定原始数据并记录。顶进过程中,每一顶程要观测并记录各观测点左、右偏差值;高程偏差值和顶程及总进尺。观测结果要及时报告现场指挥人员,用于控制和校正。

(2) 箱涵自启动起,对顶进全过程的每一个顶程都应详细记录千斤顶开动数量、位置,油泵压力表读数、总顶力及着力点。如出现异常应立即停止顶进,检查分析原因,采取措施处后方可继续顶进。

(3) 箱涵顶进过程中,每天应定时观测箱涵底板上设置的观测标钉高程,计算相对高差,展图,分析结构竖向变形。对中边墙应测定竖向弯曲,当底板侧墙出现较大变位及转角时应及时分析研究采取措施。

(4) 顶进过程中要定期观测箱涵裂缝及开展情况,重点监测底板、顶板、中边墙,中继间牛腿或剪力铰和顶板前、后悬臂板,发现问题应及时研究采取措施。

6. 季节性施工技术措施

(1) 箱涵顶进应尽可能避开雨期。需在雨期施工时,应在汛期之前对拟穿越的路基、工作坑边坡等采取切实有效的防护措施。

(2) 雨期施工时应做好地面排水,工作坑周边应采取挡水围堰、排水截水沟等防止地面水流入工作坑的技术措施。

(3) 雨期施工开挖工作坑(槽)时,应注意保持边坡稳定。必要时可适当放缓边坡坡度或设置支撑;并经常对边坡、支撑进行检查,发现问题要及时处理。

(4) 冬雨期现浇箱涵场地上空宜搭设固定或活动的作业棚,以免受天气影响。

(5) 冬雨期施工应确保混凝土入模温度满足规范规定或设计要求。

顶进基坑布置及顶进过程如图 5-69、图 5-70 所示。

二、立交箱涵工程清单编制

立交箱涵工程工程量清单项目设置、项目特征描述的内容、计量单位及工程量计算规则按照“表 C.6 立交箱涵”的规定执行。

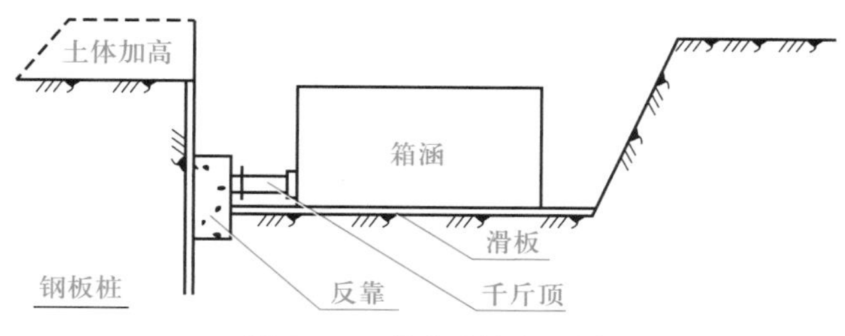

图 5-69　顶进基坑布置图

图 5-70　立交箱涵顶进过程

三、立交箱涵工程清单报价

微课

立交箱涵工程清单编制

（一）立交箱涵工程量计算

（1）箱涵滑板下的肋楞，其工程量并入滑板内计算。

（2）箱涵混凝土工程量，不扣除单孔面积 0.3 m^2 以下的预留孔洞所占体积。

（3）顶柱、中继间护套以及挖土支架均属专用周转性金属构件，定额中已按摊销量计列，不得重复计算。

（4）箱涵顶进定额分为空顶、无中继间实土顶和有中继间实土顶三类，其工程量计算如下：

① 空顶工程量按空顶的单节箱涵重量乘以箱涵位移距离计算。

② 实土顶工程量按被顶箱涵的重量乘以箱涵位移距离分段累计计算。

拓展阅读

表 C.6 立交箱涵

（5）气垫只考虑在预制箱涵底板上使用，按箱涵底面积计算。气垫的使用天数由施工组织设计确定，但是采用气垫后再套用顶进定额时应乘以系数 0.7。

（6）箱涵顶进土方按设计图结构外围尺寸乘以箱涵长度以“m^3”计算。

（二）立交箱涵工程定额应用

（1）本章定额包括箱涵制作、顶进、箱涵内挖土等，共 8 节 39 个子目。

（2）本章定额适用于穿越城市道路及铁路的立交箱涵顶进工程及现浇箱涵工程。

（3）本章定额顶进土质Ⅰ、Ⅱ类土考虑，若实际土质与定额不同时，可进行调整。

（4）定额未包括箱涵顶进的后靠背设施等，其发生费用可另行计算。

（5）定额未包括深基坑开挖、支撑及排水的工作内容，可套用有关定额计算。

（6）立交桥引道的结构及路面铺筑工程，根据施工方法套用有关定额计算。

教学单元九　安 装 工 程

一、安装工程基础知识

（一）安装排架立柱

排架是下面两排柱子，上面屋架，在这两排柱子上面的屋架之间放上一个板子形成个空间连续的结构。桥梁排架是桥梁下由排架支撑的一种结构。

安装桥梁排架的施工步骤：施工准备→轴线、标高放测→排架立柱放线、立柱施工→扫地杆施工→设置纵横向水平牵杆→立杆接高→设置纵横向水平牵杆→交替施工→加设垂直剪刀撑。

（二）安装梁

1. 扒杆

扒杆式起重机制作简单、装拆方便，起重量较大（可达 100 t 以上），能用于其他起重机械不能安装的一些特殊、大型构件或设备，如图 5-71 所示。其缺点是起重半径小、移动困难，需拉设较多的缆风绳。常用的桅杆式起重机有独脚扒（把）杆、人字扒（把）杆、悬臂扒（把）杆和牵缆式扒（把）杆。

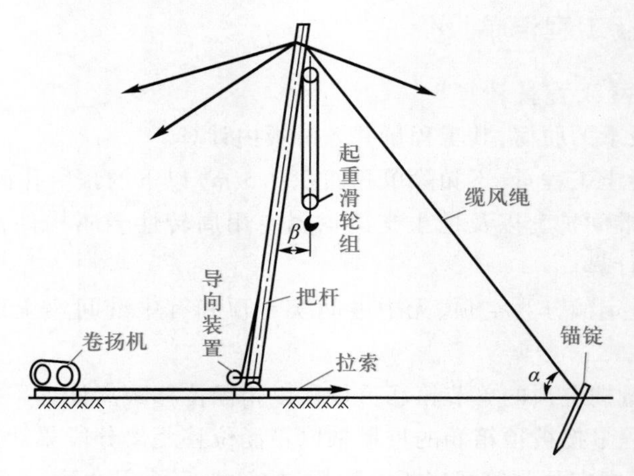

图 5-71　独角扒杆

2. 双导梁

导梁式架桥机是以导梁作为承载移动支架，利用起重装置与移动机具来吊装预制梁的机械设备。双导梁架桥机由双主导梁、支腿、吊梁小车、走向机构、横移机构、电控系统组成。主导梁一般采用箱型结构。主梁具有结构轻、易于加工、安全可靠抗、扭刚度大的特点，如图 5-72 所示。

（三）安装伸缩缝

（1）伸缩缝安装时要根据温度情况确定相应的宽度，根据现场情况当地进行调整。

（2）在沥青铺装前用砂袋或低强度等级混凝土填充，缝内用泡沫塑料填充，沥青铺装后放线用锯缝机切缝,填充物清除。施工时应特别注意,一定要把缝中所有垃圾清空,如有杂物,将对桥带来终身隐患。

图 5-72 双导梁架桥机

(3) 伸缩缝的安装严格按规定进行,安装前,应先对上部构造端部间的空隙宽度和预埋钢筋的位置进行检查,并将预留凹槽内混凝土打毛,清扫干净。安装时要确定好其中心线和高程,使其准确就位。对不符合设计要求的缝重新处理,如图 5-73 所示。

图 5-73 安装桥梁伸缩缝

拓展阅读

表 C.4 预制混凝土构件

微课

桥涵安装工程清单编制

二、安装工程清单编制

安装工程工程量清单项目设置、项目特征描述的内容、计量单位及工程量计算规则按照二维码"表 C.4 预制混凝土构件"的规定执行。

三、安装工程清单报价

(一) 安装工程工程量计算

(1) 本章定额安装预制构件以"m^3"为计量单位的,均按构件混凝土实体积(不包括空心部分)计算。

(2) 预制立柱及盖梁。

① 砂浆接缝按接触面积以"m^2"计算。

② 连接套筒灌浆按“根”计算。

(3) 隔声屏障制作由金属构件和隔声屏板两部分组成。金属构件工程量按设计图示构件总质量以“t”计算;隔声屏板按设计图示高度乘以长度以“m^2”计算。

(4) 驳船未包括进出场费,发生时应另行计算。

(二) 安装工程定额应用

(1) 本章定额包括安装排架立柱、墩台管节、板、梁、小型构件、栏杆扶手、支座、伸缩缝等,共15节102个子目。

(2) 本章定额适用于桥涵工程混凝土构件的安装等项目。

(3) 预应力桁架梁安装执行拱板定额,人工、机械乘以系数1.2。

(4) 小型构件安装已包括150 m场内运输,其他构件均未包括场内运输。小型构件安装是指单件体积小于或等于0.05 m^3的构件。

(5) 钢管栏杆及扶手定额中钢材材质数量与设计不符时可以换算。

(6) 梳型钢板、钢板橡胶板及毛勒伸缩缝均按成品考虑。

(7) 安装预制构件定额中,均未包括脚手架,如需要脚手架时,可套用本定额第一册《通用项目》相应定额。

(8) 安装预制构件应根据施工现场具体情况 ,采用合理的施工方法,套用相应定额。

(9) 除安装梁分陆上、水上安装外,其他构件安装均未考虑船上吊装 ,发生时可增加船只费用 。

(10) 安装排水管定额中已包括集水斗安装工作内容 ,但集水斗的材料费需按实另计。

(11) 架桥机安装梁定额中不包括架桥机的安装及拆除、预制梁运输及喂梁。

(12) 安装预制立柱及盖梁:

① 砂浆接缝、连接套筒灌浆适用于预制拼装桥墩的构件连接。

② 砂浆接缝厚度按2 cm考虑,如厚度不同时可对砂浆用量进行调整。

③ 连接套筒每根长度为80 cm ,内径为ϕ70 mm。

④ 预制立柱、预制盖梁安装未考虑地基处理,发生时套用相关定额。

(13) 预制装配式防撞墙中不包括橡胶止水条及伸缩缝安装,发生时套用相关定额。

(14) 隔声屏制作安装定额不包括下部基础顶面的预埋铁件,预埋铁件可套用本定额第一册《通用项目》相应定额项目。

(15) 隔声屏安装如需要搭拆脚手架时,可套用本定额第一册《通用项目》相应定额项目。

[例 5-9] 起重机安装板梁,起重机 $L\leqslant10$ m陆上安装,试确定定额编号及基价。

【解】 套定额[3-399],

基价=269.83元/10 m^3。

[例 5-10] 某桥梁采用型钢板伸缩缝,试确定定额编号及基价。

【解】 套定额[3-477],

基价=882.19元/10 m。

教学单元十　临时工程

一、临时工程基础知识

1. 桥梁支架

采用支架法施工时，修建的临时用于承担桥梁荷载的支架，通常用钢管或竹子搭建的脚手架。根据桥梁施工相关规范《公路桥涵施工技术规范》(2011版)，其中5.4.3第五条规定"对安装完成的支架宜采用等载预压消除支架的非弹性变形，并观测支架顶面的沉落量"；同时支架应满足17.2.2，现浇支架应满足第五条"当在软弱地基上设置满布现浇支架时，应对地基进行处理，使地基的承载力满足现浇混凝土的施工荷载要求，浇筑混凝土时地基的沉降量不宜大于5 mm。无法确定地基承载力时，应对地基进行预压，并进行部分荷载试验"。桥梁支架预压如图5-74所示。

图5-74　桥梁支架预压

2. 挂篮

挂篮是桥梁悬臂施工中的主要设备，按结构形式可分为桁架式、斜拉式、型钢式及混合式四种。根据混凝土悬臂施工工艺要求及设计图对挂篮的要求，综合比较各种形式挂篮特点、重量、采用钢材类型、施工工艺等。挂篮具有自重轻、结构简单、坚固稳定、前移和装拆方便、具有较强的可重复利用性，受力后变形小等特点，并且挂篮下空间充足，可提供较大施工作业面，有利于钢筋模板施工操作，如图5-75所示。

所谓挂篮施工，是指浇筑较大跨径的悬臂梁桥时，采用吊篮方法，就地分段悬臂作业。它不需要架设支架，也不使用大型吊机。挂篮施工较其他方法，具有结构轻、拼制简单方便、无压重等优点。挂篮在厂内进行制作，现场安装后进行预压，经过检查挂篮的安全性和检测导梁挠度，即可立箱梁的模板、绑扎钢筋、安装波纹管、浇筑混凝土。每浇完一对梁段，就进行预应力铺固，然后向前移动挂篮，进行下一段箱梁的浇筑，直到悬臂端为止。

挂篮施工的主要特点有：

(1) 能承受梁段自重及施工荷载。

(2) 刚度大，变形小。

(3) 结构轻巧，便于前移。

(4) 适应范围大，底模架便于升降，适应不同的梁高。

挂篮施工如图 5-76 所示。

图 5-75　挂篮

图 5-76　挂篮施工

动画

梁式挂篮浇筑施工过程

二、临时工程清单编制

临时工程清单编制应根据桥梁施工组织设计，在二维码“表 C.1 桩基”“表 C.3 现浇混凝土构件”中选择对应清单项，并进行组价。

拓展阅读

表 C.1 桩基

［例 5-11］　某泥浆护壁成孔灌注工程，项目特征见表 5-13，试进行组价。

表 5-13　项目特征表

项目清单	项目特征	单位
040301004001 泥浆护壁成孔灌注桩	1. 地层情况：黏土，亚黏土 2. 桩长：58.5 m 3. 桩径：120 cm 4. 成孔方法：转盘式钻孔机 5. 混凝土强度等级：C25 水下混凝土	m

微课

桥涵临时工程清单编制

【解】　组价表见表 5-14。

拓展阅读

表 C.3 现浇混凝土构件

表 5-14　组　价　表

项目清单	项目特征	单位
040301004001 泥浆护壁成孔灌注桩	1. 地层情况：黏土，亚黏土 2. 桩长：58.5 m 3. 桩径：120 cm 4. 成孔方法：转盘式钻孔机 5. 混凝土强度等级：C25 水下混凝土	m
定额编号	**名称**	**单位**
3-108	钻孔灌注桩埋设钢护筒陆上 $\phi \leqslant 1\ 200$ mm	m
3-517	搭、拆桩基础陆上支架平台锤重 2 500 kg	m^2
3-123	转盘式钻孔机成孔桩径 $\phi 1\ 200$ mm 以内	m^3
3-155	转盘式钻孔灌注混凝土	m^3
3-150	泥浆池建造、拆除	m^3
3-152	泥浆运输运距 5 km 以内	m^3

从以上内容中可以看出，桩基工程的清单组价中可能会用到临时工程的相关定额，如定额[3-517]。在实际应用中，要考虑施工组织，合理组价。

三、临时工程清单报价

（一）临时工程的工程量计算

1. 搭拆打桩工作平台面积（图 5-77）计算

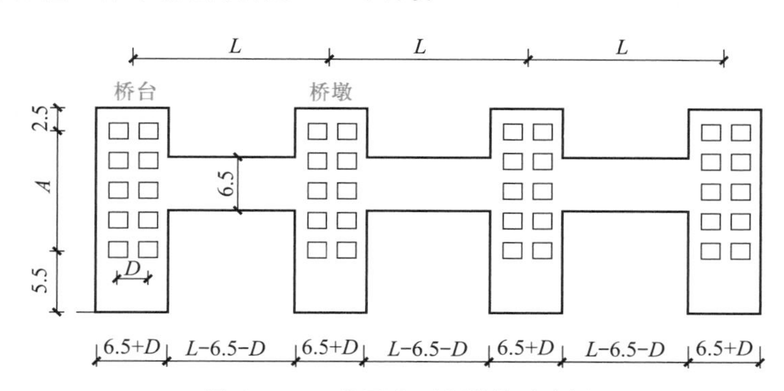

图 5-77　工作平台面积计算示意图

（1）桥梁打桩 $F=N_1F_1+N_2F_2$

$$\text{每座桥台（桥墩）}F_1=(5.5+A+2.5)\times(6.5+D)$$

$$\text{每条通道 }F_2=6.5\times[L-(6.5+D)]$$

（2）钻孔灌注桩 $F=N_1F_1+N_2F_2$

$$\text{每座桥台（桥墩）}F_1=(A+6.5)\times(6.5+D)$$

$$\text{每条通道 }F_2=6.5\times[L-(6.5+D)]$$

式中　F——工作平台总面积（m^2）；

F_1——每座桥台（桥墩）工作平台面积（m^2）；

F_2——桥台至桥墩间或桥墩至桥墩间通道工作平台面积（m^2）；

N_1——桥台和桥墩总数量；

N_2——通道总数量；

D——两排桩之间的距离（m）；

L——桥梁跨径或护岸的第一根桩中心至最后一根桩中心之间的距离（m）；

A——桥台（桥墩）每排桩的第一根桩中心至最后一根桩中心之间的距离（m）。

（3）凡台与墩或墩与墩之间不能连续施工时（如不能断航、断交通或拆迁工作不能配合），每个墩、台可计一次组装、拆卸柴油打桩架及设备运输费。

2. 桥涵拱盔、支架空间体积计算

（1）桥涵拱盔体积按起拱线以上弓形侧面乘以（桥宽+2 m）计算。

（2）桥涵支架体积为结构底至原地面（水上支架为水上支架平台顶面）平均标高乘以纵向距离再乘以（桥宽+2 m）计算。

（3）现浇盖梁支架体积为盖梁底至承台顶面高度乘以长（盖梁长+1 m）再乘以宽度（盖梁宽+1 m）计算，并扣除立柱所占体积。

（4）支架堆载预压工程量按施工组织设计要求计算，设计无要求时，按支架承载

的梁体设计重量乘以系数1.1计算。

3. 挂篮及扇形支架

(1) 定额中的挂篮形式为自锚式无压重轻型钢挂篮，钢挂篮重量按设计要求确定。推移工程量按挂篮重量乘以推移距离以"t·m"为单位计算。

(2) 0#块扇形支架安拆工程量按顶面梁宽计算，边跨采用挂篮施工时，其合龙段扇形支架的安拆工程量按梁宽的50%计算。

(3) 挂蓝、扇形支架的制作工程量按安拆定额括号中所列的摊销量计算。

(二) 临时工程定额应用

(1) 本章定额内容包括桩基础支架平台木垛、支架的搭拆，打桩机械、船排的组拆，挂篮及扇形支架的制作、安拆和推移，胎地模的筑拆及桩顶混凝土凿除等，共8节34子目。

(2) 本章定额支架平台适用于陆上、支架上打桩及钻孔灌注桩。支架平台分为陆上平台与水上平台两类，其划分范围及结构组成如下：

① 水上支架平台：凡河道原有河岸线、向陆地延伸2.5 m范围，均可套用水上支架平台。

② 陆上支架平台：除水上支架平台范围以外的陆地部分，均属于陆上支架平台，但不包括坑洼地段，如坑洼地段平均水深超过2 m的部分，可套用水上支架平台；平均水深在1～2 m时，按水上支架平台和路上支架平台各取50%计算；如平均水深在1 m以内时，按陆上工作平台计算。

③ 支架结构组成：陆上支架采用方木上铺大板；水上支架采用打圆木桩，在圆木桩上放梁盖、横梁大板，圆木桩固定采用型钢斜撑，桩与梁盖连接采用U形箍。

(3) 桥涵拱盔、支架均不包括底模及地基加固在内。

(4) 组装、拆卸船排定额中未包括压舱费用。压舱材料取定为大石块，并按船排总吨位的30%计取（包括装、卸在内150 m的二次运输费）。

(5) 搭、拆水上工作平台定额中，已综合考虑了组装、拆卸船排及组装、拆卸打拔桩架工作内容，不得重复计算。

(6) 满堂式钢管支架、装配式钢支架、门式钢支架定额未含使用费。

(7) 水上安装挂篮需浮吊配合时应另行计算。

(8) 挂篮、扇形支架发生场外运输可另行计算。

(9) 地模定额中，砖地模厚度为75 cm，混凝土地模定额中未包括毛砂垫层，发生时按定额第六册《排水工程》相应定额执行。

(10) 打桩机械锤重应按表5-15选择。

表5-15 打桩机械锤重选择表

桩类别	桩长度/m	桩截面积 S/m² 或管径 ϕ/mm	柴油桩机锤重/kg
钢筋混凝土方桩及板桩	$L\leqslant 8$	$S\leqslant 0.05$	600
	$L\leqslant 8$	$0.05<S\leqslant 0.250$	1 200
	$8<L\leqslant 16$	$0.105<S\leqslant 0.125$	1 800

续表

桩类别	桩长度/m	桩截面积 S/m^2 或管径 ϕ/mm	柴油桩机锤重/kg
钢筋混凝土方桩及板桩	$16<L\leq24$	$0.125<S\leq0.160$	2 500
	$24<L\leq28$	$0.160<S\leq0.225$	4 000
	$28<L\leq32$	$0.225<S\leq0.250$	5 000
	$32<L\leq40$	$0.250<S\leq0.300$	7 000
钢筋混凝土管桩	$L\leq25$	$\phi400$	2 500
	$L\leq25$	$\phi550$	4 000
	$L\leq25$	$\phi600$	7 000
	$L\leq25$	$\phi600$	5 000
	$L\leq25$	$\phi800$	7 000
	$L\leq25$	$\phi1\ 000$	7 000
	$L\leq25$	$\phi1\ 000$	8 000

注：钻孔灌注桩工作平台按孔径 $\phi\leq1\ 000$ mm，套用锤重 1 800 kg 打桩工作平台，$\phi>1\ 000$ mm 时，套用锤重 2 500 kg打桩工作平台。

［例 5-12］　某桥梁为 10 m+12 m+10 m 三孔简支梁桥结构，桥梁基础均采用 ϕ1 200 mm钻孔灌注桩，均为双排平行桩布置，每排 5 根，桩距 200 cm，排距 200 cm。试计算支架搭设工程量。

【解】　根据该桥梁的基本情况分析，0 号桥台距 1 号墩 10 m，1 号墩距 2 号墩 12 m，2 号墩距 3 号桥台 10 m，即为 L 的取值。双排平行桩布置，排距 200 cm，即为 D 的取值。根据题意和工程量计算规则计算如下。

（1）每座工作平台面积。

$$A=2\times(5-1)\text{ m}=8\text{ m}$$

$$D=2\text{ m}$$

$$F_1=(A+6.5)\times(6.5+D)=(8+6.5)\times(6.5+2)\text{ m}^2=123.25\text{ m}^2$$

（2）0 号桥台 ~1 号桥墩，2 号桥墩 ~3 号桥台通道面积。

$$F_2=6.5\times[10-(6.5+2)]\text{ m}^2=9.75\text{ m}^2$$

（3）2 号桥墩 ~3 号桥墩通道面积。

$$F_2=6.5\times[12-(6.5+2)]\text{ m}^2=22.75\text{ m}^2$$

（4）全桥搭拆平台总面积。

$$F=(123.25\times4+9.75\times2+22.75)\text{ m}^2=535.25\text{ m}^2$$

教学单元十一　装饰工程

一、装饰工程基础知识

装饰工程主要是指桥梁外立面的装饰工程，包括水泥砂浆抹面、剁斧石、拉毛、镶贴面层、水质涂料、油漆刷涂等。

• 剁斧石

剁斧石是一种人造石料，其制作过程是用石粉、石屑、水泥等加水搅拌，抹在建筑物的表面，半凝固后，用斧子剁出像经过细凿的石头那样的纹理，又称剁假石或斩假石，如图5-78所示。

图5-78 剁斧石墙面

二、装饰工程清单编制

装饰工程工程量清单项目设置、项目特征描述的内容、计量单位及工程量计算规则按照表5-16的规定执行。

表5-16 装饰工程（编码：040308）

项目编码	项目名称	项目特征	计量单位	工程量计算规则	工作内容
040308001	水泥砂浆抹面	1. 砂浆配合比 2. 部位 3. 厚度	m^2	按设计图示尺寸以面积计算	1. 基层清理 2. 砂浆抹面
040308002	剁斧石饰面	1. 材料 2. 部位 3. 形式 4. 厚度			1. 基层清理 2. 饰面
040308003	镶贴面层	1. 材质 2. 规格 3. 厚度 4. 部位			1. 基层清理 2. 镶贴面层 3. 勾缝
040308004	涂料	1. 材料品种 2. 部位			1. 基层清理 2. 涂料涂刷
040308005	油漆	1. 材料品种 2. 部位 3. 工艺要求			1. 除锈 2. 刷油漆

如遇本清单项目缺项时，可按现行国家标准《房屋建筑与装饰工程工程量计算规范》（GB 50854—2013）中相关项目编码列项。

三、装饰工程清单报价

（一）装饰工程工程量计算

（1）本章定额除金属面油漆以“t”计算外，其余项目均按装饰面积计算。

（2）花岗岩（大理石）镶贴块料装饰面面积按图示外围饰面面积计算。

（二）装饰工程定额应用

（1）本章定额包括水泥浆抹面、剁斧石、拉毛、镶贴面层、水质涂料、油漆等，共6节41个子目。

（2）本章定额适用于桥、涵构筑物的装饰项目。

（3）镶贴面层定额中，贴面材料与定额不同时，可以调整换算，但人工与机械台班消耗量不变。

（4）水质涂料不分面层类别，均按本定额计算，由于涂料种类繁多，如采用其他涂料时，可以调整换算。

（5）水泥白石子浆抹灰定额，均未包括颜料费用，如设计需要颜料调制时，应增加颜料费用。

（6）油漆定额按手工操作计取，如采用喷漆时，应另行计算。定额中油漆种类与实际不同时，可以调整换算。

（7）定额中均未包括施工脚手架，发生时可按本定额第一册《通用项目》相应定额执行。

（8）定额缺项部分可参照《浙江省房屋建筑与装饰工程预算定额》（2018版）执行。

［例5-13］ 某桥台栏杆水泥砂浆抹面嵌线，试确定定额编号及基价。

【解】 套定额［3-528］，

$$基价=2\ 210.66\ 元/100\ m^2。$$

项目六

市政隧道工程计价

学习目标

学会隧道工程施工图识读，掌握隧道工程清单编制与清单报价方法，掌握隧道工程项目列项与定额规则计量方法。

技能目标

能根据给定工程项目图纸、计量计价依据进行市政隧道工程项目列项、计量、工程量清单编制、清单报价编制和结算价编制。

隧道工程属于《浙江省市政工程预算定额》的第四册，由岩石隧道（一～三章）和软土隧道（四～七章）两大部分组成，包括隧道开挖与出渣、临时工程、隧道内衬、隧道沉井、垂直顶升、地下混凝土结构以及金属构件制作。

岩石隧道适用于城镇管辖范围内新建、改建和扩建的各种车行隧道、人行隧道、给排水隧道及电缆（公用事业）隧道等工程。软土隧道适用于城镇管辖范围内新建和扩建的各种车行隧道、人行隧道、给排水隧道及电缆（公用事业）隧道等工程。软土隧道的土石方开挖、盾构法掘进等项目，可按市政定额其他分册或其他工程预算定额的相关子目执行。

教学单元一　基础知识

隧道是指在既有的建筑或土石结构中挖出来的通道，是埋置于地层内的工程建筑物，是人类利用地下空间的一种形式。1970 年，经济合作与发展组织召开的隧道会议综合了各种因素，对隧道所下的定义为："以某种用途、在地面下用任何方法按规定形状和尺寸修筑的断面积大于 2 m^2 的洞室。”

隧道可按以下方法进行分类：

(1) 按照隧道所处的地质条件：岩石隧道和软土隧道。岩石隧道一般修建在岩层中，硬岩隧道的围岩一般具有较长时间的自稳能力和较强的自承能力，多采用全断面或上下断面钻爆掘进施工，常采用柔性的锚喷支护作为主要受力结构。软土隧道一般修建在土层中，由于开挖时易坍塌、成洞困难，施工中常需采用预加固、超前支护等措施。新奥法、明挖法、盖挖法、顶进法是软土隧道常用的施工方法。

知识链接

在岩石地下工程中，由于受开挖影响而发生应力状态改变的周围岩体，称为围岩。围岩又称主岩、容矿岩。矿体周围的和岩体周围的岩石均称围岩。

知识链接

锚喷支护是由锚杆和喷射混凝土面板组成的支护，其主要作用是限制围岩变形的自由发展，调整围岩的应力分布，防止岩体松散坠落。既可作为施工过程中的临时支护使用，也可在某些情况下作为永久支护或衬砌。

(2) 按照隧道的长度：短隧道（铁路隧道规定：$L \leqslant 500$ m；公路隧道规定：$L \leqslant 250$ m）、中长隧道（铁路隧道规定：500 m$<L\leqslant$3 000 m；公路隧道规定：250 m$<L\leqslant$1 000 m）、长隧道（铁路隧道规定：3 000 m$<L\leqslant$10 000 m；公路隧道规定 1 000 m$<L\leqslant$3 000 m）和特长隧道（铁路隧道规定：$L>$10 000 m；公路隧道规定：$L>$3 000 m）。

(3) 按照国际隧道协会（ITA）定义的隧道横断面积的大小划分标准：极小断面隧道（2～3 m^2）、小断面隧道（3～10 m^2）、中等断面隧道（10～50 m^2）、大断面隧道（50～100 m^2）和特大断面隧道（大于 100 m^2）。

(4) 按照隧道所在的位置：山岭隧道（为缩短距离和避免大坡道而从山岭或丘陵下穿越的隧道）、水底隧道（修建在江河、湖泊、海港或海峡底下的隧道）和城市隧道（在城市地下穿越的隧道）。

(5) 按照隧道埋置的深度：浅埋隧道（隧道上部覆盖层不足隧道洞跨 2 倍的隧道区段属于隧道浅埋段）和深埋隧道（隧道上部覆盖层超过隧道洞跨 2 倍的隧道区段属于隧道深埋段）。

(6) 按照隧道的用途：交通隧道、水工隧道、市政隧道和矿山隧道。

一、岩石隧道

（一）开挖方法

1. 全断面开挖法

(1) 全断面开挖法适用于土质稳定、断面较小的隧道施工，适宜人工开挖或小型机械作业。

(2) 全断面开挖法采取自上而下一次开挖成形，沿着轮廓开挖，按施工方案一次

进尺并及时进行初期支护。

（3）全断面开挖法的优点是可以减少开挖对围岩的扰动次数，有利于围岩天然承载拱的形成，工序简便；缺点是对地质条件要求严格，围岩必须有足够的自稳能力，如图 6-1 所示。

图 6-1　全断面开挖法

2．台阶开挖法

台阶开挖法是全断面开挖法的变化方案，是将设计断面分上半部断面和下半部断面两次开挖成型，或采用上弧导洞超前开挖和中核开挖及下部开挖。开挖关键是台阶划分形式，一般将断面划分为 1 ~2 个台阶分部开挖，适用于Ⅱ ~ Ⅳ类围岩，如图 6-2 所示。

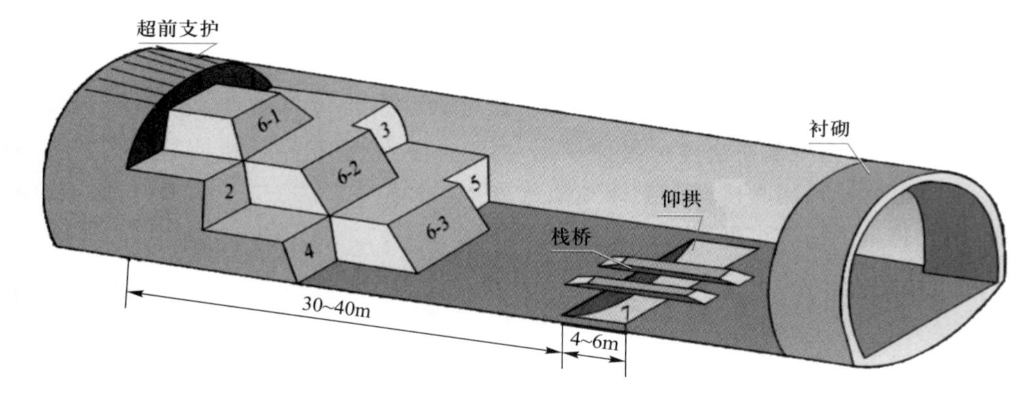

图 6-2　台阶开挖法

（1）台阶开挖法适用于土质较好的隧道施工，以及软弱围岩、第四纪沉积地层隧道。

（2）台阶开挖法将结构断面分成两个以上部分，即分成上下两个工作面或几个工作面，分步开挖。根据地层条件和机械配套情况，台阶开挖法又可分为正台阶法和中隔壁台阶法等。正台阶法能较早使支护闭合，有利于控制其结构变形及由此引起的地面沉降。

（3）台阶开挖法的优点是具有足够的作业空间和较快的施工速度，灵活多变，适用性强。

知识链接

正台阶法指在稳定性较差的岩层中施工时，将整个坑道断面分为几层，由上向下分部进行开挖，每层开挖面的前后距离较小而形成几个正台阶。上部台阶的钻眼作业和下部台阶的出渣，可以平行进行而使工效提高。全断面完全开挖后，再由边墙到顶拱筑衬砌。

(4) 台阶开挖法注意事项：台阶数不宜过多，台阶长度要适当，对城市第四纪地层，台阶长度一般以控制在 D 内（D 一般指隧道跨度）为宜。对岩石地层，针对破碎地段可配合挂网喷锚支护施工，以防止落石和崩塌。

3. 环形开挖预留核心土法

(1) 环形开挖预留核心土法适用于一般土质或易坍塌的软弱围岩和断面较大的隧道施工，是城市第四纪软土地层浅埋暗挖法最常用的一种标准掘进方式，如图 6-3 所示。

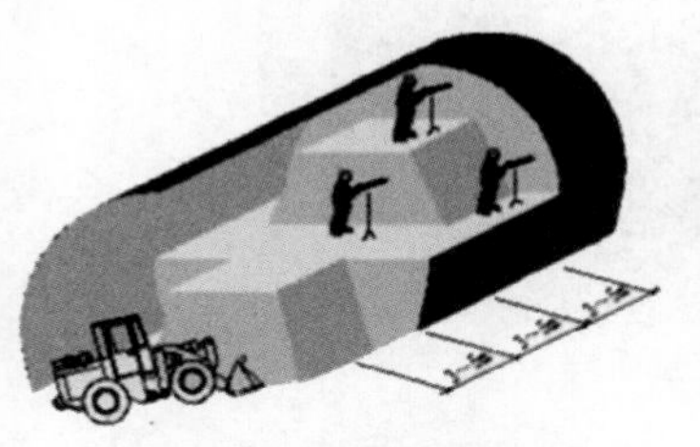

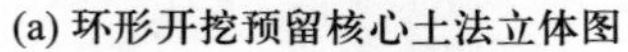

(a) 环形开挖预留核心土法立体图

(b) 环形开挖预留核心土施工照片

图 6-3 环形开挖预留核心土法

(2) 一般情况下，将断面分成环形拱部、上部核心土、下部台阶三部分。根据断面的大小，环形拱部又可分成几块交替开挖。环形开挖进尺为 5～10 m，不宜过长。台阶长度一般以控制在 D 内（D 一般指隧道跨度）为宜。

(3) 施工作业流程：用人工或单臂掘进机开挖环形拱部→架立钢支撑→挂钢筋网→喷混凝土。在拱部初次支护保护下，为加快进度，宜采用挖掘机或单臂掘进机开挖核心土和下台阶，随时接长钢支撑和喷混凝土、封底。视初次支护的变形情况或施工步序，安排施工二次衬砌作业。

知识链接

二次衬砌是隧道工程施工在初期支护内侧施作的模筑混凝土或钢筋混凝土衬砌，与初期支护共同组成复合式衬砌。

二次衬砌是与初期支护相对而言的，指在隧道已经进行初期支护的条件下，用混凝土等材料修建的内层衬砌，以达到加固支护，优化路线防排水系统，美化外观，方便设置通信、照明、监测等设施的作用，以适应现代化高速道路隧道建设的要求。

(4) 方法的主要优点：

① 因为开挖过程中上部留有核心土支承着开挖面，能迅速及时地建造拱部初次支护，所以开挖工作面稳定性好。

② 和台阶法一样，核心土和下部开挖都是在拱部初次支护保护下进行的，施工安全性好。与超短台阶法相比，台阶长度可以适度加长，以减少上、下台阶施工干扰。与下文的侧壁法相比，施工机械化程度可相对提高，施工速度可加快。

(5) 注意事项：

① 虽然核心土增强了开挖面的稳定，但开挖中围岩要经受多次扰动，而且断面分

块多,支护结构形成全断面封闭的时间长,这些都有可能使围岩变形增大。因此,常要结合辅助施工措施对开挖工作面及其前方岩体进行预支护或预加固。

② 由于拱形开挖高度较小,或地层松软锚杆不易成型,所以对城市第四纪地层,施工中一般不设或少设锚杆。

知识链接

锚杆是当代煤矿中巷道支护的最基本组成部分,它将巷道的围岩加固在一起,使围岩自身支护自身。现今锚杆不仅用于矿山,也用于对边坡、隧道、坝体进行主体加固。锚杆作为深入地层的受拉构件,它一端与工程构筑物连接,另一端深入地层中。整根锚杆分为自由段和锚固段,自由段是指将锚杆头处的拉力传至锚固体的区域,其功能是对锚杆施加预应力。

4. 单侧壁导坑法

(1) 单侧壁导坑法适用于断面跨度大,地表沉降难以控制的软弱松散围岩中的隧道施工。

(2) 单侧壁导坑法是将断面横向分成 3 块:侧壁导坑、上台阶、下台阶。侧壁导坑尺寸应本着充分利用台阶的支撑作用,并考虑机械设备和施工条件而定。

(3) 一般情况下侧壁导坑宽度不宜超过 0.5 倍洞宽,高度以到起拱线为宜,这样导坑可分二次开挖和支护,不需要架设工作平台,人工架立钢支撑也较方便。

(4) 导坑与台阶的距离没有硬性规定,但一般应以导坑施工和台阶施工不发生干扰为原则。上、下台阶的距离则视围岩情况参照短台阶法或超短台阶法拟定。

5. 双侧壁导坑法

(1) 双侧壁导坑法又称眼镜工法。当隧道跨度很大,地表沉陷要求严格,围岩条件特别差,单侧壁导坑法难以控制围岩变形时,可采用双侧壁导坑法,如图 6-4 所示。

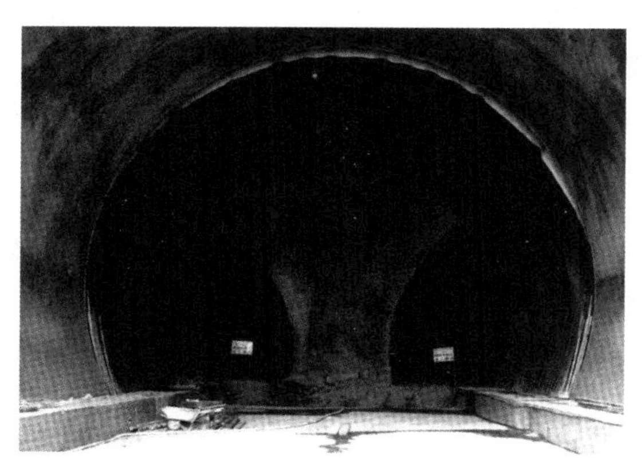

图 6-4　双侧壁导坑法

(2) 双侧壁导坑法一般是将断面分成四块:左、右侧壁导坑,上部核心土,下台阶。导坑尺寸拟定的原则同前,但宽度不宜超过断面最大跨度的 1/3。左、右侧壁导坑错开的距离,应根据开挖一侧导坑所引起的围岩应力重分布的影响不至于波及另一侧已成导坑的原则确定。

（3）施工顺序：开挖一侧导坑，并及时地将其初次支护闭合。相隔适当距离后开挖另一侧导坑，并建造初次支护。开挖上部核心土，建造拱部初次支护，拱脚支承在两侧壁导坑的初次支护上。开挖下台阶，建造底部的初次支护，使初次支护全断面闭合。拆除导坑临空部分的初次支护。施作内层衬砌。

6. 中隔壁法和交叉中隔壁法

（1）中隔壁法也称CD工法，主要适用于地层较差、岩体不稳定且地面沉降要求严格的地下工程施工。

（2）当CD工法不能满足要求时，可在CD工法基础上加设临时仰拱，即所谓的交叉中隔壁法（CRD工法）。

（3）CD工法和CRD工法在大跨度隧道中应用普遍，在施工中应严格遵守正台阶法的施工要点，尤其要考虑时空效应，每一步开挖必须快速，必须及时步步成环，工作面留核心土或用喷混凝土封闭，消除由于工作面应力松弛而增大沉降值的现象。

7. 中洞法、侧洞法、柱洞法、洞桩法

当地层条件差、断面特大时，一般设计成多跨结构，跨与跨之间由梁、柱连接，一般采用中洞法、侧洞法、柱洞法及洞桩法等施工方法，其核心思想是变大断面为中小断面，提高施工安全水平。

（1）中洞法施工就是先开挖中间部分（中洞），在中洞内施作梁、柱结构，然后再开挖两侧部分（侧洞），并逐渐将侧洞顶部荷载通过中洞初期支护转移到梁、柱结构上。由于中洞的跨度较大，施工中一般采用CD、CRD或双侧壁导坑法进行施工。中洞法施工工复杂，但两侧洞对称施工，比较容易解决侧压力从中洞初期支护转移到梁柱上时的不平衡侧压力问题，施工引起的地面沉降较易控制。中洞法的特点是初期支护自上而下，每一步封闭成环，环环相扣；二次衬砌自下而上施工，施工质量容易得到保证。

（2）侧洞法施工就是先开挖两侧部分（侧洞），在侧洞内做梁、柱结构，然后再开挖中间部分（中洞），并逐渐将中洞顶部荷载通过初期支护转移到梁、柱上，这种施工方法在处理中洞顶部荷载转移时，相对于中洞法要困难一些。两侧洞施工时，中洞上方土体经受多次扰动，形成危及中洞的上小下大的梯形、三角形或楔形土体，该土体直接压在中洞上，中洞施工若不够谨慎就可能发生坍塌。

（3）柱洞法施工是先在立柱位置施作一个小导洞，当小导洞做好后，再在洞内做底梁，形成一个细而高的纵向结构，柱洞法施工的关键是如何确保两侧开挖后初期支护同步作用在顶纵梁上，而且柱子左右水平力要同时加上且保持相等。

（4）洞桩法就是先挖洞，在洞内制作挖孔桩，梁柱完成后，再施作顶部结构，然后在其保护下施工，实际上就是将盖挖法施工的挖孔桩梁柱等转入地下进行。

（二）爆破

隧道开挖中常用的起爆方法有火花起爆法、电力起爆法和导爆管起爆法等。

1. 火花起爆法

火花起爆是用火雷管（铜雷管或纸雷管）和导火索加工成起爆药卷，通过点燃导火索点燃雷管起爆药卷。此法操作简单容易掌握，但不安全因素多（如导火索燃烧速度不均匀，不能精确地控制起爆时间，点燃导火索必须在工作面上进行），特别是长隧道和全断面一次开挖炮眼数量较多时，战炮应有相应的安全措施如点燃信号引线，分工划分点炮范围等。

2. 电力起爆法

此法是用电雷管和导线连成爆破网络，通过接通电源起爆。电力起爆可预先检测爆破的准确性，防止产生拒爆，安全性好，是较普遍采用的方法。采用此法应特别注意对洞内电源的管制，注意消除杂散电流、感应电流和高压静电等，防止产生意外早爆现象。

3. 导爆管起爆法

导爆管是一种非电起爆器材。它由普通雷管、激光枪或导爆索引爆，引爆的导爆管以 2 000 m/s 的速度传递着冲击波，从而引爆与其相连的雷管（普通瞬发雷管和非电延时雷管）起爆。此种方法具有抗静电杂电、抗水、抗冲击、耐火和传爆长度大等优点。

光面爆破是通过加密周边炮眼，减少每一炮眼装药量，控制起爆顺序等措施，使爆破后形成准确的隧道轮廓线。光面爆破的优点有：① 减少超挖，隧道断面整齐美观；② 围岩稳定减少临时支护，保证安全加快施工进度；③ 为锚喷支护节省衬砌材料创造了条件。

（三）隧道开挖

1. 平洞开挖

隧道开挖一般采用平洞开挖，只有当隧道较长时才采用辅助坑道。平洞的开挖方法具体见本单元上文所述。

2. 斜井开挖

斜井是隧道侧面上方开挖的与之相连的倾斜坑道，可用于增加隧道施工的施工面、通风道、排水道、逃生道。当隧道洞身一侧有较开阔的山谷且覆盖不太厚时，可考虑设置斜井。

斜井设计施工时应注意以下事项：

（1）当隧道埋深不大，地质条件较好，隧道侧面有沟谷等低洼地形时，可采用斜井作为辅助坑道。

（2）斜井长度一般不超过 200 m，以降低工程造价及保证运输效能。因此，在选用较长斜井方案时，应作经济性比较。

（3）斜井井口位置不应设在洪水可能淹没处。

（4）斜井开挖与一般隧道导坑的开挖工作相同，以保证爆破后的断面合乎要求。斜井支护一般采用喷锚支护。

（5）斜井提升一般采用卷扬机牵斗车，坡度小时也可采用皮带输送或无轨运输，斜井内轨道数视出渣量而定。

（6）为保证施工安全，还应注意井底车场需加支撑或修筑衬砌。

3. 竖井开挖

竖井是隧道上方开挖的与隧道相连的竖向坑道，可作为隧道与地表间的联通道、通风道、排水道等。常用于长隧道，以增加作业面，缩短搬运距离；增加换气和排水口，减短通风排水距离。竖井施工有自下向上两种掘进方法，前者使用吊盘、吊桶、抓渣机等，竖井直径可达 9 m 左右、深度可达数百米以上，一般需修筑到达井位的便道；后者使用掘进机，竖井直径 3 m 左右，深度不限，但需隧道掘进能够到达竖井位底部。

覆盖层较薄的长隧道、在中间适当位置覆盖层不厚、具备提升设备、施工中又需增加工作面,则可用竖井增加工作面的方案。竖井深度一般不超过 150 m。

竖井的位置可设在隧道一侧,与隧道的距离一般情况下为 15~25 m 之间,或设置在正上方。

竖井的位置、断面形状,应根据施工要求、通风情况、是否作为永久通风道、造价等因素综合考虑确定。当隧道设两个以上竖井时,应作经济性分析,以保证工程造价不致过度高。

竖井构造包括井口圈、井筒、壁座、井筒与隧道间的连接段、井下集水坑等部分。

(四)支护与衬砌

1. 临时支护

只为施工而进行的支护称为临时支护。隧道开挖后,除坚硬整体性好的稳定围岩外,必须进行及时的临时支护。常见的类型有:构件支撑、锚杆支护、喷混凝土支护和锚喷联合支护。

(1)构件支撑。有木支撑及钢架支撑。木支撑加工容易,装卸方便,受力变形大,容易加固,但易腐朽,周转次数少,消耗大。据地层松软程度可采用圆木密排连续撑和间断撑,木材多采用坚硬且有弹性的松杉木种。

钢架支撑最好的一种是花拱钢支撑,即用内外层钢轨或工字钢弯成弧形并用钢筋焊成拱节,每榀花拱由 3~5 节用螺栓夹板连接或焊接。

(2)锚杆支撑。锚杆是安设在岩土层深处的受拉构件,一端与隧道内表面松动岩石相连,另一端锚固在稳定的基岩中,用以承受岩层压力和防止较大变形。锚杆按锚固长度分为端头(集中)锚固和全长锚固两类。每类中又按锚固方式分为机械型和黏结型,前者以摩擦锚固阻力为主起锚固作用,后者以黏结力为主起锚固作用。机械型锚杆有锲缝式和倒锲式等;黏结型锚杆的黏结剂有水泥砂浆、快硬水泥素浆、树脂等。锚杆是总称,其组成有锚固体,拉杆及锚头三部分。

(3)管棚。管棚指在隧道开挖轮廓外顺纵向预先置入成排的大直径钢管,开挖后用钢拱架支撑钢管组成的预先支护系统。管棚适用于含水的沙土地层和破碎带,以及浅埋隧道或地面有重要建筑物地段,对防止软弱围岩下沉、松弛和坍塌有显著效果。管棚一般采用直径 80~180 mm 热轧无缝钢管,长度 10~45 m,可根据地质条件、地层压力分布、结构形状布设在隧道拱部、墙部甚至底部;环向设置间距应根据地层破碎程度、地层压力、导管布置位置来确定,一般为 30~50 cm。

(4)小导管。小导管指预先沿拱部周边朝前斜向设置密排注浆钢花钢,钢花钢外露端支于格栅拱架上的超前支护系统。小导管多用于较干燥的沙土层、砂卵石层、断层破碎带、软弱围岩浅埋隧道段,既能加固洞壁一定范围内的围岩,又能支托围岩,预支护效果大于超前锚杆。小导管一般采用直径 42~50 mm 热轧无缝钢管,长度 3~5 cm。导管前端钻有注浆孔,后段留有长度≥30 cm,环向设置间距为 20~50 cm,外插角 10°~30°。

(5)喷混凝土支撑。作为施工支撑也可以采用边开挖边喷混凝土的办法,喷射厚度一般为 5~10 cm。喷射混凝土是利用压缩空气的力量,将混凝土高速喷射到岩壁上,它在高速连续冲击下,与岩面紧密的黏结在一起,并能充填岩面的裂隙和凹坑,把岩面加固成完整而稳定的结构。喷射混凝土具有速凝、早强、黏结牢固、不用模版、省工省料等优点，是一种先进的施工技术，很有发展前途。目前，喷混凝土支撑主要用于隧道开挖的临时支护与永久衬砌，隧道大修加固，桥梁墩台基坑开挖护壁，路基边坡加固工程及其他地下工程的支护衬砌施工。

(6) 锚喷联合支护。锚喷联合支护是锚杆支持与喷混凝土结合的支护方式，根据围岩的破碎程度有时需在喷射混凝土层中加设钢筋网。

2. 永久衬砌

永久衬砌是隧道对围岩的永久支护。永久衬砌有整体式和复合式。

整体式衬砌施工与地面建筑普通混凝土施工作业大体相同，其特点是衬砌混凝土不需要外膜，超挖大时，用浆砌或干砌片石做外膜边回填边灌注混凝土，当用光爆法超挖量很小时则不需外膜。支内膜应留有沉降量。

复合式衬砌是将施工的锚喷支护与以后的二次膜注混凝土共同组成的衬砌。二次膜筑的时间需在锚喷支护下岩层的变形趋于稳定或收敛时。

锚喷结构层即可做临时支护也可做永久衬砌。不仅在石质隧道中已成为成熟技术，而且已逐步推广到软弱围岩和黄土隧道中。锚喷技术配合光面爆破构成了隧道施工的新体系，对节约投资加快施工进度都起到了极为重要的作用。

二、软土隧道

（一）隧道沉井

本书中的隧道沉井一般指的是软土隧道工程中采用沉井方法的盾构工作及暗埋段连续沉井。

1. 隧道沉井特点

沉井是地下建筑施工的一种方式，先在建筑地点开挖基坑，铺设沙垫层，浇捣刃脚垫层混凝土，根据沉井的高度、地基承载力、施工机械设备等条件，用钢筋混凝土一次后分介质成一个上无盖下无底的筒状结构物，在其井壁的挡土和防水的围护下，从井内取土，借其自重使之下沉到设计标高，形成一个地下构筑物。

隧道沉井一般平面尺寸比较大，埋设比较深，其井壁结构不仅要考虑四周土体的压力，而且要考虑盾构在隧道掘进时，把井壁作为盾构推进后坐力，要承受 2 000 ~ 3 000 t压力，因此井壁比较厚，含筋率也大，称为厚壁沉井。

2. 隧道沉井施工

隧道沉井的施工程序可分为沉井制作前的准备工作、沉井制作、沉井下沉和沉井封底四个步骤。

(1) 沉井制作前的准备

在沉井平面位置确定后，先开挖沉井基坑（基坑深度一般在地面下 2 ~ 3 m），再搭施工脚手架，并设置井点降水。为防止沉井制作过程中的不均匀沉降，基坑内部分层铺沙垫层，其厚度由预支沉井的自重和刃脚踏面的面积决定，隧道沉井井壁比较厚，自重比较大，所以刃脚下需铺设混凝土条形垫层。

(2) 沉井制作

沉井制作，根据不同的情况和施工条件，可采用分节制作一次下沉，也可以一次制作一次下沉,或制作与下沉交替进行。采用何种施工方案,由施工组织设计根据基坑承载力、沉井高度、沉井自重及施工机械等因素决定。沉井制作包括刃脚、框架、井壁以及底板等部位的制作。

(3) 沉井下沉

当沉井混凝土达到一定强度时(按设计要求),放可抽拆垫木或混凝土边沿垫层,然后开始挖土下沉,沉井下沉前,井壁的预留孔及门洞,必须用砖封堵或安装钢封门,以防止井外土涌入井内。

(4) 沉井封底

当沉井下沉到设计标高后,即停止挖土,准备封底工作。一般先在沉井锅底内铺石块、铺垫层。然后在井底的土体能保持稳定,且环境保护符合要求时,可采用混凝土干封底,干封底成本低、工期快,且能保证质量。在采用不排水下沉的条件下,则采用水下混凝土封底。在封底混凝土层达到一定强度后,浇筑钢筋混凝土底板。为了防止沉井上浮,在底板上预留集水滤井,当底板混凝土未达到设计强度之前,要不断地抽水,以释放底板以下的水压。待底板达到设计强度后,再将集水井封堵。

(二) 垂直顶升施工

垂直顶升法就是在隧道出水口的位置,预先埋置一个特殊的开口环(钢管片),用顶升车架上的千斤顶将预制方管的首节顶升至开口环的封顶块位置,并将螺栓与其连接固定,然后拆除封顶块与邻近块的螺丝,向上顶升,顶升至第二节预制方管节可就位的高度,将第二节预制方管节运达顶升车架上与首节方管连接,这样逐节垂直顶升,到所有管节组成一个立管柱,穿过隧道覆土层,进入江、河、海底,最后在水中揭开首节方管节顶部的钢管片,使隧道与水域接通,达到取排水的目的。近年来,在沿海地区建造了许多大型的电厂、化工厂、钢铁厂、炼油厂,这些沿海的工厂和日夜发展的城镇都需要向离岸线较远的水域中取水或排水,位于这些管道尽端的取排水口通常是采用筑岛沉井、浮用沉井或水上钻井法施工,这些施工方法离不开水上作业,并需动用大型的水上作业船舶及工具,因此其施工费用昂贵,受潮汛、风浪干扰大。垂直顶升是在隧道内直接拼装顶升一组立管,具有工程造价低,施工工期短,不受潮汛和风浪干扰的影响等优点,在取排水隧道中被广泛采用。

教学单元二 隧道工程清单计价

隧道工程清单编制及清单报价依据有:《建设工程工程量清单计价规范》(GB 50500—2013)、《市政工程工程量计算规范》(GB 50857—2013)、《浙江省建设工程工程量清单计价指引——市政工程》等。

清单编制

1. 隧道岩石开挖

工程量清单项目设置、项目特征描述的内容、计量单位及工程量计算规则,应按表 6-1 的规定执行。

表 6-1　隧道岩石开挖(编码:040401)

项目编码	项目名称	项目特征	计量单位	工程量计算规则	工作内容
040401001	平洞开挖	1. 岩石类别 2. 开挖断面	m^3	按设计图示结构断面尺寸乘以长度以体积计算	1. 机械开挖 2. 施工面排水 3. 出渣 4. 弃渣场内堆放、运输 5. 弃渣外运
040401002	斜井开挖				
040401003	竖井开挖				
040401004	地沟开挖				
040401005	小导管	1. 类型 2. 材料品种 3. 管径、长度	m	按设计图示尺寸以长度计算	1. 制作 2. 布眼 3. 钻孔 4. 安装
040401006	管棚				
040401007	注浆	1. 浆液种类 2. 配合比	m^3	按设计注浆量以体积计算	1. 浆液制作 2. 钻孔注浆 3. 堵孔

2. 岩石隧道衬砌

工程量清单项目设置、项目特征描述的内容、计量单位及工程量计算规则,应按表 6-2 的规定执行。

表 6-2　岩石隧道衬砌(编码:040402)

项目编码	项目名称	项目特征	计量单位	工程量计算规则	工作内容
040402001	混凝土仰拱衬砌	1. 拱跨径 2. 部位 3. 厚度 4. 混凝土强度等级	m^3	按设计图示尺寸以体积计算	1. 模板制作、安装、拆除 2. 混凝土拌和、运输、浇筑 3. 养护
040402002	混凝土顶拱衬砌				
040402003	混凝土边墙衬砌	1. 部位 2. 厚度 3. 混凝土强度等级			
040402004	混凝土竖井衬砌	1. 厚度 2. 混凝土强度等级			
040402005	混凝土沟道	1. 断面尺寸 2. 混凝土强度等级			

续表

项目编码	项目名称	项目特征	计量单位	工程量计算规则	工作内容
040402006	拱部喷射混凝土	1. 结构形式 2. 厚度 3. 混凝土强度等级 4. 掺加材料品种、用量	m^2	按设计图示尺寸以面积计算	1. 清洗基层 2. 混凝土拌和、运输、浇筑、喷射 3. 收回弹料
040402007	边墙喷射混凝土				
040402008	拱圈砌筑	1. 断面尺寸 2. 材料品种、规格 3. 砂浆强度等级	m^3	按设计图示尺寸以体积计算	1. 砌筑 2. 勾缝 3. 抹灰
040402009	边墙砌筑	1. 厚度 2. 材料品种、规格 3. 砂浆强度等级			
040402010	砌筑沟道	1. 断面尺寸 2. 材料品种、规格 3. 砂浆强度等级			
040402011	洞门砌筑	1. 形状 2. 材料品种、规格 3. 砂浆强度等级			
040402012	锚杆	1. 直径 2. 长度 3. 锚杆类型 4. 砂浆强度等级	t	按设计图示尺寸以质量计算	1. 钻孔 2. 锚杆制作、安装 3. 压浆
040402013	充填压浆	1. 部位 2. 浆液成分强度	m^3	按设计图示尺寸以体积计算	1. 打孔、安装 2. 压浆
040402014	仰拱填充	1. 填充材料 2. 规格 3. 强度等级		按设计图示回填尺寸以体积计算	1. 配料 2. 填充

续表

项目编码	项目名称	项目特征	计量单位	工程量计算规则	工作内容
040402015	透水管	1. 材质 2. 规格	m	按设计图示尺寸以长度计算	安装
040402016	沟道盖板	1. 材质 2. 规格尺寸 3. 强度等级			制作、安装
040402017	变形缝	1. 类别 2. 材料品种、规格 3. 工艺要求			
040402018	施工缝				
040402019	柔性防水层	材料品种、规格	m^2	按设计图示尺寸以面积计算	铺设

注:遇本节清单项目未列的砌筑构筑物时,应按《市政工程工程量计算规范》(GB 50857—2013)附录 C 桥涵工程中相关项目编码列项。

3. 盾构掘进

工程量清单项目设置、项目特征描述的内容、计量单位及工程量计算规则,应按表 6-3 的规定执行。

表 6-3　盾构掘进(编号:040403)

项目编号	项目名称	项目特征	计量单位	工程量计算规则	工作内容
040303001	盾构吊装及吊拆	1. 直径 2. 规格型号 3. 始发方式	台次	按设计图示数量计算	1. 盾构机安装、拆除 2. 车架安装、拆除 3. 管线连接、调试
040303002	盾构掘进	1. 直径 2. 规格 3. 形式 4. 掘进施工段类别 5. 密封舱材料品种 6. 运距	m	按设计图示掘进长度计算	1. 掘进 2. 管片拼装 3. 密封舱添加材料 4. 负环管片拆除 5. 隧道内管线路铺设、拆除 6. 泥浆制作 7. 泥浆处理

续表

项目编号	项目名称	项目特征	计量单位	工程量计算规则	工作内容
040303003	衬砌壁后压浆	1. 浆液品种 2. 配合比 3. 砂浆强度等级 4. 压浆形式	m^3	1. 按管片外径和盾构壳体外径所形成的充填体积计算 2. 按设计注浆量以体积计算	1. 制浆 2. 送浆 3. 同步压浆 4. 分块压浆 5. 封堵 6. 清洗
040303004	预制钢筋混凝土管片	1. 直径 2. 厚度 3. 宽度 4. 混凝土强度等级	m^3	按设计图示尺寸以体积计算	1. 钢筋混凝土管片购置 2. 管片场内外运输 3. 管片成环试拼 4. 管片安装
040303005	管片设置密封条	1. 管片直径、宽度、厚度 2. 密封条材料 3. 密封条规格	环	按设计图示数量计算	密封条安装
040303006	隧道洞口柔性接缝环	1. 材料 2. 规格 3. 部位 4. 混凝土强度等级	m	按设计图示以隧道管片外径周长计算	1. 制作、安装临时防水环板 2. 制作、安装、拆除临时止水缝 3. 拆除临时钢环板 4. 拆除洞口环管片 5. 安装钢环板 6. 柔性接缝环 7. 洞口钢筋混凝土环圈
040303007	管片嵌缝	1. 直径 2. 材料 3. 规格	环	按设计图示数量计算	1. 管片嵌缝槽表面处理，配料嵌缝 2. 管片手孔封堵

续表

项目编号	项目名称	项目特征	计量单位	工程量计算规则	工作内容
040303008	盾构机调头	1. 直径 2. 规格型号 3. 始发方式	台次	按设计图示数量计算	1. 钢板、基座铺设 2. 盾构拆卸 3. 盾构调头、平行移运定位 4. 盾构拼装 5. 连接管线，调试
040303009	盾构机转场运输	1. 直径 2. 规格型号 3. 始发方式			1. 盾构机安装、拆除 2. 车架安装、拆除 3. 盾构机、车架转场运输
040303010	盾构基座	1. 材质 2. 规格 3. 部位	t	按设计图示尺寸以质量计算	1. 制作 2. 安装 3. 拆除
040303011	泥水处理系统	1. 直径 2. 刀盘式泥水平衡盾构 3. 泥水系统	套	按设计图示以套计算	1. 泥水系统制作、安装、摊销、拆除 2. 自备泥浆 3. 泥浆输送

注：1. 衬砌壁后压浆清单项目在编制工程量清单时，其工程数量可为暂估量，结算时按现场签证数量计算。
2. 盾构基座系指常用的钢结构，如果是钢筋混凝土结构，应按表 6-7 中相关项目进行列项。
3. 钢筋混凝土管片按成品编制项目，购置费用应计入综合单价中，如采用现场预制，包括预制构件制作的所有费用。

4. 管节顶升、旁通道

工程量清单项目设置、项目特征描述的内容、计量单位及工程量计算规则，应按表 6-4 的规定执行。

表 6-4　管节顶升、旁通道（编码：040404）

项目编码	项目名称	项目特征	计量单位	工程量计算规则	工作内容
040404001	钢筋混凝土顶升管节	1. 材质 2. 混凝土强度等级	m^3	按设计图示尺寸以体积计算	1. 钢模板制作 2. 混凝土拌和、运输、浇筑 3. 养护 4. 管节试拼装 5. 管节场内外运输

续表

项目编码	项目名称	项目特征	计量单位	工程量计算规则	工作内容
040404002	垂直顶升设备安、拆	规格、型号	套	按设计图示数量计算	1. 基座制作和拆除 2. 车架、设备吊装就位 3. 拆除、堆放
040404003	管节垂直顶升	1. 断面 2. 强度 3. 材质	m	按设计图示以顶升长度计算	1. 管节吊运 2. 首节顶升 3. 中间节顶升 4. 尾节顶升
040404004	安装止水框、连系梁	材质	t	按设计图示尺寸以质量计算	制作、安装
040404005	阴极保护装置	1. 型号 2. 规格	组	按设计图示数量计算	1. 恒电位仪安装 2. 阳极安装 3. 阴极安装 4. 参变电极安装 5. 电缆敷设 6. 接线盒安装
040404006	安装取、排水头	1. 部位 2. 尺寸	个		1. 顶升口揭顶盖 2. 取排水头部安装
040404007	隧道内旁通道开挖	1. 土壤类别 2. 土体加固方式	m^3	按设计图示尺寸以体积计算	1. 土体加固 2. 支护 3. 土方暗挖 4. 土方运输

续表

项目编码	项目名称	项目特征	计量单位	工程量计算规则	工作内容
040404008	旁通道结构混凝土	1. 断面 2. 混凝土强度等级	m^3	按设计图示尺寸以体积计算	1. 模板制作、安装 2. 混凝土拌和、运输、浇筑 3. 洞门接口防水
040404009	隧道内集水井	1. 部位 2. 材料 3. 形式	座	按设计图示数量计算	1. 拆除管片建集水井 2. 不拆管片建集水井
040404010	防爆门	1. 形式 2. 断面	扇		1. 防爆门制作 2. 防爆门安装
040404011	钢筋混凝土复合管片	1. 材质 2. 混凝土强度等级 3. 钢筋种类	m^3	按设计图示尺寸以体积计算	1. 复合管片制作、安装 2. 钢筋制作、安装 3. 混凝土拌和、运输、浇筑 4. 养护 5. 管片运输
040404012	钢管片	1. 材质 2. 探伤要求 3. 油漆品种	t	按设计图示以质量计算	1. 钢管片制作 2. 试拼装 3. 探伤 4. 钢管片安装 5. 管片运输

5. 隧道沉井

工程量清单项目设置、项目特征描述的内容、计量单位及工程量计算规则，应按表 6-5 的规定执行。

6. 围护基坑土石方

工程量清单项目设置、项目特征描述的内容、计量单位及工程量计算规则，应按表 6-6 的规定执行。

表 6-5 隧道沉井(编码:040405)

项目编码	项目名称	项目特征	计量单位	工程量计算规则	工作内容
040405001	沉井井壁混凝土	1. 形状 2. 规格 3. 混凝土强度等级	m^3	按设计尺寸外围井筒混凝土体积计算	1. 模板制作、安装、拆除 2. 刃脚、框架、井壁混凝土浇筑 3. 养护
040405002	沉井下沉	深度		按设计图示井壁外围面积乘以下沉深度以体积计算	1. 垫层凿除 2. 排水挖土下沉 3. 不排水下沉 4. 触变泥浆制作、输送 5. 土方场外运输
040405003	沉井混凝土封底	混凝土强度等级		按设计图示尺寸以体积计算	1. 混凝土干封底 2. 混凝土水下封底
040405004	沉井混凝土底板				1. 模板制作、安装、拆除 2. 混凝土拌和、运输、浇筑 3. 养护
040405005	沉井填心	材料品种			1. 排水沉井填心 2. 不排水沉井填心
040405006	沉井混凝土隔墙	混凝土强度等级			1. 模板制作、安装、拆除 2. 混凝土拌和、运输、浇筑 3. 养护
040405007	钢封门	1. 材质 2. 尺寸	t	按设计图示尺寸以质量计算	1. 钢封门安装 2. 钢封门拆除

注:沉井垫层按《市政工程工程量计算规范》(GB 50857—2013)附录 C 桥涵工程中相关项目编码列项。

表 6-6　围护基坑土石方(编码:040406)

项目编码	项目名称	项目特征	计量单位	工程量计算规则	工作内容
040406001	围护基坑挖土方	1. 土壤类别 2. 挖土深度 3. 基坑宽度 4. 支撑设置 5. 弃土运距	m^3	按设计图示围护结构内围面积乘以基坑的深度(地面标高至垫层底的高度)以体积计算	1. 施工面排水 2. 土方开挖 3. 基底钎探 4. 场内、外运输
040406002	围护基坑挖石方	1. 岩石类别 2. 开挖深度 3. 基坑宽度 4. 爆破方法 5. 支撑设置 6. 弃碴运距			1. 爆破 2. 防护 3. 凿石 4. 开挖 5. 施工面排水 6. 场内、外运输

注:围护基坑土石方回填按《市政工程工程量计算规范》(GB 50857—2013)附录 A 土石方工程中相关项目编码列项。

7. 混凝土结构

工程量清单项目设置、项目特征描述的内容、计量单位及工程量计算规则,应按表 6-7 的规定执行。

表 6-7　混凝土结构(编码:040407)

项目编码	项目名称	项目特征	计量单位	工程量计算规则	工作内容
040407001	混凝土地梁	1. 类别、部位 2. 混凝土强度等级	m^3	按设计图示尺寸以体积计算	1. 模板制作、安装、拆除 2. 混凝土拌和、运输、浇筑 3. 养护
040407002	混凝土底板				
040407003	混凝土柱				
040407004	混凝土墙				
040407005	混凝土梁				
040407006	混凝土平台、顶板				

续表

项目编码	项目名称	项目特征	计量单位	工程量计算规则	工作内容
040407007	圆隧道内架空路面	1. 厚度 2. 混凝土强度等级	m^3	按设计图示尺寸以体积计算	1. 模板制作、安装、拆除 2. 混凝土拌和、运输、浇筑 3. 养护
040407008	隧道内其他结构混凝土	1. 部位、名称 2. 混凝土强度等级	m^3		

注:1. 隧道洞内道路路面铺装应按《市政工程工程量计算规范》(GB 50857—2013)附录 B 道路工程相关清单项目编码列项。

2. 隧道洞内顶部和边墙内衬的装饰应按《市政工程工程量计算规范》(GB 50857—2013)附录 C 桥涵工程相关清单项目编码列项。

3. 隧道内其他结构混凝土包括楼梯、电缆沟、车道侧石等。

4. 垫层、基础应按《市政工程工程量计算规范》(GB 50857—2013)附录 C 桥涵工程相关清单项目编码列项。

5. 隧道内衬弓形底板、侧墙、支承墙应按《市政工程工程量计算规范》(GB 50857—2013)附录混凝土底板、混凝土墙的相关清单项目编码列项,并在项目特征中描述其类别、部位。

8. 沉管隧道

工程量清单项目设置、项目特征描述的内容、计量单位及工程量计算规则,应按表 6-8 的规定执行。

表 6-8 沉管隧道(编码:040408)

项目编码	项目名称	项目特征	计量单位	工程量计算规则	工作内容
040408001	预制沉管底垫层	1. 材料品种、规格 2. 厚度	m^3	按设计图示尺寸以沉管底面积乘以厚度以体积计算	1. 场地平整 2. 垫层铺设
040408002	预制沉管钢底板	1. 材质 2. 厚度	t	按设计图示尺寸以质量计算	钢底板制作、铺设
040408003	预制沉管混凝土板底	混凝土强度等级	m^3	按设计图示尺寸以体积计算	1. 模板制作、安装、拆除 2. 混凝土拌和、运输、浇筑 3. 养护 4. 底板预埋注浆管
040408004	预制沉管混凝土侧墙				1. 模板制作、安装、拆除 2. 混凝土拌和、运输、浇筑 3. 养护
040408005	预制沉管混凝土顶板				

续表

项目编码	项目名称	项目特征	计量单位	工程量计算规则	工作内容
040408006	沉管外壁防锚层	1. 材质品种 2. 规格	m^2	按设计图示尺寸以面积计算	铺设沉管外壁防锚层
040408007	鼻托垂直剪力键	材质	t	按设计图示尺寸以质量计算	1. 钢剪力键制作 2. 剪力键安装
040408008	端头钢壳	1. 材质、规格 2. 强度			1. 端头钢壳制作 2. 端头钢壳安装 3. 混凝土浇筑
040408009	端头钢封门	1. 材质 2. 尺寸			1. 端头钢封门制作 2. 端头钢封门安装 3. 端头钢封门拆除
040408010	沉管管段浮运临时供电系统	规格	套	按设计图示管段数量计算	1. 发电机安装、拆除 2. 配电箱安装、拆除 3. 电缆安装、拆除 4. 灯具安装、拆除
040408011	沉管管段浮运临时供排水系统				1. 泵阀安装、拆除 2. 管路安装、拆除
040408012	沉管管段浮运临时通风系统				1. 进排风机安装、拆除 2. 风管路安装、拆除
040408013	航道疏浚	1. 河床土质 2. 工况等级 3. 疏浚深度	m^3	按河床原断面与管段浮运时设计断面之差以体积计算	1. 挖泥船开收工 2. 航道疏浚挖泥 3. 土方驳运、卸泥

续表

项目编码	项目名称	项目特征	计量单位	工程量计算规则	工作内容
040408014	沉管河床基槽开挖	1. 河床土质 2. 工况等级 3. 挖土深度	m^3	按河床原断面与槽设计断面之差以体积计算	1. 挖泥船开收工 2. 沉管基槽挖泥 3. 沉管基槽清淤 4. 土方驳运、卸泥
040408015	钢筋混凝土块沉石	1. 工况等级 2. 沉石深度		按设计图示尺寸以体积计算	1. 预制钢筋混凝土块 2. 装船、驳运、定位沉石 3. 水下铺平石块
040408016	基槽抛铺碎石	1. 工况等级 2. 石料厚度 3. 沉石深度			1. 石料装运 2. 定位抛石 3. 水下铺平石块
040408017	沉管管节浮运	1. 单节管段质量 2. 管段浮运距离	kt · m	按设计图示尺寸和要求以沉管管节质量和浮运距离的复合单位计算	1. 干坞放水 2. 管段起浮定位 3. 管段浮运 4. 加载水箱制作、安装、拆除 5. 系缆柱制作、安装、拆除
040408018	管段沉放连接	1. 单节管段重量 2. 管段下沉深度	节	按设计图示数量计算	1. 管段定位 2. 管段压水下沉 3. 管段端面对接 4. 管节拉合
040408019	砂肋软体排覆盖	1. 材料品种 2. 规格	m^2	按设计图示尺寸以沉管顶面积加侧面外表面积计算	水下覆盖软体排
040408020	沉管水下压石		m^3	按设计图示尺寸以顶、侧压石的体积计算	1. 装石船开收工 2. 定位抛石、卸石 3. 水下铺石

续表

项目编码	项目名称	项目特征	计量单位	工程量计算规则	工作内容
040408021	沉管接缝处理	1. 接缝连接形式 2. 接缝长度	条	按设计图示数量计算	1. 按缝拉合 2. 安装止水带 3. 安装止水钢板 4. 混凝土浇筑
040408022	沉管底部压浆固封充填	1. 压浆材料 2. 压浆要求	m^3	按设计图示尺寸以体积计算	1. 制浆 2. 管底压浆 3. 封孔

教学单元三 隧道工程定额计价

《浙江省市政工程预算定额》(2018 版)第四册《隧道工程》(以下简称本册定额),由岩石隧道(第一章 ~ 第三章)和软土隧道(第四章 ~ 第九章)两部分组成,包括隧道开挖与出渣、临时工程、隧道内衬、盾构法掘进、隧道沉井、垂直顶升、地下混凝土结构、金属构件、矩形顶管,共 9 章 505 个子目。

岩石隧道适用于城镇管辖范围内新建、改建和扩建的各种车行隧道、人行隧道、给水排水隧道及电缆(公用事业)隧道等工程。软土隧道适用于城镇管辖范围内新建和扩建的各种车行隧道、人行隧道、给水排水隧道及电缆(公用事业)隧道等工程。

岩石隧道根据现行的隧道设计和施工规范,将围岩按Ⅰ~Ⅵ级进行级别划分。软土隧道的围护土层一般指沿海地区细颗粒的软弱冲击土层,按土壤分类包括黏土、亚黏土、淤泥质亚黏土、淤泥质黏土、亚砂土、粉砂土和细砂。

本册定额按现有的施工方法、机械化程度及合理的劳动组织进行编制。

本册定额中的现浇混凝土工程,除岩石隧道的喷射混凝土支护采用现场拌制混凝土外,其他的现浇混凝土工程均采用商品混凝土。

本册定额缺项项目,按《浙江省市政工程预算定额》(2018 版)其他分册或本省其他专业工程预算定额的相关子目执行。隧道工程洞内其他项目,执行《浙江省市政工程预算定额》(2018 版)其他分册或本省其他专业工程预算定额的项目时,除章节另有说明外,其人工、机械消耗量乘以系数 1.2。

一、岩石隧道

(一)隧道开挖与出渣

(1)本章定额包括平洞钻爆开挖,斜井钻爆开挖,竖井钻爆开挖,隧道内地沟钻爆开挖,平洞非爆开挖,斜井非爆开挖,竖井非爆开挖,隧道内地沟非爆开挖,隧道平洞出渣,隧道斜井、竖井出渣,共 10 节 150 个子目。

(2) 本章定额的围岩分级，详见《公路隧道设计规范》(JTG/T D70—2010)中的“公路隧道围岩分级表”;隧道内地沟钻爆开挖、非爆开挖定额的岩石分类,详见《浙江省市政工程预算定额》(2018 版)第一册《通用项目》中的“土壤及岩石分类表”。

(3) 本章的开挖定额均按光面爆破制订,已综合考虑了超挖和预留变形因素。

(4) 平洞全断面开挖适用于坡度在 5°以内的洞;斜井全断面开挖适用于坡度在 90°以内的井;竖井全断面开挖适用于垂直度为 90°的井。平洞和斜井洞内出渣的“机械装渣、自卸汽车运输”定额已综合考虑洞门外 500 m 以内的运距,当洞门外运距超过 500 m 时,按照《浙江省市政工程预算定额》(2018 版)第一册《通用项目》中自卸汽车运石渣的定额计算增运部分的费用。洞内地沟开挖定额,只适用于洞内独立开挖的地沟,非独立开挖地沟不得执行本定额。

[例 6-1] 断面 180 m^2,围岩级别Ⅳ级、长度 2 km 的隧道,有 5 600 m^3 的开挖石渣需由自卸汽车外运至洞外 1 200 m 处的弃渣点,试套用定额计算隧道石渣的运输费用。

【解】

定额编号:(4-40)+(4-46)+(1-155)

计量单位:100 m^3

人工费=(2 152.58+85.46)元=2 238.04 元

材料费=1 034.46 元

机械费=(1 082.58+32.35+905.297)元=2 020.227 元

(5) 平洞各断面开挖的施工方法,斜井的上行和下行开挖,竖井的正井和反井开挖,均已综合考虑,施工方法不同时,不得换算。

(6) 爆破材料现场的运输用工已包含在本章定额内,但未包括由相关部门规定配送而发生的配送费,发生时按实计算。

(7) 出渣定额中岩石类别已综合取定,石质不同时不予调整。

(8) 平洞出渣“人力、机械装渣,轻轨斗车运输”子目中,重车上坡,坡度在 2.5% 以内的工效降低因素已综合在定额内,实际在 2.5% 以内的不同坡度,定额不得换算。

(9) 竖井出渣项目已包含卷扬机和吊斗费用,吊架费用另行计算。

(10) 斜井出渣“人装卷扬机轻轨运输”定额,无论实际向上或向下出渣均按本章定额执行。若从斜井底通过平洞出渣时,其平洞段的运输应执行相应的平洞运输定额。

(11) “斜井人装卷扬机轻轨运输”和“竖井人装卷扬机吊斗提升”出渣定额,均包括洞口外 50 m 运输,若出洞口后运距超过 50 m,运输方式与本运输方式相同时,超过部分可执行“平洞出渣、轻轨斗车运输,每增加 50 m 运距”的定额;若出洞后,改变了运输方式,应执行《浙江省市政工程预算定额》(2018 版)第一册《通用项目》中相应石渣运输定额。

(12) 本章定额是按无地下水制订的(不含施工湿式作业积水),如果施工出现地下水时,积水的排水费和施工的防水措施费,另行计算。

(13) 隧道施工中出现塌方和溶洞时,由于塌方和溶洞造成的损失(含停工、窝工)及处理塌方和溶洞发生的费用,另行计算。

（14）隧道工程洞口的明洞开挖、仰坡及天沟开挖等执行《浙江省市政工程预算定额》（2018 版）第一册《通用项目》土石方工程的相应开挖定额。

（15）工程量计算规则：

① 本章定额所指的岩石隧道长度是指隧道进出口（不含与隧道相连的明洞）洞门端墙墙面之间的距离，即两端墙面与路面的交线同路线中线交点间的举例。双线隧道按上、下行隧道长度的平均值计算。

② 隧道的平洞、斜井、竖井的开挖、出渣工程量，按设计图示开挖断面尺寸计算，包含其洞身及附属洞室的数量。定额中以综合考虑超挖因素，不得将超挖数量计入工程量。

③ 隧道内地沟的开挖和出渣工程量按设计断面尺寸以“m^3”计算，不得另行计算超挖量。

④ 平洞出渣的运距按装渣重心至卸渣重心的直线距离计算，若平洞的轴线为曲线时，洞内段的运距按相应的轴线长度计算。

⑤ 斜井出渣的运距按装渣重心至斜井口摘钩点的斜距离计算。

⑥ 竖井的提升运距按装渣重心至井口吊斗摘钩点的垂直距离计算。

（二）临时工程

（1）本章定额包括洞内通风，洞内通风筒安、拆年摊销，洞内风、水管道安、拆年摊销，洞内电路架设、拆除年摊销，洞内外轻便轨道铺、拆年摊销，洞内施工排水，共 6 节 48 个子目。

（2）本章定额按年摊销量计算，“一年内”不足一年按一年计算，超过一年按“每增一季”定额增加，不足一季（三个月）按一季计算（不分月）。

（3）洞内施工排水定额仅适用于反坡排水的情况，排水量按 10 m^3/h 以内考虑。超过 10 m^3/h 时，抽水机台班按表 6-9 中的系数调整。

表 6-9　抽水机械台班系数调整表

涌水量/（m^3/h）	10 以内	15 以内	20 以内
调整系数	1.00	1.20	1.35

注：当排水量超过 20 m^3/h 时，根据采取治水措施后的排水量采用表中系数调整。

（4）工程量计算规则：

① 洞内通风按洞长长度计算。洞长按主洞加支洞长度之和计算。

② 粘胶布通风筒及铁风筒按每一洞口施工长度减 20 m 计算。

③ 风、水钢管按洞长加 100 m 计算。

④ 照明线路按洞长计算，如施工组织设计规定需安装双排照明时，应按实际双线部分增加。

⑤ 动力线路按洞长加 50 m 计算。

⑥ 轻便轨道以施工组织设计所布置的起、止点为准，定额为单线，如实际为双线应加倍计算。对所设置的道岔，每处按相应轨道折合 30 m 计算。

⑦ 本章计算规则中的洞长＝主洞＋支洞（均以洞口断面为起止点，不含明槽）。

⑧ 洞内排水根据隧道的不同长度考虑，按隧道排水量来计算工程量。

（三）隧道内衬

（1）本章定额包括混凝土及钢筋混凝土衬砌平洞，斜井衬砌，竖井衬砌和支护，石料衬砌，洞内喷射混凝土支护，锚杆，防水板与止水带（条），排水管，拱、墙背压浆，隧道钢支撑，管棚、小导管，共11节55个子目。

（2）隧道内衬现浇混凝土边墙，拱部均考虑了施工操作平台，竖井采用的脚手架已综合考虑在定额内，不另计算。喷射混凝土定额中已考虑喷射操作平台费用。

（3）混凝土边墙、拱部衬砌，按先拱后墙、先墙后拱的衬砌比例综合考虑。本章定额中已综合考虑超挖回填因素，当设计采用的混凝土与本章定额不同时，可进行换算调整。

（4）隧道混凝土衬砌定额中已综合考虑了周转模板的材料消耗量，编制预算时不得另行计算。

（5）料石砌拱部，不分拱跨大小和拱体厚度均执行本章定额。

（6）隧道内衬施工中，凡处理地震、涌水、流砂、坍塌等特殊情况所采取的必要措施，必须做好签证和隐蔽验收手续。

（7）本章定额中，喷射混凝土已综合考虑回弹量。钢纤维混凝土定额中，当设计采用的钢纤维掺入量与本章定额不同时或采用其他材料时，可进行换算调整。

（8）边墙、拱顶、仰拱、洞门墙、中隔墙、斜井、竖井等衬砌混凝土定额均按使用商品混凝土考虑，喷射混凝土定额按现场拌制考虑。喷射混凝土定额已包括混合料200 m的运输，超过该运距时另行按《浙江省市政工程预算定额》（2018版）第一册《通用项目》中场内运输半成品混合料定额计算现场运输增加的费用。

（9）斜井支护按平洞的相关支护定额计算。

（10）隧道钢支撑定额是按永久性支护考虑编制的，如作为临时支护使用时，应按规定计取回收。编制预算时，临时支护的钢支撑按表6-10规定的周转次数计算耗用量，如因工程规模或工期限制达不到规定的周转次数时，可按施工组织设计的工程量编制预算，并按表6-10规定的回收率计算回收费用。

表6-10 临时支护钢支撑回收率计算表

回收项目	周转次数					计算基数
	50	40	30	20	10	
型钢、钢板、钢筋	—	30%	50%	65%	80%	材料原价

（11）工程量计算规则：

① 隧道内衬现浇混凝土和石料衬砌的工程量，按设计图示尺寸以“m^3”计算，不扣除单孔面积0.3 m^2以内孔洞所占体积。

② 隧道边墙为直墙时，以起拱线为分界线，以下为边墙，以上为拱部；隧道为单心圆或多心圆断面时，以拱部120°为分界线，以下为边墙，以上为拱部。边墙底部的扩大部分工程量（含附壁水沟），应并入相应厚度边墙体积计算。拱部两端支座，先拱后墙的扩大部分工程量，应并入拱部体积内计算。

③ 喷射混凝土数量及厚度按设计图计算，不另增加超挖、填平补齐的数量。

④ 混凝土初喷 5 cm 为基本层，每增 1 cm 按增加定额计算，若作临时支护可按一个基本层计算。

⑤ 砂浆锚杆及药卷锚杆工程量按锚杆设计图示尺寸以重量计算，锁定钢筋、定位钢筋等重量已包含在定额消耗量内，不单独计算；中空注浆锚杆、自进式锚杆的工程量按锚杆设计长度计算。

⑥ 定额中砂浆锚杆按 $\phi22$ 计算，若实际不同时，定额人工、机械应按表 6-11 中系数调整，锚杆按净重计算不加损耗。

表 6-11 砂浆锚杆定额人工、机械系数调整表

锚杆直径/mm	28	25	22	20	18	16
调整系数	0.62	0.78	1.00	1.21	1.49	1.89

[例 6-2] 使计算 $\phi25$ 砂浆锚杆的定额基价。

【解】

定额编号:4-228H

计量单位:t

人工费=(3 928.50×0.78)元=3 064.23 元

材料费=4 568.05 元

机械费=(2 086.13×0.78)元=1 627.18 元

⑦ 模板工程量按模板与混凝土接触面积以“m^2”计算。

⑧ 防水板按设计敷设面积计算工程量；止水带(条)、盲沟、透水管的工程量均按设计数量计算。纵向弹簧管按隧道纵向每侧铺设长度之和计算。环向盲沟按隧道横断面敷设长度计算。

⑨ 钢筋工程量按设计图示尺寸以“t”计算。现浇混凝土中固定钢筋位置的支撑钢筋、双层钢筋用的架立筋(铁马)，伸出构件的锚固钢筋及设计明确的钢筋搭接，均并入钢筋工程量内。

⑩ 拱、墙背压浆的工程量按设计数量计算。

⑪ 钢支撑工程量按钢架的设计重量计算，连接钢筋的数量不得并入钢架的工程量中，定额中以综合考虑连接钢筋的数量。

⑫ 管棚、小导管的工程量按设计钢管长度计算。当管径不同时。可调整定额中钢管的消耗量。

二、软土隧道

(一) 盾构法掘进

(1) 本章定额包括盾构吊装及吊拆、车架安装及拆除、水力出土盾构掘进、刀盘式泥水平衡盾构掘进、刀盘式土压平衡盾构掘进、衬砌壁后压浆、预制钢筋混凝土管片、预制管片成环水平试拼装、钢筋混凝土管片场内运输、管片设置密封条、柔性接缝环、洞口混凝土环圈、管片嵌缝、管片手孔封堵、负环管片拆除、隧道内管线路拆除，共 16 节 118 个子目。

(2) 盾构车架安装按井下一次安装就位考虑,如井下车架安装受施工现场影响,需要增加车架转换时,其费用另计。

(3) 盾构机及车架场外运输费按实另计。

(4) 盾构掘进定额分为水力出土盾构、刀盘式泥水平衡盾构、刀盘式土压平衡盾构三种掘进机掘进。盾构掘进机选型,应根据地质报告、隧道覆土层厚度、地表沉降量要求及掘进机技术性能等条件进行确定。

(5) 如盾构掘进地层遇有表6-12、表6-13 中所列情形时,相应定额的人工、机械、材料消耗量按表6-12、表6-13 中系数调整。

表6-12 盾构掘进软硬不均、上软下硬段系数调整表

地质类型	强度、断面、长度	定额调整系数
软硬不均、上软下硬	1. 同一掘进断面强度、断面要求: (1) 有单轴饱和和抗压强度大于或等于 60 MPa 硬岩面,且硬岩面占掘进断面的比例大于或等于 25%; (2) 有单轴饱和抗压强度小于或等于 20 MPa 的软土(岩)面,且软土(岩)面占掘进断面的比例大于或等于 25%。 2. 长度要求:符合以上掘进断面、强度要求的连续长度大于或等于 30 m	人工和机械消耗量乘以系数 1.4,不构成实体的损耗材料消耗量乘以系数 2.0,另行增加 4 500 元/延米的带压开仓费

注:1. 断面单轴饱和抗压强度以地勘资料确认为准,硬岩面占断面比和软土(岩)面占断面比均按“掘进断面中达到强度标准的地勘岩石长度/掘进断面岩芯总长度”确定。

2. 软硬不均、上软下硬地质影响长度指在盾构掘进路线方向上符合本表要求的软硬不均、上软下硬的地层累计长度,系数只在影响长度内调整。

3. 如采取注浆加固等措施处理软硬不均地质,盾构掘进通过该受影响段,则采取措施的措施费另计,人工和机械消耗量乘以系数 1.1,不构成实体的损耗材料消耗量乘以系数 1.25.

4. 不构成实体的损耗性材料是指:水、电、各种油脂、泡沫添加剂、膨润土、盾构刀具费。

表6-13 盾构掘进孤石段系数调整表

地质类型	通过方式	定额调整系数
孤石	盾构机直接掘进孤石影响段	人工和机械消耗量乘以系数 1.25,不构成实体的损耗性材料消耗量乘以系数 1.5
	采用了其他措施处理,如爆破解小孤石等,再盾构掘进通过影响段	人工和机械消耗量乘以系数 1.1,不构成实体的损耗性材料消耗量乘以系数 1.25,其他措施费用另计

注:1. 孤石情况按地勘资料、签证确认。

2. 一个孤立孤石影响长度按 1 个盾构管片结构外径计;孤石在掘进方向上的间距大于 1 倍盾构结构外径的按孤立孤石考虑;孤石在掘进方向上的间距小于 1 倍盾构管片结构外径的连续孤石群,其影响长度按掘进线路上相距最远的孤石间距离再加 1 个盾构管片结构外径计;系数只在影响长度内调整。

3. 不构成实体的损耗性材料是指:水、电、各种油脂、泡沫添加剂、膨润土、盾构刀具费。

(6) 盾构掘进出土,其土方(泥浆)以出井口至堆土场地为止,土方和泥浆需外运时费用另计。

(7) 采用水力出土和泥水平衡盾构掘进时,井口到泥浆沉淀池的管路铺设费用按实另计。泥水平衡盾构掘进所需泥水分离处理系统的安拆等费用另计。

(8) 泥浆经泥水分离处理形成渣土后,其外运费用应执行《浙江省市政工程预算定额》(2018 版)第一册《通用项目》的相应土方外运定额;泥浆不经处理直接外运则执行《浙江省市政工程预算定额》(2018 版)第三册《桥涵工程》中泥浆运输定额。

(9) 给排水隧道的盾构壳体废弃费用另计。

(10) 盾构掘进定额已综合考虑了管片的宽度和成环块数等因素,执行定额时不做调整。

(11) 盾构掘进定额中包含贯通测量费用,不包括设置平面控制网、高程控制网、过江水准及方向、高程传递等测量,发生时费用另计。

(12) 预制混凝土管片及管片成环水平试拼装定额适用于施工单位现场预制管片。预制混凝土管片采用高精度钢模和高标号混凝土,定额中已含钢模摊销费,管片预制场地费和管片场外运输费另计。管片的场内运输定额适用于管片预制场地驳运到中转场地堆放或预制管片自现场堆放场地运至吊装井口堆放。

(13) 同步压浆和分步压浆中的压浆材料与定额不同时,可以据实调整。

(14) 工程量计算规则:

① 掘进过程中的施工阶段分为:

a. 负环段:从拼装后靠管片起至盾尾离开出洞井内壁止。

b. 出洞段:从盾尾离开出洞井内壁起,按表 6-14 计算掘进长度。

表 6-14 出洞段掘进长度

$\phi \leq 4\ 000$	$\phi \leq 5\ 000$	$\phi \leq 6\ 000$	$\phi \leq 7\ 000$	$\phi \leq 11\ 500$	$\phi \leq 15\ 500$
40 m	50 m	80 m	100 m	150 m	200 m

c. 正常段:从出口段掘进结束至进洞段掘进开始的全段掘进。

d. 进洞段:从盾构切口至进洞井外壁的距离,按表 6-15 计算掘进长度。

表 6-15 进洞段掘进长度

$\phi \leq 4\ 000$	$\phi \leq 5\ 000$	$\phi \leq 6\ 000$	$\phi \leq 7\ 000$	$\phi \leq 11\ 500$	$\phi \leq 15\ 500$
25 m	30 m	50 m	80 m	100 m	150 m

② 衬砌压浆量根据盾尾间隙,由施工组织设计确定。

③ 柔性接缝环适用于盾构工作井洞门与圆隧道的接缝处理,长度按管片中心圆周长以"m"计算。

④ 管片嵌缝按设计图示以"环"为单位计算,管片手孔封堵按设计图示以"个"为单位计算。管片手孔封堵使用材料与定额不同时可按实调整。

⑤ 预制混凝土管片工程量按实体积加 1% 损耗计算,管片试拼装以每 100 环管片拼装 1 组(3 环)计算。

(二)隧道沉井

(1)本章定额包括沉井基坑垫层,沉井制作,金属脚手架、砖封预留孔洞,吊车挖土下沉,水力机械冲吸泥下沉,不排水潜水员吸泥下沉,钻吸法出土下沉,触变泥浆制作和输送、环氧沥青防水层,砂石料填心(排水下沉),砂石料填心(不排水下沉),混凝土封底,钢封门安装,钢封门拆除,共13节41个子目。

(2)本章定额适用于软土隧道工程中采用沉井方法施工的盾构工作井及暗埋段连续沉井。

(3)沉井定额按矩形和圆形综合取定。

(4)定额中列有几种沉井下沉方法,套用何种沉井下沉定额由批准的施工组织设计确定。挖土下沉不包括土方外运费,水力出土不包括砌筑集水坑及排泥水处理费用。

(5)水力机械出土下沉及钻吸法吸泥下沉等子目均包括井内、外管路及附属设备的费用。

(6)工程量计算规则:

① 沉井工程的井点布置及工程量按批准的施工组织设计计算,执行《浙江省市政工程预算定额》(2018版)第一册《通用项目》相应定额。

② 基坑开挖的底部尺寸按沉井外壁每侧加宽2.0 m计算,执行《浙江省市政工程预算定额》(2018版)第一册《通用项目》基坑挖土定额。

③ 沉井基坑砂垫层及刃脚基础垫层工程量按批准的施工组织设计计算。

④ 刃脚的计算高度从刃脚踏面至井壁外凸口计算,如沉井井壁没有外凸口,则以刃脚踏面至底板顶面为准。底板下的地梁并入底板计算。框架梁的工程量包括切入井壁部分的体积。井壁、隔墙或底板混凝土中,不扣除单孔面积在0.3 m^2以内的孔洞所占体积。

⑤ 沉井制作的脚手架安拆,不论分几次下沉,工程量均按井壁中心线周长与隔墙长度之和再乘以井高计算。

⑥ 沉井下沉的土方工程量,按沉井外壁所围的平面投影面积乘以下沉深度(预制时刃脚底面至下沉后设计刃脚底面的高度),并分别乘以土方回淤系数计算。回淤系数排水下沉深度大于10 m时为1.05;不排水下沉深度大于15 m时为1.02。

⑦ 沉井触变泥浆的工程量,按刃脚外凸口的水平面积乘以高度计算。

⑧ 沉井砂石料填心、混凝土封底的工程量按设计图纸或批准的施工组织设计计算。

⑨ 钢封门安拆工程量按施工图用量计算。钢封门制作费另计,拆除后应回收70%的主材原值。

(三)垂直顶升

(1)本章定额包括顶升管节、复合管片制作,垂直顶升设备安装、拆除,管节垂直顶升,止水框、连系梁安装,阴极保护安装及附件制作,滩地揭顶盖,共6节21个子目。

(2)本章定额适用于管节外壁断面小于4 m^2、每座顶升高度小于10 m的不出土垂直顶升。

(3)预制管节制作混凝土已包括内模摊销费及管节制成后的外壁涂料。管节中的钢筋已归入顶升钢壳制作的子目中。

（4）阴极保护安装不包括恒电位仪、阳极、参比电极的原值。

（5）滩地揭顶盖只适用于滩地水深不超过 0.5 m 的区域，本章定额未包括进出水口的围护工程，发生时可套用相应定额计算。

（6）工程量计算规则：

① 复合管片不分直径，管节不分大小，均执行本章定额。

② 顶升车架及顶升设备的安拆，以每顶升一组出口为安拆一次计算。顶升车架制作费按顶升一组摊销 50% 计算。

③ 顶升管节外壁如需压浆时，则套用分块压浆定额计算。

④ 垂直顶升管节试拼装工程量按所需顶升的管节数计算。

（四）地下混凝土结构

（1）本章定额包括基坑垫层，钢丝网水泥护坡，钢筋混凝土地梁、底板，钢筋混凝土墙、柱、梁，钢筋混凝土平台、顶板，钢筋混凝土楼梯、电缆沟、侧石，钢筋混凝土内衬弓形底板、支承墙，隧道内衬侧墙及顶内衬、行车道槽形板安装，隧道内车道，共 9 节 36 个子目。

（2）本章定额适用于地下车行或人行通道、隧道暗埋段、引道段沉井内部结构、隧道内路面等地下设施的现浇内衬混凝土工程。

（3）定额中混凝土浇捣未含脚手架费用，发生时执行《浙江省市政工程预算定额》（2018 版）第一册《通用项目》相应定额。

（4）圆形隧道路面以大型槽形板作底模，如采用其他形式时定额允许调整。

（5）隧道内衬施工未包括各种滑模、台车及操作平台费用，可另行计算。

（6）工程量计算规则：

① 现浇混凝土工程量按施工图计算，不扣除 0.3 m^2 内的孔洞体积。

② 有梁板的柱高，自柱基础顶面至梁、板顶面计算，梁高以设计高度为准。梁与柱交接，梁长算至柱侧面（即柱间净长）。

③ 结构定额中未列预埋铁件费用，可另行计算。

④ 隧道路面的沉降缝、变形缝套用道路分册的相应定额，其人工、机械乘以 1.1 系数。

（五）金属构件制作

（1）本章定额包括顶升管片钢壳，钢管片，顶升止水框、连系梁、车架，走道板、钢跑板，盾构基座、钢围令、钢闸墙，钢轨枕、钢支架，钢扶梯、钢栏杆，钢支撑、钢封门，共 8 节 26 个子目。

（2）本章定额适用于软土层隧道施工中的钢管片、复合管片钢壳及盾构工作井布置、隧道内施工用的金属支架、安全通道、钢闸墙、垂直顶升的金属构件以及隧道明挖法施工中大型支撑等加工制作。

（3）本章定额仅适用于施工单位加工制作，需外加工者则按实结算。

（4）本定额钢支撑按 D600 考虑，采用 12 mm 钢板卷管焊接而成，若采用成品钢管时定额不做调整。

（5）钢管片制作已包括台座摊销费，侧面环板燕尾槽加工不包括在内。

(6) 复合管片钢壳包括台模摊销费,钢筋在复合管片混凝土浇捣子目内。

(7) 垂直顶升管节钢骨架已包括法兰、钢筋和靠模摊销费。

(8) 构件制作均按焊接计算,不包括安装螺栓在内。

(9) 工程量计算规则:

① 金属构件的工程量按设计图纸的主材(型钢、钢板、方钢、圆钢等)的质量以"t"计算,不扣除孔眼、缺角、切肢、切边的质量。圆形和多边形的钢板按方形计算。

② 支撑由活络头、固定头和本体组成,本体按固定头单价计算。

(六) 矩形顶管

(1) 本章定额包括矩形顶管机吊装吊折、安拆矩形顶管设备及附属设施、矩形顶管机顶进、矩形顶管顶进触变泥浆减阻、管节防水、浆液置换,共6节10个子目。

(2) 本章定额适用于6.9 m×4.2 m矩形顶管机施工的地下人行通道。

(3) 吊装指现场吊装及调试,吊拆指拆卸装车。矩形顶管机及附属设备的场外运输费用另计。

(4) 在单位工程中,顶进距离小于或等于20 m时,顶进定额中的人工及机械消耗量乘以系数1.3。

(5) 顶进中挖掘的土方以吊出井口至集土点为止,土方装车、外运费用另计。

(6) 矩形顶管顶进定额中已经综合考虑了管节吊装。

(7) 矩形顶管柔性接缝环可参照本册定额第四章"盾构法掘进"的相应定额。

(8) 预制管节按成品构件外购价格另计。

(9) 工程量计算规则:

① 顶进距离按设计图示顶进长度以"延长米"计算。

② 浆液置换以顶管机外壁与管节外径间隙的体积乘以2倍的充填系数。

项目七

市政计量软件操作

学习目标

了解市政计量平台 GMA2021。

技能目标

能利用软件建模、计量。

教学单元　市政计量平台 GMA2021 实操流程

一、工程信息

新建工程时的工程名称、工程地区、清单和定额规则，会在工程信息中显示，可以补充其他信息，如图 7-1 所示。

（1）当地区规则选择错误，或者变更地区规则时，可以重新选择地区清单、定额规则，再汇总计算。

（2）修改规则后，所有的计算设置、汇总设置将按新规则默认值计算，不能恢复原有已调整的设置。

（3）下拉列表中只显示本地的清单、定额规则，如图 7-2 所示。

工程信息

	属性名称	属性值
1	⊟ 工程信息	
2	工程名称	工程1
3	工程地区	天津
4	标段范围	
5	专业内容	
6	合同日期	
7	开工日期	
8	竣工日期	
9	⊟ 计算规则	
10	清单项	天津市市政工程工程量清单计价指引(2016)
11	定额项	天津市市政工程预算基价计算规则(2016)
12	⊟ 编制信息	
13	建设单位	
14	设计单位	
15	施工单位	
16	编制单位	
17	编制日期	2020-04-07
18	编制人	
19	编制人证号	
20	审核人	
21	审核人证号	

图 7-1 新建工程

二、建模(以道路工程为例)

(一) 道路中心线

1. 建模流程

道路中心线建模流程,如图 7-3 所示。

工程信息

	属性名称	属性值
1	⊟ 工程信息	
2	工程名称	工程1
3	工程地区	河北
4	标段范围	
5	专业内容	
6	合同日期	
7	开工日期	
8	竣工日期	
9	⊟ 计算规则	
10	清单项	市政工程计量规范计算规则(2013-河北)
11	定额项	全国统一市政工程预算定额河北省消耗量定额计算规则(2012)

图 7-2 修改工程信息

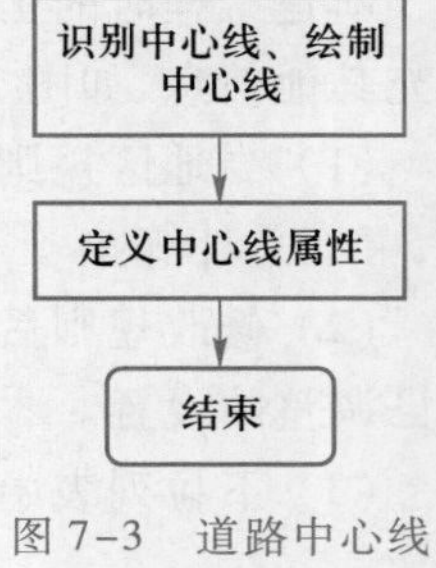

图 7-3 道路中心线建模流程

2. 道路中心线属性

(1) 桩号。

在桩号列输入“0”并按回车键，自动变为 K0+000，输入“20”并按回车键，自动变为 K0+020，如图 7-4 所示。

选中两行，向下拖拽，桩号自动填充，如图 7-5 所示。

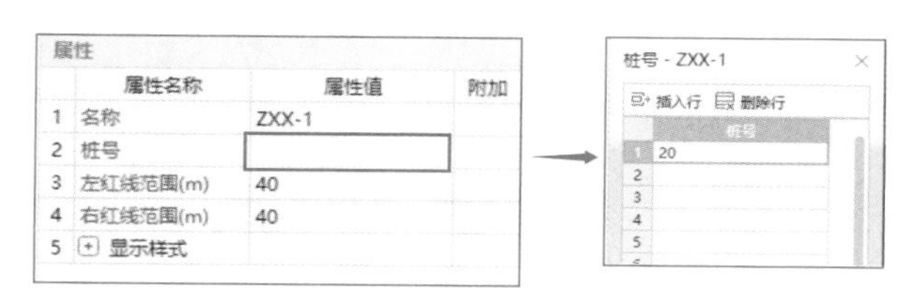

图 7-4　新建桩号及修改属性

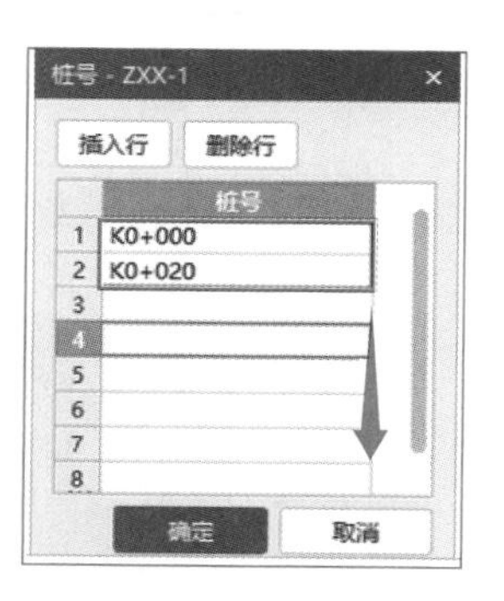

图 7-5　桩号自动填充

（2）红线范围作用：

① 红线范围内的路面汇总到中心线范围内，红线范围外的工程量汇总为“红线外工程量”，请使用道路工程汇总表查看。

② 路基“引入路床”时，路基引用红线范围内的路面生成路床线，如图 7-6、图 7-7 所示。

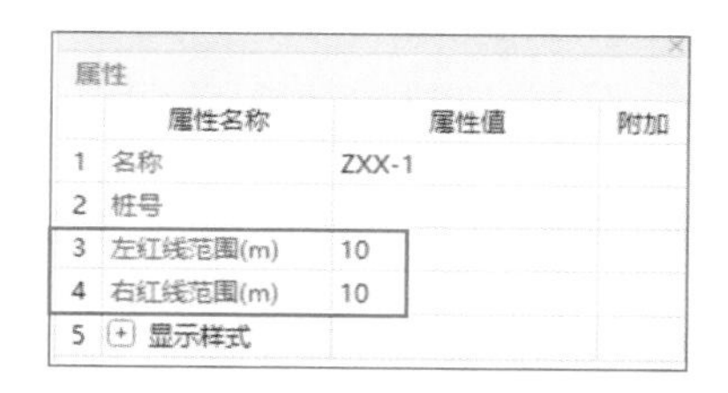

图 7-6　修改红线属性

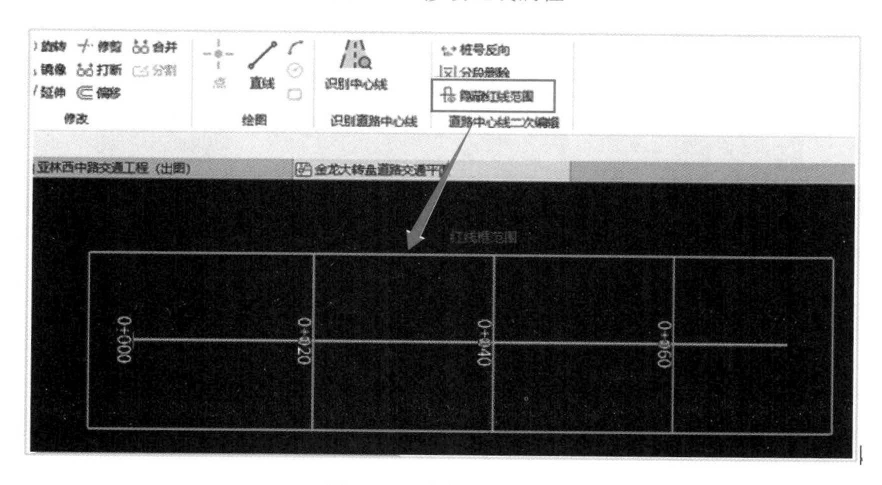

图 7-7　隐藏红线范围

3. 识别中心线

【第一步】：触发功能，如图 7-8 所示。

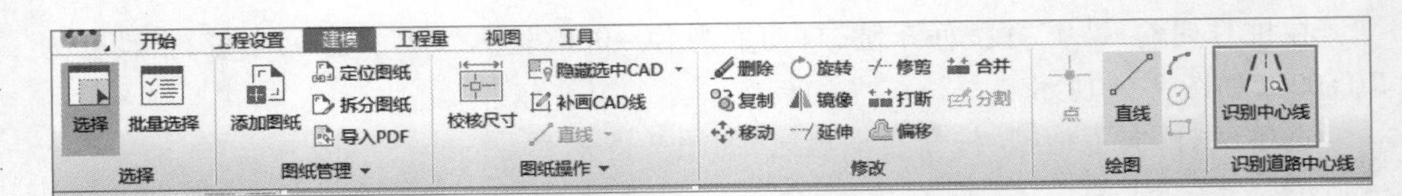

图 7-8　识别中心线按钮

【第二步】:选择任意桩号标识,如图 7-9 所示。

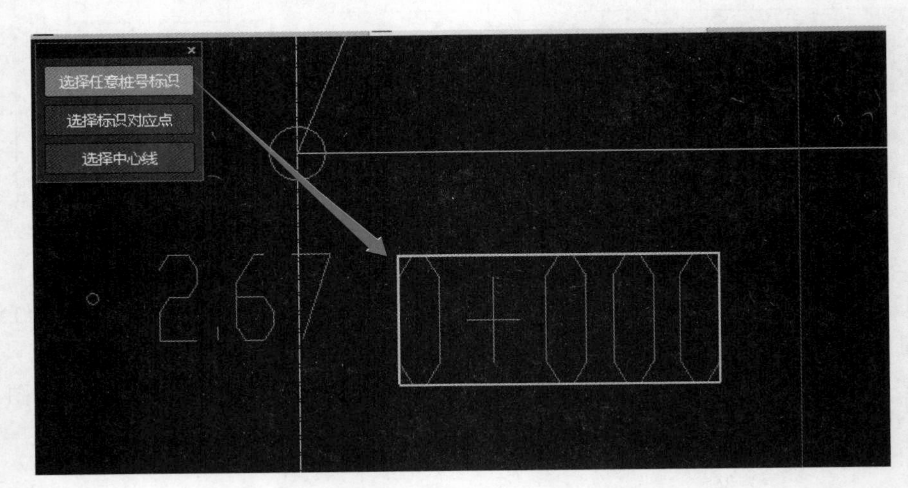

图 7-9　选择任意桩号标识

【第三步】:选择标识对应点,如图 7-10 所示。

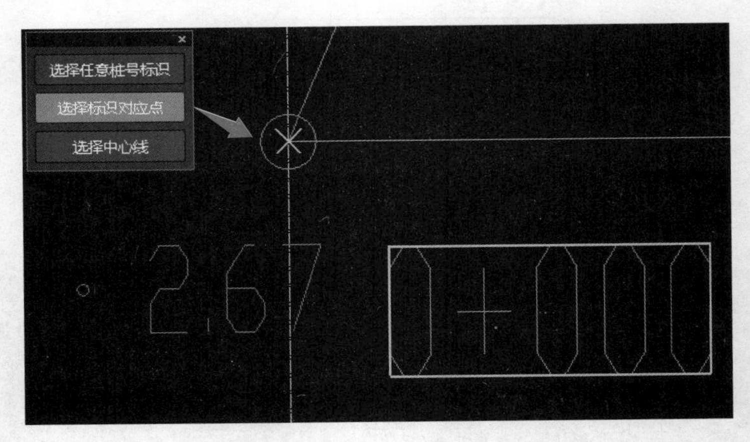

图 7-10　选择标识对应点

【第四步】:选择中心线起点,再选择中心线终点,如图 7-11 所示。

【第五步】:右键确认,生成中心线及桩号,如图 7-12 所示。

4. 识别相交中心线

识别的中心线存在相交情况,会弹出提示,如图 7-13 所示。

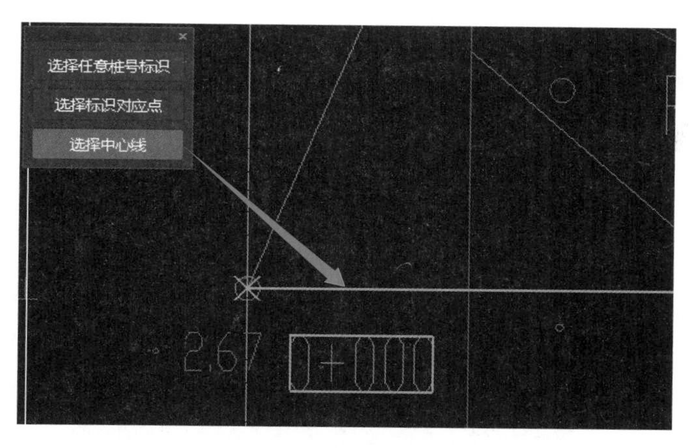

图 7-11　选择中心线起点

图 7-12　生成中心线及桩号

图 7-13　中心线相交弹框提示

【第一步】:解锁图纸,如图 7-14 所示。

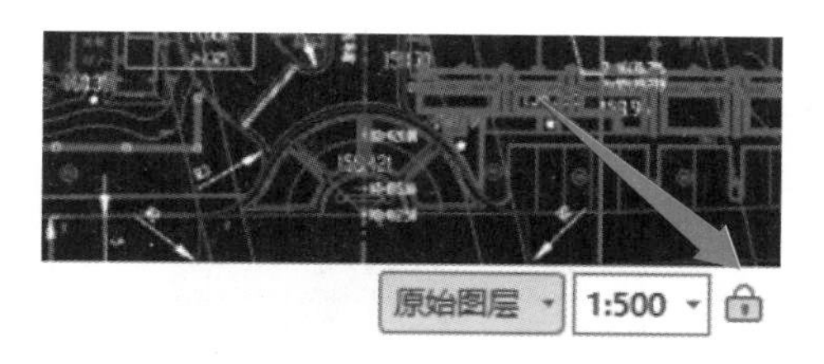

图 7-14　中心线相交后解锁图纸

【第二步】:打断,如图 7-15 所示。

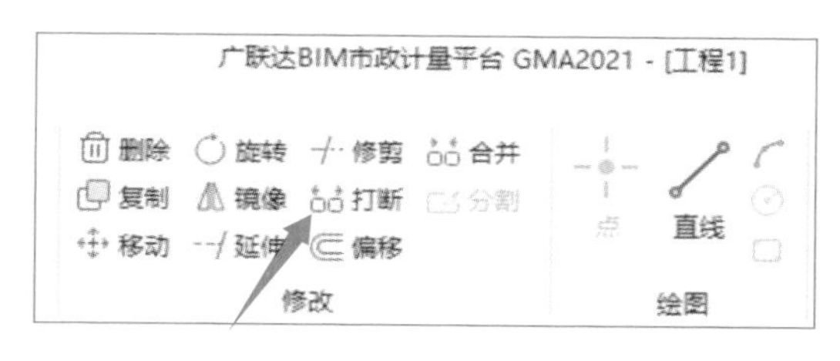

图 7-15　打断

【第三步】:选择相交的两条中心线,右键确定,如图 7-16 所示。

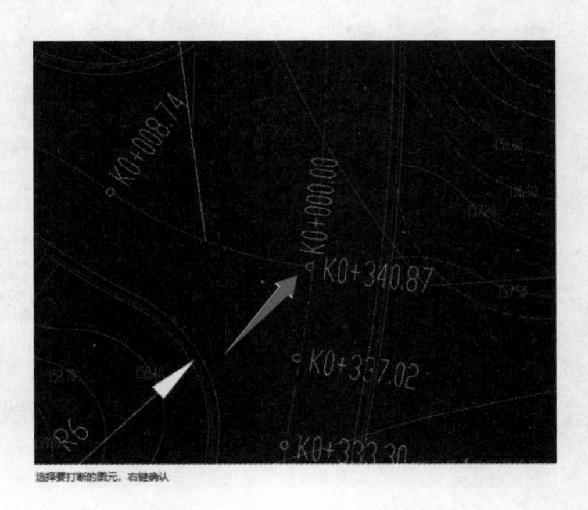

图 7-16　选择相交中心线

【第四步】:选择打断点(支持多选),右键确定,把相交的中心线打断成中心线 1 和中心线 2,如图 7-17 所示。

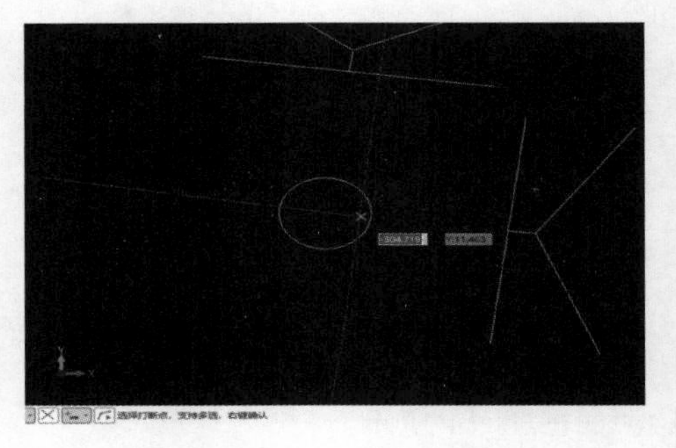

图 7-17　选择打断点

【第五步】:按照“识别中心线”的步骤,重新识别中心线 1,如图 7-18 所示。

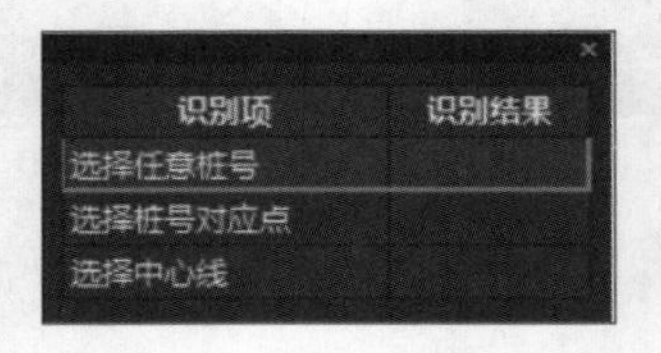

图 7-18　重新识别中心线 1

【第六步】:新建中心线,按照“识别中心线”的步骤,重新识别中心线 2,如图 7-19 所示。

(二) 路面

1. 建模流程

路面建模流程,如图 7-20 所示。

2. 路面属性

建立和定义路面构件。

图 7-19　新建中心线，识别中心线 2

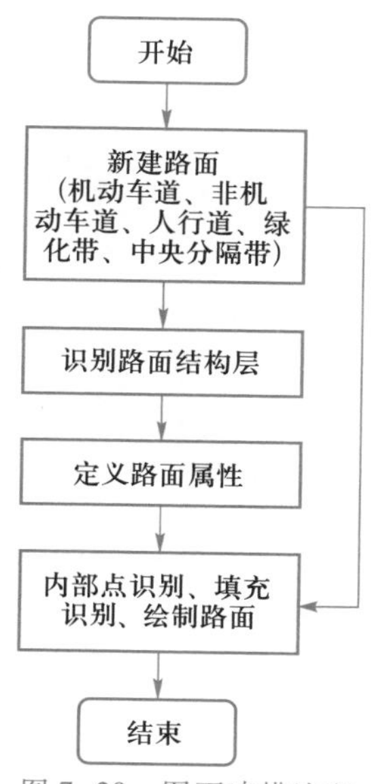

图 7-20　图面建模流程

【第一步】：路面→新建，如图 7-21 所示。

【第二步】：点击结构层三点按钮，如图 7-22 所示。

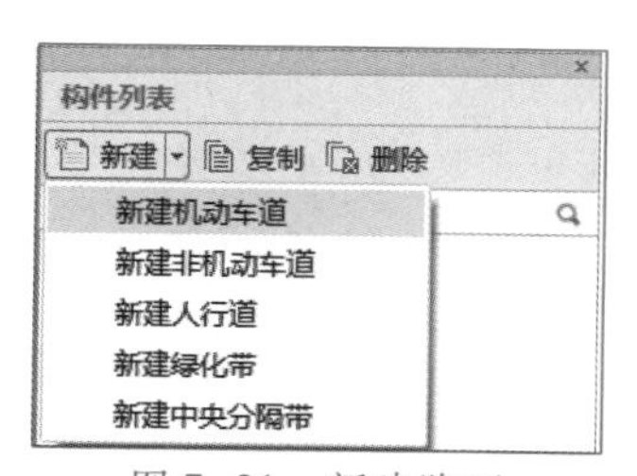

图 7-21　新建路面

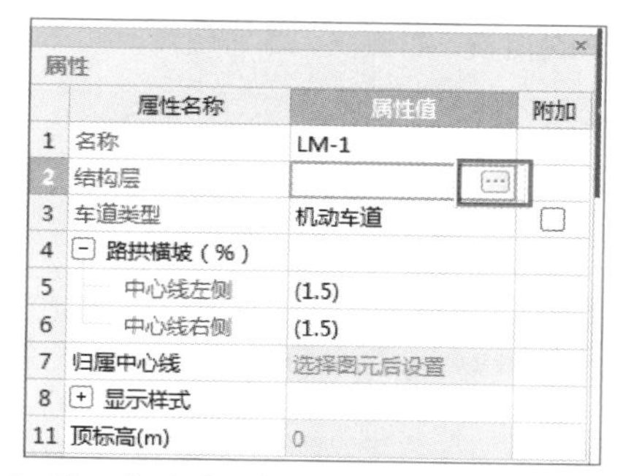

图 7-22　修改路面属性，进行结构层属性修改

【第三步】：在弹出窗体中，点击“识别路面结构层”按钮，如图 7-23 所示。

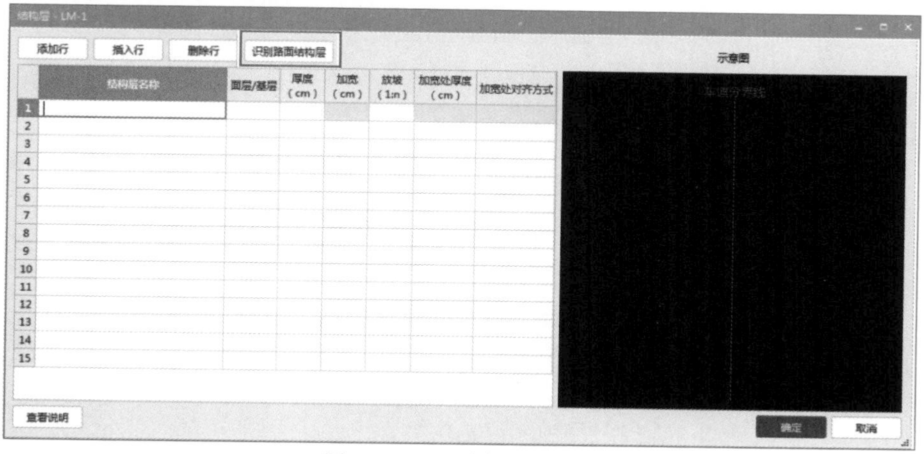

图 7-23　识别路面结构层

【第四步】:在 CAD 图中框选结构层,点击右键,如图 7-24 所示。

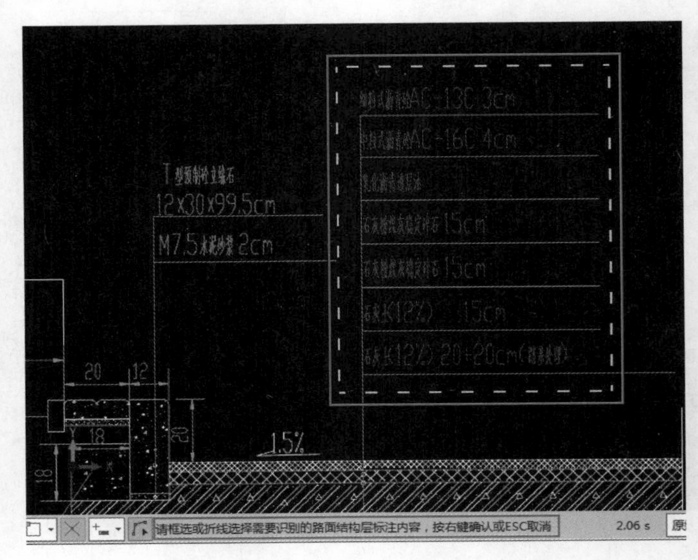

图 7-24　CAD 图纸中选择结构层

【第五步】:结构层名称、厚度就识别出来后,输入加宽、放坡;对应加宽厚度和结构层厚度不同的情况,如图 7-25 所示。

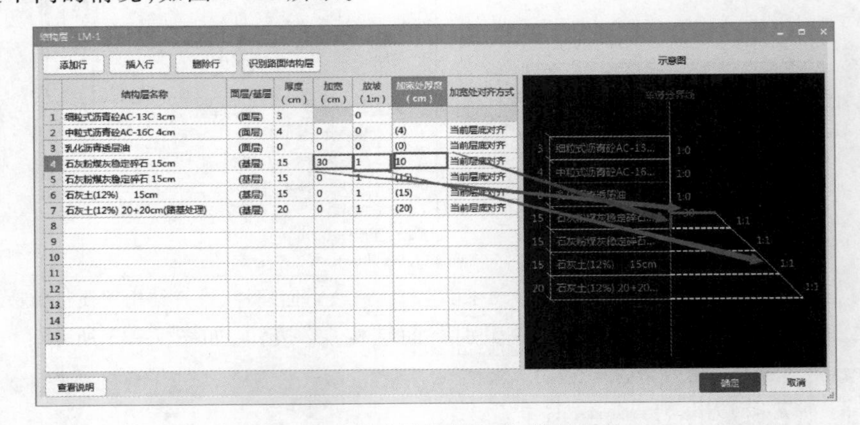

结构层 - LM-1

添加行　插入行　删除行　识别路面结构层

	结构层名称	面层/基层	厚度(cm)	加宽(cm)	放坡(1:n)	加宽处厚度(cm)	加宽处对齐方式
1	细粒式沥青砼AC-13C 3cm	(面层)	3		0		
2	中粒式沥青砼AC-16C 4cm	(面层)	4	0	0	(4)	当前层底对齐
3	乳化沥青透层油	(面层)	0	0	0	(0)	当前层底对齐
4	石灰粉煤灰稳定碎石 15cm	(基层)	15	30	1	10	当前层底对齐
5	石灰粉煤灰稳定碎石 15cm	(基层)	15	0	1	(15)	当前层底对齐
6	石灰土(12%)　15cm	(基层)	15	0	1	(15)	当前层底对齐
7	石灰土(12%) 20+20cm(路基处理)	(基层)	20	0	1	(20)	当前层底对齐
8							
9							
10							
11							
12							
13							
14							
15							

查看说明　确定　取消

图 7-25　修改结构层加宽、放坡属性

【第六步】:输入路拱横坡,如图 7-26 所示。

属性

	属性名称	属性值	附加
1	名称	LM-1	
2	结构层		
3	车道类型	机动车道	☐
4	− 路拱横坡（%）		
5	中心线左侧	(1.5)	
6	中心线右侧	(1.5)	
7	归属中心线	选择图元后设置	
8	+ 显示样式		

图 7-26　修改路面中路拱横坡属性

【第七步】：选中图元，修改归属中心线，对于路口的位置，如果有两条中心线，可以选择路面工程量归属于哪条中心线，如图 7-27 所示。

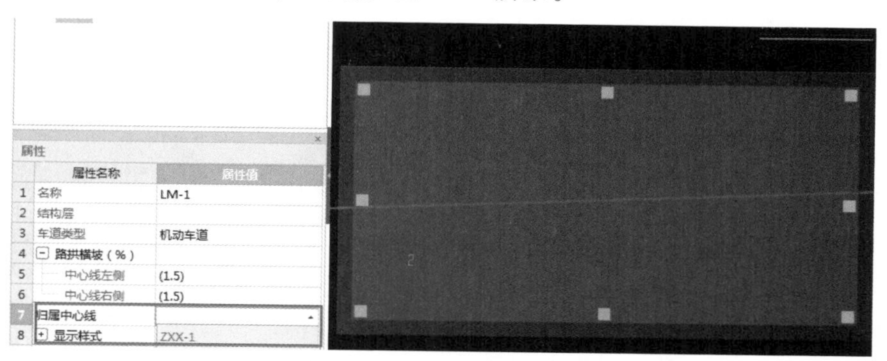

图 7-27　修改归属中心线

3. 内部点识别

根据 CAD 设计图，识别封闭区域，快速、准确地生成路面，提升工作效率。

【第一步】：触发功能，如图 7-28 所示。

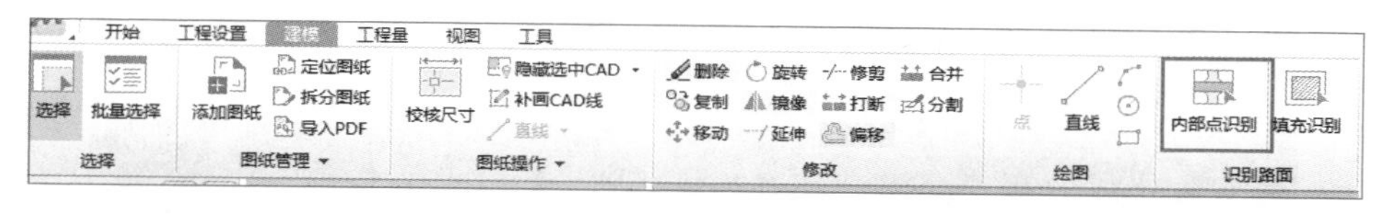

图 7-28　识别路面：内部点识别按钮

【第二步】：移动鼠标到一个封闭区域，当出现加粗的白色框时，点击鼠标左键生成路面，如图 7-29 所示。

【第三步】：重复第二步，直到生成所有路面。

【第四步】：当遇到需要识别的区域不封闭，可补画 CAD 线形成封闭区域，也可按住“Ctrl”键切换识别模式，然后通过按“S”键缩小识别误差，按“F”键放大识别误差来调整误差值，直到想要识别的区域显示出白色边框为止，如图 7-30 所示。

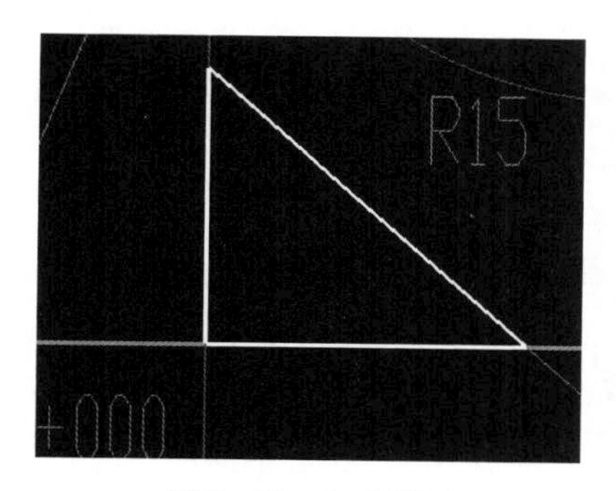

图 7-29　生成路面

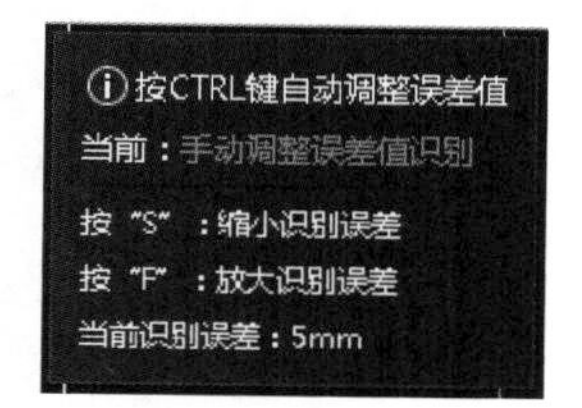

图 7-30　Ctrl 键切换识别模式

在进行内部点识别前，可以先隐藏不需要的 CAD 线再识别。

4. 填充识别

做园林绿化或小区铺装工程的时候，图纸中填充图案比较多，此时可以直接通过此功能快速识别。

【第一步】:触发功能,如图 7-31 所示。

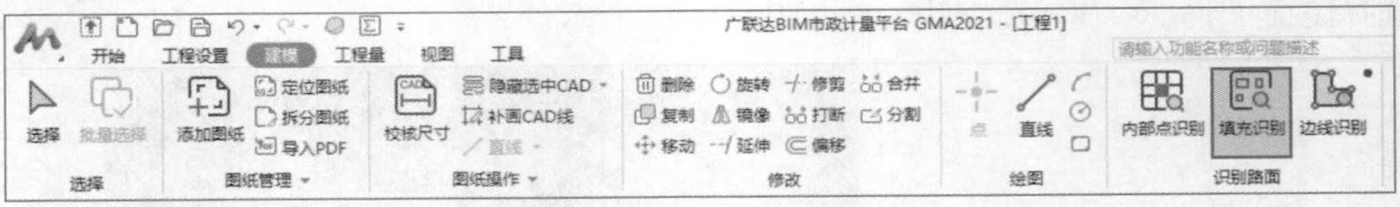

图 7-31 识别路面:填充识别按钮

【第二步】:选择要识别的填充,可以点击"按填充样式选择"单选框选择所有相同填充的 CAD,也可以点击"单图元选择"单选框选择单个填充图元,如图 7-32、图 7-33 所示。

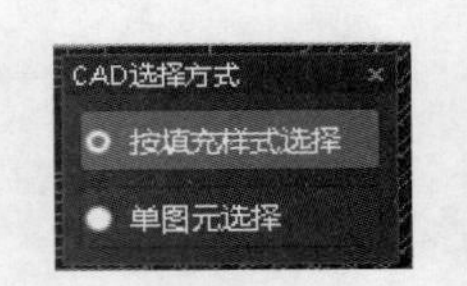

图 7-32 按填充样式选择或单图元选择

【第三步】:选择完填充后,右键确认,则可生成图元,如图 7-34 所示。

5. 边线识别

(1) 当拿到的 CAD 图纸中杂乱的线条过多时,可以利用"边线识别"功能快速识别路面/铺装图元。

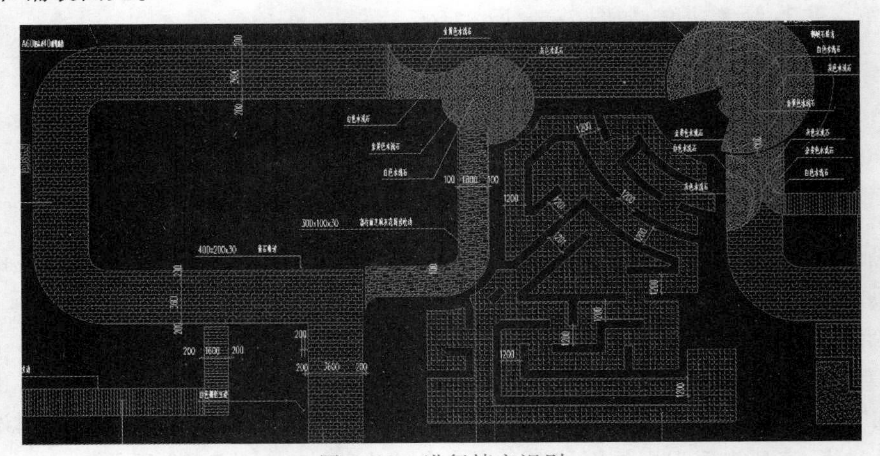

图 7-33 进行填充识别

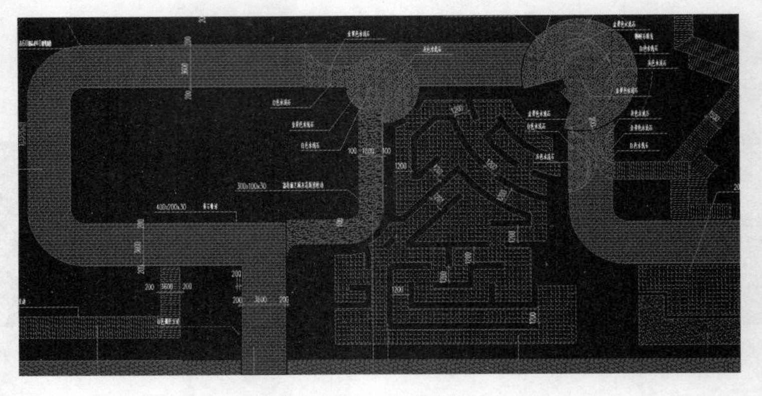

图 7-34 生成图元

(2) 当用户拿到的园林/小区铺装 CAD 图中填充图案被打散时,可利用"边线识别"功能快速提取并识别对应位置铺装图元。

(3) 当小区/园林铺装图纸中汀步、停车位等相同形状、相同大小的图元数量过多时，可以利用“边线识别”和“相同图元识别”功能批量识别相同形状和大小的图元。

导入小区/园林铺装图纸或道路图纸，定义好铺装构件或路面构件。

【第一步】：触发“边线识别”功能，如图 7-35 所示。

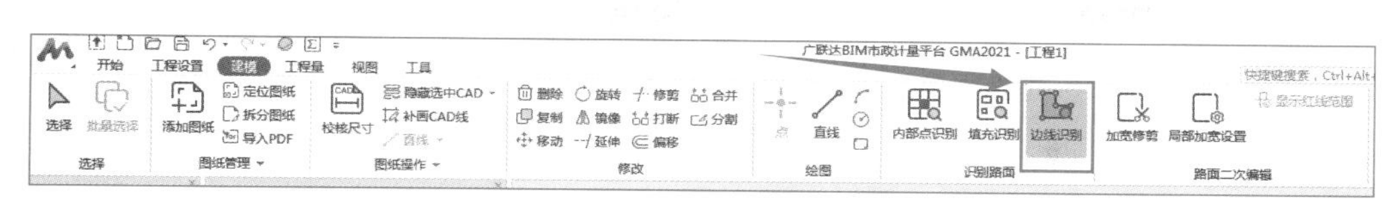

图 7-35　识别路面：边线识别按钮

【第二步】：选择需要识别的铺装/路面的 CAD 边线，当显示的白色线条围成封闭区域，且区域中包含了想要识别的内容时，右键即可生成图元，如图 7-36、图 7-37 所示。

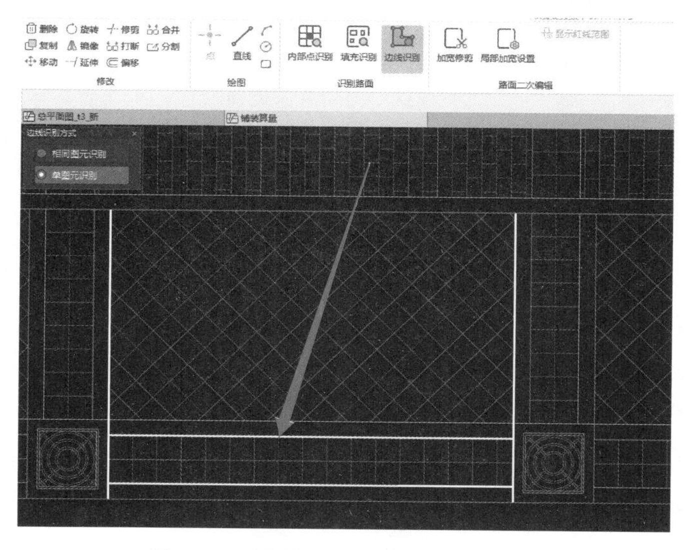

图 7-36　识别 CAD 边线，单图元识别

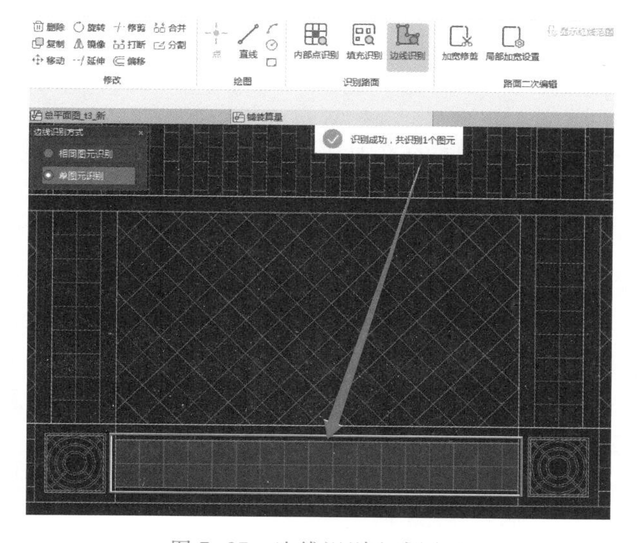

图 7-37　边线识别生成图元

【第三步】:重复第二步,直到生成所有铺装/路面图元。

【第四步】:当遇到如图 7-38 所示的汀步或停车位时,可切换至"相同图元识别"功能批量识别相同形状和大小的图元。

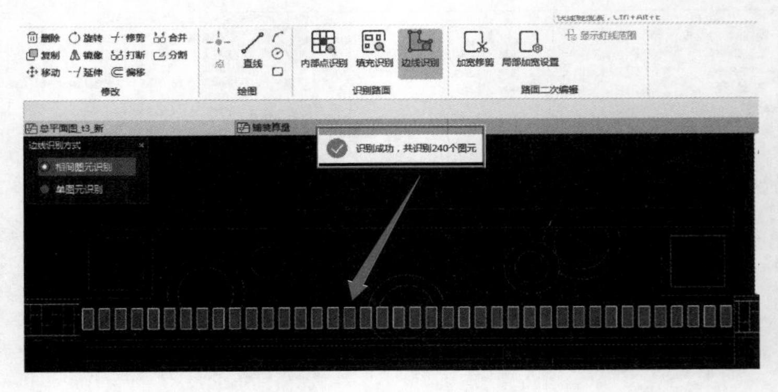

图 7-38 相同单元识别

注:路缘石、树池、路基、软基的建模方法,可参考以上内容中道路中心线及路面建模方法,本书不再赘述。

三、查量、核量、报表

(一) 工程量

1. 汇总计算

各专业建模完成之后,可以通过汇总计算查看工程量。

【第一步】:触发功能,如图 7-39 所示。

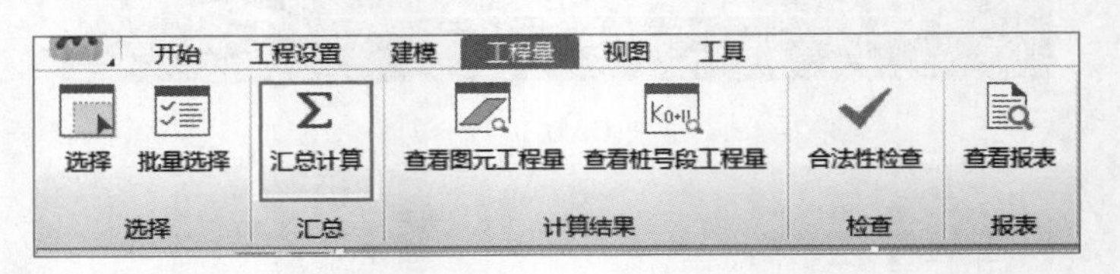

图 7-39 汇总计算

【第二步】:选择要计算工程量的构件类型,点击"选择工程量",可以分别设置要计算并显示的清单、定额工程量,如图 7-40 所示。

2. 查看图元工程量

在核对工程量时,可以通过此功能查看单个或多个图元的清单、定额工程量。

【第一步】:触发功能,如图 7-41 所示。

【第二步】:选择要查看工程量的图元,以路基为例,点击单元格,表头上方显示工程量计算表达式。框选多个单元格,表头上方显示合计工程量,方便按桩号段核对工程量,如图 7-42、图 7-43 所示。

【第三步】:点击"查看扣减三维"按钮,可以查看路面模型与其他构件模型的扣减关系,更直观地查量对量,如图 7-44 所示。

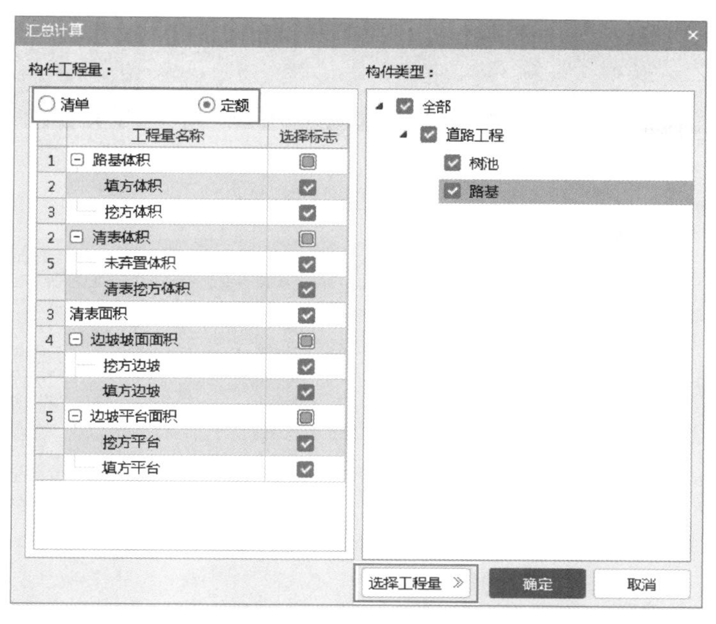

图 7-40　选择汇总计算的构件类型

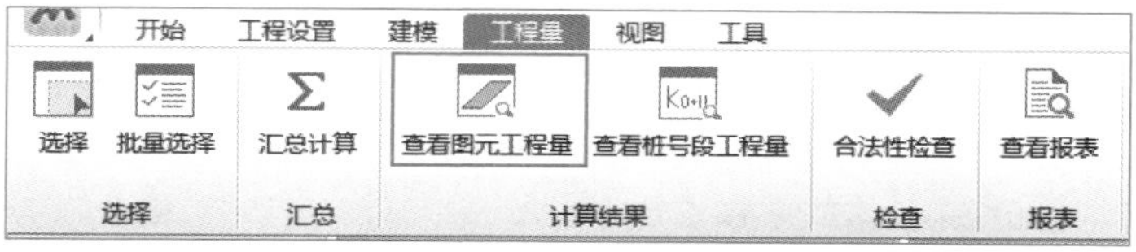

开始　工程设置　建模　工程量　视图　工具

选择　批量选择　汇总计算　查看图元工程量　查看桩号段工程量　合法性检查　查看报表

选择　汇总　计算结果　检查　报表

图 7-41　查看图元工程量，可选择单个或多个图元

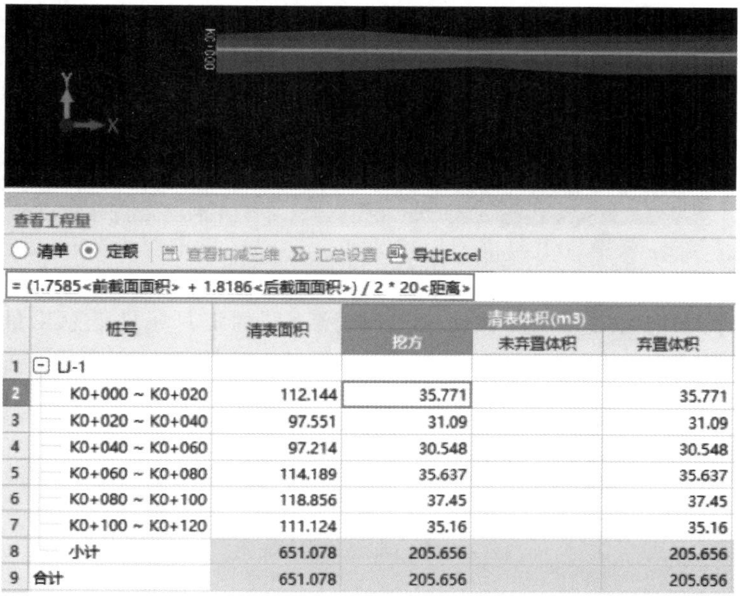

查看工程量

○ 清单　◉ 定额　查看扣减三维　汇总设置　导出Excel

= (1.7585<前截面面积> + 1.8186<后截面面积>) / 2 * 20<距离>

	桩号	清表面积	清表体积(m3)		
			挖方	未弃置体积	弃置体积
1	⊟ LJ-1				
2	K0+000 ~ K0+020	112.144	35.771		35.771
3	K0+020 ~ K0+040	97.551	31.09		31.09
4	K0+040 ~ K0+060	97.214	30.548		30.548
5	K0+060 ~ K0+080	114.189	35.637		35.637
6	K0+080 ~ K0+100	118.856	37.45		37.45
7	K0+100 ~ K0+120	111.124	35.16		35.16
8	小计	651.078	205.656		205.656
9	合计	651.078	205.656		205.656

图 7-42　选择查看工程量图元，显示工程量计算表达式

查看工程量

○ 清单 ⊙ 定额 查看扣减三维 汇总设置 导出Excel

合计：170.496

	桩号	清表面积	清表体积(m3)		
			挖方	未弃置体积	弃置体积
1	⊟ LJ-1				
2	K0+000 ~ K0+020	112.144	35.771		35.771
3	K0+020 ~ K0+040	97.551	31.09		31.09
4	K0+040 ~ K0+060	97.214	30.548		30.548
5	K0+060 ~ K0+080	114.189	35.637		35.637
6	K0+080 ~ K0+100	118.856	37.45		37.45
7	K0+100 ~ K0+120	111.124	35.16		35.16
8	小计	651.078	205.656		205.656
9	合计	651.078	205.656		205.656

图 7-43 框选多表格，表头上方显示合计工程量

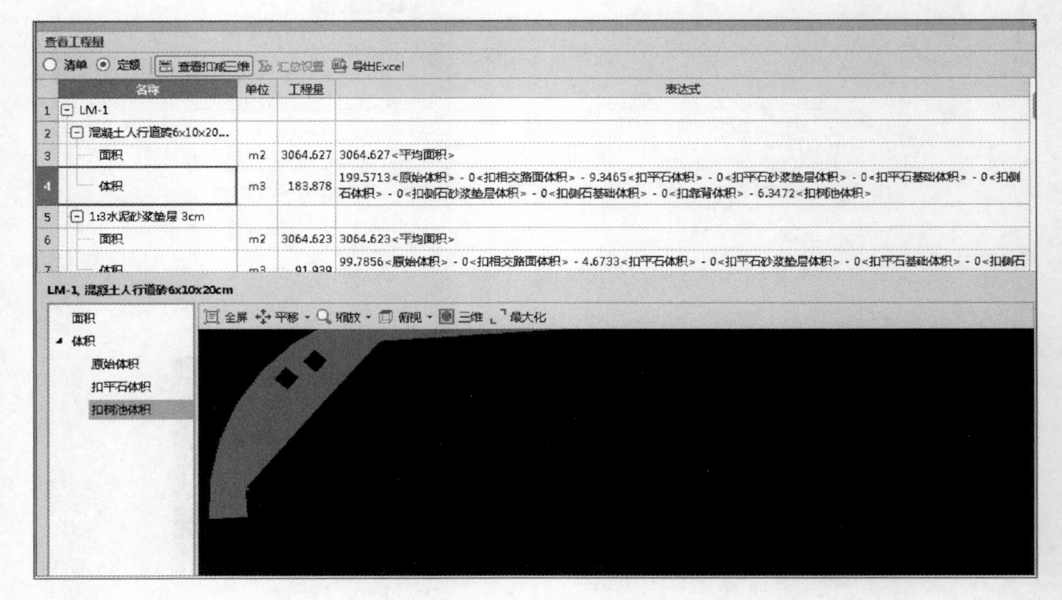

查看工程量

○ 清单 ⊙ 定额 查看扣减三维 汇总设置 导出Excel

	名称	单位	工程量	表达式
1	⊟ LM-1			
2	⊟ 混凝土人行道砖6×10×20...			
3	面积	m2	3064.627	3064.627<平均面积>
4	体积	m3	183.878	199.5713<原始体积> - 0<扣相交路面体积> - 9.3465<扣平石体积> - 0<扣平石砂浆垫层体积> - 0<扣平石基础体积> - 0<扣侧石体积> - 0<扣侧石砂浆垫层体积> - 0<扣侧石基础体积> - 0<扣靠背体积> - 6.3472<扣树池体积>
5	⊟ 1:3水泥砂浆垫层 3cm			
6	面积	m2	3064.623	3064.623<平均面积>
7	体积	m3	91.939	99.7856<原始体积> - 0<扣相交路面体积> - 4.6733<扣平石体积> - 0<扣平石砂浆垫层体积> - 0<扣平石基础体积> - 0<扣侧石

图 7-44 查看扣减三维页面

【第四步】：点击“汇总设置”按钮，可以按照不同的汇总条件汇总出量，如图 7-45 所示。

图 7-45 “汇总设置”按钮

以路缘石为例，如图 7-46 所示。

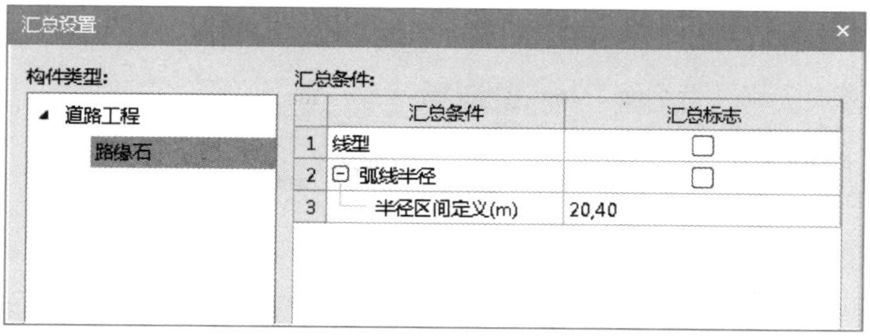

汇总设置

构件类型：道路工程 — 路缘石

汇总条件：

	汇总条件	汇总标志
1	线型	☐
2	⊟ 弧线半径	☐
3	半径区间定义(m)	20,40

图 7-46　设置汇总条件

以井为例，可以设置“非塑料井”及“08SS523 塑料井”的汇总条件，如图 7-47 所示。

图 7-47　井示例，设置“非塑料井”及“08SS523 塑料井”的汇总条件页面

【第五步】：点击“导出 Excel”按钮，可以将当前的工程量导出为表格，如图 7-48 所示。

图 7-48　“导出 Excel”按钮

3. 查看桩号段工程量

在核对工程量时，可以通过此功能查看桩号段内图元的清单、定额工程量。

【第一步】:触发功能,如图 7-49 所示。

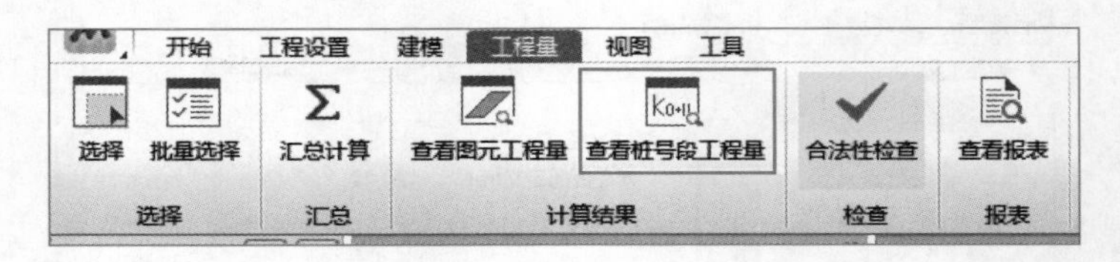

图 7-49　查看桩号段工程量按钮

【第二步】:点击“选择桩号段”按钮,查看选择的桩号段内的工程量及表达式,如图 7-50 所示。

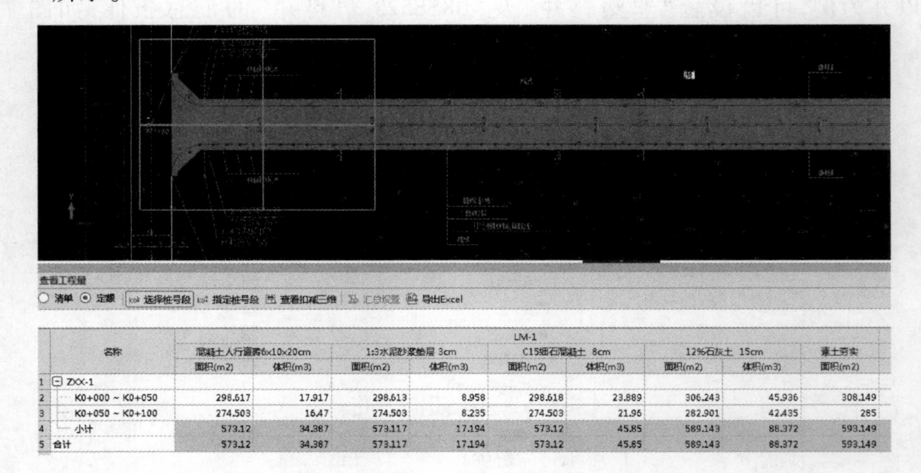

	名称	LM-1								
		混凝土人行道砖6x10x20cm		1:3水泥砂浆垫层 3cm		C15细石混凝土 8cm		12%石灰土 15cm		素土夯实
		面积(m2)	体积(m3)	面积(m2)	体积(m3)	面积(m2)	体积(m3)	面积(m2)	体积(m3)	面积(m2)
1	ZXX-1									
2	K0+000 ~ K0+050	298.617	17.917	298.613	8.958	298.618	23.889	306.243	45.936	308.149
3	K0+050 ~ K0+100	274.503	16.47	274.503	8.235	274.503	21.96	282.901	42.435	285
4	小计	573.12	34.387	573.117	17.194	573.12	45.85	589.143	88.372	593.149
5	合计	573.12	34.387	573.117	17.194	573.12	45.85	589.143	88.372	593.149

图 7-50　查看桩号段内的工程量及表达式

【第三步】:点击“指定桩号段”按钮,批量选择的桩号段,并查看工程量及表达式,如图 7-51、图 7-52 所示。

图 7-51　指定桩号段按钮

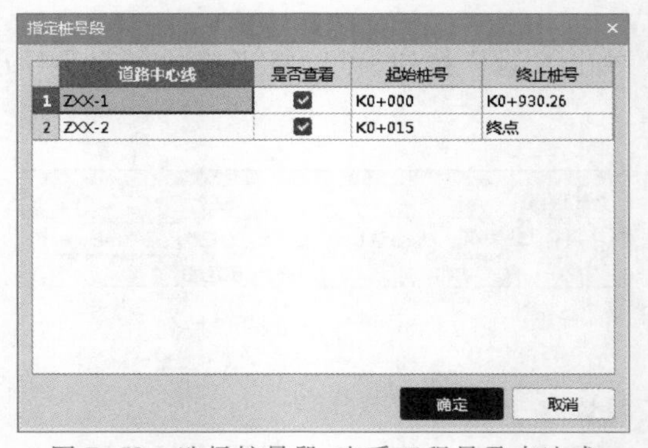

	道路中心线	是否查看	起始桩号	终止桩号
1	ZXX-1	☑	K0+000	K0+930.26
2	ZXX-2	☑	K0+015	终点

图 7-52　选择桩号段,查看工程量及表达式

【第四步】:以路面为例,点击“查看扣减三维”按钮,可以查看路面模型与其他构件模型的扣减关系,更直观地查量对量,如图 7-53 所示。

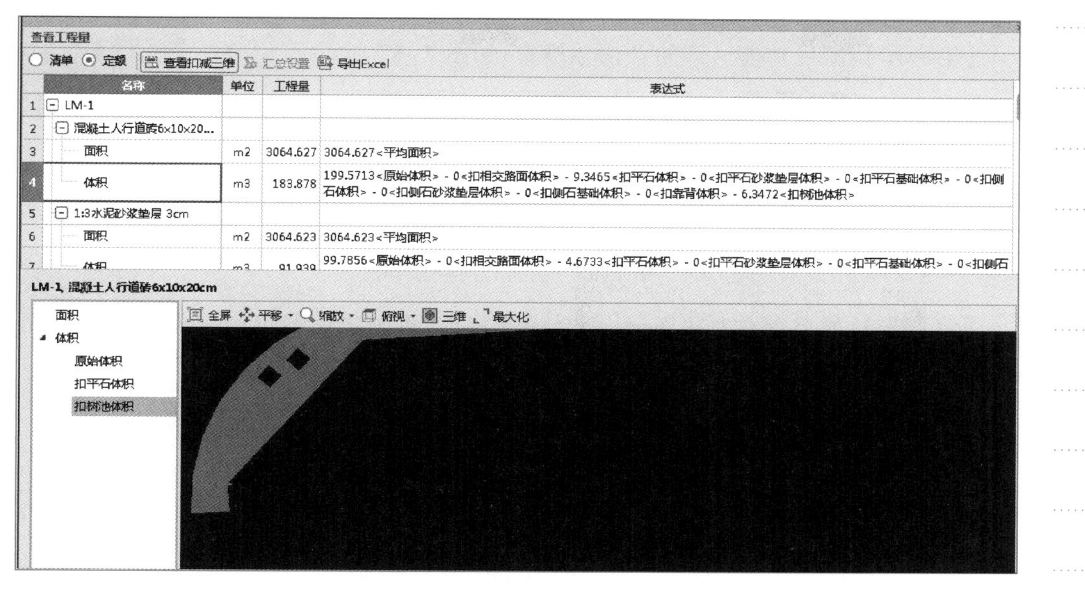

图 7-53　查看扣减三维页面

【第五步】:以路缘石为例,点击“汇总设置”按钮(图 7-54),可以按照不同的汇总条件汇总出量(图 7-55)。

查看图元工程量
清单　定额　查看扣减三维　汇总设置　导出Excel
名称　单位　工程量

图 7-54　汇总设置按钮

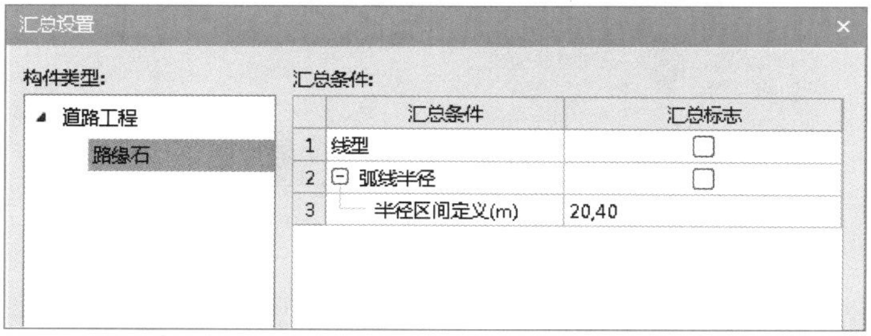

汇总设置

构件类型:
道路工程
路缘石

汇总条件:

	汇总条件	汇总标志
1	线型	☐
2	弧线半径	☐
3	半径区间定义(m)	20,40

图 7-55　汇总条件设置,示例路缘石

【第六步】:点击“导出 Excel”按钮,可以将当前的工程量导出为表格,如图 7-56 所示。

图 7-56　导出 Excel 按钮

4. 合法性检查

在汇总计算工程量前，可以通过此功能进行图元的合法性检查，及时发现非法图元，保证模型及计算结果的正确性。

【第一步】：触发功能后开始合法性检查，如图 7-57 所示。

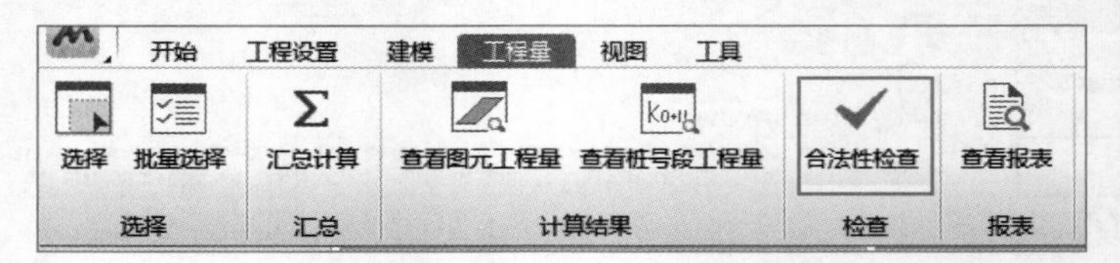

图 7-57 点击合法性检查

【第二步】：如果存在非法图元，则会弹窗提示，点击错误行可以定位到错误图元，如图 7-58 所示。

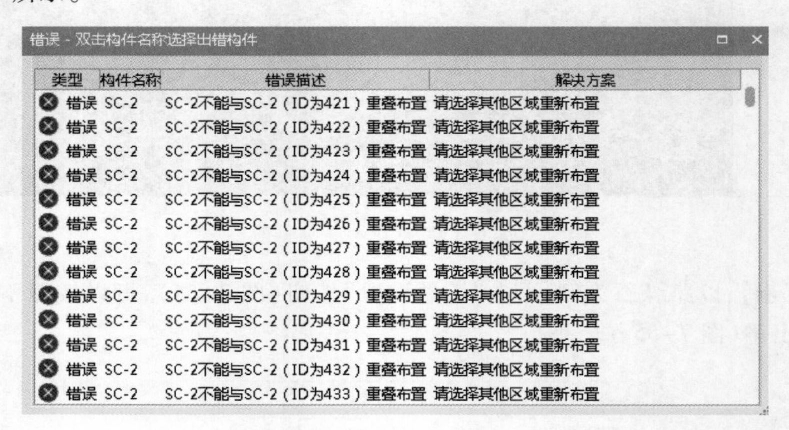
错误 - 双击构件名称选择出错构件

类型	构件名称	错误描述	解决方案
错误	SC-2	SC-2不能与SC-2（ID为421）重叠布置	请选择其他区域重新布置
错误	SC-2	SC-2不能与SC-2（ID为422）重叠布置	请选择其他区域重新布置
错误	SC-2	SC-2不能与SC-2（ID为423）重叠布置	请选择其他区域重新布置
错误	SC-2	SC-2不能与SC-2（ID为424）重叠布置	请选择其他区域重新布置
错误	SC-2	SC-2不能与SC-2（ID为425）重叠布置	请选择其他区域重新布置
错误	SC-2	SC-2不能与SC-2（ID为426）重叠布置	请选择其他区域重新布置
错误	SC-2	SC-2不能与SC-2（ID为427）重叠布置	请选择其他区域重新布置
错误	SC-2	SC-2不能与SC-2（ID为428）重叠布置	请选择其他区域重新布置
错误	SC-2	SC-2不能与SC-2（ID为429）重叠布置	请选择其他区域重新布置
错误	SC-2	SC-2不能与SC-2（ID为430）重叠布置	请选择其他区域重新布置
错误	SC-2	SC-2不能与SC-2（ID为431）重叠布置	请选择其他区域重新布置
错误	SC-2	SC-2不能与SC-2（ID为432）重叠布置	请选择其他区域重新布置
错误	SC-2	SC-2不能与SC-2（ID为433）重叠布置	请选择其他区域重新布置

图 7-58 非法图元弹窗提示

【第三步】：如果合法，则会弹出“合法性校验成功”窗口，如图 7-59 所示。

图 7-59 合法性校验成功提示

（二）报表

1. 汇总设置

设置不同构件类型的汇总条件，按照此条件汇总工程量。

【第一步】：触发功能，如图 7-60 所示。

图 7-60 报表汇总设置按钮

【第二步】:以井为例,可以勾选不同的汇总条件汇总出量,并显示在报表中,如图 7-61 所示。

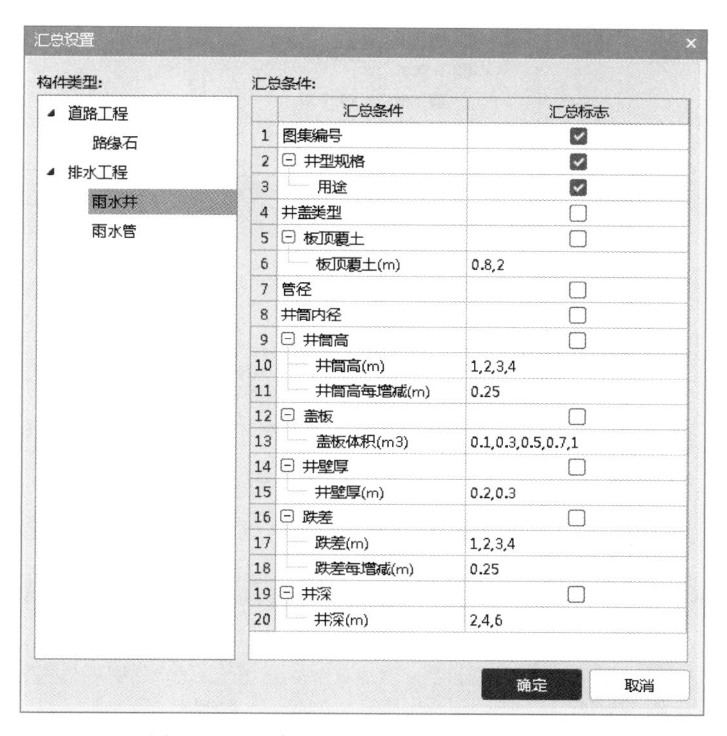

图 7-61　示例井汇总设置,选择汇总条件

2. 导出

导出报表为 Excel 文件,用于对量及文件传递、备案等。

【第一步】:触发功能(只有预览模式下导出功能才可用),如图 7-62 所示。

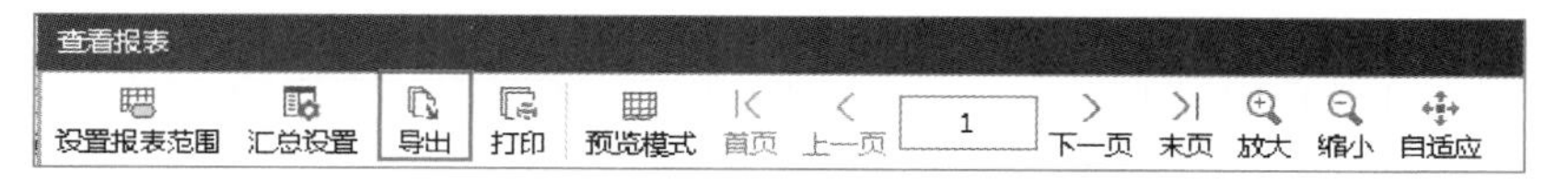

图 7-62　导出报表按钮

【第二步】:选择清单,则导出清单报表,选择定额则导出定额报表,如图 7-63 所示。

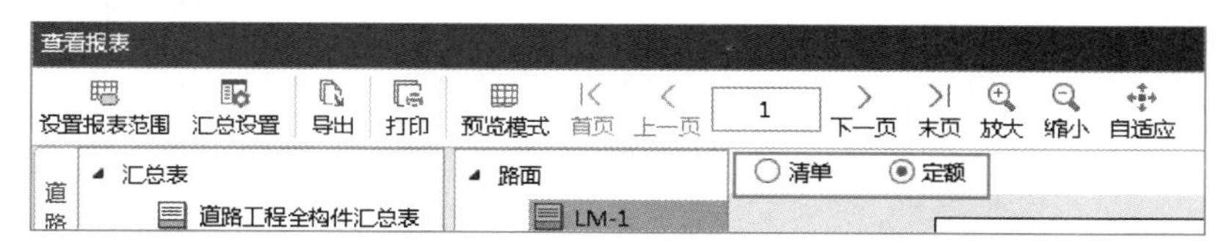

图 7-63　选择定额或清单导出报表

【第三步】:选择要导出的报表,点击“确定”按钮,如图 7-64 所示。

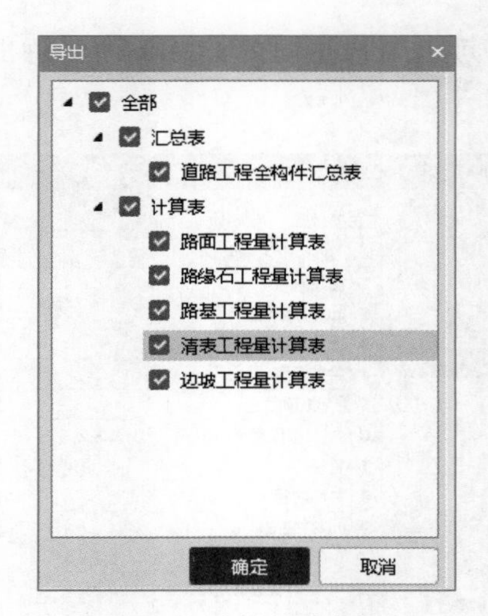

图 7-64　选择后导出报表

【第四步】:选择报表保存路径,点击“保存”按钮后完成保存报表,如图 7-65 所示。

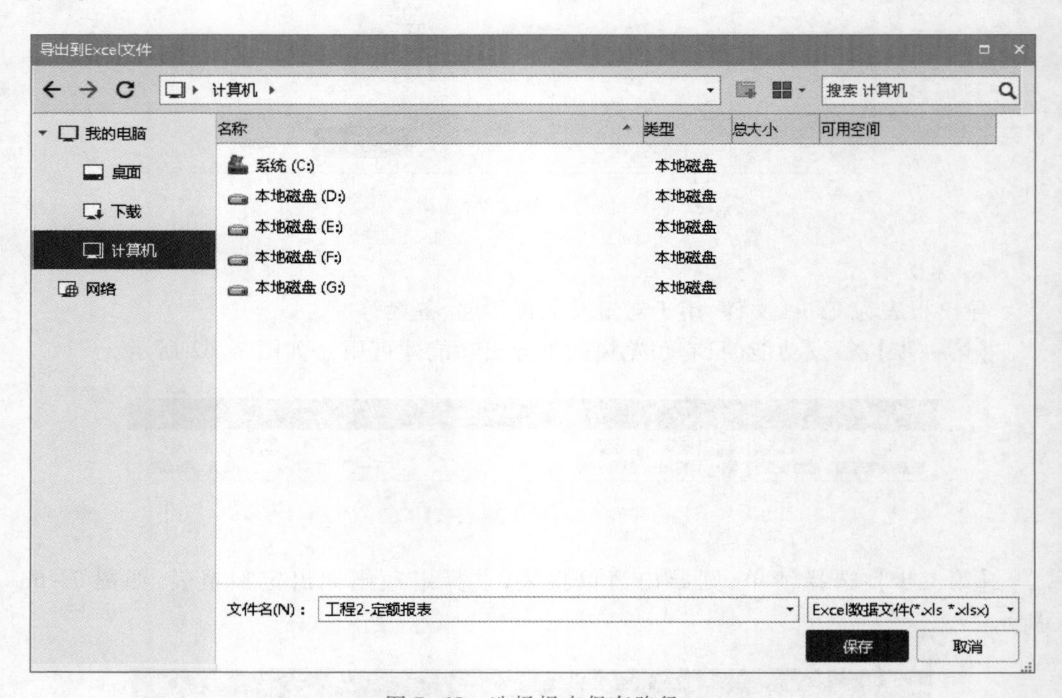

图 7-65　选择报表保存路径

参考文献

[1] 中华人民共和国住房和城乡建设部、中华人民共和国国家质量监督检验检疫总局. 工程量清单计价规范:GB 50500—2013[S]. 北京:中国计划出版社,2013.

[2] 中华人民共和国住房和城乡建设部. 市政工程工程量计算规范:GB 500857—2013[S]. 北京:中国计划出版社,2013.

[3] 浙江省建设工程造价管理总站. 浙江省市政工程预算定额(2018 版)[M]. 北京:中国计划出版社,2018.

[4] 浙江省建设工程造价管理总站. 浙江省建设工程计价规则(2018 版)[M]. 北京:中国计划出版社,2018.

[5] 郭良娟. 市政工程计价[M]. 3 版. 北京:北京大学出版社,2017.

[6] 曹仪民,马行耀. 建设工程计量与计价实务[M]. 北京:中国计划出版社,2019.

读者意见反馈

为收集对教材的意见建议，进一步完善教材编写并做好服务工作，读者可将对本教材的意见建议通过如下渠道反馈至我社。

咨询电话　400-810-0598

反馈邮箱　gjdzfwb@ pub. hep. cn

通信地址　北京市朝阳区惠新东街 4 号富盛大厦 1 座

　　　　　高等教育出版社总编辑办公室

邮政编码　100029